www.kuhminsa.com

한발 앞서는 출판사 구민사

KUH MIN SA

#604, Mullaebuk-ro 116, Yeongdeungpo-gu
Seoul, Republic of Korea

T. 02 701 7421
F. 02 3273 9642

Email kuhminsa@kuhminsa.co.kr

자격증 시험
접 수 부 터
자 격 증
수 령 까 지

 필기원서접수
큐넷 회원 가입 후
(www.q-net.or.kr)
인터넷 접수만 가능
사진 파일, 접수비
(인터넷 결제) 필요
응시자격 요건
반드시 확인할것

 필기시험
입실 시간 미준수 시
시험 응시 불가
준비물 : 수험표,
신분증, 필기구 지참

 합격여부확인
큐넷 사이트에서 확인
(www.q-net.or.kr)

 실기원서접수
큐넷 회원 가입 후
(www.q-net.or.kr)
응시 자격 서류는
**실기시험 접수기간
(4일 내)** 에 제출
해야만 접수 가능

합격

한 발 앞서나가는 출판사
구민사에서 시작하세요!

실기시험

필답형과 작업형으로 분류. 원서 접수 시 선택한 장소와 시간에 맞게 시험을 봅니다.
준비물 : 수험표, 신분증, 필기구 지참!

합격여부확인

큐넷 사이트에서 확인
(www.q-net.or.kr)

자격증신청

방문 or 인터넷 신청 가능. 방문 신청 시 **신분증, 발급 수수료** 지참할 것

자격증수령

방문 or 등기 우편 수령 가능. 등기비용을 추가하면 우편으로 받을 수 있습니다.

무료 동영상 카페 이용방법

STEP 01 무료 동영상을 볼 수 있는 전쌤의 수질환경 필기책을 구입한다

STEP 02 전쌤과 함께하는 **네이버 카페**에 가입한다

STEP 03 카페에서 도서인증 후 무료 동영상을 마음껏 시청한다

STEP 04 궁금한 점은 **네이버 카페**를 통해 질의응답 한다

cafe.naver.com/makels

DAY · PLAN

100
100 DAY PLAN

D-70

수질오염공정시험기준 상하수도 계획

- **STEP 01** 동영상강의 듣기
- **STEP 02** 교재내용 복습
- **STEP 03** 교재의 예제문제 풀이

D-20

이론 중요내용 정리

- **STEP 01** 교재의 과목별 중요내용 확인
- **STEP 02** 교재의 별표 암기
- **STEP 03** 공식 및 예제문제 정리

수질오염개론

- **STEP 01** 동영상강의 듣기
- **STEP 02** 교재내용 복습
- **STEP 03** 교재의 예제문제 풀이

수질오염방지기술

- **STEP 01** 동영상강의 듣기
- **STEP 02** 교재내용 복습
- **STEP 03** 교재의 예제문제 풀이

실전문제(과년도 기출문제)

- **STEP 01** 동영상강의 듣기
- **STEP 02** 교재내용 복습
- **STEP 03** 문제 풀이 후 틀린 문제 체크

실전문제(CBT 복원문제)

- **STEP 01** 동영상강의 듣기
- **STEP 02** 교재내용 복습
- **STEP 03** 문제 풀이 후 틀린 문제 체크

실전문제 정리

- **STEP 01** 실전문제 중 틀린 문제 다시 풀이
- **STEP 02** 실전문제 풀이 후 틀린 문제 체크
- **STEP 03** 간략하게 정오노트 만들어 틀린 문제 이해하기

최종 정리

- **STEP 01** 기출문제 풀이 중 최종 틀린문제 다시 확인(2회 반복)
- **STEP 02** 교재의 "별표 3 ~ 2개" 내용 다시 확인
- **STEP 03** 핸드북으로 전체 내용 정리
  시험 당일 아침 [핸드북] 지참 잊지마세요!!

◆ PREFACE ◆

우리 주변의 하천이나 호수는 영양염류를 다량 포함하고 있는 오수 및 폐수의 유입으로 인해서 독소를 가진 조류 개체 수가 급속히 증가하고 있습니다. 하천이나 호수의 오염으로 인하여 하천의 수질관리 문제와 상수원 문제 등이 대두되고 있는 실정이며, 특정한 지역에서는 홍수가 발생하는가 하면, 다른 지역에서는 가뭄에 의한 식수 부족 및 수질오염 등이 사회적 문제로 대두되고 있는 실정입니다.

따라서 수질환경관리의 업무를 담당할 수질환경기사 자격증을 소지한 전문 인력의 수요는 경제가 발전할수록 지속적으로 증가할 것으로 전망되며, 장기적인 관점에서 볼 때 가장 많이 필요로 하고 꾸준히 각광을 받을 것으로 예상되는 환경직종이라 생각됩니다. 이에 도서출판 구민사와 저자는 보다 쉽고 빠르게 누구나 합격할 수 있도록 수질환경기사 수험서를 만드는데 온갖 열정과 경험을 쏟아부어 이번에 새롭게 출간하게 되었습니다.

수질환경기사 필기 수험서의 구성을 살펴보면 크게 핵심 이론편과 실전문제편으로 나누어 집니다.

먼저, 핵심이론편의 특징을 살펴보면 다음과 같습니다.

각 과목마다 자격증 시험에서 가장 많이 출제되는 이론을 중심으로 구성되었으며, 그중에서도 특히 중요한 이론에는 별표를 사용해 중요도 및 출제 빈도를 표시해 두었으며, 핵심 이론이 문제로 출제되는 경향을 파악하기 위해서 예제문제를 통해 이론내용을 한 번 더 정리하고 실전문제에 충분히 대비할 수 있도록 하였습니다.

실전문제편의 특징을 펴보면 다음과 같습니다.

과년도 기출문제에서 이론문제는 정답을 쉽게 찾을 수 있도록 풀이를 아주 상세히 설명해 두었고, 답이 되어야 하는 이유 등 구체적인 설명이 필요한 문제에는 (Tip)을 통해서 풀이에서 설명하지 못한 내용을 한 번 더 설명함으로써 문제를 풀이하는데 아주 쉽게 이해가 될 수 있도록 하였습니다. 계산문제의 풀이는 기본적인 공식과 각 용어설명은 물론이고 단위 환산에 대한 내용까지 (Tip)을 통해 한 번 더 설명하여 혼자서도 충분히 내용을 이해하면서 쉽게 공부할 수 있도록 교재를 만드는 데 중점을 두었습니다.

이번에 출간하는 수질환경기사 필기 수험서는 기존의 이론을 중심으로 구성되어 있는 기본 수험서와 기출문제를 중심으로 구성되어 있는 과년도 수험서에서 채워줄 수 없는 내용이나 과년도문제를 한 권의 교재로 정리하여, 이론 내용에 집중하는 수험생과 과년도문제에 집중하는 수험생 모두의 요구에 부합되도록 하이브리드 원리를 적용한 신개념의 수험서가 될 것이라 확신합니다.

20년 이상 환경분야 강의 경험과 강의 노하우를 가진 저자와 수험서 분야 최정상의 도서출판 구민사가 다시 한 번 뜻을 모아 야심차게 출간한 수질환경기사 이 한 권의 수험서가 수험생 여러분에게 공부 방향의 기준을 제시함은 물론이고, 핵심 이론편과 과년도문제편의 결합으로 이해도를 높이고, 개념 정리를 쉽게 할 수 있도록 하여 수질환경기사 자격증 공부에 신바람을 불어 넣어 드릴 것입니다.

저자와 출판사는 항상 노력하는 자세로 여러분께 다가가 누구나 쉽게 이해하면서 공부할 수 있는 개개인의 수험생이 만족할 수 있는 최적의 환경 수험서를 만들기 위해서 항상 최선의 노력을 다하고 있습니다.

마지막으로 이 책의 출판을 위해 적극적으로 도움 주신 도서출판 구민사 조규백 대표님과 직원 여러분께 깊은 감사를 드립니다.

저자 올림

CONTENTS

PART 01 수질오염개론

제1장 수질화학 • 3
1. 수질환경 기초 단위 • 3
2. 농도 • 7
3. 동력 • 10
4. 산화·환원 반응 • 10
5. 산화·환원 전위(Oxidation Reduction Potential : ORP) • 12
6. 평형상수(K), 물의 이온곱상수(K_w), 이온적(Q), 용해도적(Ksp) • 13
7. pH • 16
8. 완충방정식 • 18
9. 적정 공식 • 20

제2장 반응식 및 반응조 • 21
1. 반응속도식 • 21
2. 반감기 • 22
3. 반응조의 종류 • 23

제3장 수자원 및 물의 특성 • 27
1. 수자원 • 27
2. 물의 특성 • 28
3. 수자원의 특성 • 32
4. SAR(Sodium Adsorption Ratio) : 나트륨 흡착률 • 35

제4장 수질 미생물학 • 37
1. 미생물의 분류 및 특성 • 37
2. 미생물의 종류 • 40
3. 미생물의 성장 단계 • 47

제5장 수질오염지표 • 50
1. 용존산소(DO : Dissolved Oxygen) • 50
2. 생물화학적 산소요구량 (BOD : Biochemical Oxygen Demand) • 51
3. 화학적 산소요구량 (COD : Chemical Oxygen Demand) • 59
4. 총유기탄소 (TOC : Total Organic Carbon) • 60
5. 산소요구량 (OC : Oxygen Consumption) • 61
6. SOD(Sediment Oxygen Demand : 침전물 산소요구량) • 61
7. 경도(Hardness) • 61
8. 알칼리도(Alkalinity) • 63
9. 부유물질(SS : Suspended Solids) • 66

제6장 하천수의 수질관리 • 71
    1. 하천의 자정작용 • 71
    2. 자정계수(f)의 특징 • 72
    3. 용존산소(DO) • 74
    4. 하천의 정화단계 • 77
    5. 하천의 모형화 • 81
    6. 유해물질의 종류 및 특성 • 86
    7. 소독 및 살균 • 89
    8. BIP와 BI • 92
    9. 유독성 단위(TU : Toxic Unit) • 93
    10. 이온강도(I) • 93

제7장 호소수의 수질관리 • 94
    1. 호수의 수질관리 • 94
    2. 성층현상 및 전도현상 • 96
    3. 호수의 부영양화 • 97

제8장 해수의 수질관리 • 101
    1. 해수의 특성 • 101
    2. 적조현상 • 103
    3. 기타 내용정리 • 106

제9장 수질오염개론 공식정리 • 109
    1. 수질오염개론 주요공식 • 109
    2. 수질오염개론 주요반응식 정리 • 117

PART 02 수질오염방지기술

제1장 물리적 처리 • 121
1. 폐·하수 처리 계통도 • 121
2. 스크린(Screen) • 121
3. 정수시설의 착수정 • 123
4. 침사지 • 124
5. 침전지 • 128
6. 부상법 • 136
7. 여과법 • 137

제2장 화학적 처리 • 140
1. 화학적 처리의 특징 • 140
2. 중화 • 140
3. 화학적 응집 • 142
4. Jar Test(응집교반시험) • 147
5. 흡착법 • 148
6. Fenton 산화법 • 151
7. 유해물질 처리법 • 152
8. 살균 • 164

제3장 생물학적 처리 • 170
1. 표준활성슬러지법 • 170
2. 활성슬러지법의 종류 • 186
3. 생물막공법 • 189
4. 혐기성 처리 • 199

제4장 고도처리(3차 처리) • 204
1. 고도처리(3차 처리)의 특징 • 204
2. A/O 공법 • 206
3. A_2/O 공법 • 207
4. 4단계 Bardenpho 공정 • 209
5. 5단계 Bardenpho 공정 (수정 Bardenpho 공정 또는 M-Bardenpho 공정) • 210
6. 포스트립(Phostrip) 공법 • 212
7. VIP공법(Virginia Initative Plant) • 213
8. UCT 공정(University of Cape Town) • 214
9. 연속회분식 활성슬러지법 (SBR : Sequencing Batch Reactor) • 215
10. 질산화 공정 중 부유성장식 및 부착성장식 • 217

제5장 슬러지 처리 • 220
1. 슬러지 처리 공정 • 220

제6장 방지기술 공식 정리 • 227

PART 03 수질오염공정시험기준

제1장 총칙 • 239

제2장 정도보증/정도관리(QA/QC) • 247
  1. 목적 • 247
  2. 검정곡선(Calibration curve) • 247
  3. 검출한계 • 250
  4. 정밀도(Precision) • 251
  5. 정확도(Accuracy) • 251
  6. 현장 이중시료(Field duplicate) • 252

제3장 일반시험기준 • 253
  1. 공장폐수 및 하수유량-관(pipe) 내의 유량 측정방법 • 253
  2. 공장폐수 및 하수유량-측정용 수로 및 기타 유량 측정방법 • 259
  3. 하천유량-유속 면적법 • 269
  4. 시료의 채취 및 보존방법 • 271
  5. 시료의 전처리 방법 • 280

제4장 일반항목편 • 284
  1. 냄새(Odor) • 284
  2. 투명도(Transparency) • 286
  3. 탁도(Turbidity) • 288
  4. 색도(Color) • 290
  5. 수소이온농도 (Potential of Hydrogen, pH) • 291
  6. 용존산소(DO : Dissolved Oxygen) • 294
  7. 생물화학적 산소 요구량 (BOD, Biochemical Oxygen Demand) • 298
  8. 화학적 산소요구량 (Chemical Oxygen Demand) • 301
  9. 부유물질(Suspended Solids) • 305
  10. 노말헥산 추출물질 (n-Hexane Extractable Material) • 308
  11. 잔류염소(Residual Chlorine) • 311
  12. 염소이온(Chloride, Cl^-) • 313
  13. 암모니아성 질소 (Ammonium Nitrogen) • 315
  14. 아질산성 질소(Nitrite-Nitrogen) • 317
  15. 질산성 질소(Nitrate Nitrogen) • 319
  16. 총질소(Total Nitrogen) • 322
  17. 용존 총질소 (Dissolved Total Nitrogen) • 326
  18. 인산염인 (Phosphate Phosphorus, PO_4-P) • 327
  19. 총인(Total Phosphorus) • 330
  20. 용존 총인 (Dissolved Total Phosphorus) • 332
  21. 페놀류(Phenols) • 333
  22. 시안(Cyanides) • 335
  23. 불소화합물(Fluoride, F^-) • 337
  24. 브롬이온(Bromide) • 340
  25. 황산이온(Sulfate) • 341
  26. 음이온계면활성제 (Anionic Surfactants) • 341
  27. 클로로필 a(Chlorophyll a) • 343
  28. 전기전도도(Conductivity) • 344
  29. 총 유기탄소 (Total Organic Carbon) • 346
  30. 퍼클로레이트(Perchlorate) • 349
  31. 음이온류-이온크로마토그래피 • 349
  32. 음이온류-이온전극법 • 351

제5장 금속편 • 354

1. 금속류(Metals) • 354
2. 크롬(Chromium, Cr) • 364
3. 6가 크롬
   (Hexavalent Chromium, Cr^{6+}) • 365
4. 아연(Zinc, Zn) • 367
5. 구리(Copper, Cu) • 368
6. 카드뮴(Cadmium, Cd) • 368
7. 납(Lead, Pb) • 369
8. 망간(Manganese, Mn) • 369
9. 비소(Arsenic, As) • 370
10. 니켈(Nickel, Ni) • 371
11. 철(Iron, Fe) • 372
12. 셀레늄(Selenium, Se) • 372
13. 수은(Mercury, Hg) • 373
14. 알킬수은(Alkyl Mercury) • 376
15. 바륨(Barium, Ba) • 378
16. 안티몬(Antimony, Sb) • 379
17. 주석(Tin, Sn) • 379

제6장 유기물질 및 휘발성유기화합물편 • 380

1. 다이에틸헥실프탈레이트
   (Di-(2-Ethylhexyl)Phthalate) • 380
2. 석유계총탄화수소 • 382
3. 유기인
   (Organophosphorus Pesticides) • 383
4. 폴리클로리네이티드비페닐
   (Polychlorinated Biphenyls) • 385
5. 휘발성유기화합물
   (Volatile Organic Compounds) • 387

제7장 생물편 • 391

1. 총대장균군(Total Coliform) • 391
2. 분원성대장균군(Fecal Coliform) • 393
3. 대장균(Escherichia coli) • 395
4. 식물성플랑크톤(Phytoplankton) • 396
5. 물벼룩을 이용한 급성 독성 시험법
   (Cladocera, Crustacea) • 399

PART 04 상하수도 계획

제1장 상수도 계획 • 405
    1. 상수도 시설 • 405
    2. 급수인구 산정법 • 406
    3. 상수도 시설의 원수 • 408
    4. 상수도의 구성 • 414

제2장 하수도 계획 • 437
    1. 하수도 시설 • 437
    2. 각 시설별 계획 하수량 • 443
    3. 하수의 배제 방식 • 443
    4. 하수관거의 종류 • 445
    5. 오수처리 • 448
    6. 우수량 • 449
    7. 관거의 접합 • 455
    8. 매설하는 금속관의 전식방지방법의 종류 • 456

제3장 상수도용 양수설비 • 457
    1. 펌프의 용도 및 하수도용 펌프의 특징 • 457
    2. 펌프의 종류 • 459

제4장 해수의 담수화 • 467
    1. 해수 담수화 방식 • 467
    2. 해수의 담수화 방법 • 468

제5장 상하수도 계획 공식정리 • 469

PART 05 실전문제[과년도 기출문제]

2013
1회(2013년 3월 10일 시행) • 475
2회(2013년 6월 2일 시행) • 496
3회(2013년 8월 18일 시행) • 517

2014
1회(2014년 3월 2일 시행) • 535
2회(2014년 5월 25일 시행) • 555
3회(2014년 8월 17일 시행) • 575

2015
1회(2015년 3월 8일 시행) • 595
2회(2015년 5월 31일 시행) • 613
3회(2015년 8월 16일 시행) • 632

2016
1회(2016년 3월 6일 시행) • 651
2회(2016년 5월 8일 시행) • 671
3회(2016년 8월 21일 시행) • 690

2017
1회(2017년 3월 5일 시행) • 709
2회(2017년 5월 7일 시행) • 726
3회(2017년 8월 26일 시행) • 746

2018
1회(2018년 3월 4일 시행) • 764
2회(2018년 4월 28일 시행) • 781
3회(2018년 8월 19일 시행) • 798

2019
1회(2019년 3월 3일 시행) • 816
2회(2019년 4월 27일 시행) • 835
3회(2019년 8월 4일 시행) • 853

2020
1·2회(2020년 6월 7일 시행) • 871
3회(2020년 8월 22일 시행) • 890
4회(2020년 9월 26일 시행) • 909

2021
1회(2021년 3월 7일 시행) • 928
2회(2021년 5월 15일 시행) • 946
3회(2021년 8월 14일 시행) • 965

2022
1회(2022년 3월 5일 시행) • 984
2회(2022년 4월 24일 시행) • 1002

PART 05 실전문제[CBT 복원문제]

2023
1회 CBT 복원문제 • 1021
2회 CBT 복원문제 • 1040

2024
1회 CBT 복원문제 • 1059
2회 CBT 복원문제 • 1078

2025
1회 CBT 복원문제 • 1098
2회 CBT 복원문제 • 1117

INSTRUCTION MANUAL
이 책의 **사용설명서**

✦ INSTRUCTION MANUAL ✦

01 핵심 이론 및 예제 문제 수록

각 과목마다 시험에서 가장 많이 출제되는 이론을 중심으로 구성되어 있으며, 내용의 중요도에 따라(★★★) 표시해 출제 빈도를 파악할 수 있게 하였습니다. 이론에 따른 예제 문제를 통해서 한 번 더 정리하고 실전문제에 충분히 대비할 수 있도록 하였습니다.

02 스스로 학습을 위한 풀이와 Tip

계산문제나 중요 문제는 풀이 및 Tip을 이용해 공식 및 개념을 정리할 수 있도록 하였습니다. 기본적인 공식과 각 용어설명은 물론이고 단위 환산에 대한 내용까지 Tip을 통해 한 번 더 설명을 하여 혼자서도 충분히 내용을 이해하면서 쉽게 공부를 할 수 있도록 교재를 만드는 데 중점을 두었습니다.

INSTRUCTION MANUAL

03 과년도 기출문제 & CBT 복원문제

과년도 기출문제와 최신 복원문제를 통해 실전시험에 충분히 대비할 수 있도록 하였습니다.

◆ 수질환경기사 출제기준 ◆

직무 분야	환경·에너지	중직무 분야	환경	자격 종목	수질환경기사	적용 기간	2025.01.01. ~ 2029.12.31

직무내용 : 수질오염상태를 조사·평가 및 실험·분석하여 수질오염에 대한 관리대책을 강구하고 수질 오염물질을 제거 또는 감소시키기 위한 오염방지시설을 설계, 시공, 운영하는 직무이다.

필기검정방법	객관식	문제수	80	시험시간	2시간

필기과목명	문제수	주요항목	세부항목
수질오염개론	20	1. 수질 오염원의 관리	1. 점오염원 및 비점오염원 관리
		2. 수질환경예측	1. 수질환경 모델링
		3. 수생태계 및 물환경 특성	1. 수생태계 및 물환경 조사 2. 하천·호소 수질 관리
		4. 물환경보전법령	1. 물환경보전법
		5. 수질화학	1. 화학양론 2. 화학평형 3. 화학반응 4. 계면화학현상 5. 반응속도 6. 수질오염의 지표

필기과목명	문제수	주요항목	세부항목
상하수도계획	20	1. 상·하수도 기본계획	1. 상·하수도 기본계획
		2. 상수도 시설	1. 취·도수 및 송수시설 2. 정수시설(추가) 3. 배수 및 급수시설 4. 기타 상수관리시설 및 설비(추가)
		3. 하수도 시설	1. 관로시설 2. 하수처리시설(추가) 3. 기타 하수관리 시설 및 설비(추가)
수질오염 방지기술	20	1. 생물학적 처리공정 운전	1. 일반 생물학적 처리공정
		2. 생물학적 질소·인 제거 고도처리공정 운전	1. 생물학적 고도처리(질소·인 제거)공정
		3. 물리적 처리공정 운전	3. 물리적 처리공정 운전
		4. 화학적 처리공정 운전	1. 화학적 처리공정
		5. 슬러지 처리공정 운전	1. 슬러지 처리공정
		6. 단위공정별 운전 및 시설 유지 관리	1. 하·폐수 성상 및 시설 유지관리

필기과목명	문제수	주요항목	세부항목
수질오염 공정시험기준	20	1. 공정시험기준 일반사항	1. 총칙 및 용액제조
		2. 일반 항목 분석	1. 시료채취 · 운반 · 보관 2. 일반 항목 분석 방법
		3. 무기물질 (기기)분석	1. 시료채취 · 운반 · 보관 2. 무기물질 분석 방법
		4. 유기물질 (기기)분석	1. 시료채취 · 운반 · 보관 2. 유기물질 분석 방법
		5. 안전 관리	1. 실험실 안전 및 환경관리
		6. 미생물 · 생태독성 분석	1. 시료채취 · 운반 · 보관 2. 미생물 · 생태독성 검사 및 평가방법

※ 출제기준의 세세항목은 한국산업인력공단 홈페이지(http://www.q-net.or.kr/) 자료실에서 확인하실 수 있습니다.

◆ 수질환경기사 기본정보 ◆

개요
수질오염이란 물의 상태가 사람이 이용하고자 하는 상태에서 벗어난 경우를 말하는데 그런 현상 중에는 물에 인, 질소와 같은 비료성분이나 유기물, 중금속과 같은 물질이 많아진 경우 수온이 높아진 경우 등이 있다. 이러한 수질오염은 심각한 문제를 일으키고 있어 이에 따른 자연환경 및 생활환경을 관리 보전하여 쾌적한 환경에서 생활할 수 있도록 수질오염에 관한 전문적인 양성이 시급해짐에 따라 자격제도 제정

실시기관 홈페이지
http://www.q-net.or.kr

실시기관명
한국산업인력공단

진로 및 전망
정부의 환경 관련 공무원, 환경관리공단, 한국수자원공사 등 유관기관, 화공, 제약, 도금, 염색, 식품, 건설 등 오·폐수 배출업체, 전문폐수처리업체 등으로 진출할 수 있다. 또한 우리나라의 환경 투자비용은 매년 증가하고 있으며 이중 수질개선부분 즉, 수질관리와 상하수도 보전에 쓰여진 돈은 전체 환경투자비용의 50%를 넘는 등 환경예산의 증가로 인하여 수질관리 및 처리에 있어 인력수요가 증가할 것이다.

◆ 수질환경기사 시험정보 안내 ◆

수수료
필기 : 19400원 / - 실기 : 22600원

출제경향
- 필기시험의 내용은 고객만족 〉 자료실의 출제기준을 참고바랍니다. - 실기시험은 필답형으로 시행되며 고객만족 〉 자료실의 출제기준을 참고바랍니다.

출제기준
2025년부터는 수질환경기사 출제기준 (2025.1.1~2029.12.31) 파일을 참고하시기 바랍니다. 한국산업인력공단 홈페이지에서 메뉴상단 고객지원-자료실-출제기준에서도 보실 수 있습니다.

수수료	
시행처	한국산업인력공단
관련학과	대학 및 전문대학의 환경공학, 환경시스템공학, 환경공업 화학 관련학과
시험과목	- 필기 : 1. 수질오염개론 2. 상하수도계획 3. 수질오염방지기술 4. 수질오염 공정시험 기준 - 실기 : 수질오염방지 실무
검정방법	- 필기 : 객관식 4지 택일형 과목당 20문항(과목당 30분) - 실기 : 필답형(3시간)
합격기준	- 필기 : 100점을 만점으로 하여 과목당 40점 이상, 전과목 평균 60점 이상 - 실기 : 100점을 만점으로 하여 60점 이상

♦ 수질기사-공식 ♦

1. SAR(Sodium Adsorption Ratio) : 나트륨 흡착률

- $SAR = \dfrac{Na^+}{\sqrt{\dfrac{Mg^{2+}+Ca^{2+}}{2}}}$

- 단위 : meq/L = mN = mg/L ÷ 1mg당량
  $Na^+ = Na^+ mg/L \div 23$
  $Ca^{2+} = Ca^{2+} mg/L \div 20$
  $Mg^{2+} = Mg^{2+} mg/L \div 12$

2. BOD_t 공식

① 소모공식, 밑수 10(또는 상용대수)
  $BOD_t = BOD_u \times (1-10^{-k_1 \times t})$

② 소모공식, 밑수 e(또는 자연대수)
  $BOD_t = BOD_u \times (1-e^{-k_1 \times t})$

③ 잔류공식, 밑수 10(또는 상용대수)
  $BOD_t = BOD_u \times (10^{-k_1 \times t})$

④ 잔류공식, 밑수 e(또는 자연대수)
  $BOD_t = BOD_u \times (e^{-k_1 \times t})$

$\begin{bmatrix} BOD_t : t일\ BOD(mg/L) & BOD_u : 최종\ BOD(mg/L) \\ k_1 : 탈산소계수(/day) & t : 시간(day) \end{bmatrix}$

3. COD와 BOD와의 관계

$$\begin{cases} COD = BDCOD + NBDCOD \therefore NBDCOD = COD - BDCOD \\ \quad\quad BDCOD = BOD_u = 20일\ BOD = 최종\ BOD = BOD_5 \times K \\ COD = ICOD + SCOD \end{cases}$$

$\therefore COD = BDICOD + BDSCOD + NBDICOD + NBDSCOD$

- I : 비용해성(불용성) S : 용해성
- BD : 생물학적 분해 가능한 NBD : 생물학적 분해 불가능한

4. 경도 계산식

$$\frac{경도(mg/L)}{50g} = \frac{Ca^{2+}mg/L}{20g} + \frac{Mg^{2+}mg/L}{12g} + \frac{Fe^{2+}mg/L}{28g} + \frac{Mn^{2+}mg/L}{27.5g} + \frac{Sr^{2+}mg/L}{43.8g}$$

◆ 수질기사-공식 ◆

5. 산소부족농도

$$D_t(산소부족농도) = \frac{k_1 \times L_o}{k_2 - k_1} \times (10^{-k_1 \times t} - 10^{-k_2 \times t}) + D_o \times (10^{-k_2 \times t})$$

$\begin{bmatrix} k_1 : 탈산소계수(/day) & k_2 : 재폭기계수(/day) \\ L_o : 최종 BOD(=BOD_u)(mg/L) & D_o : 초기산소부족량(mg/L) \\ D_o = Cs(포화 DO농도) - C(혼합수중 DO농도) & t : 시간(day) = \dfrac{거리(m)}{유속(m/day)} \end{bmatrix}$

6. 교반조에서 사용되는 공식

$$G = \sqrt{\frac{P}{\mu \times V}} \Rightarrow P = G^2 \times \mu \times V$$

$\begin{bmatrix} G : 속도경사(/sec) & P : 동력(watt) \\ \mu : 점성도(kg/m \cdot sec = N \cdot sec/m^2) & V : 반응조 부피(m^3) \end{bmatrix}$

ⓒ $t(day) = \dfrac{V(m^3)}{Q(m^3/day)}$

7. SRT = MCRT = θc(미생물 체류시간 = 고형물 체류시간)

$$SRT = \frac{\text{살아있는 미생물}}{\text{죽은 미생물}} = \frac{MLSS \times V}{Q_w \times SS_w + Q_o \times SS_o}$$

8. 슬러지량($Q_w \cdot SS_w$; kg/day) = Y · BOD 제거량 − kd · MLSS량

$$Q_w \cdot SS_w(kg/day) = Y \times (BOD_i - BOD_o)(kg/m^3) \times Q(m^3/day)$$
$$- kd(/day) \times MLSS(kg/m^3) \times V(m^3)$$

9. LV : BOD 용적 부하(kg/m³ · day)

$$L_V(kg/m^3 \cdot day) = \frac{BOD\ \text{총량}(kg/day)}{\text{용적}(m^3)} = \frac{BOD(kg/m^3) \times Q(m^3/day)}{V(m^3)}$$

10. F/M비(BOD−MLSS 부하)

$$F/M\text{비}(/day) = \frac{\text{먹이}}{\text{미생물}} = \frac{BOD(kg/m^3) \times Q(m^3/day)}{MLSS(kg/m^3) \times V(m^3)}$$

◆ 수질기사-공식 ◆

11. VI(슬러지 용적지수) 계산식

① $SVI(mL/g) = \dfrac{SV(mL/L)}{MLSS(mg/L)} \times 10^3$

② $SVI(mL/g) = \dfrac{SV(\%)}{MLSS(mg/L)} \times 10^4$

③ $SVI(mL/g) = \dfrac{1}{SS_r(mg/L)} \times 10^6 = \dfrac{10^6}{SS_w(mg/L)}$

12. 반송비(R)

$R = \dfrac{MLSS - SS_i}{SS_r - MLSS} = \dfrac{MLSS - SS_i}{\dfrac{10^6}{SVI} - MLSS}$

13. 막의 면적(m^2)

① $Q_F = k \times (\triangle P - \triangle \pi)$

$\begin{bmatrix} Q_F : \text{유출수량}(L/m^2 \cdot day) & k : \text{막의 확산계수}(L/m^2 \cdot day \cdot kPa) \\ \triangle P : \text{압력차}(kPa) & \triangle \pi : \text{삼투압차}(kPa) \end{bmatrix}$

② 25℃ 의 막의 면적($A_{25℃}$) = $\dfrac{Q(\text{유량})}{Q_F(\text{유출수량})}$

③ 10℃ 의 막의 면적($A_{10℃}$) = $1.58 A_{25℃}$

14. 슬러지 공식정리

① $V_1 \times (100 - P_1) = V_2 \times (100 - P_2)$ 또는 $V_1 \times TS_1 = V_2 \times TS_2$

$\begin{bmatrix} V : \text{슬러지량}(m^3) & P : \text{함수율}(\%) & TS : \text{고형물 함량}(\%) \Rightarrow TS(\%) = 100 - P(\%) \end{bmatrix}$

② 슬러지량(m^3/day) = $\dfrac{SS\text{농도}(kg/m^3) \times Q(m^3/day) \times \eta(\text{제거율})}{\text{비중량}(kg/m^3)} \times \dfrac{100}{100 - P\%}$

원소주기율표

1 H 수소																	2 He 헬륨
3 Li 리튬	4 Be 베릴륨											5 B 붕소	6 C 탄소	7 N 질소	8 O 산소	9 F 플루오린	10 Ne 네온
11 Na 나트륨	12 Mg 마그네슘											13 Al 알루미늄	14 Si 규소	15 P 인	16 S 황	17 Cl 염소	18 Ar 아르곤
19 K 칼륨	20 Ca 칼슘	21 Sc 스칸듐	22 Ti 타이타늄	23 V 바나듐	24 Cr 크로뮴	25 Mn 망가니즈	26 Fe 철	27 Co 코발트	28 Ni 니켈	29 Cu 구리	30 Zn 아연	31 Ga 갈륨	32 Ge 저마늄	33 As 비소	34 Se 셀레늄	35 Br 브로민	36 Kr 크립톤
37 Rb 루비듐	38 Sr 스트론튬	39 Y 이트륨	40 Zr 지르코늄	41 Nb 나이오븀	42 Mo 몰리브덴	43 Tc 테크네튬	44 Ru 루테늄	45 Rh 로듐	46 Pd 팔라듐	47 Ag 은	48 Cd 카드뮴	49 In 인듐	50 Sn 주석	51 Sb 안티몬	52 Te 텔루륨	53 I 아이오딘	54 Xe 제논
55 Cs 세슘	56 Ba 바륨	란타넘족	72 Hf 하프늄	73 Ta 탄탈	74 W 텅스텐	75 Re 레늄	76 Os 오스뮴	77 Ir 이리듐	78 Pt 백금	79 Au 금	80 Hg 수은	81 Tl 탈륨	82 Pb 납	83 Bi 비스무트	84 Po 폴로늄	85 At 아스타틴	86 Rn 라돈
87 Fr 프랑슘	88 Ra 라듐	악티늄족	104 Rf 러더포듐	105 Db 더브늄	106 Sg 시보귬	107 Bh 보륨	108 Hs 하슘	109 Mt 마이트너륨	110 Ds 다름슈타튬	111 Rg 뢴트게늄							

란타넘족

57 La 란타넘	58 Ce 세륨	59 Pr 프라세오디뮴	60 Nd 네오디뮴	61 Pm 프로메튬	62 Sm 사마륨	63 Eu 유로퓸	64 Gd 가돌리늄	65 Tb 테르븀	66 Dy 디스프로슘	67 Ho 홀뮴	68 Er 에르븀	69 Tm 툴륨	70 Yb 이테르븀	71 Lu 루테튬

악티늄족

89 Ac 악티늄	90 Th 토륨	91 Pa 프로트악티늄	92 U 우라늄	93 Np 넵투늄	94 Pu 플루토늄	95 Am 아메리슘	96 Cm 퀴륨	97 Bk 버클륨	98 Cf 캘리포늄	99 Es 아인슈타이늄	100 Fm 페르뮴	101 Md 멘델레븀	102 No 노벨륨	103 Lr 로렌슘

범례:
- 20 → 원자번호
- Ca → 원소기호 (예: 固:액체 **a**:기체 a:고체)
- 칼슘 → 이름
- 금속
- 비금속
- 전이원소
- 란타넘족
- 악티늄족

PART 01

수질오염개론

CHAPTER 01　수질화학
CHAPTER 02　반응식 및 반응조
CHAPTER 03　수자원 및 물의 특성
CHAPTER 04　수질 미생물학
CHAPTER 05　수질오염지표
CHAPTER 06　하천수의 수질관리
CHAPTER 07　호소수의 수질관리
CHAPTER 08　해수의 수질관리
CHAPTER 09　수질오염개론 공식정리

수질환경
기   사
필   기

CHAPTER 01 수질화학

01 수질환경 기초 단위

1. 계량의 단위 및 기호

종류	단위	기호	종류	단위	기호
길이	미터	m	용량	킬로리터	kL
	센티미터	cm		리터	L
	밀리미터	mm		밀리리터	mL
	마이크로미터	μm		마이크로리터	μL
	나노미터	nm			
무게	킬로그램	kg	부피	세제곱미터	m^3
	그램	g		세제곱센티미터	cm^3
	밀리그램	mg		세제곱밀리미터	mm^3
	마이크로그램	μg			
	나노그램	ng	압력	기압	atm
넓이	제곱미터	m^2		수은주밀리미터	mmHg
	제곱센티미터	cm^2		수주밀리미터	mmH_2O
	제곱밀리미터	mm^2			

2. 기본단위(Unit)

단위계	길이	질량	시간
M·K·S 단위	m	kg	sec
C·G·S 단위	cm	g	sec

① M·K·S의 대표적인 단위는 N(뉴튼) 단위이며 $1N = kg \cdot m/sec^2$의 단위로 표기한다.
② C·G·S의 대표적인 단위는 dyne(다인) 단위이며 $1dyne = g \cdot cm/sec^2$의 단위로 표기

한다.
③ $1N = 10^5 dyne$이 된다.

★★ 3. 레이놀드 수(Re)

① 원형일 경우

$$Re = \frac{D \times V \times \rho}{\mu} = \frac{D \times V}{\nu}$$

- Re : 레이놀드 수
- V : 유속(m/sec 또는 cm/sec)
- μ : 점성계수(kg/m·sec 또는 g/cm·sec)
- D : 직경(m 또는 cm)
- ρ : 물의 밀도(kg/m^3 또는 g/cm^3)
- ν : 동점성계수(m^2/sec 또는 cm^2/sec)

TIP
cm^2/sec = stoke 단위

② 장방형일 경우

$$Re = \frac{D_o \times V \times \rho}{\mu} = \frac{D_o \times V}{\nu}$$

- D_o : 환산직경(m)
- $D_o = 4 \times 경심(R)$

③ 경심(R)

㉠ 원형일 경우

$$경심(R) = \frac{단면적}{윤변의 길이} = \frac{\frac{\pi D^2}{4}(m^2)}{\pi \cdot D(m)} = \frac{D}{4}(m)$$

㉡ 장방형일 경우

$$경심(R) = \frac{단면적}{윤변의 길이} = \frac{b \times h}{b + 2h}(m)$$

- b : 폭(m)
- h : 수두(m)

Question 01

20℃의 물이 6.0m/hr의 여과속도로 균일한 모래상을 흐르고 있다. 모래입자는 직경이 0.4mm이고, 비중이 2.65일 때 Reynolds 수를 계산하시오. (단, 20℃에서 물의 비중량은 998.2kg/m³, 점성계수는 1.002×10⁻³kg/m·sec)

풀이

$$Re = \frac{D \times V \times \rho}{\mu} = \frac{0.4 \times 10^{-3}m \times 6.0m/hr \times 1hr/3{,}600sec \times 998.2kg/m^3}{1.002 \times 10^{-3}kg/m \cdot sec} = 0.66$$

★★ 4. 차원 및 동점성 계수

차원이란 길이를 [L], 질량을 [M], 시간을 [T]로 표시하는 것을 말한다.

 동점성계수(Kinematic Viscosity) = $\dfrac{\mu(점성계수)}{\rho(밀도)}$

즉, 물의 동점성계수는 점성계수(μ)를 밀도(ρ)로 나눈 값이다.

[동점성계수(cm²/sec)   μ : 점성계수(g/cm·sec)   ρ : 밀도(g/cm³)

Question 02

물의 동점성계수를 가장 알맞게 나타낸 것은?
㉮ 전단력(τ)과 점성계수(μ)를 곱한 값이다.
㉯ 전단력(τ)과 밀도(ρ)를 곱한 값이다.
㉰ 점성계수(μ)를 전단력(τ)로 나눈 값이다.
㉱ 점성계수(μ)를 밀도(ρ)로 나눈 값이다.

풀이

물의 동점성계수(ν) = $\dfrac{점성계수(\mu)}{밀도(\rho)}$

 단위 : 밀도—g/cm³, 동점성계수—cm²/sec, 압력—dyne/cm², 점성계수—g/cm·sec, 표면장력—dyne/cm

Question 03

동점성(Kinematic viscosity)계수와 관계가 가장 먼 것은 어느 것인가?
㉮ Poise ㉯ Stoke
㉰ cm²/sec ㉱ μ/ρ(점성계수/밀도)

풀이 ㉮ Poise = g/cm · sec 로 점성계수의 단위이다.

③ CGS계로 표시한 차원
  ㉠ 동점성계수[L^2T^{-1}]
  ㉡ 밀도[ML^{-3}]
  ㉢ 점성계수[$ML^{-1}T^{-1}$]
  ㉣ 유량[L^3T^{-1}]

  [M : 질량, L : 길이, T : 시간]

 Question 04

다음의 차원방정식 중 틀린 것은? (단, M : 질량, L : 길이, T : 시간)
㉮ 확산계수 [LT^{-1}] ㉯ 밀도 [ML^{-3}]
㉰ 점성계수 [$ML^{-1}T^{-1}$] ㉱ 유량 [L^3T^{-1}]

풀이 ㉮ [LT^{-1}]은 속도를 나타낸다.

5. 온도

온도는 섭씨온도(℃), 화씨온도(℉), 절대온도(K)로 나타낸다.
① ℉ → ℃ : (℉ − 32) ÷ 1.8
② ℃ → ℉ : (℃ × 1.8) + 32
③ ℃ → K : 273 + ℃
④ ℉ → °R : ℉ + 460

6. 압력(표준압력)

① 1atm = 760mmHg = 10,332mmH$_2$O = 10,332mm수주 = 10,332mmAq
= 10,332kg/m^2 = 1.0332kg/cm^2 = 1013.2mbar = 101.35kPa = 14.7PSI

★★ ② 수은주 비중 = $\dfrac{10,332\text{mmH}_2\text{O}}{760\text{mmHg}}$ = 13.6, $\begin{cases} \text{mmH}_2\text{O} \xrightarrow{\div 13.6} \text{mmHg} \\ \text{mmHg} \xrightarrow{\times 13.6} \text{mmH}_2\text{O} \end{cases}$

Question 05

수은주 높이 200mm는 수주로 몇 mm인가?

풀이 200mmHg × 13.6 = 2,720mm 수주

7. 밀도, 비중, 비중량

① 밀도(Density)는 단위부피당 질량이며 $\dfrac{\text{질량(g)}}{\text{부피(cm}^3)}$ 으로 표시한다.

② 비중(Specipic Weight)은 표준물질의 밀도에 대한 물체의 밀도의 비이며,

$\dfrac{\text{물체의 무게}}{4℃\ \text{물의 무게}} = \dfrac{\text{물체의 밀도}}{4℃\ \text{물의 밀도}}$ 로 표시한다.

③ 비중은 단위가 없으므로 무차원수이고 밀도는 C·G·S 단위로 표기하고, 비중량은 M·K·S 단위로 표기한다.

02 농도

1. 농도

① 백분율(Parts Per Hundred)은 용액 100mL 중의 성분무게(g), 또는 기체 100mL 중의 성분무게(g)를 표시할 때는 W/V%, 용액 100mL 중의 성분용량(mL), 또는 기체 100mL 중의 성분용량(mL)을 표시할 때는 V/V%, 용액 100g 중 성분용량(mL)을 표시할 때는 V/W%, 용액 100g 중 성분무게(g)를 표시할 때는 W/W%의 기호를 쓴다. 다만, 용액의 농도를 "%"로만 표시할 때는 W/V%를 말한다.

★★ wt%농도 = $\dfrac{\text{용질 질량}}{\text{용질 질량 + 용매 질량}} \times 100$

Question 06

물 100g에 30g의 NaCl을 가하여 용해시키면 몇 %(W/W)의 NaCl 용액이 제조되는가?

㉮ 23%　　㉯ 27%　　㉰ 30%　　㉱ 33%

풀이 %(W/W) = $\dfrac{\text{용질(g)}}{\text{용매(g)+용질(g)}} \times 100 = \dfrac{30g}{100g+30g} \times 100 = 23.08\%$

② 천분율(ppt, parts per thousand)을 표시할 때는 g/L 또는 g/kg의 기호를 쓴다.
③ 백만분율(ppm, parts per million)을 표시할 때는 mg/L 또는 mg/kg의 기호를 쓴다.
④ 십억분율(ppb, parts per billion)을 표시할 때는 μg/L 또는 μg/kg의 기호를 쓴다.
⑤ 기체 중의 농도는 표준상태(0℃, 1기압)로 환산 표시한다.

★★ 2. M 농도(몰 농도)

① M 농도 = mol/L로 표시하며 용액 1L 중에 녹아있는 용질의 mol수를 의미한다.

$$\dfrac{\text{mol}}{\text{L}} = \dfrac{w(g)}{V(L)} \times \dfrac{1\text{mol}}{\text{분자량(g)}}$$

[w : 질량(g)　　V : 부피(L)]

② 비중, %농도가 주어진 경우

$$\dfrac{\text{mol}}{\text{L}} = \dfrac{\text{비중(g)}}{(\text{mL})} \times \dfrac{10^3 \text{mL}}{1\text{L}} \times \dfrac{1\text{moL}}{\text{분자량(g)}} \times \dfrac{\%\text{농도}}{100}$$

Question 07

PbSO₄가 25℃ 수용액에서 용해도가 0.05g/L라면 M 농도를 계산하시오. (단, PbSO₄의 분자량은 303이다.)

풀이 $\dfrac{\text{mol}}{\text{L}} = \dfrac{w(g)}{V(L)} \times \dfrac{1\text{mol}}{\text{분자량(g)}} = \dfrac{0.05g}{L} \times \dfrac{1\text{mol}}{303g} = 1.65 \times 10^{-4} \text{mol/L}$

Question 08

시중에 판매되는 농황산의 비중은 약 1.84, 농도는 96%(중량기준)정도이다. 이 농황산의 몰(mole/L) 농도는?

㉮ 56　　　　㉯ 32　　　　㉰ 26　　　　㉱ 18

풀이

$$mol/L = \frac{비중(g)}{(mL)} \times \frac{10^3 mL}{1L} \times \frac{1 mol}{분자량(g)} \times \frac{\%농도}{100}$$

$$= \frac{1.84g}{mL} \times \frac{10^3 mL}{1L} \times \frac{1 mol}{98g} \times \frac{96\%}{100}$$

$$= 18.02 mol/L$$

★★★ 3. N 농도(규정농도)

① N 농도 = eq/L로 표시하며 용액 1L 중에 녹아있는 용질의 1당량 g을 의미한다.

$$\frac{eq}{L} = \frac{w(g)}{V(L)} \times \frac{1eq}{1당량 g}$$

w : 질량(g)　　　　V : 부피(L)

② 비중, %농도가 주어진 경우

$$\frac{eq}{L} = \frac{비중(g)}{(mL)} \times \frac{10^3 mL}{1L} \times \frac{1eq}{1당량 g} \times \frac{\%농도}{100}$$

 Question 09

$KMnO_4$(과망간산칼륨) 0.79g을 증류수에 녹여 1L로 하였을 때 규정농도(N농도)를 계산하시오.

풀이

$$N농도(eq/L) = \frac{w(g)}{V(L)} \times \frac{1eq}{1당량g} = \frac{0.79g}{1L} \times \frac{1eq}{158g/5} = 0.025N$$

★★★ TIP

화학식	명칭	분자량	당량	1당량 g ★★
$KMnO_4$	과망간산칼륨	158g	5 당량	158g/5
$K_2Cr_2O_7$	다이크롬산칼륨	294g	6 당량	294g/6
NaOH	수산화나트륨	40g	1 당량	40g/1

03 동 력

$$kW = \frac{r \times Q \times H}{102 \times \eta} \times \alpha$$

- r : 물의 비중량(1,000kg/m³)   Q : 펌프의 토출량(m³/sec)
- H : 전양정(m) η : 효율 α : 여유율
- 1kW = 102kg·m/sec, 1HP = 76kg·m/sec, 1PS = 75kg·m/sec

TIP
102의 시간단위가 "sec"이므로 토출량(Q)의 시간단위는 반드시 "sec"임을 숙지하셔야 합니다.

Question 10

펌프효율 η = 80%이며 전양정 H = 16m인 조건 하에서 양수율 Q = 12L/sec로서 펌프를 회전시킨다면 모터의 축동력(kW)를 계산하시오. (단, 물의 밀도 r = 1,000kg/m³)

풀이
$$kW = \frac{r \times Q \times H}{102 \times \eta} \times \alpha = \frac{1,000kg/m^3 \times 12 \times 10^{-3}m^3/sec \times 16m}{102 \times 0.8} = 2.35kW$$

04 산화·환원 반응

1. 산화

① 전자를 주는 것
② 산화수 증가
③ 산소와 화합하는 현상
④ 원자가 증가되는 현상
⑤ 수소화합물에서 수소를 잃는 현상

2. 환원

① 전자를 얻는 것
② 산화수 감소
③ 수소와 화합하는 현상
④ 산소화합물에서 산소를 잃는 현상

3. 산화제

자신은 환원되면서 다른 물질은 산화시켜 주는 물질

① 다른 물질로부터 전자를 빼앗는 것
② 자신이 환원되는 물질
③ 상대방을 산화시키는 물질

4. 환원제

자신이 산화되면서 다른 물질은 환원시켜 주는 물질

① 다른 물질에서 전자를 주는 것
② 자신이 산화되는 물질
③ 상대방을 환원시키는 물질

Question 11

산화와 환원반응에 관한 내용으로 잘못된 것은 어느 것인가?

㉮ 전자를 준 쪽은 산화된 것이고 전자를 얻는 쪽은 환원이 된 것이다.
㉯ 산화수가 증가하면 산화, 감소하면 환원반응이라 한다.
㉰ 산화제는 전자를 주는 물질이며 전자를 주는 힘이 클수록 더 강한 산화제이다.
㉱ 상대방을 산화시키고 자신을 환원시키는 물질을 산화제라 한다.

풀이 ㉰ 산화제는 다른 물질로부터 전자를 빼앗는 물질이다.

★★★ 5. 산(Acid)

① Arrhenius는 수용액에서 양성자 [H^+]를 내어 놓는 것이다.
② Brönsted-Lowry는 양성자 [H^+]를 내어 주는 물질이다.

③ Lewis는 전자쌍을 수용액에서 받는 화학종이다.

★★ 6. 염기(Base)

① Arrhenius는 수용액에서 수산화이온 [OH$^-$]을 내어 놓는 것이다.
② Brönsted-Lowry는 양성자[H$^+$]를 받는 분자나 이온이다.
③ Lewis는 전자쌍을 수용액에서 주는 화학종이다.

> **Question 12**
>
> 산과 염기의 정의에 관한 설명으로 옳지 않은 것은?
> ㉮ Arrhenius는 수용액에서 수산화이온을 내어 놓는 물질을 염기라고 정의하였다.
> ㉯ Lewis는 전자쌍을 받는 화학종을 염기라고 정의하였다.
> ㉰ Arrhenius는 수용액에서 양성자를 내어 놓는 것을 산이라고 정의하였다.
> ㉱ Brönsted-Lowry는 수용액에서 양성자를 내어주는 물질을 산이라고 정의하였다.
>
> **풀이** ㉯ Lewis는 전기쌍을 수용액에서 주는 화학종을 염기라고 정의하였다.

★★ 7. 산의 공통적인 성질

① 신맛이 난다.
② 푸른 리트머스 종이를 붉은색으로 변화시킨다.
③ 물에 용해되면 전해질이 된다.
④ 염기와 반응하여 염과 물을 발생시킨다. (HCl+NaOH → NaCl+H$_2$O)
⑤ 아연 등의 금속과 반응하여 수소를 발생시킨다. (Zn^{2+}+H$_2$SO$_4$ → ZnSO$_4$+H$_2$↑)

05 산화·환원 전위 (Oxidation Reduction Potential ; ORP)

산화 환원 반응사이에서 전자의 흐름을 측정해 얻어지는 값을 의미한다.

① 호수의 ORP 값은 보통 0.6~0.5 V 이하의 값을 가진다.

② ORP 값의 예

$NO_3^- \to NO_2^-$: 0.45 ~ 0.40 V, $Fe^{3+} \to Fe^{2+}$: 0.30 ~ 0.20V

$NO_2^- \to NH_3$: 0.40 ~ 0.35 V, $SO_4^{2-} \to S^{2-}$: 0.10 ~ 0.06V

★★ 가장 먼저 반응하는 것은 ORP 값이 가장 큰 $NO_3^- \to NO_2^-$ 이며

★★ 가장 나중에 반응하는 것은 ORP 값이 가장 작은 $SO_4^{2-} \to S^{2-}$ 이다.

06 평형상수(K), 물의 이온곱상수(K_w), 이온적(Q), 용해도적(Ksp)

1. 평형상수(K)

$$aA + bB \rightleftharpoons cC + dD, \quad 평형상수(K) = \frac{[C]^c [D]^d}{[A]^a [B]^b}$$

> **평형상수**
> - 화학반응에서 반응계와 생성계의 양적인 관계를 나타내는 상수
> - 질량 작용의 법칙을 적용
> - 절대온도의 함수
> - 일반적으로 $K_w = 1.0 \times 10^{-14}$(25℃) $\begin{cases} 수온증가 \to K_w \uparrow \\ K_w \text{ 증가} \to pH \downarrow \end{cases}$

2. 물의 이온적(곱)상수(K_w)

$$H_2O \overset{K_w}{\rightleftharpoons} H^+ + OH^-, \quad K_w = [H^+] \cdot [OH^-] = 1.0 \times 10^{-14} (25℃)$$

$$\therefore [H^+] = \frac{K_w}{[OH^-]}, \quad K_w = [H^+]^2$$

$$\therefore [H^+] = \sqrt{K_w} = \sqrt{1.0 \times 10^{-14}} = 1.0 \times 10^{-7} mol/L$$

$$\therefore pH = \log \frac{1}{[H^+]} = -\log[H^+] = -\log[1.0 \times 10^{-7} mol/L] = 7.0$$

$$\therefore K_w = K_a \times K_b$$

$\begin{bmatrix} K_a : 산해리상수 & K_b : 염기해리상수 \end{bmatrix}$

$$CH_3COOH \underset{}{\overset{K_a}{\rightleftharpoons}} CH_3COO^- + H^+$$
　　(약산)　　　(염기)　　(산)

$$CH_3COO^- \xrightarrow[H_2O(양쪽성\ 물질)]{K_b} CH_3COOH + OH^-$$
　　　　　　　　　　　　　　(약산)　　(염기)

$$\therefore K_a = \frac{[CH_3COO^-][H^+]}{[CH_3COOH]} \Rightarrow [H^+] = \sqrt{K_a \cdot C}$$

$$\therefore K_b = \frac{[CH_3COOH][OH^-]}{[CH_3COO^-]} \Rightarrow [OH^-] = \sqrt{K_b \cdot C}$$

$$\therefore K_a \times K_b = \frac{[CH_3COO^-][H^+]}{[CH_3COOH]} \times \frac{[CH_3COOH][OH^-]}{[CH_3COO^-]}$$

$$= [H^+][OH^-] = K_w (물의\ 이온적) \quad \therefore K_w = K_a \times K_b$$

Question 13

물의 이온화적(K_w)에 관한 설명으로 옳은 것은?

㉮ 25℃에서 물의 K_w가 1.0×10^{-14}이다.
㉯ 물은 강전해질로서 거의 모두 전리된다.
㉰ 수온이 높아지면 감소하는 경향이 있다.
㉱ 순수의 pH는 7.0이며 온도가 증가할수록 pH는 높아진다.

풀이 ㉯ 물은 약전해질이다.
　　　㉰ 수온이 높아지면 물의 이온화적(K_w)은 증가한다.
　　　㉱ 순수의 pH는 7.0이며 온도가 증가할수록 pH는 감소한다.

3. 이온적(곱), 용해도적(곱)

$$A_mB_n \rightleftharpoons mA^+ + nB^-$$

① **이온적** : 현재 이온화된 물질의 농도곱(Q)　$Q = [A^+]^m[B^-]^n$
② **용해도적** : 포화상태에서 이온 농도의 곱(Ksp)　$Ksp[A_mB_n] = [A^+]^m[B^-]^n$

TIP

이온적(Q)은 생성물만 고려하고, 용해도적(Ksp)은 반응물과 생성물을 고려하여 차이가 있음을 숙지하셔야 합니다.

★★ 4. 용해도곱 = 용해도적(Ksp)

① 포화상태 : $Ksp = [A^+]^m[B^-]^n$
② 과포화상태 : $Ksp < [A^+]^m[B^-]^n$ ⇒ 침전물이 생성된다.
③ 불포화상태 : $Ksp > [A^+]^m[B^-]^n$ ⇒ 침전물이 생성되지 않는다.

Question 14

AgCl의 용해도가 1.0×10^{-5} mol/L일 때 Ksp를 계산하시오.

풀이 $AgCl \rightleftharpoons Ag^+ + Cl^-$
　　　　　xM　　xM　xM
∴ $Ksp = [Ag^+][Cl^-] = xM \times xM = [1.0 \times 10^{-5}M][1.0 \times 10^{-5}M] = 1.0 \times 10^{-10}$

Question 15

PbSO$_4$의 용해도가 0.035g/L이다. Ksp를 계산하시오. (PbSO$_4$: 303)

풀이 $PbSO_4 \rightleftharpoons Pb^{2+} + SO_4^{2-}$
　　　　　xM　　xM　xM
∴ $Ksp = [Pb^{2+}][SO_4^{2-}] = xM \times xM$

PbSO$_4$의 mol/L = $\dfrac{0.035g}{L} \times \dfrac{1mol}{303g} = 1.16 \times 10^{-4}$ mol/L

여기서 $xM = 1.16 \times 10^{-4}$ mol/L

따라서 $Ksp = [1.16 \times 10^{-4}M][1.16 \times 10^{-4}M] = 1.3 \times 10^{-8}$

★★ 5. 이온화 상수(정수) = $\dfrac{생성물\ 몰농도}{잔류물의\ 몰농도}$

$A_mB_n \rightleftharpoons mA^+ + nB^-$

이온화 상수 = $\dfrac{[A^+]^m[B^-]^n}{[A_mB_n - 전리된\ 농도]}$

Question 16

CH_3COOH 0.01M 3% 전리시켰다. 이온화 상수와 pH를 계산하시오.

풀이

$$CH_3COOH \xrightarrow{3\%전리} CH_3COO^- + H^+$$

전리 전   0.01M   0M   0M

전리 후 $(0.01 - 0.01 \times 0.03)$M (0.01×0.03)M (0.01×0.03)M

① 이온화 상수 = $\dfrac{(0.01 \times 0.03)(0.01 \times 0.03)}{(0.01 - 0.01 \times 0.03)} = 9.28 \times 10^{-6}$

② pH = $-\log[H^+] = -\log[0.01 \times 0.03 \text{mol/L}] = 3.52$

07   pH

① **pH와 POH의 정의**

$$pH = -\log[H^+] \Rightarrow [H^+] = 10^{-pH} \text{mol/L}$$

$$pOH = -\log[OH^-] \Rightarrow [OH^-] = 10^{-pOH} \text{mol/L}$$

Question 17

25℃, pH = 4.35인 용액에서 $[OH^-]$의 농도는?

㉮ 4.47×10^{-5} mol/L   ㉯ 6.54×10^{-7} mol/L
㉰ 7.66×10^{-9} mol/L   ㉱ 2.24×10^{-10} mol/L

풀이

① pH + pOH = 14
∴ pOH = 14 − pH = 14 − 4.35 = 9.65
② pOH = $-\log[OH^-]$에서 $[OH^-] = 10^{-pOH}$ mol/L
따라서 pOH = 9.65이므로
$[OH^-] = 10^{-pOH}$ mol/L = $10^{-9.65}$ mol/L = 2.24×10^{-10} mol/L

② **pH와 POH의 상관관계**

pH + pOH = 14

pH = 14 - pOH

pOH = 14 - pH

③ pH 계산식

산성물질에서 pH = -log[H^+]

알칼리성물질에서 pH = 14+log[OH^-]

Question 18

Mg(OH)$_2$ 290mg/L 용액의 pH는 얼마인가? (단, Mg(OH)$_2$는 완전해리 하며, 분자량은 58이다.)

㉮ 12.0 ㉯ 12.3 ㉰ 12.6 ㉱ 12.9

풀이 $Mg(OH)_2 \rightarrow Mg^{2+} + 2OH^-$
　　　　　XM　　　XM　　2XM

$Mg(OH)_2$의 mol/L = $\dfrac{0.29g}{L} \times \dfrac{1mol}{58g}$ = 0.005mol/L

따라서 XM = 0.005mol/L이므로

[OH^-] = 2XM = 2×0.005mol/L

pH = 14+log[OH^-] = 14+log[2×0.005mol/L] = 12.0

TIP
이 문제를 풀이할 때 [OH^-]의 농도가 2XM임에 주의하셔야 합니다.

Question 19

아세트산(CH_3COOH) 120mg/L 용액의 pH는 얼마인가? (단, 아세트산 Ka는 1.8× 10^{-5})

㉮ 1.65 ㉯ 4.21 ㉰ 3.72 ㉱ 3.52

풀이 $CH_3COOH \rightarrow CH_3COO^- + H^+$

$K_a = \dfrac{[CH_3COO^-][H^+]}{[CH_3COOH]}$ 에서 [CH_3COO^-] = [H^+]이므로

$K_a = \dfrac{[H^+]^2}{[CH_3COOH]}$

[H^+] = $\sqrt{K_a \times [CH_3COOH]}$

① [CH_3COOH]의 농도를 계산한다.

[CH_3COOH]의 mol/L = $\dfrac{0.12g}{L} \times \dfrac{1mol}{60g}$ = 0.002M

② [H^+] = $\sqrt{(1.8 \times 10^{-5}) \times (0.002M)}$ = 1.9×10^{-4}mol/L

③ pH = -log[H^+] = -log[1.9×10^{-4}mol/L] = 3.72

08 완충방정식

1. 완충방정식

① 약산 + 강염기성 염 ⇒ CH_3COOH + CH_3COOK
　　　　　　　　　　　　　　(약산)　　　(강염기)

② 약염기 + 강산성 염

$$CH_3COOH \underset{}{\overset{ka}{\rightleftharpoons}} CH_3COO^- + H^+$$
　(약산)　　　　　　　(공통이온)

$$CH_3COOK \xrightarrow{100\%\ 전리} CH_3COO^- + K^+$$
　(강염기)　　　　　　　　(공통이온)

$$Ka = \frac{[CH_3COO^-][H^+]}{[CH_3COOH]} \quad \therefore [H^+] = \frac{[CH_3COOH]}{[CH_3COO^-]} \times Ka$$

{ 공통이온이 있는 강염기로 대체
　$[CH_3COO^-] \Rightarrow [CH_3COOK]$
　$CH_3COO^- \ll 1$ 으로 무시할 수 있다.

$$\therefore [H^+] = \frac{[CH_3COOH] \cdot Ka}{[CH_3COOK]} = \frac{[CH_3COOH]}{[CH_3COOK]} \times Ka$$

pH를 구하면

$$pH = \log\frac{1}{[H^+]} = \log\frac{1}{\frac{[CH_3COOH](산)}{[CH_3COOK](염기)} \times Ka} = \log\frac{1}{Ka} + \log\frac{[염기]}{[산]}$$

$$\therefore pH = PKa + \log\frac{[염기]}{[산]} \Rightarrow 완충\ 방정식$$

★★ **TIP**

$$pH = pKa + \log\frac{[염기]}{[산]} \Rightarrow \log\frac{[염기]}{[산]} = pH - pKa$$

$$\Rightarrow \log\frac{[염기]}{[산]} = -\log[H^+] - (-\log Ka) \Rightarrow \frac{[염기]}{[산]} = \frac{Ka}{[H^+]}$$

Question 20

pH가 4가 되는 CH_3COOH와 CH_3COOK의 완충액을 만들려면 CH_3COOH와 CH_3COOK의 혼합비율을 계산하시오. (단, $Ka = 1.8 \times 10^{-5}$)

풀이) 완충방정식 : $pH = pKa + \log \frac{[염기]}{[산]} \Rightarrow \frac{[염기]}{[산]} = \frac{Ka}{[H^+]}$

$\Rightarrow \frac{[CH_3COOK]}{[CH_3COOH]} = \frac{1.8 \times 10^{-5}}{10^{-4}} = 0.18 \rightarrow [CH_3COOH] : [CH_3COOK] = 1 : 0.18$

2. 완충용액의 특징

① 완충방정식은 $PKa + \log \frac{[염기]}{[산]}$ 로 표시된다.

② 완충용액은 보통약산과 그 약산의 강염기의 염을 함유하거나 약염기와 그 약염기의 강산의 염이 함유된 용액이다.

③ CH_3COOK에 있어서는 거의 완전히 해리하므로 CH_3COO^- 농도는 거의 CH_3COOK의 농도에 가까워진다.

④ 약산 KH_2PO_4의 $H_2PO_4^-$이온과 염이온 Na_2HPO_4의 HPO_4^{2-}이온이 완충력으로 작용한다.

Question 21

완충용액에 관한 내용으로 틀린 것은 어느 것인가?

㉮ 완충용액의 작용은 화학평형원리로 쉽게 설명된다.
㉯ 완충용액은 한도내에서 산을 가했을 때 pH에 약간의 변화만 준다.
㉰ 완충용액은 보통 약산과 그 약산의 짝염기의 염을 함유한 용액이다.
㉱ 완충용액은 보통 강염기와 그 염기의 강산의 염이 함유된 용액이다.

풀이) ㉱ 완충용액은 보통 약산과 그 산의 강염기의 염이 함유된 용액이다.

09 적정 공식

1. 중화적정 공식

NV = N'V'

Question 22

0.1M H_2SO_4 10mL를 중화시키기 위해 0.1M NaOH 용액 몇 mL가 필요한가?

풀이 NV = N'V'에서 (0.1×2)N×10mL = (0.1×1)N×V' ∴ V' = 20mL

TIP

M농도 → N농도 : M농도 × 가수
H_2SO_4는 2가이므로 N농도는 0.1M × 2가 되고
NaOH는 1가이므로 N농도는 0.1M × 1이 된다.

① 산 + 산에서 혼합 후의 N농도 = $\dfrac{N_1V_1+N_2V_2}{V_1+V_2}$

② 염기 + 염기에서 혼합 후의 N농도 = $\dfrac{N_1V_1+N_2V_2}{V_1+V_2}$

③ 산 + 염기에서 혼합 후의 N농도 = $\dfrac{N_1V_1 - N_2V_2}{V_1+V_2}$

CHAPTER 02 반응식 및 반응조

01 반응속도식

$$r = \frac{dC}{dt} = -kC^m$$

- k : 반응 속도 상수
- m : 반응 차수

• **영향 인자**

① 농도 : 비례관계 (단, 0차 반응은 농도와 무관)
② 촉매 : 반응속도 증가
③ 온도 : 반응속도 증가(10℃ 증가하면 반응 속도는 2배 증가)
④ 표면적 : 표면적에 비례
⑤ 압력 : 액체에는 영향받지 않는다.(기체에서의 반응은 압력에 비례)
  ㉠ 0차 반응 : 어느 시간이 지나면 반응이 끝나버리는 반응

  $$r = \frac{dC}{dt} = -k[C]^0 \xrightarrow{\text{적분}} \boxed{C_t - C_o = -k \cdot t}$$

  ㉡ 1차 반응 : 반응속도는 반응물질 농도에 비례한다는 반응

  $$r = \frac{dC}{dt} = -k[C]^1 \xrightarrow{\text{적분}} \boxed{\ln \frac{C_t}{C_o} = -k \cdot t} \;\; ★★★$$

Question 01

방사성 원소의 붕괴반응은 몇 차 반응의 대표적인 예라 할 수 있는가?
㉮ 0차 반응   ㉯ 1차 반응   ㉰ 2차 반응   ㉱ 총괄 2차 반응

 ㉯

Question 02

어느 1차 반응에서 반응개시의 농도가 220mg/L이고 반응 1시간 후의 농도는 94mg/L이었다면 반응 2시간 후의 반응물질의 농도(mg/L)를 계산하시오.

풀이

1차 반응식 : $\ln \dfrac{C_t}{C_o} = -k \cdot t$

① $\ln \dfrac{94mg/L}{220mg/L} = -k \times 1hr$　　∴ $k = 0.85/hr$

② $\ln \dfrac{C_t}{220mg/L} = -0.85/hr \times 2hr$　　∴ $C_t = 220mg/L \times e^{(-0.85/hr \times 2hr)} = 40.19mg/L$

ⓒ 2차 반응 : 반응속도가 한가지 반응물의 농도의 제곱에 비례하여 진행하는 반응

$r = \dfrac{dC}{dt} = -k[C]^2 \xrightarrow{\text{적분}} \boxed{\dfrac{1}{C_o} - \dfrac{1}{C_t} = -k \cdot t}$ ★★

02 반감기

반감기를 사용하면 $C_t = \dfrac{1}{2}C_o$가 된다.

① 0차 : $C_t - C_o = -k \cdot t \xrightarrow[C_t = 0.5C_o]{\text{반감기}} 0.5C_o - C_o = -k \cdot t$

② 1차 : $\ln \dfrac{C_t}{C_o} = -k \cdot t \xrightarrow[C_t = 0.5C_o]{\text{반감기}} \ln \dfrac{0.5C_o}{C_o} = -k \cdot t \Rightarrow \boxed{\ln \dfrac{1}{2} = -k \times t}$ ★★

③ 2차 : $\dfrac{1}{C_o} - \dfrac{1}{C_t} = -k \cdot t \xrightarrow[C_t = 0.5C_o]{\text{반감기}} \dfrac{1}{C_o} - \dfrac{1}{0.5C_o} = -k \cdot t$

Question 03

반감기가 1일인 방사성 폐수의 농도가 100mg/L라면 감소속도상수(/day)를 계산하시오.(단, 1차 반응으로 가정한다.)

풀이

$$\ln \frac{C_t}{C_o} = -k \times t \xrightarrow[C_t = \frac{1}{2}C_o]{\text{반감기}} \ln \frac{1}{2} = -k \times t$$

$$\therefore \ln \frac{1}{2} = -k \times 1\,day \qquad \therefore k = 0.693/day$$

03 반응조의 종류

1. 완전혼합흐름상태(CFSTR, CSTR, CMR)

(1) 완전혼합형 활성슬러지법 공정도

★★(2) 완전혼합 흐름상태(CFSTR)

① 분산 : 1

② 분산수 : 무한대(∞)

③ 모릴지수(Morrill 지수) : 클수록

④ 지체시간 : 0

⑤ 단로흐름으로 dead space를 동반할 수 있다.

⑥ 반응조 내에 유체는 즉시 완전히 혼합된다고 가정한다.

Question 04

완전혼합흐름 상태에 대한 내용으로 알맞은 것은 어느 것인가?

㉮ 분산이 1일 때 이상적 완전혼합 상태이다.
㉯ 분산수가 0일 때 이상적 완전혼합 상태이다.
㉰ Morrill 지수의 값이 1에 가까울수록 이상적 완전혼합 상태이다.
㉱ 지체시간이 이론적 체류시간과 동일할 때 이상적 완전혼합 상태이다.

풀이 ㉯ 분산수가 무한대일 때 이상적 완전혼합 상태이다.
㉰ Morrill 지수의 값이 클수록 이상적 완전혼합 상태이다.
㉱ 지체시간이 0일 때 이상적 완전혼합 상태이다.

(3) 완전혼합형(CFSTR) 반응조에서 1차 반응식

★★ $Q(C_o - C_t) = k \times V \times C_t$

Q : 유량(m^3/hr)　　C_o : 초기농도(mg/L)　　C_t : t시간 후의 농도(mg/L)
k : 상수(/hr)　　V : 체적(m^3)

TIP

k가 없거나 희석만 고려하는 경우에는 다음과 같다.

$\ln \dfrac{C_t}{C_o} = -\left(\dfrac{Q}{V}\right) \times t$

2. 이상적인 플러그흐름 반응조(PFR)

(1) 플러그 흐름 활성슬러지법 공정도

★★ (2) 이상적인 플러그 흐름 상태(PFR)

① 분산 : 0
② 분산수 : 0
③ 모릴지수(Morrill 지수) : 1

④ 지체시간 : 이론적 체류시간과 동일할 때
⑤ 충격부하, 부하변동에 취약하다.
⑥ 탱크가 옆으로 길고 상하는 혼합하나 좌우혼합은 없다.

> **Question 05**
>
> 이상적 Plug flow에 관한 설명으로 옳지 않은 것은?
> ㉮ 분산(Variance)은 0이다.
> ㉯ 분산수(Dispersion No)는 0이다.
> ㉰ 모릴지수(Morrill Index)가 0이다.
> ㉱ 충격부하, 부하변동에 취약한 편이다.
>
> 풀이 ㉰ 모릴지수(Morrill Index)는 1이다.

(3) 플러그반응조(PFR)에서 1차 반응식

★★ $\ln \dfrac{C_t}{C_o} = -\left(\dfrac{Q}{V}\right) \times t$

C_o : 초기농도(mg/L)　　C_t : t시간 후의 농도(mg/L)
k : 상수(/hr)　　V : 체적(m^3)　　Q : 유량(m^3/hr)

3. Morrill Index(모릴지수 : Mo)

$M_o = \dfrac{t_{90}}{t_{10}}$

t_{90} : 90%가 유출될 때까지의 시간(min)　　t_{10} : 10%가 유출될 때까지의 시간(min)

★★★ 4. CFSTR과 PFR의 비교

	CFSTR	PFR
분산	1	0
분산수	무한대(∞)	0
모릴지수	클수록	1
지체시간	0	이론적 체류시간과 동일할 때

★★★ 5. 반응조에서 1차반응식 공식 비교

① 플러그흐름 반응조(PFR)

$$\ln \frac{C_t}{C_o} = -\left(\frac{Q}{V}\right) \times t$$

② 완전혼합형 반응조(CFSTR)

    ㉠ k가 주어진 경우

$$Q \times (C_o - C_t) = k \times V \times C_t$$

    ㉡ k가 없거나 희석만 고려하는 경우

$$\ln \frac{C_t}{C_o} = -\left(\frac{Q}{V}\right) \times t$$

Question 06

특정의 반응물을 포함한 유체가 CFSTR을 통과할 때 반응물의 농도가 100mg/L에서 10mg/L로 감소하였고, 반응기 내의 반응이 1차반응이며 유체의 유량이 1,000m³/day이라면, 반응기 체적(m³)을 계산하시오. (단, 반응속도상수는 0.5day^{-1})

풀이 CFSTR에서 1차 반응식은 $Q(C_o - C_t) = k \cdot V \cdot C_t$이다.

1,000m³/day × (100-10)mg/L = 0.5/day × V × 10mg/L   ∴ V = 18,000m³

Question 07

용량이 6,000m³인 수조에 400m³/hr의 유량이 유입된다면 수조 내 BOD 200mg/L가 20mg/L로 될 때 까지의 소요시간(hr)을 계산하시오. (단, 유입수 내 BOD = 0이며, 완전 혼합형(희석 효과만 고려함.))

풀이

$$\ln \frac{C_t}{C_o} = -\left(\frac{Q}{V}\right) \times t$$

C_o : 초기농도(mg/L) C_t : t시간 후 농도(mg/L)   Q : 유량(m³/hr)

V : 체적(m³)   t : 시간(hr) $k = \frac{Q}{V}$

따라서 $\ln\left(\frac{20\text{mg/L}}{200\text{mg/L}}\right) = -\left(\frac{400\text{m}^3/\text{hr}}{6,000\text{m}^3}\right) \times t$ ∴ t = 34.54hr

TIP

완전혼합형 반응조의 1차 반응식은 $Q(C_o - C_t) = k \cdot V \cdot C_t$로 계산되지만 k가 없거나 희석만 고려하는 경우는 $\ln \frac{C_t}{C_o} = -\left(\frac{Q}{V}\right) \times t$를 이용하여 계산한다.

CHAPTER 03 수자원 및 물의 특성

수자원

1. 물의 순환

물 순환의 근본에너지는 태양에너지다.

2. 지구상의 수자원은 해수와 담수로 나누어진다.

① 수자원 중 해수가 97%이고 담수가 3%를 차지한다.

★★★ ② 담수의 분포는 다음과 같다.

빙하(만년설 포함) > 지하수 > 지표수 > 토양의 수분 > 대기 중의 수분

(중요) 담수 중에서 가장 많은 양을 차지하는 것은 빙하(만년설 포함)이다.

Question 01

지구에서 물(담수)의 저장 형태 중 가장 많은 양을 차지하는 것은?
㉮ 만년설과 빙하   ㉯ 담수호   ㉰ 토양수   ㉱ 대기

 ㉮

★★ ③ 우리나라 수자원 이용현황은
농업용수 > 하천유지용수 > 생활용수 > 공업용수 순서이다.

Question 02

다음 우리나라의 수자원 이용현황 중 가장 많은 용도로 사용하고 있는 용수는 어느 것인가?
㉮ 생활용수　　　㉯ 공업용수　　　㉰ 하천유지용수　　　㉱ 농업용수

정답　㉱

02 물의 특성

★★ 1. 물의 물리적 성질

① 비열 : 1.0cal/g·℃(15℃)
② 표면장력 : 72.75dyne/cm(20℃)
③ 융해열 : 79.40cal/g(0℃)
④ 음파의 전파속도 : 1482.9m/sec(20℃)
⑤ 비저항 : $2.5 \times 10^7 \Omega\,cm$
⑥ 기화열 : 539cal/g(100℃)
⑦ 비점 : 100℃(1기압하)
⑧ 빙점 : 0℃(1기압하)
⑨ 밀도 : $1.000g/cm^3$(4℃)

Question 03

순수한 물의 물리적 특성에 대한 내용으로 옳지 않은 것은?
㉮ 4℃, 1기압에서 밀도는 $1,000kg/m^3$이다.
㉯ 비열은 1.0 cal/g·℃(15℃) 이다.
㉰ 융해열은 79.4 cal/g(0℃) 이다.
㉱ 표면장력은 539 $dyne/cm^2$(20℃) 이다.

풀이　㉱ 표면장력은 72.75dyne/cm(20℃) 이다.

★★★ 2. 물의 물리적 특성

① 수소와 산소의 공유결합 및 수소결합으로 되어 있다.
② 물의 점도는 표준상태에서 대기의 대략 100배 정도이다.
③ 물 분자 사이의 수소결합으로 큰 표면장력을 갖으며 수온이 증가하면 표면장력은 감소한다.
④ 상온에서 알칼리금속, 알칼리토금속, 철과 반응하여 수소를 발생시킨다.

> **TIP**
>
> 철과 물의 반응
> $Fe^{2+} + H_2O \rightarrow FeO + H_2 \uparrow$

⑤ 고체상태인 경우 수소결합에 의한 육각형 결정구조로 되어 있다.
★★ ⑥ 액체상태의 경우 공유결합과 수소결합의 구조로 H^+, OH^-로 전리되어 극성을 가진다.
 (화학구조적으로 극성을 띠어 많은 물질들을 녹일 수 있다.)

> **TIP**
>
> ① 극성 : 물에 녹으며, 비대칭구조를 가진다.
> ② 비극성 : 물에 녹지 않으며, 대칭구조를 가진다.

⑦ 온도차에 의한 밀도변화는 호수의 계절적 성층화와 전도를 유도한다.

> **TIP**
>
> ① 성층화 현상 ┌ 강한 성층 : 여름
>   └ 약한 성층 : 겨울
> ② 전도현상 : 봄과 가을

★★ ⑧ 물은 2개의 수소원자가 산소원자를 사이에 두고 104.5°의 결합각을 가진 구조로 되어 있다.
★★ ⑨ 물은 유사한 분자량의 화합물보다 비열이 매우 커 수온의 급격한 변화를 방지해 준다.
⑩ 지구상에서의 물의 대규모 순환은 해양에서 대기로, 대기에서 육상 또는 해상으로, 육지에서 해양으로의 이동이다.
★★ ⑪ 기화열이 크기 때문에 생물의 효과적인 체온조절이 가능하다.
★★ ⑫ 생물체의 결빙이 쉽게 일어나지 않음은 물의 융해열이 크기 때문이다.

★★ ⑬ 비열은 1g의 물질을 14.5℃~15.5℃까지 1℃ 올리는데 필요한 열량으로 물은 유사한 분자량을 갖는 다른 화합물보다 비열이 매우 큰 특성이 있다.
★★ ⑭ 물의 점도는 수온과 불순물의 농도에 따라 달라지고, 물분자 상호간의 인력때문에 생기게 되며 온도가 높아짐에 따라 작아진다.
★★ ⑮ 물은 비압축성이며 다른 액체상태의 물질과는 달리 약 4℃ 일 때 물의 비중은 1.0이며, 물의 밀도는 1,000kg/m³으로 최대값을 가진다.
⑯ 광합성의 수소공여체이며 호흡의 최종 산물이다.
⑰ 순수한 물은 극히 약한 전해질이다.
⑱ 25℃ 물의 이온곱(K_w)은 1.0×10^{-14}이다.
⑲ 온도가 증가하면 이온곱(K_w)은 증가하고, 온도가 일정하면 이온곱(K_w)도 일정하다.
★★ ⑳ 순수한 물에서 온도가 증가하면 pH가 감소한다.
㉑ 순수한 물의 액성은 중성이다.

TIP
① 수소공여체 : 생체 산화 환원계에서 수소를 다른 물질에 공급하고 그 자신은 산화되는 물질
② 수소수용체 : 탈수소반응에서, 반응물질에서 나오는 수소와 결합하여 스스로 변화하는 물질

Question 04

물의 특성에 관한 설명으로 잘못된 것은 어느 것인가?
㉮ 물은 2개의 수소원자가 산소원자를 사이에 두고 104.5°의 결합각을 가진 구조로 되어 있다.
㉯ 물은 극성을 띠지 않아 다양한 물질의 용매로 사용된다.
㉰ 물은 유사한 분자량의 다른 화합물보다 비열이 매우 커 수온의 급격한 변화를 방지해준다.
㉱ 물의 밀도는 4℃에서 가장 크다.

풀이 ㉯ 물은 극성을 띠며 다양한 물질의 용매로 사용된다.

3. 표면장력

① 표면장력은 단위길이당 작용하는 힘으로 액체표면에서 액체 내부의 당기는 힘에 의해 액체표면에 움츠이는 힘이 생기는 것을 말한다.

② 용액의 무게 = 표면장력$\left(\dfrac{힘}{길이}\right)$×접촉면 길이(원주길이) × $\cos\theta$

③ 용액의 무게 = 부피 × 비중량

⇒ ②식과 ③식을 등식으로 성립시키면

표면장력 × 접촉면길이 × $\cos\theta$ = 부피 × 비중량

T_m(표면장력) × π × D × $\cos\theta$

$= \dfrac{\pi D^2}{4}$ × h(높이) × rw(물의 비중량)

★★ ∴ h $= \dfrac{4 \cdot T_m \cdot \cos\theta}{D \cdot rw}$

TIP

$\begin{cases} T_m(g_f/cm) = dyne/cm \times \dfrac{1g_f}{980 dyne} \\ rw(\text{물의 비중}) = 1.0 g_f/cm^3 \\ D : \text{모세관 직경(cm)} \end{cases}$

Question 05

모세관현상을 이용한 물 순환장치를 설계하고자 한다. 1cm의 물기둥을 세울 수 있는 유리관의 지름(mm)을 계산하시오. (단, 물은 정지하고 있으며, 물의 온도는 15℃, 이때의 표면장력은 73.5 dyne/cm, 물과 유리와의 접촉각은 8°이다.)

풀이

$D = \dfrac{4 \times T_m \times \cos\theta}{r \times h} = \dfrac{4 \times (73.5 dyne/cm \times \dfrac{1g_f}{980 dyne})g_f/cm \times \cos 8°}{1 g_f/cm^3 \times 1 cm} = 0.297 cm = 2.97 mm$

TIP

$T_m(g_f/cm) = T_m(dyne/cm) \times \dfrac{1 g_f}{980 dyne} = T_m(dyne/cm) \div 980$

$T_m(kg_f/m) = T_m(N/m) \times \dfrac{1 kg_f}{9.8 N} = T_m(N/m) \div 9.8$

03 수자원의 특성

1. 우 수

① 우수의 주성분은 육수(陸水)보다는 해수(海水)의 주성분과 거의 동일하다고 할 수 있다.
② 해안에 가까운 우수는 염분함량의 변화가 크다.
③ 산성비가 내리는 것은 대기오염물질인 NO_x, SO_x 등의 용존성분 때문이다.
④ 완충작용이 작다

 Question 06

우수(雨水)에 대한 내용으로 틀린 것은 어느 것인가?

㉮ 우수의 주성분은 육수(陸水)보다는 해수(海水)의 주성분과 거의 동일하다고 할 수 있다.
㉯ 해안에 가까운 우수는 염분함량의 변화가 크다.
㉰ 용해성분이 많아 완충작용이 크다.
㉱ 산성비가 내리는 것은 대기오염물질인 NO_x, SO_x 등의 용존성분 때문이다.

풀이 ㉰ 용해성분이 적어 완충작용이 낮다.

2. 산성강우

① 주요 원인 물질은 유황산화물, 질소산화물, 염산을 들 수 있다.
② 초목의 잎과 토양으로부터 Ca^{2+}, Mg^{2+}, K^+ 등의 용출속도를 증가시킨다.
★★ ③ 보통 대기 중 탄산가스와 평형상태에 있는 물은 약 pH 5.6의 산성을 띠고 있다.

 Question 07

산성비를 정의할 때 기준이 되는 수소이온농도(pH)는?

㉮ 4.3   ㉯ 4.5   ㉰ 5.6   ㉱ 6.3

풀이 산성비는 대기중의 탄산가스(CO_2)가 대기 중의 수분이나 운적에 용해되면 약산성인 탄산을 형성하여 포화 평형상태의 pH는 5.6이 된다.

3. 하천수

★★ ① 탁도와 색도를 나타낸다.
★★ ② 하상계수(최대유량과 최소유량의 비)가 크다.
   ③ 갈수기에는 수질이 악화되기 쉽다.
   ④ 미생물과 유기물이 많이 함유되어 있다.
   ⑤ 자연수의 pH는 일반적으로 CO_2와 CO_3^{2-}의 비율로서 결정된다.

Question 08

다음 중 우리나라 하천수에 대한 설명으로 틀린 것은?

㉮ 탁도와 색도를 나타낸다.
㉯ 하상계수가 작다.
㉰ 미생물과 유기물이 많이 함유되어 있다.
㉱ 자연수의 pH는 일반적으로 CO_2와 CO_3^{-2}의 비율로서 결정된다.

풀이 ㉯ 하상계수가 크다.

4. 호소수

① 냄새, 색도, 탁도를 나타낸다.
★★ ② 영양염류(N, P)가 많아 농업용수로 적합하다.
★★ ③ 부영양화 현상(녹조현상)이 잘 발생한다.
★★ ④ 미생물 중에서 조류가 존재할 경우에는 엽록소를 가지므로 광합성 작용을 한다.

㉠ 광합성 작용 : $CO_2 + H_2O \xrightarrow[\text{낮}]{\text{빛}} [CH_2O] + O_2 \uparrow$

㉡ 낮 : CO_2 감소, O_2 증가, pH 증가

㉢ 밤 : CO_2 증가, O_2 감소, pH 감소

TIP
CO_2는 약산성 물질이므로 호소수에 CO_2가 증가하면 pH는 낮아지고, 호소수에 CO_2가 감소하면 pH는 증가하게 된다.

5. 지하수

★★★ (1) 지하수의 특징

① 분해성 유기물질이 풍부한 토양을 통과하게 되면 지하수 내에 대량의 이산화탄소가 용해된다.

★★ ② 유속이 느리며 국지적 환경조건의 영향을 크게 받는다.

★★ ③ 경도가 높고 탁도가 낮다.

★★ ④ 년중 수온의 변동 및 유량의 변화가 적고, 자정작용이 느리다.

⑤ 세균에 의한 유기물의 분해가 주된 생물작용이다.

★★ ⑥ 비교적 얕은 지하수의 염분농도는 하천수보다 평균 30% 이상 큰 값을 나타낸다.

⑦ 지하수의 오염경로는 복잡하여 오염원에 의한 오염범위를 명확하게 구분하기가 용이하지 못하다.

⑧ 지하수는 흐름을 눈으로 관찰할 수 없기 때문에 대부분의 경우 오염원의 흐름방향을 명확하게 확인하기 어렵다.

⑨ 오염된 지하수층을 제거, 원상 복구하는 것은 매우 어려우며 많은 비용과 시간이 소요된다.

⑩ 지하수는 대부분 지역에서 느린 속도로 이동하여 관측정이 오염원으로부터 원거리에 위치한 경우 오염원의 발견에 많은 시간이 소요될 수 있다.

Question 09

지하수의 특성에 관한 설명으로 가장 거리가 먼 것은?

㉮ 염분함량이 지표수보다 낮다.
㉯ 주로 세균(혐기성)에 의한 유기물 분해작용이 일어난다.
㉰ 국지적인 환경조건의 영향을 크게 받는다.
㉱ 빗물로 인하여 광물질이 용해되어 경도가 높다.

풀이 ㉮ 염분함량이 지표수보다 높다.

TIP

지하수에서 경도가 높은 이유
토양수 내 유기물질 분해에 따른 탄산가스의 발생과 약산성의 빗물로 인하여 광물질이 용해되기 때문이다.

Question 10

자연수 중 지하수의 경도가 높은 이유는 다음 중 주로 어떤 물질의 영향인가?

㉮ NH_3 ㉯ O_2 ㉰ Colloid   ㉱ CO_2

정답 ㉱

★★★ (2) 지하수 수질의 수직 분포

① 산화-환원 전위(ORP) : 상층수(고), 하층수(저)
② 용존산소(DO) : 상층수(대), 하층수(소)
③ 황산이온(SO_4^{2-}) : 상층수(대), 하층수(소)
④ 질산이온(NO_3^-) : 상층수(대), 하층수(소)
⑤ pH : 상층수(대), 하층수(소)
⑥ 유리탄산 : 상층수(대), 하층수(소)
⑦ 질소 : 상층수(소), 하층수(대)
⑧ 염분 : 상층수(소), 하층수(대)
⑨ 철이온(Fe^{2+}) : 상층수(소), 하층수(대)
⑩ 알칼리도 : 상층수(소), 하층수(대)

★★ Question 11

다음은 지하수 수질의 수직분포에 대한 설명이다. 틀린 것은?

㉮ ORP : 상층수(고), 하층수(저)   ㉯ 용존산소 : 상층수(대), 하층수(소)
㉰ 유리탄산 : 상층수(대), 하층수(소)   ㉱ 염분 : 상층수(대), 하층수(소)

풀이 ㉱ 염분 : 상층수(소), 하층수(대)

04 SAR(Sodium Adsorption Ratio) : 나트륨 흡착률

① $SAR = \dfrac{Na^+}{\sqrt{\dfrac{Mg^{2+}+Ca^{2+}}{2}}}$

Question 12

농업용수의 수질을 분석할 때 이용되는 SAR(Sodium Adsorption Ratio)과 관계 없는 것은?

㉮ Na^+　　㉯ Mg^{2+}　　㉰ Ca^{2+}　　㉱ Fe^{2+}

풀이 SAR(나트륨 흡착률) $= \dfrac{Na^+}{\sqrt{\dfrac{Mg^{2+}+Ca^{2+}}{2}}}$ 이므로 정답은 ㉱번이다.

② 단위 : meq/L = mN = mg/L ÷ 1mg당량

Na^+ = Na^+mg/L ÷ 23

Ca^{2+} = Ca^{2+}mg/L ÷ 20

Mg^{2+} = Mg^{2+}mg/L ÷ 12

③ 판정
- SAR 0~10 : 영향 적음
- SAR 10~18 : 중간 정도 영향
- SAR 18~26 : 큰 영향
- SAR 26 이상 : 아주 큰 영향

Question 13

다음 수질을 가진 농업용수의 SAR값을 계산하시오. (단, Na^+ = 1,725mg/L, PO_4^{3-} = 1,500mg/L, Cl^- = 108mg/L, Ca^{2+} = 600mg/L, Mg^{2+} = 240mg/L, NH_3-N = 380mg/L, Na 원자량 : 23, P 원자량 : 31, Cl 원자량 : 35.5, Ca 원자량 : 40, Mg 원자량 : 24, N 원자량 : 14)

풀이 SAR(Sodium Adsorption Ratio) : 나트륨 흡착률

① $SAR = \dfrac{Na^+}{\sqrt{\dfrac{Mg^{2+}+Ca^{2+}}{2}}}$

② 단위 : meq/L = mN = mg/L ÷ 1mg 당량

Na^+ = 1,725mg/L ÷ 23 = 75mN

Ca^{2+} = 600mg/L ÷ 20 = 30mN

Mg^{2+} = 240mg/L ÷ 12 = 20mN

③ $SAR = \dfrac{75}{\sqrt{\dfrac{30+20}{2}}} = 15$

CHAPTER 04 수질 미생물학

01 미생물의 분류 및 특성

1. 에너지원과 탄소원에 의한 미생물의 분류

① 광합성 독립(자가) 영양 미생물의 에너지원은 빛이며 탄소원은 CO_2이다.
② 화학합성 독립(자가) 영양 미생물의 에너지원은 무기물의 산화·환원반응이며 탄소원은 CO_2이다.
③ 광합성 종속(타가) 영양 미생물의 에너지원은 빛이며 탄소원은 유기탄소이다.
④ 화학합성 종속(타가)영양 미생물의 에너지원은 유기물의 산화·환원반응이며 탄소원은 유기탄소다.

분류	에너지원	탄소원
광합성 독립(자가) 영양 미생물	빛	CO_2
화학합성 독립(자가) 영양 미생물	무기물의 산화·환원 반응	CO_2
광합성 종속(타가) 영양 미생물	빛	유기탄소
화학합성 종속(타가) 영양 미생물	유기물의 산화·환원 반응	유기탄소

Question 01

미생물의 분류에서 탄소원이 CO_2 이고 에너지원을 무기물의 산화·환원으로부터 얻는 미생물은?

㉮ Photoautotrophics　　　㉯ Chemoautotrophics
㉰ Photoheterotrophics　　㉱ Chemoheterotrophics

 정답 ㉯

Question 02

화학합성 자가영양미생물계의 에너지원과 탄소원으로 가장 옳은 것은?
㉮ 빛, CO_2
㉯ 유기물질의 산화환원반응, 유기탄소
㉰ 빛, 유기탄소
㉱ 무기물의 산화환원반응, CO_2

정답 ㉱

2. 광합성 작용

① 호기성 광합성(녹색식물의 광합성)은 진조류와 청록조류를 위시하여 고등식물에서 발견된다.
② 녹색식물의 광합성은 탄산가스와 물로부터 산소와 포도당(또는 포도당 유도산물)을 생성하는 것이 특징이다.
③ 녹색식물의 광합성시 광은 에너지를 그리고 물은 환원반응에 수소를 공급해 준다.
④ 세균활동에 의한 광합성은 황화수소와 수소를 수소원으로 하며 산소가 발생하지 않는다.
⑤ 광합성 반응식 $CO_2 + H_2O \xrightarrow[\text{낮}]{\text{햇빛}} [CH_2O] + O_2 \uparrow$

3. 이화작용(Catabolic Processes)

① 세포합성에 필요한 전구물질과 에너지를 얻기 위해 세포에 의해서 수행되는 화학반응 (대사, 생물체가 화학적으로 복잡한 물질을 간단한 물질로 분해하는 과정)
② 발열반응이며 에너지 생성 반응이다.

Question 03

미생물에 의한 영양대사과정 중 에너지 생성반응으로서 기질이 세포에 의해 이용되고, 복잡한 물질에서 간단한 물질로 분해되는 과정(작용)을 무엇이라고 하는가?
㉮ 이화   ㉯ 동화   ㉰ 동기화   ㉱ 환원

정답 ㉮

4. 동화작용(Anabolic Processes)

① 세포가 새로운 세포를 합성하는데 이용
② 흡열반응이며 소비반응이다.

5. 질소순환

① 질소를 고정하는 미생물은 공생적 질소 고정작용을 하는 뿌리혹 박테리아(Rhizobium)가 있다.
② 무기질소는 유기질소 형태로 결합된 후 단백질이나 헥산을 거쳐서 노폐물이나 죽은 생물체의 원형질 형태로 되돌아온다.
③ 질산화 미생물은 화학합성을 하는 독립영양미생물이다.
④ 질산화과정에서 암모니아성 질소에서 아질산성 질소를 전환되는 것보다 아질산성 질소에서 질산성 질소로 전환되는 것이 적은 양의 에너지가 소비된다.
⑤ 대기의 질소는 방전작용과 질소고정세균, 조류 특히 남조류에 의하여 끊임없이 제거된다.
⑥ 아질산균은 호기성하에서 암모니아를 아질산염으로 변화시키고 그 산화로부터 필요한 에너지를 얻는다.
⑦ 동물이나 인간은 대기나 무기물 중의 질소를 이용하여 단백질을 만들어 낼 수 없다.
⑧ 호기성 조건에서 암모늄이온은 일부 독립영양미생물에 의하여 아질산성 질소와 질산성 질소의 형태로 전환되는데 이 과정을 Nitrification이라고 한다. (암모니아성 질소는 호기성 조건하에서는 질산균에 의해 NO_2-N, NO_3-N이 된다.)

Question 04

생태계에서 질소의 순환을 설명한 내용으로 옳지 않은 것은?

㉮ 대기 중의 질소는 질소고정박테리아와 특정한 조류에 의해 단백질로 전환된다.
㉯ 질산화 미생물은 호기성미생물이며 독립영양미생물에 속한다.
㉰ Nitrosomonas균은 호기성 상태에서 암모니아를 아질산염으로 전환시킨다.
㉱ 소변 속의 질소는 요소로서 효소 urease에 의하여 질산성 질소로 가수 분해된다.

풀이 ㉱ 소변 속의 질소는 요소로서 효소 urease에 의하여 암모니아성 질소로 가수 분해 된다.

> **TIP**
> 우레아제(urease) : 요소를 가수분해하여 암모니아와 이산화탄소로 분해하는 효소로 세균, 효모, 고등 동식물 등에 많이 존재한다.

02 미생물의 종류

1. 환경미생물

① 미생물계에 있어서 진핵세포와 원핵세포의 차이는 핵막의 유무뿐만 아니라 세포구조의 다른 점에도 있다.
② 미생물의 성장단계 중 감소성장단계를 수처리에 주로 적용하고 있다.
③ 진균류는 다핵의 진핵생물이며 비광합성이고 호기성이다.
④ 박테리아는 미세한 단세포 생물로서 분열에 의해서 증식한다.
⑤
  - 친냉성 미생물 : 10~30℃(최적 12~18℃)
  - 친온성 미생물 : 20~50℃(최적 25~40℃)
  - 친열성 미생물 : 35~75℃(최적 55~65℃)

★★★ 2. 중요한 물질의 경험적인 화학식

① 박테리아 : $C_5H_7O_2N$ $\xrightarrow{암기법}$ 오칠이

② 혐기성 박테리아 : $C_5H_9O_3N$ $\xrightarrow{암기법}$ 오구삼

③ 조류 : $C_5H_8O_2N$ $\xrightarrow{암기법}$ 오팔이

④ 곰팡이(Fungi) : $C_{10}H_{17}O_6N$ $\xrightarrow{암기법}$ 일공 일칠 육

⑤ 원생동물(Protozoa) : $C_7H_{14}O_3N$ $\xrightarrow{암기법}$ 칠 일사 삼

Question 05

수질오염에 관계되는 미생물과 그 경험적 분자식이 알맞은 것은 어느 것인가?

㉮ Bacteria : $C_5H_{10}O_2N$
㉯ Algae : $C_7H_{12}O_2N$
㉰ Protozoa : $C_7H_{14}O_3N$
㉱ Fungi : $C_{10}H_{15}O_6N$

정답 ㉰

★ 3. Fungi(곰팡이)

① 유기물질을 섭취하는 식물로 폐수 내의 질소와 용존산소가 부족한 경우에도 잘 성장하며 pH가 낮은 경우에도 잘 자라 산성폐수의 처리에도 이용되는 미생물이다.
★★ ② 경험적인 화학식은 $C_{10}H_{17}O_6N$이다.
★★ ③ 활성슬러지의 팽화(벌킹)현상을 유발한다.
★★ ④ 엽록소가 없어 탄소동화작용을 못한다.

Question 06

곰팡이(fungi)에 대한 설명으로 틀린 것은?

㉮ pH가 낮은 경우에도 잘 자란다.
㉯ 경험적인 화학식은 $C_{10}H_{17}O_6N$이다.
㉰ 활성슬러지의 팽화현상을 유발한다.
㉱ 엽록소가 있어 탄소동화작용을 한다.

풀이 ㉱ 엽록소가 없어 탄소동화작용을 못한다.

★★ 4. Bacteria(박테리아)

① 가장 간단한 식물로서 용해된 유기물을 섭취하며 생물학적 수처리에서 가장 중요한 미생물이다.
★★ ② 경험적 화학식은 $C_5H_7O_2N$이다.
★★ ③ 박테리아는 H_2O가 80%, 고형물이 20%로 구성되어 있으며 고형물은 90%가 유기물이고 10%가 무기물이다.
★★ ④ 박테리아는 0.8~5μm의 단세포생물이며 이분법(세포분열)에 의해 증식한다.
⑤ 환경인자(pH, 온도)에 대하여 민감하며 열보다 낮은 온도에서 저항성이 높다.
⑥ 성장을 위한 환경적인 조건에 따라 분류할 때 바닷물과 비슷한 염 조건하에서 가장 잘

자라는 박테리아(호염균)가 Halophiles이다.
★★ ⑦ 엽록소가 없어 탄소동화작용을 못한다.

> **TIP**
> 혐기성 박테리아의 경험적 화학식은 $C_5H_9O_3N$ 이다.

📢 Question 07

Bacteria의 약 80%는 H_2O이고, 약 20%가 고형물로 구성되어 있다. 이 고형물 중 유기물질은 약 몇 %인가?

㉮ 70% ㉯ 80% ㉰ 90% ㉱ 99%

정답 ㉰

★★ 5. 조류

★★ ① 경험적인 화학식이 $C_5H_8O_2N$으로 수중의 용존산소 균형에 영향을 준다.
② 상수원에서는 색, 맛, 불쾌한 냄새유발, pH저하, 여과지나 스크린 폐쇄 등에 영향을 준다.
★★ ③ 엽록소를 가지며 탄소동화작용(광합성작용)을 한다.

(1) 규조류

① 봄과 가을에 순간적 급성장을 보여 호수와 성층현상과 관련 있는 것으로 판단되는 조류는 보통 단세포이며 드물게 군락을 이루고 있는 경우가 있으며 초기지질시대에 호수에 번성하여 축적된 잔해가 가끔 거대한 퇴적층을 형성하기도 하는 조류이다.
② 황조류로 엽록소 a, c와 크산토필의 색소를 가지고 있는 세포벽이 형태상 독특한 단세포 조류이며, 찬물 속에서도 잘 자라 북극지방에서나 겨울철에 번성하는 것을 발견할 수 있는 조류이다.

(2) 남조류(Blue green algae)

① 세포벽의 형태가 박테리아와 유사하며, 섬유상이나 군락상의 단세포로 편모가 없으며, 엽록소가 엽록체 내부에 있지 않고 세포 전체에 퍼져있는 원핵생물이다.
② 내부기관이 발달되어 있지 않고 Bacteria에 가까우며 광합성을 하는 미생물이다.
③ 호기성 신진대사를 하며 전자공여체로 물을 사용한다.
★★ ④ 대기로부터 질소고정능력을 가진다.

Question 08

내부기관이 발달되어 있지 않고 Bacteria에 가까우며 광합성을 하는 미생물로 엽록소가 엽록체 내부에 있지 않고 세포전체에 퍼져있는 것은? (단, 섬유상이나 군락상의 단세포로 편모없음)

㉮ 규조류　　　　　㉯ 남조류　　　　　㉰ 녹조류　　　　　㉱ 진균류

정답 ㉯

(3) 녹조류(Green Algae)

① 조류 중 가장 큰 문(division)이다.
② 세포벽은 엽록소이다.
★★ ③ 클로로필 a, b를 가지고 있다.
④ 종류는 단세포와 다세포가 있으며, 비운동성이 있는가 하면 유영편모(Swimming flagella)를 갖춘 것도 있다.

6. 효 모

★★ ① 무성생식의 하나인 출아에 의해서 번식하는 비사상성 곰팡이다.
② 넓은 범위의 온도 및 pH에 적응하기 때문에 자연수계에서 높은 농도로 발견된다.
③ 광합성 능력이 없고 운동성이 없는 단세포생물의 총칭이다.
★★ ④ 8µm 크기의 타원형과 구형이 있다.
⑤ 포자를 만들지 않는 효모는 불완전 균류에 속한다.

7. 원생동물(Protozoa)

① 많은 원생동물은 녹조류가 진화과정에서 단지 엽록소를 상실함으로써 생긴 것으로 추측할 수 있다.
★★ ② 구성물질은 80% 정도가 물이며 경험적으로 $C_7H_{14}O_3N$의 화학구조식으로 사용한다.
★★ ③ 대개 호기성으로 크기가 100µm 이내의 것이 많으며 용해성 유기물 또는 세균 등을 섭취한다.
④ 원생동물은 위족류, 편모충류, 섬모충류 등으로 나눌 수 있다.
⑤ 단핵, 운동성, 비광합성 미생물이다.

(1) 위족류

① 원형질이 일정한 모양을 유지하지 않으며 유동하여 위족을 만들어서 아메바상 운동을 한다.
② 세포벽을 갖지 않는다.

(2) 편모충류

① 몸에 1개 이상의 편모를 가진다.
② 편모를 움직여 활발히 운동한다.
③ 식물성 편모충류는 색소체를 가지며 독립(자가) 영양성이다.
④ 동물성 편모충류는 색소체가 없으며 종속(타가) 영양성이다.

(3) 섬모충류

① 몸 전체나 일부에 여러 개의 섬모가 있으며 그것으로 움직이거나 물을 빨아들여 먹이를 잡는다.
② 고착형과 자유유영형이 있다.

8. 후생동물(Metazoa)

① 일명 고등동물이라고도 한다.
② 다세포 동물이다.
③ 해면동물, 윤충류(Rotifer), 선형동물, 연체동물, 절지동물 등이 이에 속한다.
★★ ④ 하천에서 윤충이 발견되면 깨끗한 하천수로 본다.

(1) 윤충류(Rotifer)

① 몸통을 자유롭게 움직이며 위에 있는 입으로 먹이를 먹는다.
② 폐수처리장 유출수에서 Rotifer가 나타나면 폐수처리가 잘 된 것으로 본다.
★★ ③ 하천에서 Rotifer가 있으면 하천수가 깨끗한 상태로 간주한다.

(2) 갑각류(Crusfaceans)

① 생긴 모양이 거미와 비슷하다.
② 박테리아(Bacteria)나 원생동물(Protozoa)로 구성되어 있는 슬러지를 먹이로 한다.

Question 09

미생물과 그 특성에 관한 설명으로 옳지 않은 것은?

㉮ Algae : 녹조류와 규조류 등은 조류 중 진핵조류에 해당한다.
㉯ Fungi : 곰팡이와 효모를 총칭하며, 경험적 조성식이 $C_7H_{14}O_3N$ 이다.
㉰ Bacteria : 아주 작은 단세포생물로서 호기성 박테리아의 경험적 조성식은 $C_5H_7O_2N$이다.
㉱ Protozoa : 대개 호기성이며 크기가 100 μm이내가 많다.

풀이 ㉯ Fungi : 곰팡이를 의미하며, 경험적 조성식이 $C_{10}H_{17}O_6N$이다.

9. 원핵세포

① 원핵세포의 세포벽은 세포막의 외부에 위치하며 세포를 지지하고 보호해주는 견고한 구조로 되어 있다.
② 원핵세포의 리보솜은 단백질과 리보핵산으로 구성되어 있는 작은 과립체이다.
③ 원핵세포의 세포크기는 진핵세포에 비하여 작다.
④ 세포벽은 펩티드 글리칸으로 구성되어 있다.
★★ ⑤ 유사분열을 하지 않는다.
★★ ⑥ 핵막이 없다.
★★ ⑦ 리보솜은 70S이다.

10. 진핵생물(진핵세포)

★★ ① 유사분열을 하며 염색체가 여러 개이다.
② 호흡을 위한 사립체가 있다.
③ 2~9개의 편모가 있다.
④ 세포벽은 셀룰로즈, 키틴질로 되어 있다.
★★ ⑤ 세포소기관으로 미토콘드리아, 엽록체, 액포 등이 존재한다.
★★ ⑥ 핵막이 있다.
★★ ⑦ 리보솜은 80S(예외로 미토콘드리아와 엽록체는 70S)이다.

Question 10

진핵세포에 관한 설명으로 옳지 않은 것은?

㉮ 유사분열이 아닌 분리분열을 한다.
㉯ 세포소기관으로 미토콘드리아, 엽록체, 액포 등이 존재한다.
㉰ 핵막이 있다.
㉱ 리보솜은 80S(예외 : 미토콘드리아와 엽록체는 70S)이다.

풀이 ㉮ 진핵세포는 유사분열을 한다.

▶ 원핵세포(원핵미생물)와 진핵세포(진핵미생물)의 비교

	원핵세포	진핵세포
핵 막	없다	있다
세포벽	있다 (펩티드 글리칸으로 구성)	동물과 대부분의 원생동물에 없음. 식물, 조류, 곰팡이에 있음. (셀룰로즈, 키틴질로 구성)
세포막	있다	있다
리보솜	있다(70S)	있다(80S)
골지체	없다	있다
리소좀	없다	있다
염색체수	있다	여러 개 있다
편모	있다	있다
미토콘드리아(사립체)	없다	있다
미생물군	박테리아, 남조류	조류, 균류, 원생동물

▶ 박테리아의 세포성분 및 기능

세포성분	기능
세포벽	세포의 기계적 보호기능
세포막	영양분 세포로 들어가는 것 조절(투과 및 수송)
편모	세포 이동력 제공(운동력)
★★ 리보솜	단백질 생성
★★ 메소좀	세포의 호흡기능 집중된 부분

Question 11

진핵세포 또는 원핵세포 내 기관 중 단백질 합성이 주요 기능인 것은?

㉮ 미토콘드리아 ㉯ 리보솜 ㉰ 액포 ㉱ 리소좀

풀이 주요기능
㉮ 미토콘드리아 : 세포내 에너지 생성   ㉯ 리보솜 : 단백질 생성
㉰ 액포 : 노폐물 배출 및 저장   ㉱ 리소좀 : 소화기능

03 미생물의 성장 단계

1. 미생물의 성장과 먹이와의 관계

2. 미생물의 성장과 특성

① 순서 : 유도기 → 대수성장단계 → 감소성장단계 → 내성장단계
② 유도기 : 수중에서 미생물과 유기물이 상호작용하는 단계, 각종 효소 단백질을 생합성하는 단계
★★ ③ 대수성장단계 : 미생물이 엉기지 않고 자라는 분산성장단계, 먹이가 풍부하고 증식 속도가 가장 큰 단계, 새로운 세포물질이 지배적인 단계, floc이 비대하여 침강성이 낮은 단계
★★ ④ 감소성장단계 : 미생물이 엉켜 floc 형성 단계, 원형질이 개체수보다 많아지는 단계, 먹이가 부족하게 되는 단계
⑤ 내성장단계 : 미생물의 증식이 정지되는 단계

Question 12

분체증식을 하는 미생물을 회분배양하는 경우 미생물은 시간에 따라 5단계를 거치게 된다. 이 5단계 중 생존한 미생물의 중량보다 미생물 원형질의 전체 중량이 더 크게 되며, 생물수가 최대가 되는 단계로 가장 적합한 것은?

㉮ 증식단계 ㉯ 대수성장단계
㉰ 감소성장단계 ㉱ 내생성장단계

정답 ㉯

TIP

미생물의 증식곡선 단계 순서를 찾는 문제
★★ ① 4단계 : 유도기 – 대수기 – 정지기 – 사멸기
② 7단계 : 유도기 – 대수증식기 – 감소성장기 – 정지기 – 증가사멸기 – 대수사멸기 – 사멸기

Question 13

미생물의 증식곡선의 단계 순서로 알맞은 것은 어느 것인가?

㉮ 대수기 - 유도기 - 정지기 - 사멸기 ㉯ 유도기 - 대수기 - 정지기 - 사멸기
㉰ 대수기 - 유도기 - 사멸기 - 정지기 ㉱ 유도기 - 대수기 - 사멸기 - 정지기

정답 ㉯

★★★ 3. Monod식에 의한 세포의 비증식 속도 계산식

$$\mu = \mu_{max} \times \frac{S}{K_s+S}$$

μ : 세포의 비증식 계수(/hr) μ_{max} : 세포의 최대 비증식 계수(/hr) S : 제한기질의 농도(mg/L)
K_s : 반포화 농도(즉, $\mu = \frac{1}{2}\mu_{max}$ 일 때 제한기질의 농도(mg/L))

Question 14

미생물의 세포증식과 관련한 Monod 형태의 식을 나타낸 것으로 틀린 것은 어느 것인가?

$$\left[\mu = \mu_m \times \frac{S}{K_s+S}\right]$$

㉮ μ는 비성장률로 단위는 시간$^{-1}$이다.
㉯ μ_m는 최대 비성장률로 단위는 시간$^{-1}$이다.
㉰ S는 기질의 감소율(상수)로 단위는 무차원이다.
㉱ K_s는 반속도 상수로 최대성장률이 1/2일 때의 기질의 농도이다.

풀이 ㉰ S는 제한기질의 농도이며 단위는 mg/L이다.

 Question 15

어느 배양기(培養基)의 제한기질농도(s)가 100mg/L, 세포최대비증식계수(μ_{max})가 0.23/hr일 때 Monod 식에 의한 세포의 비증식계수(/hr)를 계산하시오. (단, 제한기질 반포화농도(Ks)는 30mg/L이다.)

풀이 Monod식에 의한 세포의 비증식 속도 계산식

$$\mu = \mu_{max} \times \frac{S}{Ks+S} = 0.23/hr \times \frac{100mg/L}{(30+100)mg/L} = 0.18/hr$$

CHAPTER 05 수질오염지표

01 용존산소(DO ; Dissolved Oxygen)

★★ 1. 용존산소(DO)의 특징

① 수온이 높을수록 기압이 낮을수록 용존산소량은 감소한다.
② 용존염류의 농도가 높을수록 용존산소량은 감소한다.
③ 현존 용존산소 농도가 낮을수록 산소전달률은 높아진다.
④ 같은 수온하에서는 해수보다 담수의 용존산소량이 높다.

Question 01

수(水) 중의 DO 농도 증감의 요인인 산소 용해율에 관한 내용으로 옳지 않은 것은?
㉮ 압력이 높을수록 산소용해율이 높다.
㉯ 물의 흐름이 난류일 때 산소용해율이 높다.
㉰ 염(분)의 농도가 높을수록 산소용해율은 감소한다.
㉱ 수온이 낮을수록 산소용해율은 감소한다.

풀이 ㉱ 수온이 낮을수록 산소용해율은 증가한다.

2. 산소전달속도

★★★ $\dfrac{dO}{dt} = \alpha \cdot K_{La} \times (\beta \cdot C_s - C)$

$\dfrac{dO}{dt}$: 시간에 따른 용존산소농도 변화(mg/L·hr) K_{La} : 산소전달계수(/hr)
C_s : 포화산소농도(mg/L) C : 물속의 용존산소농도(mg/L) α, β : 상수

> **TIP**
> $C_s - C$ = 산소부족농도 = 폭기해야 할 산소농도

① 기포가 작을수록 교반의 강도가 클수록 커진다.
② 수중의 용존산소 농도가 낮을수록 공기 중 산소분압이 클수록 커진다.

★★ 3. 담수의 DO(용존산소)가 해수의 DO(용존산소)보다 높은 이유는 염도가 낮기 때문이다.

Question 02

20℃의 하천수에 있어서 바람에 의한 DO 공급량이 0.02mgO₂/L·day이고 이 강은 항상 DO 농도가 5mg/L 이상 유지되어야 할 경우 이 강의 산소전달계수(hr⁻¹)를 계산하시오. (단, α, β는 무시하며 포화 DO는 9.17mg/L이다.)

풀이 $\dfrac{dO}{dt} = K_{La} \times (C_s - C)$ 에서 $K_{La} = \dfrac{dO/dt}{(C_s - C)} = \dfrac{0.02 \text{mg/L} \cdot \text{day} \times 1\text{day}/24\text{hr}}{(9.17-5)\text{mg/L}} = 2.0 \times 10^{-4}/\text{hr}$

4. 수질공학에서 DO(용존산소)의 중요성

① 수처리에서 생물학적 호기성 처리
② 포기조의 크기, 포기장치 결정
③ 수질의 자정능력 척도로 사용

02 생물화학적 산소요구량 (BOD ; Biochemical Oxygen Demand)

호기성 미생물이 수중에서 유기물을 분해할 때 소비되는 산소량을 말한다.

1. 특 징

① 호기성 미생물에 의해 유기물이 산화분해 될 때 소비되는 산소량이다.
② 유기물이 완전히 분해 또는 안정화되는데 사용된 산소의 양을 최종 BOD라 한다.

★★ ③ 최종 BOD 측정은 보통 20일 정도 걸리나 BOD시험은 보통 5일 BOD로 한다.
④ 질소화합물의 산화를 보통 2단계 BOD라 하며 보통 8일부터 질산화가 이루어진다.
★★ ⑤ 시료를 20℃에서 5일간 저장하여 두었을 때 시료 중의 호기성 미생물의 증식과 호흡작용에 의하여 소비되는 용존산소의 양으로부터 측정한다.

2. BOD 곡선

① 1단계 BOD = BOD_u = BOD_{20} = $BOD_5 \times K$ = BDCOD

$$K = \frac{BOD_u}{BOD_5} = \frac{100\%}{67\%} = 1.5$$

② 2단계 BOD = NBOD = NOD

★★★ 3. BOD_t 공식

① 소모공식, 밑수 10(또는 상용대수)
$BOD_t = BOD_u \times (1-10^{-k_1 \times t})$

② 소모공식, 밑수 e(또는 자연대수)
$BOD_t = BOD_u \times (1-e^{-k_1 \times t})$

③ 잔류공식, 밑수 10(또는 상용대수)
$BOD_t = BOD_u \times (10^{-k_1 \times t})$

④ 잔류공식, 밑수 e(또는 자연대수)
$BOD_t = BOD_u \times (e^{-k_1 \times t})$

$\begin{bmatrix} BOD_t : t일 \ BOD(mg/L) \\ k_1 : 탈산소계수(/day) \end{bmatrix}$ BOD_u : 최종 BOD(mg/L)
                                                                                          t : 시간(day)

공식해설

㉠ ①식을 기본 공식으로 암기한다.
㉡ ②식은 ①식에서 밑수 10 → e로 바꾼다.
㉢ ③식은 잔류공식이므로 ①식에서 1−를 생략한다.
㉣ ④식은 잔류공식, 밑수가 e이므로 ①식에서 1−를 생략하고 10 → e로 바꾼다.
㉤ BOD_t에서 t는 t일을 의미하므로 5일 BOD를 구하는 문제에서는 BOD_5로, 3일 BOD를 구하는 문제에서는 BOD_3으로 나타내면 된다.

Question 03

도시하수의 최종 BOD가 100mg/L이고, 탈산소계수가 0.1/day(상용대수에 의한 값)라면 BOD_5 (mg/L)를 계산하시오.

 $BOD_5 = BOD_u \times (1-10^{-k_1 \times t}) = 100mg/L \times (1-10^{-0.1/day \times 5day}) = 68.38mg/L$

Question 04

BOD_u가 300mg/L일 때 5일 후 잔존 BOD(mg/L)를 계산하시오. (단, 1차 반응기준, 탈산소계수 K_1(자연대수)는 0.1/day)

 $BOD_5 = BOD_u \times (e^{-k_1 \times t}) = 300mg/L \times (e^{-0.1/day \times 5day}) = 181.96mg/L$

4. 질산화 과정

(1) 질산화 과정 반응식

★★ ① 단백질 → 아미노산(글리신 ; $C_2H_5O_2N$) →

$$NH_3\text{-}N \xrightarrow[\text{니트로조모나스}]{\text{1단계}} NO_2\text{-}N \xrightarrow[\text{니트로박터}]{\text{2단계}} NO_3\text{-}N$$

② 질산화 세균에 요구되는 산소량 = 질소 BOD = NOD

$$+ \begin{vmatrix} 1단계 : NH_3 + \frac{3}{2}O_2 \rightarrow NO_2 + H_2O + H^+ \\ 2단계 : NO_2 + \frac{1}{2}O_2 \rightarrow NO_3 \end{vmatrix}$$
$$\overline{NH_3 + 2O_2 \rightarrow NO_3 + H_2O + H^+}$$

(2) 질산화 세균

1단계 세균 = 아질산균 : 니트로조모나스(Nitrosomonas)
2단계 세균 = 질산균 : 니트로박터(Nitrobacter)

(3) 질산화 과정에서 pH의 변화

생성물질 [H^+]의 농도 증가로 pH가 감소한다.

(4) 아질산화 반응의 특징

① 관련 미생물은 독립(자가) 영양계 세균(미생물)이다.
② NH_4^+-N 산화에 알칼리도 필요하다.
③ NH_4^+-N 산화에 O_2도 필요하다.
④ 증식속도는 0.21~1.08day^{-1} 범위 정도이다.

Question 05

생물학적 질화 중 아질산화에 관한 설명으로 옳지 않은 것은?

㉮ 증식속도는 1.44 ~ 3.08day^{-1} 범위 정도이다.
㉯ 관련 미생물은 독립영양성 세균이다.
㉰ 에너지원은 화학에너지이다.
㉱ 산소가 필요하다.

풀이 ㉮ 증식속도는 0.21 ~ 1.08day^{-1} 범위 정도이다.

★★★ (5) 질산화 – 탈질화 반응

Question 06

다음 중 수중의 질소순환과정의 질산화 및 탈질의 순서를 옳게 표시한 것은?

㉮ $NH_3 \rightarrow NO_2^- \rightarrow NO_3^- \rightarrow N_2$
㉯ $NO_3^- \rightarrow NH_3 \rightarrow NO_2^- \rightarrow N_2$
㉰ $NO_3^- \rightarrow N_2 \rightarrow NH_3 \rightarrow NO_2^-$
㉱ $N_2 \rightarrow NH_3 \rightarrow NO_3^- \rightarrow NO_2^-$

정답 ㉮

TIP
① 질산화과정 : $NH_3-N \rightarrow NO_2-N \rightarrow NO_3-N$
② 탈질화과정 : $NO_3-N \rightarrow NO_2-N \rightarrow$ 대기중 N_2

★★★ (6) 생물학적 질산화 공정의 특징

① 질산화반응에 참여하는 미생물은 산소(O_2)가 필요한 호기성미생물이며 독립(자가)영양계 미생물이다.
② 질산화반응에는 O_2가 필요하다.
③ 암모니아성 질소의 질산화는 Nitrosomonas와 Nitrobacter 미생물이 관여하여 2단계로 진행된다.
④ 암모니아성 질소(NH_3-N)를 아질산성질소(NO_2-N)으로 전환시키는 1단계 반응에는 Nitrosomonas(니트로조모나스)가 관여한다.
⑤ 아질산성 질소(NO_2-N)을 질산성 질소(NO_3-N)으로 전환시키는 2단계 반응에는 Nitrobacter(니트로박터)가 관여한다.
⑥ 질산화반응은 호기성 폐수처리의 후기에 진행된다.
⑦ 질산화미생물은 유기탄소보다 무기탄소(CO_2)를 새로운 세포합성에 이용된다.
⑧ 질산화반응의 최적온도는 30℃ 이다.
⑨ 질산화공정에서는 (H^+)의 증가로 pH가 감소한다.
⑩ 질산화 미생물은 절대호기성이어서 높은 산소 농도를 요구한다.
⑪ Nitrobacter는 암모늄이온의 존재하에서 pH 9.5 이상이면 생장이 억제된다.
⑫ Nitrosomonas는 알칼리성 상태에서는 활성이 크지만 pH 6.0 이하에서는 생장이 억제된다.

Question 07

질산화미생물의 일반적 특성과 가장 거리가 먼 것은?

㉮ 독립영양성 미생물이다.
㉯ 질화반응으로 알칼리도를 생성한다.
㉰ 증식속도가 느리다.
㉱ 중온성미생물이다.

풀이 ㉯ 알칼리도를 생성하는 것은 탈질화미생물의 특성이다.

5. 탈질화 과정

★★★ (1) 생물학적 탈질화 공정의 특징

① 탈질화 공정은 주로 종속(타가) 영양계 미생물에 의해 발생된다.
② 탈질소 반응이 지체없이 진행되기 위해서는 적당한 수소공여체가 적당량으로 존재하여야 한다.
③ 탈질공정에서 일반적으로 탄소원 공급용으로 가해주는 화학약품은 메탄올(CH_3OH)이다.
④ NO_3^-가 박테리아에 의해 N_2로 환원되는 경우 질소환원 박테리아의 탄소공급원으로 제공된 CH_3OH 중 OH^-가 발생해 pH가 증가한다.

TIP

$6NO_3^- + 5CH_3OH \rightarrow 3N_2 + 5CO_2 + 7H_2O + 6OH^-$

⑤ 아질산이온, 질산이온 등이 질소가스로 변환되어 대기로 방출되는 공정이다.
⑥ 생물학적 탈질공정은 anoxic구역에서 Pseudomonas, Micrococcus 등에 의해서 이루어 진다.
⑦ 탈질화 공정에서 용존산소의 농도는 주요 변수이다.

Question 08

아래와 같은 반응에 관여하는 미생물은?

$2NO_3^- + 5H_2 \rightarrow N_2 + 2OH^- + 4H_2O$

㉮ Pseudomonas   ㉯ Sphaerotilus   ㉰ Acinetobacter   ㉱ Nitrosomonas

풀이 생물학적 탈질공정은 anoxic 구역에서 Pseudomonas, Micrococcus등에 의해서 이루어진다.

TIP
미생물(Bacteria)합성 반응식

① 유기물(CHONS) + O_2 + Nutriente → CO_2 + NH_3 + $C_5H_7O_2N$(New Cell) + Final Products
② $4CO_2 + 2HCO_3 + NH_4^+ + H_2O \rightarrow C_5H_7O_2N + 5O_2$
③ $55NH_4^+ + 76O_2 + 109HCO_3^- \rightarrow C_5H_7O_2N + 54NO_2^- + 57H_2O + 104H_2CO_3$

TIP
미생물(Bacteria)의 분해 반응식

$C_5H_7O_2N + 5O_2 \rightarrow 5CO_2 + 2H_2O + NH_3 + Energy$

★★★ **(2) 탈질반응(탈질 미생물)의 특징**

① 탈질균 대부분은 통성혐기성균으로 호기, 혐기 어느 상태에서도 증식이 가능하다.
② 에너지원은 유기물이다.
③ 탈질시 DO 농도는 0mg/L에 가깝다.
④ 알칼리도는 NO_3^--N, NO_2^--N 환원에 따라 알칼리도가 생성된다.
⑤ 수소공여체는 NO_3^-, NO_2^- 이다.
⑥ 최적 pH는 6~8 정도이다.

Question 09

탈질에 대한 생물반응에 관한 내용으로 잘못된 것은 어느 것인가?

㉮ 관련 미생물 : 통성 혐기성균
㉯ 증식속도 : 2 ~ 8 mg NO_3^--N/MLSS · hr
㉰ 알칼리도 : NO_3^--N, NO_2^--N 환원에 따라 알칼리도 생성
㉱ 용존산소 : 0mg/L에 가까움

정답 ㉯

★★ 6. 시간변화에 대한 질소화합물의 그래프

7. 철산화 박테리아

Sphaerotilus(스페로티러스), Crenothrix(크레노트릭스), Letothrix(레토트릭스), Ferrobacillus(페로바실러스)

★★ 8. 유황산화 박테리아

Beggiatoa(베기아토아), Thiobacillus(티오바실러스), Thiooxidans(티오옥시던스), Thiotrix(티오트릭스)

📢 Question 10

다음에 나타난 오수 미생물 중에서 유황화합물을 산화하여 균체 내 또는 균체 외에 유황입자를 축적하는 것은?

㉮ Zoogloea   ㉯ Sphaerotilus   ㉰ Beggiatoa   ㉱ Crenothrix

풀이 유황산화 박테리아를 찾는 문제이다.

9. 탈질세균

Micrococcus(마이크로코크스), Achromobacter(아크로모박터), Pseudomonas(수도모나스), Bacillus(바실러스)

03 화학적 산소요구량(COD ; Chemical Oxygen Demand)

수중의 오염물질을 화학적 산화제로 산화시킬 때 소비되는 산화제의 양을 산소의 양으로 환산한 것을 말한다.

① COD는 해수, 폐수, 호소수 중에 존재하는 유기물의 척도로 사용한다.
② BOD는 하천수, 하수 중에 존재하는 유기물의 척도로 사용된다.

1. COD와 BOD와의 관계

$$\begin{cases} COD = BDCOD + NBDCOD \therefore NBDCOD = COD - BDCOD \\ \quad BDCOD = BOD_u = 20일 BOD = 최종 BOD = BOD_5 \times K \\ COD = ICOD + SCOD \end{cases}$$

$$\therefore COD = BDICOD + BDSCOD + NBDICOD + NBDSCOD$$

- I : 비용해성(불용성)
- BD : 생물학적 분해 가능한
- S : 용해성
- NBD : 생물학적 분해 불가능한

Question 11

$BOD_5 = 300mg/L$이고 $COD = 600mg/L$인 경우의 NBDCOD(mg/L)를 계산하시오. (단, 탈산소계수 $k_1 = 0.2/day$, 상용대수 기준)

풀이 $COD = BDCOD + NBDCOD \therefore NBDCOD = COD - BDCOD(= BOD_u)$

① $BOD_5 = BOD_u \times (1-10^{-k_1 \times t})$
   $300mg/L = BOD_u \times (1-10^{-0.2/day \times 5day})$
   $\therefore BOD_u = 333.33mg/L$

② $NBDCOD = COD - BDCOD = 600mg/L - 333.33mg/L = 266.67mg/L$

2. NBDVSS(생물학적 분해 불가능한 휘발성 부유물질)

$$NBDVSS = VSS \times \frac{NBDICOD}{ICOD}$$

- NBDVSS : 생물학적 분해 불가능한 휘발성 부유물질(mg/L)
- VSS : 휘발성 부유물질(mg/L)
- NBDICOD : 생물학적 분해 불가능한 불용성 COD(mg/L)
- ICOD : 불용성 COD(mg/L)

Question 12

Glucose($C_6H_{12}O_6$) 300mg/L가 완전 산화하는데 필요한 이론적 산소요구량(mg/L)과 COD/TOC의 비를 계산하시오.

풀이
① 이론적 산소요구량(ThOD) 계산
$C_6H_{12}O_6 + 6O_2 \rightarrow 6CO_2 + 6H_2O$
180g : 6×32g
300mg/L : x(ThOD)   ∴ ThOD = 320mg/L

② $\dfrac{COD}{TOC} = \dfrac{산소량}{유기물\ 중\ 탄소량} = \dfrac{6 \times 32g}{6 \times 12g} = 2.67$

3. 산소요구량과 유기탄소량의 파라미터

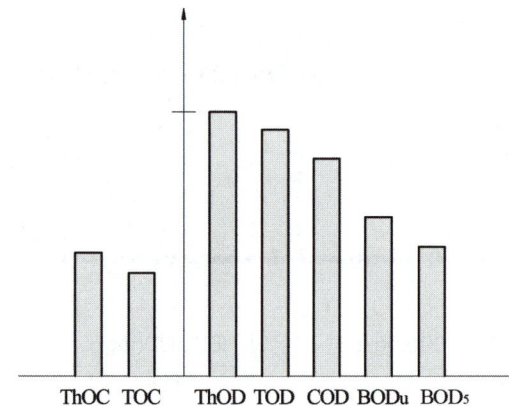

04 총유기탄소(TOC ; Total Organic Carbon)

① 수중의 유기물질을 함유한 시료를 고온에서 유기물질 중에서 탄소를 CO_2로 산화시켜 발생량을 분석장치로 측정한다.
② BOD 및 COD 분석시험보다 소요되는 시간을 단축할 수 있다.
③ 난분해성 물질에 대한 대응성이 높다.
④ 생물분해가 가능한 유기물의 정량화가 어렵다.
⑤ 실제값보다 약간 낮게 측정되는 경향이 있다.

05 산소요구량(OC ; Oxygen Consumption)

수중의 유기물, 다시 말해서 피산화성 물질에 의해 소비되는 산소의 양을 의미한다.

06 SOD(Sediment Oxygen Demand : 침전물 산소요구량)

① 정의 : 수중 침전물 표면에 존재하는 유기물이 호기성 미생물에 의해 분해되면서 침전물층 표면 위 수중에 존재하는 산소소비량이다.
② 단위는 $g/m^2 \cdot day$이다.
③ SOD 크기순서 : 섬유소질 슬러지 > 도시하수 유입구 > 하구뻘 > 모래하상
④ SOD는 유기물의 함량이 낮을수록 낮다.
⑤ SOD의 수치가 가장 낮은 것은 모래하상이다.

07 경도(Hardness)

★★ 경도는 물의 세기 정도를 말하며 2가 양이온 금속성 물질(Ca^{2+}, Mg^{2+}, Mn^{2+}, Fe^{2+}, Sr^{2+})의 양을 탄산칼슘($CaCO_3$)의 농도로 환산한 값(ppm = mg/L)이다.

> **TIP**
>
> 경도유발물질 암기법
> 경철망은 칼슘마 있스!!

★★★ 1. 경도의 특징

① 경도에는 영구경도인 비탄산경도와 일시경도인 탄산경도가 있다.
② 탄산경도 성분은 물을 끓일 때 제거되므로 일시경도라 한다.
③ 비탄산경도 성분은 물을 끓여도 제거되지 않으므로 영구경도라 한다.
★★ ④ 일반적으로 칼슘이온과 마그네슘이온이 경도의 주원인이 된다.

★★ ⑤ 총경도 = 탄산경도(일시경도) + 비탄산경도(영구경도)
∴ 비탄산경도 = 총경도 − 탄산경도
㉠ 총경도 > Alk ⇒ Alk = 탄산경도
∴ 비탄산경도 = 총경도 − Alk
㉡ 총경도 < Alk ⇒ 총경도 = 탄산경도
∴ 비탄산경도 = 총경도 − 총경도 = 0
⑥ 농도가 낮은 경우에는 경도를 유발하지 않으나 농도가 높은 경우에 경도를 유발하는 물질을 가경도(유사경도) 유발물질이라 하며 금속이온 중 Na^+, K^+ 등이 있으며 대표적인 물질은 Na^+(나트륨이온)이다.
⑦ 경도값에 따른 물의 구분
㉠ 연수 : 경도 값이 0~75mg/L
㉡ 약한경수 : 경도 값이 75~150mg/L
㉢ 강한 경수 : 경도 값이 150~300mg/L
㉣ 아주 강한 경수 : 경도 값이 300mg/L 이상

TIP
① 탄산경도(일시경도) = 경도유발물질 + 알칼리도(Alk)유발물질
(Ca^{2+}, Mg^{2+}, Fe^{2+}, Mn^{2+}, Sr^{2+}) + OH^-, HCO_3^-, CO_3^{2-}
② 비탄산경도(영구경도) = 경도유발물질 + 산이온
(Ca^{2+}, Mg^{2+}, Fe^{2+}, Mn^{2+}, Sr^{2+}) + SO_4^{2-}, Cl^-, NO_3^-

Question 13

경도(Hardness)에 관한 설명으로 옳지 않은 것은?
㉮ 일반적으로 칼슘이온과 마그네슘이온이 경도의 주원인이 된다.
㉯ 경도는 물의 세기정도를 말하며 2가 양이온 금속의 함량을 탄산칼슘($CaCO_3$)으로 환산한 값이다.
㉰ 표토층이 얇거나 석회암층이 적게 존재하는 곳에서 경도가 높은 물이 생성된다.
㉱ 탄산경도 성분은 물을 끓일 때 제거되므로 일시경도라 한다.

풀이 ㉰ 표토층이 두껍고 석회암층이 많이 존재하는 곳에서 경도가 높은 물이 생성된다.

★★★ 2. 경도 계산식

$$\frac{경도(mg/L)}{50g} = \frac{Ca^{2+}mg/L}{20g} + \frac{Mg^{2+}mg/L}{12g} + \frac{Fe^{2+}mg/L}{28g} + \frac{Mn^{2+}mg/L}{27.5g} + \frac{Sr^{2+}mg/L}{43.8g}$$

Question 14

수질분석 결과 다음과 같다. 이 시료의 총경도(asCaCO₃)(mg/L)를 계산하시오. (단, Ca = 40, Mg = 24, Na = 23, S = 32이다.)

[수질분석결과]
- Ca^{2+} = 420mg/L
- Mg^{2+} = 58.4mg/L
- Na^+ = 40.6mg/L
- SO_4^{2-} = 576mg/L

풀이

$$\frac{경도(mg/L)}{50g} = \frac{Ca^{2+}mg/L}{20g} + \frac{Mg^{2+}mg/L}{12g} \Rightarrow \frac{경도(mg/L)}{50g} = \frac{420mg/L}{20g} + \frac{58.4mg/L}{12g}$$

∴ 경도 = 1,293.33mg/L

08 알칼리도(Alkalinity)

산을 중화할 수 있는 완충능력, 즉 수중에 존재하는 [H⁺]을 중화시키기 위하여 반응할 수 있는 이온의 총량을 말한다.

★★★ 1. 알칼리도(Alkalinity)의 특징

★★ ① P-Alk(P-알칼리도)는 처음 pH에서 pH 8.3까지 소요된 산의 양을 $CaCO_3$로 환산한 양을 말한다.

★★ ② P-Alk(P-알칼리도)를 측정할 때 사용하는 지시약은 페놀프탈레인이다.

★★ ③ 총알칼리도는 처음 pH에서 pH 4.5까지 소요된 산의 양을 $CaCO_3$로 환산한 양을 말한다. (M-알칼리도가 총알칼리도이다.)

★★ ④ 총알칼리도를 측정할 때 사용하는 지시약은 메틸 오렌지이다.

★★ ⑤ 자연수 중의 알칼리도 원인물질은 HCO_3^-, CO_3^{2-}, OH^-이다.

★★ ⑥ 유발물질 중 자연수의 경우 중탄산염(HCO_3^-)에 의한 알칼리도가 지배적이다.

⑦ 자연수의 알칼리도는 석회암 등의 지질에 의해 변할 수 있다.

⑧ 실용목적에서는 자연수에 있어서 수산화물, 탄산염, 중탄산염 이외, 기타 물질에 기인되는 알칼리도는 중요하지 않다.

⑨ 알칼리도 자료는 부식제어가 관련되는 중요한 변수인 Langelier 포화지수 계산에 이용된다.

Question 15

알칼리도에 관한 설명으로 옳은 것은?

㉮ 자연수중의 알칼리도는 질산염 형태이다.
㉯ 알칼리도가 높은 물을 폭기시키면 pH가 상승하는 경향을 나타낸다.
㉰ 물의 알칼리도는 산을 알칼리화 시킬 수 있는 능력의 척도로서 주로 SO_4^{2-}가 가장 크게 기여한다.
㉱ 중탄산염은 냉수에서는 OH^-를 발생하므로 pH가 높아진다.

풀이 ㉮ 자연수중의 알칼리도는 HCO_3^- 형태이다.
㉰ 물의 알칼리도는 산을 중화시킬 수 있는 능력의 척도로서 주로 OH^-가 가장 크게 기여한다.
㉱ 중탄산염(HCO_3^-)이 분해되면 CO_3^{2-}와 H^+를 발생시킨다.

TIP

랑겔리어 포화지수(LI : Langelier Index)
① 정의 : 물이 pH 6.5~9.5 범위내에서 탄산칼슘($CaCO_3$)을 용해시킬 것인지 아니면 침전시킬 것인지 예측할 수 있는 일종의 지수로서 물의 안정도를 나타내기 위한 수단으로 사용
② • LI = 0 : 물의 안정도가 평형상태
• LI > 0 : LI가 양(+) 값이므로 과포화상태로 $CaCO_3$이 침전되어 퇴적
• LI < 0 : LI가 음(−)의 값이므로 불포화상태로 부식성을 갖는다.

★★★ **2. 알칼리도(Alkalinity) 계산식**

① 물속에 존재하는 이온의 농도가 주어질 때

$$\frac{Alk(mg/L)}{50g} = \frac{OH^-(mg/L)}{17g} + \frac{CO_3^{2-}(mg/L)}{60g/2} + \frac{HCO_3^-(mg/L)}{61g}$$

 Question 16

어느 하수의 수질을 분석한 결과가 다음과 같다면 총알칼리도(mg/L as $CaCO_3$)를 계산하시오.

[pH : 10.0, CO_3^{2-} : 32.0mg/L, HCO_3^- : 56.0mg/L]

풀이 알칼리도(Alk) 계산식

$$\frac{Alk\,mg/L}{50g} = \frac{OH^-\,mg/L}{17g} + \frac{CO_3^{2-}\,mg/L}{60g/2} + \frac{HCO_3^-\,mg/L}{61g}$$

pH = 10.0 ⇒ pOH = 14 − pH = 14 − 10.0 = 4   ∴ $[OH^-] = 10^{-4}$ mol/L

따라서 OH^- mg/L = $\frac{10^{-4}\,mol}{L} \times \frac{17g}{1mol} \times \frac{10^3\,mg}{1g}$ = 1.7 mg/L

따라서 $\frac{Alk\,mg/L}{50g} = \frac{1.7\,mg/L}{17g} + \frac{32.0\,mg/L}{60g/2} + \frac{56.0\,mg/L}{61g}$ ∴ Alk = 104.23 mg/L

② 적정법에 의한 계산공식

$$\text{알칼리도(mg/L as CaCO}_3) = \frac{A \times N \times 50{,}000}{V} = A \times N \times f \times \frac{1000}{V} \times 50$$

- A : 주입된 산의 부피(mL)
- V : 시료의 부피(mL)
- N : 주입된 산의 N농도
- 50,000(mg) : $CaCO_3$ 당량

TIP

$$CaCO_3 \text{ 1당량} = \frac{100g}{2} = 50g = 50{,}000mg$$

Question 17

페놀프탈레인 지시약을 넣은 시료 100mL에 $\frac{1}{20}$ N H_2SO_4로 pH 8.3까지 적정하였더니 4.5mL가 소요되었다. 이때 P-알칼리도를 계산하시오. (단, 팩터(f)는 1.0이다.)

풀이

$$P - \text{알칼리도} = \frac{A \times N \times 50{,}000}{V} = \frac{4.5mL \times \frac{1}{20}N \times 50{,}000}{100mL} = 112.5 mg/L \text{ as } CaCO_3$$

3. pH와 알칼리도

★★ (1) P-Alk

① 페놀프탈레인 종말점까지 측정한 알칼리도이다.

② pH 8.3까지 낮추는데 소모된 산의 양을 이에 대응하는 $CaCO_3$ ppm으로 환산한 값이다.

③ $P-Alk = OH^- + \frac{1}{2}CO_3^{2-}$

★★★ (2) 총알칼리도(T-Alk) = M-Alk

① pH 4.5까지 낮추는데 주입된 산의 양을 이에 대응하는 $CaCO_3$ ppm으로 환산한 값
② T-AlK = M-AlK = $OH^- + CO_3^{2-} + HCO_3^-$

4. pH와 알칼리도 유발물질의 관계

자연수 중의 알칼리도는 주로 중탄산염의 형태로 존재한다.

09 부유물질(SS ; Suspended Solids)

1. 구 분

① 부유물질(SS) : 직경이 0.1μm 이상의 입자
② 용존물질(DS) : 직경이 0.001μm 이하의 입자
③ 콜로이드(Colloid) 물질 : 직경이 0.001~0.1μm 입자

★★★ 2. 고형물의 상호관계식

$$\begin{vmatrix} TS = VS + FS \\ \| \quad \| \quad \| \\ TSS = VSS + FSS \\ + \quad + \quad + \\ TDS = VDS + FDS \end{vmatrix}$$

TS : 총고형물	VS : 휘발성 고형물	FS : 잔류고형물
TSS : 총부유고형물	VSS : 휘발성부유고형물	FSS : 잔류부유고형물
TDS : 총용존고형물	VDS : 휘발성용존고형물	FDS : 잔류용존고형물

3. 콜로이드성 물질의 종류

★★★ **(1) 친수성 콜로이드**

- ★★① 유탁상태(에멀젼)로 존재한다.
- ★★② 염에 민감하지 못하다.
- ★★③ 표면장력이 용매보다 약하다.
- ★★④ 틴달효과가 약하거나 거의 없다.
- ⑤ 물과 쉽게 반응한다.
- ⑥ 재생이 용이하다.
- ★★⑦ 반응이 비활발하며 전해질이 많이 요구된다.
- ★★⑧ 전해질에 대한 반응은 활발하며 많은 응집제를 필요로 한다.
- ⑨ 수막 또는 수화수를 형성시킨다.
- ⑩ 매우 큰 분자 또는 이온상태로 존재한다.
- ⑪ 점도를 증가시킨다.

📢 Question 18

친수성 콜로이드에 대한 내용으로 잘못된 것은 어느 것인가?
㉮ 유탁상태(에멀젼)로 존재한다.
㉯ 물에 쉽게 분산된다.
㉰ 친수성 콜로이드의 대부분은 소수성 콜로이드를 보호하는 작용을 한다.
㉱ 틴달(Tyndall) 효과가 크다.

풀이 ㉱ 틴달(Tyndall) 효과가 약하거나 거의 없다.

★★★ **(2) 소수성 콜로이드**

- ★★① 현탁질(Suspensoid) 상태이다.
- ★★② 염에 매우 민감하다.
- ★★③ 표면장력이 용매와 비슷하다.
- ★★④ 틴달효과가 크다.
- ⑤ 물과 반발하는 성질이 있다.

⑥ 재생이 어렵다.
⑦ pH가 낮으면 양전하 콜로이드가 많아진다.
⑧ 소량의 응집제로 쉽게 응집침전시킨다.
⑨ 점도는 분산매와 비슷하다.

Question 19

소수성 콜로이드의 특성으로 옳지 않은 것은?

㉮ 물과 반발하는 성질을 가진다.
㉯ 물 속에 suspension으로 존재한다.
㉰ 다량의 염을 첨가하여야만 응결 침전한다.
㉱ 매우 작은 입자로 존재한다.

풀이 ㉰번은 친수성 콜로이드에 대한 설명이다.

★★ (3) 소수성 콜로이드 입자가 전기를 띠고 있는 것을 조사하는 실험

전해질을 소량 넣고 응집을 조사한다.

Question 20

소수성 콜로이드 입자가 전기를 띠고 있는 것을 조사하고자 할 때 다음 실험 중 가장 적합한 것은?

㉮ 전해질을 소량 넣고 응집을 조사한다.
㉯ 콜로이드 용액의 삼투압을 조사한다.
㉰ 한외현미경으로 입자의 Brown 운동을 관찰한다.
㉱ 콜로이드 입자에 강한 빛을 조사하여 틴달현상을 조사한다.

정답 ㉮

4. 응집의 화학적 반응기작(메카니즘)

① 이중층의 압축(double layer compression) 강화
② 체거름(enmeshment)
③ 입자간의 가교작용(interparticle bridging)
④ 제타전위(콜로이드 전단면에서의 정전기적 전위, 콜로이드 반발력을 나타내는 지표)의 감소
⑤ 침전물에 의한 포착
⑥ 전하의 중화

> **Question 21**
>
> 콜로이드 응집의 기본 메카니즘으로 틀린 것은 어느 것인가?
>
> ㉮ 전하의 중화   ㉯ 이중층의 압축
> ㉰ 입자간의 가교 형성   ㉱ 중력에 따른 전단력 강화
>
> 풀이 ㉱ 침전물에 의한 포착

5. 전기침투현상

만약 콜로이드 물질이 고정되어 갇혀있을 경우에 직류전위를 응용하면 입자가 보통 움직이는 방향과는 반대 방향으로 액체가 흐르게 된다. 이 현상을 전기침투현상이라고 하며 슬러지 탈수에 응용되고 있다.

6. 콜로이드 용액의 일반적인 특성

① 광선을 통과시키면 입자가 빛을 산란하여 진로를 볼 수 있게 된다.
② 콜로이드 입자가 분산매 및 다른 입자와 충돌하여 불규칙한 운동을 하게 된다.
③ 콜로이드 입자는 질량에 비해서 표면적이 크므로 용액 속에 있는 다른 입자를 흡착하는 힘이 크다.
④ 콜로이드 용액에서는 콜로이드 입자 전부가 양이온 또는 음이온을 띠고 있다.

★★ 7. 콜로이드의 안정을 도모하기 위하여 입자를 분산상태로 유지하는 힘

① 중력
② 반데르발스힘(Vander waals)
③ 제타포텐셜(Zeta potential)

8. 콜로이드의 안정도

① 일반적으로 Zeta 전위의 크기에 따라 결정된다.
② Zeta 전위가 0에 가까워질수록 응결이 쉽게 일어난다.
★★ ③ Zeta 전위(δ) = $\dfrac{4\pi LQ}{D}$

$\begin{bmatrix} L : 전하량의 차가 유효한 입자를 둘러싼 층의 두께 \\ Q : 입자와 용액부 사이의 전하량의 차 \quad D : 매질의 유전상수 \end{bmatrix}$

9. 콜로이드 물질 처리 방법

① 메카니즘 : 콜로이드 + 응집제 + 알칼리도 유발물질 → 플록형성 + 기타 부산물

$Al_2(SO_4)_3 \cdot 18H_2O + 3Ca(HCO_3)_2 \rightarrow 3CaSO_4 + 2Al(OH)_3 + 6CO_2 + 18H_2O$
(액체상태)   (용해상태)   (침전물)

② 응결과 응집

응집제 투입(Al^{3+}) $\xrightarrow[\text{150rpm(2분 정도)}]{\text{급속교반 (혼화목적)}}$ 전기적중화/응결 $\xrightarrow[\text{50rpm(20분 정도)}]{\text{완속교반(플록형성)}}$

거대 floc형성 → 처리

③ 등전점

등전점
콜로이드입자의 전하가 0이 되는 pH(pH 6정도)에 이르면 침전이 되기 시작하는데 이점을 등전점이라 한다.

CHAPTER 06 하천수의 수질관리

01 하천의 자정작용

① 생물학적 자정작용인 혐기성 분해는 중간 화합물이 휘발성이므로 유해한 경우가 많으며 호기성 분해에 비하여 장시간이 요구된다.
★★ ② 자정 작용 중 가장 큰 비중을 차지하는 것은 생물학적 작용이라 할 수 있다.
③ 화학적 자정작용인 응집작용은 흡수된 산소에 의해 오염물질이 분해될 때 발생되는 탄산가스가 물의 pH를 증가시켜 수산화물의 생성을 촉진시키므로 용해되어 있는 철이나 망간 등을 침전시킨다.
④ 물리적 자정작용인 확산작용은 분자확산과 난류확산이 있으며 하천에서는 난류확산이 주를 이룬다.
★★ ⑤ 일반적으로 겨울보다는 여름에 자정작용이 크다.
⑥ 생물학적 자정작용은 미생물에 의한 유기물 분해작용과 광합성 작용으로 구분할 수 있다.

Question 01

하천의 자정작용에 대한 내용으로 잘못된 것은 어느 것인가?

㉮ 생물학적 자정작용인 혐기성분해는 중간 화합물이 휘발성이므로 유해한 경우가 많으며 호기성분해에 비하여 장시간이 요구된다.
㉯ 자정작용 중 가장 큰 비중을 차지하는 것은 생물학적 작용이라 할 수 있다.
㉰ 자정계수는 탈산소계수/재폭기계수를 뜻한다.
㉱ 화학적 자정작용인 응집작용은 흡수된 산소에 의해 오염물질이 분해될 때 발생되는 탄산가스가 물의 pH를 증가시켜 수산화물의 생성을 촉진시키므로 용해되어 있는 철이나 망간 등을 침전시킨다.

풀이 ㉰ 자정계수는 재폭기계수/탈산소계수를 뜻한다.

★★★ **TIP**

하천의 혼합지점에서 농도 계산식

혼합지점의 농도 $(C_m) = \dfrac{Q_1C_1 + Q_2C_2}{Q_1 + Q_2}$

Question 02

어떤 A도시에 유량 4.2m³/sec, 유속 0.4m/sec, BOD 7mg/L인 하천이 흐르고 있다. 이 하천에 유량 25.2m³/min, BOD 500mg/L인 공장폐수가 유입되고 있다면 하천수와 공장폐수와 합류지점의 BOD는? (단, 완전 혼합이라 가정함)

㉮ 약 33mg/L   ㉯ 약 45mg/L   ㉰ 약 52mg/L   ㉱ 약 67mg/L

풀이

혼합공식 $C_m = \dfrac{Q_1C_1 + Q_2C_2}{Q_1 + Q_2}$ 를 이용한다.

$$C_m = \dfrac{4.2\text{m}^3/\text{sec} \times 7\text{mg/L} + 25.2\text{m}^3/\text{min} \times 1\text{min}/60\text{sec} \times 500\text{mg/L}}{4.2\text{m}^3/\text{sec} + 25.2\text{m}^3/\text{min} \times 1\text{min}/60\text{sec}} = 51.82\text{mg/L}$$

02 자정계수(f)의 특징

★★ ① 자정계수는 $\dfrac{\text{재폭기 계수}(k_2)}{\text{탈산소 계수}(k_1)}$ 이다.

★★ ② 자정계수의 단위는 없다.

★★ ③ 유속이 빨라지면 자정계수는 커진다.

④ 구배가 크면 자정계수는 커진다.

⑤ 수심이 얕을수록 자정계수는 커진다.

★★ ⑥ 온도가 높아지면 자정계수는 낮아진다.

⑦ 자정계수 순서는 폭포 > 유속이 빠른 하천 > 완만한 하천 > 조그만 연못 순서이다.

⑧ 유기물질의 구조가 간단할수록 탈산소계수는 증가한다.

> **Question 03**
>
> 자정상수(f)의 영향 인자에 관한 설명으로 옳은 것은?
>
> ㉮ 수심이 깊을수록 자정상수는 커진다.
> ㉯ 수온이 높을수록 자정상수는 작아진다.
> ㉰ 유속이 완만할수록 자정상수는 커진다.
> ㉱ 바닥구배가 클수록 자정상수는 작아진다.
>
> **풀이** ㉮ 수심이 깊을수록 자정상수는 작아진다.
> ㉰ 유속이 완만할수록 자정상수는 작아진다.
> ㉱ 바닥구배가 클수록 자정상수는 커진다.

TIP
온도가 증가함에 따라 k_1, k_2가 모두 증가하지만 k_1 증가율이 더욱 커져 자정계수(f)는 감소한다.

2. 재폭기(Reaeration) 계수(k_2)

★★ ① 유속이 클수록 커진다.
② 수심이 얕을수록 커진다.
★★ ③ 재폭기계수가 커지면 자정계수는 커진다.
④ 경사가 급할수록 커진다.
⑤ 하상이 거칠수록 커진다.
★★ ⑥ 수온이 높을수록 커진다.
⑦ 교란이 있을수록 커진다.

★★ 3. 온도 보정식

★★ ① $k_1(T) = k_1(20) \times 1.047^{(T-20)}$
② $k_2(T) = k_2(20) \times 1.018^{(T-20)}$

$k_1(20)$: 20℃에서의 탈산소계수(/day)
$k_2(20)$: 20℃에서의 재폭기계수(/day)
$k_1(T)$: T℃에서의 탈산소계수(/day)
$k_2(T)$: T℃에서의 재폭기계수(/day)

> **Question 04**
>
> A 하천의 탈산소계수를 조사한 결과 20℃에서 0.19/day이었다. 하천수의 온도가 25℃로 증가되었다면 탈산소계수(/day)를 계산하시오. (단, 온도보정계수는 1.047이다.)
>
> **풀이** $k_{(T)} = k_{1(20℃)} \times 1.047^{(T-20)} = 0.19/day \times 1.047^{(25-20)} = 0.24/day$

03 용존산소(DO)

1. 용존산소 곡선(DO sag curve)

- D_c : 임계점에서 산소부족량(mg/L)
- DO_t : t시간에서 용존산소농도(mg/L)
- k_2 : 재포기계수(/day)
- D_t : t시간에서 용존산소 부족량(mg/L)
- D_0 : 초기 산소부족량(mg/L)
- k_1 : 탈산소계수(/day)

2. 산소부족농도

★★★ $D_t(산소부족농도) = \dfrac{k_1 \times L_o}{k_2 - k_1} \times (10^{-k_1 \times t} - 10^{-k_2 \times t}) + D_o \times (10^{-k_2 \times t})$

- k_1 : 탈산소계수(/day)
- L_o : 최종 BOD(= BOD_u)(mg/L)
- D_0 = Cs(포화 DO농도) - C(혼합수중 DO농도)
- k_2 : 재폭기계수(/day)
- D_o : 초기산소부족량(mg/L)
- t : 시간(day) = $\dfrac{거리(m)}{유속(m/day)}$

Question 05

산소의 포화농도가 9mg/L인 하천에서 처음의 DO 농도가 6mg/L라면 물이 3일 유하한 후의 하류에서의 DO 부족량(mg/L)을 계산하시오. (단, 최종 BOD = 10mg/L이며, k_1과 k_2는 각각 0.1/day과 0.2/day, 밑수는 상용대수이다.)

풀이

$$D_t(\text{산소부족농도}) = \frac{k_1 \times L_o}{k_2 - k_1} \times (10^{-k_1 \times t} - 10^{-k_2 \times t}) + D_o \times (10^{-k_2 \times t})$$

$$= \frac{0.1/day \times 10mg/L}{0.2/day - 0.1/day} \times (10^{-0.1/day \times 3day} - 10^{-0.2/day \times 3day}) + 3mg/L \times 10^{-0.2/day \times 3day} = 3.25mg/L$$

TIP

$D_o = C_s - C = 9mg/L - 6mg/L = 3mg/L$

3. 임계시간(t_c) 및 임계부족량(D_c)

① 임계시간(t_c) = $\dfrac{1}{k_2 - k_1} \log\left\{\dfrac{k_2}{k_1}\left(1 - \dfrac{D_o(k_2 - k_1)}{L_o k_1}\right)\right\}$

★★★ $t_c = \dfrac{1}{k_1(f-1)} \log\left\{f\left(1 - (f-1)\dfrac{D_o}{L_o}\right)\right\}$

여기서 자정계수(f) = $\dfrac{k_2(\text{재폭기계수})}{k_1(\text{탈산소계수})}$

② 임계부족량(D_c) = $\dfrac{L_o}{f} 10^{-k_1 \cdot t}$

- f : 자정계수
- L_o : 최종 BOD(mg/L)
- D_o : 초기 산소 부족량(mg/L)
- L_c : t_c시점에서의 BOD(mg/L)

Question 06

어느 하천의 DO가 8mg/L, BOD_u는 20mg/L이었다. 이때 용존산소곡선(DO Sag Curve)에서의 임계점에 도달하는 시간(day)을 계산하시오. (단, 온도는 20℃, DO 포화농도는 9.2mg/L, k_1 = 0.1/day, k_2 = 0.2/day이다.)

풀이

$t_c = \dfrac{1}{k_1(f-1)} \log\left\{f\left(1-(f-1)\dfrac{D_o}{L_o}\right)\right\}$

- t_c : 임계점 도달시간(day)
- k_2 : 재폭기계수(/day)
- L_o = BOD_u : 최종 BOD(mg/L)
- k_1 : 탈산소계수(/day)
- f : 자정계수(f = $\dfrac{k_2}{k_1} = \dfrac{0.2/day}{0.1/day} = 2$)
- D_o : 초기산소부족량(mg/L) → $D_o = C_s - C$

따라서 $t_c = \dfrac{1}{0.1/day \times (2-1)} \log\left\{2 \times \left(1-(2-1)\dfrac{(9.2-8)mg/L}{20mg/L}\right)\right\} = 2.74day$

Question 07

어떤 도시에서 DO 0mg/L, BOD_u 200mg/L, 유량 1.0m³/sec, 온도 20℃의 하수를 유량 6m³/sec인 하천에 방류하고자 한다. 방류지점에서 몇 km 하류에서 가장 DO 농도가 작아지겠는가? (단, 하천의 온도 20℃, BOD_u 1mg/L, DO 9.2mg/L, 유속 3.6km/hr이며 혼합수의 k_1 = 0.1/day, k_2 = 0.2/day, 20℃에서 산소포화농도는 9.2mg/L이다. 상용대수 기준)

풀이 유하지점(km) = 유속(km/hr) × 임계점도달시간(hr)에서 먼저 임계점도달시간(t_c)을 구한다.

$$t_c = \frac{1}{k_1(f-1)} \log\left\{f\left(1-(f-1)\frac{D_o}{L_o}\right)\right\}$$

① f(자정계수) = $\frac{k_2}{k_1} = \frac{0.2/day}{0.1/day}$ = 2

② 혼합지점의 최종 BOD = L_o를 구하기 위해

혼합공식을 이용 $C_m = \frac{Q_1C_1+Q_2C_2}{Q_1+Q_2}$ 에서

혼합수의 $BOD_u = \frac{1.0m^3/sec \times 200mg/L + 6m^3/sec \times 1mg/L}{1.0m^3/sec + 6m^3/sec}$ = 29.43mg/L

③ D_o(초기산소부족량) = C_s(포화DO 농도) - C(혼합수 DO농도)

혼합수의 DO 농도 = $\frac{Q_1C_1+Q_2C_2}{Q_1+Q_2} = \frac{1.0m^3/sec \times 0mg/L + 6m^3/sec \times 9.2mg/L}{1.0m^3/sec + 6m^3/sec}$ = 7.886mg/L

따라서 D_o = 9.2mg/L - 7.886mg/L = 1.314mg/L

④ 임계점 도달시간(t_c) = $\frac{1}{0.1/day \times (2-1)} \log\left\{2 \times \left(1-(2-1)\frac{1.314mg/L}{29.43mg/L}\right)\right\}$ = 2.812day

⑤ 유하지점(km) = 유속(km/hr) × 임계점 도달시간 = 3.6km/hr × 24hr/day × 2.812day = 242.96km

04 하천의 정화단계

★★★ 1. 하천의 정화단계 정리

Wipple의 하천정화 단계	(초기) 분해지대	활발한 분해지대	회복지대	정수지대
정화 단계별 곡선	SS, Fungi, 박테리아, DO, 원생동물, 후생동물, BOD 곡선			
상태	호기성	혐기성	호기성	호기성
특징	Fungi(곰팡이) 증가 DO 감소 CO_2 증가	Fungi 감소 박테리아 증가 CO_2 증가 H_2S 증가 NH_3-N 증가 PO_4^{3-} 증가	DO 증가 NO_2-N 증가 NO_3-N 증가 Fungi 조금씩 증가, 조류 증가 원생, 윤충 갑각류 번식	착색조류 증가 송어 증가 쏘가리 증가 NO_3-N 증가
Kolkwitz와 Marson의 단계별 색깔	강부수성 수역 (빨간색)	α-중부수성 수역 (노란색)	β-중부수성 수역 (초록색)	빈부수성 수역 (파란색)

2. Whipple의 하천정화단계

〈자정단계에 따른 용존산소의 변화량〉

(1) (초기)분해지대 = 저하지대

 ① 희석이 잘 되는 큰 하천보다 희석이 덜 되는 작은 하천에서 더 뚜렷이 나타난다.
② 세균의 수가 증가하고 유기물을 많이 함유하는 슬러지의 침전이 많아진다.
③ 오염에 잘 견디는 곰팡이류가 녹색 수중식물이나 고등미생물을 대신해 번식한다.
 ④ 유기물을 다량 함유하는 슬러지의 침전이 많아지고 용존산소량이 크게 줄어드는 대신에 탄산가스의 양은 증가한다.

Question 08

Wipple의 하천의 상태변화에 따른 4지대 구분 중 '분해지대'에 관한 설명으로 옳지 않은 것은?

㉮ 오염에 잘 견디는 곰팡이류가 심하게 번식한다.
㉯ 여름철 온도에서 DO 포화도는 45% 정도에 해당된다.
㉰ 탄산가스가 줄고 암모니아성 질소가 증가한다.
㉱ 유기물 혹은 오염물을 운반하는 하수거의 방출지점과 가까운 하류에 위치한다.

풀이 ㉰ 탄산가스가 증가하고, 용존산소량이 감소한다.

(2) 활발한 분해지대

 ① 수중에 DO가 거의 없어 혐기성 bacteria가 번식한다.
② 흑색 및 점성질의 슬러지 침전물이 생기고 기체방울이 수면으로 떠오른다.
 ③ 수중에 CO_2 농도나 NH_3-N 농도가 증가하며 fungi가 사라진다.
 ④ 호기성세균이 혐기성세균으로 교체된다.

Question 09

하수 등의 유입으로 인한 하천 변화상태를 Whipple의 4지대로 나타낼 수 있다. 그 중 '활발한 분해지대'에 관한 내용으로 옳지 않은 것은?

㉮ 용존산소가 없어 부패상태이며 물리적으로 이 지대는 회색 내지 흑색으로 나타난다.
㉯ 혐기성세균과 곰팡이류가 호기성균과 교체되어 번식한다.
㉰ 수중의 CO_2 농도나 암모니아성 질소가 증가한다.
㉱ 화장실 냄새나 H_2S에 의한 달걀 썩는 냄새가 난다.

풀이 ㉯ 호기성세균이 혐기성세균으로 교체된다.

(3) 회복지대

★★ ① 혐기성균이 호기성균으로 대체되며 조류가 많이 발생하며 fungi도 조금씩 발생한다.
② 광합성을 하는 조류가 번식하며 원생동물, 윤충, 갑각류가 번식하며 큰 수중식물도 다시 나타난다.
③ 바닥에서는 조개나 벌레의 유충이 번식하며 오염에 견디는 힘이 강한 은빛 담수어 등의 물고기도 서식한다.
★★ ④ 용존산소가 포화될 정도로 증가한다.
★★ ⑤ 아질산염이나 질산염의 농도가 증가한다.

> **Question 10**
>
> 하수가 유입된 하천의 자정작용을 하천 유하거리에 따라 분해지대, 활발한 분해지대, 회복지대, 정수지대의 4단계로 분류하여 나타내는 경우, 회복지대에 대한 설명으로 틀린 것은 어느 것인가?
>
> ㉮ 세균수가 감소한다.
> ㉯ 발생된 암모니아성 질소가 질산화 된다.
> ㉰ 용존산소의 농도가 포화될 정도로 증가한다.
> ㉱ 규조류가 사라지고 윤충류, 갑각류도 감소한다.
>
> **풀이** ㉱ 규조류가 번식하고 윤충류, 갑각류가 번식한다.

(4) 정수지대

★★ ① DO와 BOD가 오염 이전으로 회복된다.
② 호기성 세균이 증가하고 착색조류가 증가, 송어, 쏘가리가 증가한다.
★★ ③ NO_3-N가 증가한다.

3. Kolkwitz와 Marson 하천의 4지대

(1) 강부수성 수역

① 악취가 발생하고 DO가 결핍된다.
② 물버들, 실지렁이, 아메바류, 섬모충류, 편모충류 출현한다.
★★ ③ 수질도를 적색으로 표시한다.

(2) α – 중부수성 수역

① 남조류, 녹조류, 규조류가 증가한다.
② 물벌레, 메기, 붕어, 잉어 등이 서식한다.
③ 고분자 화합물의 분해로 아미노산이 풍부해진다.
★★ ④ 수질도를 노란색으로 표시한다.

(3) β – 중부수성 수역

① 규조, 녹조 등 많은 종류의 조류가 출현한다.
② 태양충, 흡관충류가 출현한다.
★★ ③ 수질도를 초록색으로 표시한다.
④ 생식생물의 생태학적 특성은 pH와 산소의 변동에 약하다. (부패독에 비교적 약함)
⑤ 수중의 유기물은 지방산의 암모니아 화합물이 많다.

> **Question 11**
>
> 하천의 생태변화과정 중 β – 중부수성 수역에 관한 설명으로 가장 거리가 먼 것은? (단, Kolkwitz와 Marson의 4지대 구분 기준)
>
> ㉮ 식물 : 규조, 녹조 등 많은 종류의 조류가 출현한다.
> ㉯ 생식생물의 생태학적 특징 : pH와 산소의 변동에 약하다. (부패독에 비교적 약함)
> ㉰ 수중의 유기물 : 지방산의 암모니아 화합물이 많다.
> ㉱ 분류 : 상당히 오염된 수역으로 수질도에 노란색으로 표시한다.
>
> **풀이** ㉱ 분류 : 오염도가 낮은 수역으로 수질도에 초록색으로 표시한다.

(4) 빈부수성 수역

① 하루살이 등의 작은 벌레들이 있다.
② 맑은 물을 좋아하는 산천어, 은어가 서식한다.
③ DO의 농도가 높고 유기물의 농도가 낮다.
★★ ④ 수질도를 파란색으로 표시한다.

★★★ **TIP**

① 수질도 색깔별 표시
  ㉠ 강부수성 수역(빨간색)
  ㉡ α-중부수성 수역(노란색)
  ㉢ β-중부수성 수역(초록색)
  ㉣ 빈부수성 수역(파란색)
② 암기법 : 빨강 / 노루알이 / 초록배타고 / 블루빈하네

05 하천의 모형화

1. 하천의 모형화

(1) 하천 모형화의 일반적인 가정조건

① 오염물질의 농도 분포가 하천의 흐름방향으로 이루어진다.
② 유속으로 인한 오염물질의 이동이 매우 크므로 확산에 의한 영향은 무시한다.
③ 정상상태이다.
④ 오염물질의 특성이 보전성과 비보전성이다.

★★ (2) 동적모델과 정적모델

★★ ① 정적모델은 변수가 시간의 변화에 관계없이 항상 일정하다는 모델이다.
② 정적모델은 특정지역의 장기적으로 수질관리 대책을 수립할 때 사용한다.
③ 정적모델은 환경조건 변화에 system이 반응하는 정도를 나타낼 때 사용한다.
★★ ④ 동적모델은 부영양화의 관리와 예측에 이용된다.
⑤ 동적모델은 하구의 수질모델링에서 매우 중요하다.
★★ ⑥ 동적모델은 변수가 시간의 변화에 따라 변하는 모델이다.

(3) 확산식

① 확산을 지배하는 Fick의 제1법칙(확산에 의해 어떤 면적 요소를 통과하는 물질의 이동속도 기준) – 이동속도는 확산물질의 농도경사에 비례한다.
② 확산계수가 가장 큰 것은 수평방향 지표수이다.

★★ 2. 공간성을 나타내는 모형(model)의 종류

(1) 0차원 모형(Zero-dimensional model)
① 적용대상의 오염 물질이 공간적으로 균일하게 분포한다고 가정
② 적용은 호수를 CSTR(연속교반 반응조)로 가정
③ 매년 축적되는 무기물질(인산 등등)의 수지를 평가하는데 적용
★★ ④ 식물성 플랑크톤의 계절적 변동 사항에는 적용하기 곤란

(2) 1차원 모형(One-dimensional model)
① 가장 많이 사용되는 모델
★★ ② 하천은 종방향으로 호수는 수평방향으로 나누고 나누어진 각 구획이 균일한 수질을 유지한다고 가정
③ 연속교반 반응조(Continuous Stirred Tank Reactor ; CSTR)로 가정
④ 하천(종방향) 호수(횡방향)

(3) 2차원 모형
★★ ① 수질의 변동이 일방향성이 아닌 이방향성으로 분포
② 일차원 모형에 비해 복잡하다.

(4) 3차원 모형
★★ ① 대호수의 순환 패턴이나 큰 만에서는 유체역학 연구에 적용
② 복잡한 입력자료와 모델구조를 갖는다.

Question 12

수질예측모형의 공간성에 따른 분류에 관한 설명으로 옳지 않은 것은?

㉮ 0차원 모형 : 식물성 플랑크톤의 계절적 변동사항에 주로 이용된다.
㉯ 1차원 모형 : 하천이나 호수를 종방향 또는 횡방향의 연속교반 반응조로 가정한다.
㉰ 2차원 모형 : 수질의 변동이 일방향성이 아닌 이방향성으로 분포하는 것으로 가정한다.
㉱ 3차원 모형 : 대호수의 순환 패턴분석에 이용된다.

풀이 ㉮ 0차원 모형 : 식물성 플랑크톤의 계절적 변동사항에는 적용하기 곤란하다.

3. 하천모델링의 종류

★★ (1) Streeter-Phelps 모델

① 점오염원으로부터 오염부하량 고려
② 하천수질 모델링의 최초
③ 유기물 분해로 인한 용존산소 소비와 대기로부터 수면을 통해 산소가 재공급되는 재폭기 고려

> **Question 13**
>
> Streeter-Phelps 모델에 대한 설명으로 틀린 것은 어느 것인가?
>
> ㉮ 최초의 하천 수질 모델링이다.
> ㉯ 유속, 수심, 조도계수에 의한 확산계수를 결정한다.
> ㉰ 점오염원으로부터 오염부하량을 고려한다.
> ㉱ 유기물의 분해에 따라 용존산소 소비와 재폭기를 고려한다.
>
> **풀이** ㉯번의 설명은 QUAL-Ⅰ 모델에 대한 설명이다.

★★ (2) DO SAG - Ⅰ, Ⅱ, Ⅲ 모델

① 1차원 정상상태 모델이다.
② 점오염원 및 비점오염원이 하천의 용존산소에 미치는 영향을 나타낼 수 있다.
③ Streeter-Phelps 식을 기본으로 한다.
④ 저질의 영향과 광합성 작용에 의한 용존산소 반응을 무시한다.

> **Question 14**
>
> 하천모델의 종류 중 DO SAG - Ⅰ, Ⅱ, Ⅲ에 관한 설명으로 가장 거리가 먼 것은?
>
> ㉮ 2차원 정상상태 모델이다.
> ㉯ 점오염원 및 비점오염원이 하천의 용존산소에 미치는 영향을 나타낼 수 있다.
> ㉰ Streeter-Phelps식을 기본으로 한다.
> ㉱ 저질의 영향이나 광합성 작용에 의한 용존산소반응을 무시한다.
>
> **풀이** ㉮ 1차원 정상상태 모델이다.

★★ (3) QUAL - Ⅰ 모델

① 유속, 수심, 조도계수에 의해서 확산계수를 계산한다.
② 하천과 대기사이에서의 열복사를 고려한다.
③ 오염물질의 유입과 용수취수를 고려한다.

> **Question 15**
>
> 하천모델 중 다음의 특징을 가지는 모델은 어느 것인가?
>
> - 유속, 수심, 조도계수에 의한 확산계수 결정
> - 하천과 대기 사이의 열복사, 열교환 고려
> - 음해법으로 미분방정식의 해를 구함
>
> ㉮ QUAL-1   ㉯ WQRRS   ㉰ DO SAG-1   ㉱ HSPE
>
> **정답** ㉮

(4) QUAL - Ⅱ 모델

① 질소화합물(NH_3-N, NO_2-N, NO_3-N), P(인), 클로로필-a(chl-a)를 고려
② 음해법을 이용해 미분방정식의 해를 구한다.
③ QUAL-Ⅰ 모델보다 계산시간이 짧다.

★★★ (5) WQRRS 모델

① 하천 및 호수의 부영양화를 고려한 생태계모델이다.
② 정적 및 동적인 하천의 수질, 수문학적 특성이 광범위하게 고려된다.
③ 호수에는 수심별 1차원 모델이 적용된다.

> **Question 16**
>
> 아래와 같은 특징을 나타내는 하천 모델은 어느 것인가?
>
> - 하천 및 호수의 부영양화를 고려한 생태계 모델
> - 정적 및 동적인 하천의 수질, 수문학적 특성이 고려
> - 호수에는 수심별 1차원 모델이 적용
>
> ㉮ WASP   ㉯ DO-SAG   ㉰ QUAL-I   ㉱ WQRRS
>
> **정답** ㉱

(6) USGS Streeter phelps 모델

① Streeter phelps 모델을 확장시킨 1차원 모델이다.
② 하천의 수리학적 특성, 반응계수 등을 고려
③ 비점오염원 무산소상태를 고려한다.

 ### (7) WASP5 모델

① 하천의 수질모델, 수리학적 모델, 독성물질의 거동을 고려
② 1차원, 2차원, 3차원 고려
③ 저질이 수질에 미치는 영향을 상세히 고려

Question 17

다음에서 설명하는 하천의 수질 모델링은 어느 것인가?

- 하천의 수리학적 모델, 수질모델, 독성물질의 거동모델 등을 고려할 수 있으며, 1차원, 2차원, 3차원까지 고려할 수 있음
- 수질항목간의 상태적 반응기작은 Streeter Phelps식부터 수정
- 수질에 저질이 미치는 영향을 보다 상세히 고려한 모델

㉮ QUAL-Ⅰ model ㉯ WQRRS model
㉰ QUAL-Ⅱ model ㉱ WASP5 model

정답 ㉱

---

(8) HSPF 모델

① 강우, 강설로부터 하구까지 다양한 수체에 적용
② 적용하고자 하는 수체에 따라 필요한 모듈 선택 가능

06 유해물질의 종류 및 특성

1. 유해물질의 특성

(1) 수은(Hg)

① 수은은 상온에서 액체상태로 존재한다.
★★ ② 대표적인 만성질환으로는 미나마타병, 헌터-루셀증후군이 있다.
③ 알킬수은 화합물의 독성은 무기수은 화합물의 독성보다 강하다.
★★ ④ 수은 중독은 BAC, Ca_2EDTA로 치료할 수 있다.
⑤ 유기수은은 금속상태의 수은보다 생물체 내에 흡수력이 강하다.
⑥ 난청, 언어장애, 구심성 시야 협착, 정신장애를 일으킨다.
⑦ 유기수은은 무기수은보다 독성이 강하며 신경계통에 장해를 준다.
★★ ⑧ 무기수은은 황화물 침전법, 활성탄 흡착법, 이온교환법, 아말감법으로 처리할 수 있다.

> **TIP**
> 암기법 : 수은아 황화강에 이온 좀 붙여라.

Question 18

수은(Hg)에 대한 내용으로 틀린 것은 어느 것인가?
㉮ 아연정련업, 도금공장, 도자기제조업에서 주로 발생한다.
㉯ 대표적 만성질환으로는 미나마타병, 헌터-루셀 증후군이 있다.
㉰ 유기수은은 금속상태의 수은보다 생물체내에 흡수력이 강하다.
㉱ 상온에서 액체상태로 존재하며, 인체에 노출시 중추신경계에 피해를 준다.

풀이 ㉮ 제련, 살충제, 온도계, 압력계 제조업에서 주로 발생한다.

(2) PCB(Poly chlorinated Biphenyl)

★★ ① 만성질환 증상으로는 카네미유증이 대표적이다.
② 간장장해, 피부장해, 전신권태, 수족저림, 발암 등을 유발한다.
③ 화학적으로 불활성이고 절연성이 좋다.
★★ ④ 물에는 난용성이나 유기용제에 잘 녹는다.
⑤ 난연성을 가진다.

Question 19

PCBs에 관한 설명으로 틀린 것은?

㉮ 물에는 난용성이며 유기용제에 잘 녹는다.
㉯ 화학적으로 불활성이고 절연성이 좋다.
㉰ 만성 중독 증상으로 카네미유증이 대표적이다.
㉱ 고온에서 대부분의 금속과 합금을 부식시킨다.

풀이 ㉱ PCBs(폴리클로리네이티드비페닐)은 부식성이 거의 없다.

(3) 카드뮴(Cd)

① 칼슘대사에 장해를 주어 신결석을 동반한 카드뮴 신증후군이 나타나고 다량의 칼슘배설이 일어난다.
② 체내에 축적된 카드뮴의 50~75%는 간과 신장에 축적된다.
③ 카드뮴은 물에는 녹지 않으나 산성용액에는 녹고 공기 중 수분이 존재하면 산화 카드뮴이 형성된다.
④ 만성폭로로 인한 흔한 증상은 단백뇨이다.
★★ ⑤ 대표 질환으로는 이따이이따이병이다.
★★ ⑥ 카드뮴은 흰 은색이며 아연정련업, 도금공업 등에서 배출된다.

(4) 크롬(Cr)

① 크롬에 의한 급성중독의 특징은 심한 신장장해를 일으키는 것이다.
★★ ② 3가크롬은 피부흡수가 어려우나 6가크롬은 쉽게 피부를 통과한다.
★★ ③ 자연 중의 크롬은 주로 3가 형태로 존재한다.
④ 생체 내에서 필수적인 금속으로 결핍시에는 인슐린의 저하로 인한 것과 같은 탄수화물의 대사장해를 일으키는 유해물질이다.
★★ ⑤ 도금, 피혁제조, 색소, 방부제, 약품제조업에서 발생된다.

> **Question 20**
>
> 크롬에 대한 내용으로 잘못된 것은 어느 것인가?
> ㉮ 만성크롬중독인 경우에는 미나마타병이 발생한다.
> ㉯ 3가 크롬은 비교적 안정하나 6가 크롬화합물은 자극성이 강하고 부식성이 강하다.
> ㉰ 3가 크롬은 피부흡수가 어려우나 6가 크롬은 쉽게 피부를 통과한다.
> ㉱ 만성중독현상으로는 비점막염증이 나타난다.
>
> **풀이** ㉮ 미나마타병은 수은(Hg)에 의해 발생되는 질환이다.

(5) 비소(As)

인산염 광물에 존재해서 인 화합물 형태로 환경 중에 유입된다.

(6) 납(Pb)

급성중독은 신장, 생식계통, 간 그리고 뇌와 중추신경계에 심각한 장애를 유발한다.

★★★ 2. 유해물질과 만성질환 및 발생공업

- ★★ ① PCB – 카네미유증
    - 변압기, 콘덴서 공장
- ★★ ② 수은 – 헌터 – 루셀 증후군, 미나마타병, 경구염, 수족 떨림
    - 제련, 살충제, 온도계, 압력계 제조업
- ★★ ③ 망간 – 파킨슨씨 증후군과 유사한 증상
    - 광산, 합금, 유리착색 공업
- ★★ ④ 카드뮴 – 이따이이따이병, 골연화증
    - 아연정련업, 도금공업
- ⑤ 아연 – 소인증
    - 도금, 안료공업
- ⑥ 불소 – 법랑반점
    - 살충제, 도료공업
- ⑦ 비소 – 피부염, 발암, 피부흑색(청색)화
    - 황산제조, 피혁공업
- ⑧ 구리 – 만성중독시 간경변, 윌슨씨 증후군
    - 도금공장, 파이프 제조업

Question 21

유해물질로 인하여 발생하는 대표적 질환으로 알맞은 것은 어느 것인가?

㉮ PCB : 파킨슨씨 증후군과 유사한 증상
㉯ 수은 : 중추신경계의 마비와 콩팥 기능의 장해
㉰ 아연 : 윌슨씨병
㉱ 구리 : 카네미유증

풀이 ㉮ PCB : 카네미유증 ㉰ 아연 : 소인증 ㉱ 구리 : 윌슨씨 증후군

07 소독 및 살균

1. 소독 및 살균

★★★ **(1) 염소소독의 특징**

① 염소소독시 pH가 높을 때 일어나는 반응은 HOCl → H^++OCl^-
★★ ② HOCl이 OCl^-보다 살균력이 80배 강하다.
★★ ③ 살균능력은 클로라민 < OCl^- < HOCl 순이다.
④ 유기물이 많아서 BOD가 높은 물을 상수원으로 사용하는 경우 염소소독시 생성되는 발암성물질은 THM(Trihalomethane)이다.
★★ ⑤ 염소의 살균력은 온도가 높을수록, 반응시간이 길수록, 주입농도가 증가할수록, pH가 낮을수록 증가한다.
⑥ 수중에 암모니아가 존재하면 염소와 반응하여 클로라민을 형성한다.
⑦ 미량의 phenol을 함유하는 물을 염소 처리하면 음료수에 불쾌한 맛과 냄새를 야기시키는 이유는 페놀이 염소와 작용하여 클로로페놀을 생성시키기 때문이다.

Question 22

염소소독시 pH가 높을 때 가장 잘 일어나는 반응은 어느 것인가?

㉮ HOCl → H^++OCl^-
㉯ Cl_2+H_2O → HOCl+HCl
㉰ H^++OCl^- → HOCl
㉱ HOCl+HCl → Cl_2+H_2O

풀이 ㉮번은 pH가 높을 때 잘 일어나는 반응으로 살균효과 낮다.
㉯번은 pH가 낮을 때 잘 일어나는 반응으로 균효과 높다.

> **Question 23**
>
> 음용수를 염소 소독할 때 살균력이 강한 것부터 순서대로 옳게 배열된 것은? (단, 강함 〉 약함)
>
> ① HOCl   ② OCl⁻   ③ Chloramine
>
> ㉮ ① > ② > ③   ㉯ ② > ③ > ①   ㉰ ② > ① > ③   ㉱ ① > ③ > ②
>
> ✔ 정답 ㉮

★(2) 클로라민 종류

① NH_2Cl(모노클로라민)

$$HOCl + NH_3 \xrightarrow{pH\ 8.5\ 이상} NH_2Cl + H_2O$$

② $NHCl_2$(디클로라민)

$$HOCl + NH_2Cl \xrightarrow{pH\ 4.5\sim8.5} NHCl_2 + H_2O$$

③ NCl_3(트리클로라민)

$$HOCl + NHCl_2 \xrightarrow{pH\ 4.4\ 이하} NCl_3 + H_2O$$

★(3) 클로라민의 살균력

① 살균력 순서는 $NHCl_2$(디클로라민) > NH_2Cl(모노클로라민)이다.
② NCl_3(트리클로라민)은 산화력이 0이므로 살균력이 없다.

(4) 염소주입량 계산식

① 염소주입량(mg/L) = 염소요구량(mg/L) + 염소잔류량(mg/L)

> **TIP**
>
> 암기법 : 주입은 요잔에 하세요!!

② 염소주입총량(kg/day) = 염소주입량(kg/m³) × 폐수량(m³/day)

③ ppm = mg/L = g/m³ 이므로 mg/L $\xrightarrow{\times 10^{-3}}$ kg/m³

Question 24

분뇨 처리 후 방류수 잔류염소를 3mg/L로 하고자 한다. 하루 방류수 유량이 1,600m³이고 염소요구량이 4mg/L라면 염소는 하루에 얼마나 필요(주입)한가?

㉮ 8.6kg/day   ㉯ 11.2kg/day   ㉰ 14.3kg/day   ㉱ 18.6kg/day

풀이 ① 염소주입량 = 염소요구량+염소잔류량 = 3mg/L+4mg/L = 7mg/L
② 염소주입량(kg/day) = 염소주입농도(kg/m³)×유량(m³/day)
    = 7×10^{-3} kg/m³ × 1,600m³/day
    = 11.2kg/day

TIP
① ppm = mg/L = g/m³   ② mg/L $\xrightarrow{\times 10^{-3}}$ kg/m³

★★ (5) 잔류성

① 잔류성 물질 : 염소화합물(Cl_2, $HOCl$, OCl^-, ClO_2, 클로라민)
② 잔류성 없는 물질 : O_3(오존), UV(자외선)

2. 트리할로메탄(THM) 특징

★★★ (1) THM의 생성조건

① pH, 온도 및 전구물질의 농도가 증가할수록 생성량은 증가한다.
② 물속의 유기물질이 소독제로 사용되는 염소 또는 바닷물 중의 브롬과 반응하여 생성된다.
③ 여름철 장마시 숲속에서 휴믹물질이 상수원수로 유입될 때 다량 발생한다.

TIP
THM의 증가조건
수온↑, pH↑, 접촉시간↑, 염소주입량↑

(2) 수돗물에서 생성된 트리할로메탄류는 대부분 클로로포름으로 존재한다.

★★ (3) 클로로포름(트리클로로메탄)은 THM의 75%을 차지한다.

(4) 대책

① **전구물질 제거법** : 활성탄 흡착(용해성), 중간염소처리(용해성), 응집침전(콜로이드 형태)
② **소독방법전환** : 클로라민, O_3(오존), ClO_2(이산화염소), UV(자외선)

08 BIP와 BI

★★ 1. BIP(Biological Index of Pollution)

① $BIP = \dfrac{\text{무색 생물수}}{\text{전 생물수}} \times 100(\%)$

② 판정
- 깨끗한 물 : 0~2%
- 약간 오염된 물 : 10~20%
- 심하게 오염된 물 : 70~100%

★★ 2. BI(Biotix Index)

① $BI = \dfrac{2A + B}{A + B + C} \times 100(\%)$

- A : 맑은 물에 존재하는 규조류
- C : 오염된 물에 존재하는 규조류
- B : 광범위하게 나타나는 규조류

② 판정
- 깨끗한 물 : 20% 이상
- 약간 오염된 물 : 11~19%
- 오염된 물 : 6~10%
- 심하게 오염된 물 : 5% 이하

09 유독성 단위(TU ; Toxic Unit)

$$TU = \frac{\text{환경수 중 오염물질 농도}}{\text{초기 TLm(96TLm)}}$$

Question 25

96TLm은 NH_3 = 2.5mg/L, Cu^{2+} = 1.5mg/L, CN^- = 0.2mg/L이고, 실제 시험수의 농도가 Cu^{2+} = 0.6mg/L, CN^- = 0.01mg/L, NH_3 = 0.4mg/L이였다면 Toxic Unit를 계산하시오.

풀이 유독성 단위(TU) = 합$\left\{\dfrac{\text{실제 시험수의 농도}}{96TLm}\right\}$ = $\dfrac{0.6mg/L}{1.5mg/L} + \dfrac{0.01mg/L}{0.2mg/L} + \dfrac{0.4mg/L}{2.5mg/L}$ = 0.61

10 이온강도(I)

① 이온강도(I)는 용액 중에 있는 이온의 전체농도를 나타내는 척도이다.

★★ ② 이온강도(I) = $\dfrac{\text{합}\{M\text{농도} \times (\text{가수})^2\}}{2}$

Question 26

0.02M−KBr과 0.03M−$ZnSO_4$ 용액의 이온강도를 계산하시오.

풀이
KBr → K^+ + Br^-
0.02M   0.02M   0.02M
$ZnSO_4$ → Zn^{2+} + SO_4^{2-}
0.03M   0.03M   0.03M

이온강도(I) = $\dfrac{\text{합}\{\text{몰수} \times (\text{가수})^2\}}{2}$ = $\dfrac{1}{2}\{(0.02M \times 1^2) + (0.02M \times 1^2) + (0.03M \times 2^2) + (0.03M \times 2^2)\}$
= 0.14

CHAPTER 07 호소수의 수질관리

01 호수의 수질관리

1. 호수의 특징

★★ ① 심수층은 혐기성 미생물의 증식으로 유기물이 분해되어 수질이 나빠진다.
★★ ② 봄과 가을에는 일정한 방향을 가진 흐름은 없으나 밀도변화에 의한 수직운동이 일어난다.
★★ ③ 표수층에서 조류의 활발한 광합성 활동시 호수의 pH는 8~9 혹은 그 이상을 나타낼 수 있다.
④ 수심별 전기전도도의 차이는 수온의 효과와 용존된 오염물질의 농도차로 인한 결과이다.
⑤ 표수층에서 조류의 활발한 광합성 활동시에는 무기탄소원인 HCO_3^- 나 CO_3^{2-} 을 흡수하고 OH^- 를 내보낸다.
⑥ 일반적으로 수온 1℃ 상승에 대하여 전도율은 2% 정도 증가한다.
★★ ⑦ 여름정체기간 중 호수의 깊이에 따른 CO_2와 DO 농도 변화를 살펴보면 CO_2 농도와 DO농도가 같은 지점(깊이)이 존재한다.

Question 01

호수의 수질특성에 관한 설명으로 옳지 않은 것은?

㉮ 표수층에서 조류의 활발한 광합성 활동시 호수의 pH는 8 ~ 9 혹은 그 이상을 나타낼 수 있다.
㉯ 호수의 유기물량 측정을 위한 항목은 COD보다 BOD와 클로로필-a를 많이 이용한다.
㉰ 수심별 전기전도도의 차이는 수온의 효과와 용존된 오염물질의 농도차로 인한 결과이다.
㉱ 표수층에서 조류의 활발한 광합성 활동시에는 무기탄소원인 HCO_3^- 나 CO_3^{2-} 를 흡수하고 OH^- 를 내보낸다.

풀이 ㉯ 호수의 유기물량 측정을 위한 항목은 COD를 이용한다.

TIP
① COD는 해수, 폐수, 호소수 중에 존재하는 유기물의 척도로 사용된다.
② BOD는 하천수, 하수 중에 존재하는 유기물의 척도로 사용된다.

2. 하천이나 호수의 심층에서 미생물의 작용

① 수중의 유기물은 분해되어 일부가 세포합성이나 유지대사를 위한 에너지원이 된다.
② 호수심층에 산소가 없을 때 질산이온을 전자수용체로 이용하는 종속영양 세균인 탈질화세균이 많아진다.
③ 어느 정도 유기물이 분해된 하천의 경우 조류 발생이 증가할 수 있다.

★★ 3. 깊은 호수나 저수지에서 수면으로부터 성층구분

epilimnion(순환층) → thermocline(수온약층, 변온층) → hypolimnion(심수층) → 침전물층

Question 02

깊은 호수나 저수지의 수직방향의 물 운동이 없을 때 생기는 성층현상(成層現象)의 성층구분 순서로 맞는 것은? (단, 수표면으로부터)

㉮ Epilimnion → Thermocline → Hypolimnion → 침전물층
㉯ Epilimnion → Hypolimnion → Thermocline → 침전물층
㉰ Hypolimnion → Thermocline → Epilimnion → 침전물층
㉱ Hypolimnion → Epilimnion → Thermocline → 침전물층

정답 ㉮

4. 호수나 저수지 등 정체된 수역의 오염도(유기물량)를 BOD값보다 COD값으로 나타내는 이유는 조류의 양을 고려할 수 있기 때문이다.

02 성층현상 및 전도현상

★★ 1. 호소에서 성층현상 및 전도현상

① 수온에 따라 표수층, 수온약층, 심수층의 성층을 이룬다.
② 하층의 물은 표층으로 잘 순환(turn over)되지 않고 수직운동은 상층에만 국한한다.
★★ ③ 수온약층은 표수층에 비하여 수심에 따른 온도차이가 크다.
④ 성층현상 및 전도현상은 수심에 따른 온도변화로 인해 발생되는 물의 밀도차에 의해 일어난다.
⑤ 겨울에는 호수바닥의 물이 최대 밀도를 나타내게 된다.
★★ ⑥ 성층현상 ┌ 강한 성층 : 여름철
          └ 약한 성층 : 겨울철
⑦ 겨울과 여름에는 수직혼합이 없어 정체현상이 생기며 수심에 따라 온도와 용존산소농도 차이가 크고 겨울보다 여름이 정체가 더 뚜렷이 생긴다.
⑧ 호소의 성층현상은 기후특성, 호소저수용량에 따른 유입유출량의 크기, 호수의 크기 등 다양한 환경인자에 의해 영향을 받는다.
⑨ 봄철 기온이 높고 바람이 약할 경우에는 성층이 늦게 이루어진다.
⑩ 봄, 가을에는 저수지의 수직혼합이 활발하여 분명한 열 밀도층의 구별이 없어진다.
★★ ⑪ 전도현상은 봄과 가을에 발생한다.
★★ ⑫ 봄철 전도현상은 표수층의 수온이 높아지기 시작하고 4℃가 되면 최대의 밀도를 가짐으로써 표수층의 물이 아래로 이동하게 되고 상대적으로 심수층 물이 표수층으로 이동하게 되어 일어난다.
★★ ⑬ 가을철 전도현상은 표수층의 수온이 점차 감소되기 시작하고 밀도는 증가하기 시작한다. 표수층의 수온이 심수층의 수온과 비슷해지면 바람에 의해서도 표수층의 물이 아래로 이동하고 심수층의 물이 표수층으로 이동하게 되어 발생한다.

〈호소의 구분 및 성층현상과 CO_2 농도와 DO 농도〉

Question 03

성층현상에 대한 내용으로 틀린 것은 어느 것인가?

㉮ 수심에 따른 온도변화로 발생되는 물의 밀도차에 의해 발생된다.
㉯ 봄, 가을에는 저수지의 수직혼합이 활발하여 분명한 층의 구별이 없어진다.
㉰ 여름에 수심에 따른 연직온도경사와 산소구배는 반대 모양을 나타내는 것이 특징이다.
㉱ 겨울과 여름에는 수직운동이 없어 정체현상이 생기며 수심에 따라 온도와 용존산소농도 차이가 크다.

풀이 ㉰ 여름에 수심에 따른 연직온도경사와 산소구배는 같은 모양을 나타내는 것이 특징이다.

03 호수의 부영양화

★1. 호소수에서 발생되는 부영양화

① 투명도를 기준으로 부영양화의 정도를 지수로 평가하는 대표적인 방법은 칼슨지수이다.
② 부영양화평가모델은 인(P) 부하모델인 Vollenweider모델과 P-엽록소 모델인 사카모토모델 등이 대표적이다.
③ 특정조류의 이상적 번식으로 불꽃현상이 일어나며 한번 발생하면 수일 사이에 급격히 소멸된다. (여기서 불꽃현상은 수화현상이라고도 하며 특정수역에서 조류가 대량 증식하여 물색을 변화시키는 현상을 말한다.)
④ 부영양화가 급속하게 진행되면 호수는 가속적으로 얕아지게 되고 결국 늪지대로 변한 뒤 소멸하게 된다.
⑤ Carlson은 투명도와 클로로필-a의 농도, 총인의 농도 중 어느 한 항목만을 측정하여도 각각의 부영양화 지수로 표시할 수 있도록 하였다.
⑥ 부영양화 메카니즘은 COD의 내부생산과 영양염의 재순환이라 할 수 있다.

⑦ 질소, 인 등의 영양물질의 유입에 의하여 발생된다.
⑧ 부영양화에서 주로 문제가 되는 조류는 남조류이다.
⑨ 성층, 전도현상에 의하여 부영양화가 촉진된다.

Question 04

부영양화의 영향으로 틀린 것은?

㉮ 부영양화가 진행되면 상품가치가 높은 어종들이 사라져 수산업의 수익성이 저하된다.
㉯ 부영양화된 호수의 수질은 질소와 인 등 영양염류의 이상 성장을 초래하고 병충해에 대한 저항력을 약화시킨다.
㉰ 부영양화의 pH는 중성 또는 약산성이나 여름에는 일시적으로 강산성을 나타내어 저니층의 용출을 유발한다.
㉱ 조류로 인해 정수공정의 효율이 저하된다.

풀이 ㉰ 부영양화의 pH는 중성 또는 약알칼리성이나 여름에는 일시적으로 강알칼리성을 나타내어 저니층의 용출을 유발한다.

2. 부영양화가 진행된 상수원

① 조류의 번성으로 인하여 여과지나 스크린이 폐쇄되고 여과지의 역세척 횟수를 증가시키며, 오니 발생량도 증가시킨다.
② 부영양화된 상수원에서는 조류에 의해 냄새가 발생할 수 있으며 보통 비린내, 흙냄새, 곰팡이 냄새 등이 발생한다.
③ 부영양화된 호수에서 취수한 상수원수는 현탁오염물질, 미량의 부식물질 등이 많아 타 수원에 비해 응집처리가 용이하지 못하다.
④ 부영양화란 1차 생산자인 식물성 플랑크톤의 생산량이 증가되는 현상이고 이를 먹이로 하는 동물성 플랑크톤, 어류 등의 생산량을 증대시킬 수 있다.

3. 부영양화 현상의 억제 방법

① 비료나 합성세제의 사용을 줄인다.
② 축산폐수의 유입을 막는다.
★★ ③ 과잉 번식된 조류는 황산동($CuSO_4$)을 살포하여 제거 또는 억제할 수 있다.
④ 하수처리장에서 질소와 인을 제거하기 위해 고도처리 공정을 도입하여 질소, 인의 호소 유입을 막는다.

Question 05

부영양화의 방지 대책과 가장 거리가 먼 것은?

㉮ N, P 유입을 방지하여야 한다.
㉯ 조류의 번식을 방지하기 위해 $CaCO_3$를 살포한다.
㉰ 포기(aeration)등의 방법으로 저산소층을 제거한다.
㉱ 영양염류를 침전시키고 이 침전물질을 불활성화시켜야 한다.

풀이 ㉯ 조류의 번식을 방지하기 위해 황산동($CuSO_4$)을 살포한다.

4. 칼슨지수

칼슨에 의해 개발되어 칼슨지수라고 하는데 칼슨지수는 경험적으로 만든 연속적인 부영양화 지수이다.

★★★ (1) Carlson 지수 산정시 적용되는 Parameter

① 클로로필-a(chl-a)
② T-P(총인)
③ 투명도(SD)

Question 06

호소의 영양상태를 평가하기 위한 Carlson 지수를 산정하기 위해 요구되는 Parameter와 가장 거리가 먼 것은?

㉮ Chlorophyll-a   ㉯ SS   ㉰ 투명도   ㉱ T-P

정답 ㉯

(2) 부영양화 단계를 예측하는 모델

① 인(P) 부하모델 : Vollenweider 모델
② 인(P)-엽록소 모델 : Larsen & Mercier모델, Dillan모델, 사카모토 모델

5. Vollenweider(볼렌와이더)가 제안한 영양물질 수지모델(호소의 부영양화 예측 모델)에서 고려 사항
   ① 방류 유량
   ② 침전율 계수
   ③ 호수의 체적

★★★ 6. Vollenweider model
호수에 부하되는 인산량을 적용하여 대상 호수의 영양상태를 평가, 예측하는 모델 중 호수 내의 인의 물질수지 관계식을 이용하여 평가하는 방법이다.

> 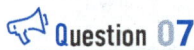 Question 07
>
> 호수의 수리특성을 고려하여 부영양화도와 인부하량과의 관계를 경험적으로 예측 평가하는 모델은 무엇인가?
> ㉮ Streeter-phelps모델 ㉯ WASP모델
> ㉰ Vollenweider모델 ㉱ DO-SAG모델
>
> ▶정답 ㉰

CHAPTER 08 해수의 수질관리

01 해수의 특성

★★★ 1. 해수의 특징

① 해수는 pH 약 8.2 정도로 약알칼리성이며 강전해질로 1리터당 35g의 염분을 함유한다.
② 해수의 밀도는 염분, 수온, 수압의 함수로 수심이 깊을수록 증가한다.
③ 해수내 전체 질소 중 약 35% 정도는 암모니아성 질소와 유기질소의 형태이다.
④ 해수의 Mg/Ca 비는 3~4 정도로 담수에 비하여 크다.
⑤ 중요한 화학적 성분 7가지(Holy seven)는 Cl^-, Na^+, SO_4^{2-}, Mg^{2+}, Ca^{2+}, K^+, HCO_3^- 이다.

> **TIP**
> 암기법 : 염나황은 마네칼슘칼륨에서 중탄산을 먹는다.

⑥ 해수의 주요성분 농도비는 항상 일정하다.
⑦ 해수는 HCO_3^- [bicarbonate : 중탄산염]를 포함시킨 상태로 되어 있다. (bicarbonate의 완충용액이다)
⑧ 염분은 통상 천분율로 표시한다.
⑨ 염분농도순서는 중위도 > 적도 > 극지방 순서이다.
⑩ 염분은 적도 해역에서는 높고 남극과 북극 해역에서는 다소 낮다.
⑪ 해수는 염분 외에 온도만 측정하면 해수의 비중을 알 수 있다.

Question 01

해수의 특성으로 가장 거리가 먼 것은?

㉮ 해수의 밀도는 수온, 염분, 수압에 영향을 받는다.
㉯ 해수는 강전해질로서 1L 당 평균 35g의 염분을 함유한다.
㉰ 해수내 전체질소 중 35% 정도는 질산성 질소 등 무기성 질소 형태이다.
㉱ 해수의 Mg/Ca비는 3 ~ 4 정도이다.

풀이 ㉰ 해수내 전체질소 중 35% 정도는 암모니아성 질소와 유기질소의 형태이다.

2. 해수의 염분 특징

① 해수 중 염소이온 농도는 일반적으로 19,000ppm 정도이다.
② 염분이란 해수 중 녹아 있는 무기 전해질의 양을 말한다.
③ 해수의 염분농도는 35‰이다.
④ 수심이 깊어짐에 따라 염분농도가 낮아진다.

3. 해수의 성질

① 해수의 수온도 호수와 마찬가지로 표수층, 수온약층, 심수층으로 구분이 가능하다.
② 해수의 염분농도는 평균 35‰ 정도로 표층수는 증발과 강우에 의해, 대륙연안은 하천수의 유입 때문에, 극지방에서는 얼음이 녹거나 얼 때 영향을 받는다.
③ 위도에 따른 염분분포는 증발량이 강우량보다 많은 무역풍대지역에서 염분이 가장 높고, 강우량이 많은 적도지역에서 염분이 낮다.
④ 해수의 영양염류 특성은 표층수에서는 영양염류의 농도가 낮고, 광합성이 이루어지지 않는 심층수에서는 영양염류 농도가 높다.

4. 해수에서 영양염류가 수온이 낮은 곳에 많고 수온이 높은 지역에서 적은 이유

① 수온이 낮은 바다의 표층수는 원래 영양염류가 풍부한 극지방의 심층수로부터 기원하기 때문이다.
② 수온이 높은 바다의 표층수는 적도 부근의 표층수로부터 기원하므로 영양염류가 결핍되어 있다.
③ 수온이 높은 바다는 수계의 안정으로 수직혼합이 일어나지 않아 표층수의 영양염류가 플랑크톤에 의해 소비되기 때문이다.

Question 02

해수의 화학적 특성 중에서 영양염류의 농도는 매우 중요하다. 다음 중 영양염류가 찬 바다에 많고 따뜻한 바다에 적은 이유로 잘못된 것은 어느 것인가?

㉮ 찬 바다의 표층수는 원래 영양염류가 풍부한 극지방의 심층수로부터 기원하기 때문에
㉯ 따뜻한 바다의 표층수는 적도부근의 표층수로부터 기원하기 때문에
㉰ 찬 바다에는 겨울철 성층현상의 심화로 수계가 안정되어 영양염류의 손실이 적기 때문에
㉱ 따뜻한 바다에서 표층수의 영양염류는 공급없이 식물성 플랑크톤에 의한 소비만 주로 일어나기 때문에

정답 ㉰

5. 해류의 원인

① tidal current(조류) : 태양과 달의 영향으로 발생된다.
② tsunamis(쓰나미) : 지진이나 화산에 의해 발생된다.
③ upwelling(용승류) : 바람과 해양 및 육지의 상호작용으로 형성되는 상승류이다.
④ 심해류 : 해수의 온도와 염분에 의한 밀도차에 의하여 발생된다.

Question 03

해류에 관한 설명으로 옳지 않은 것은?

㉮ 조류 : 지구와 달과 태양의 인력에 의해 발생된다.
㉯ 쓰나미 : 해저의 화산활동으로 인해 발생된다.
㉰ 상승류 : 바람과 해양 및 육지의 상호작용에 의해 해수가 저부에서 상부로 상승하여 발생된다.
㉱ 심해류 : 수층이 안정된 심해에서 지구 자전의 영향으로 발생된다.

풀이 ㉱ 심해류 : 해수의 온도와 염분에 의한 밀도차에 의하여 발생된다.

02 적조현상

1. 적조현상의 특징

① 여름철 홍수시로 인한 염분농도가 감소된 정체된 해역에서 주로 발생된다.
② 고밀도로 존재하는 적조 생물의 호흡에 의해 수중 용존산소를 소비하여 수중의 다른 생물의 생존이 어렵다.

③ upwelling 현상(용승현상)이 원인이 되는 경우가 있다.
④ 적조생물 중 독성을 갖는 편모조류가 치사성의 독소를 분비, 어패류를 폐사시킨다.
⑤ 높은 광도에서는 잘 증식하고 낮에는 해수표면에 밤에는 해저로 이동하는 특징이 있는 편모조류가 우점종일 경우가 많다.
⑥ 적조의 피해는 적조생물의 독소에 의한 중독현상과 해수 중의 용존산소 결핍에 따른 질식현상으로 구별할 수 있다.
⑦ 적조발생시 점토를 살포하는 것은 콜로이드 입자가 해수 중의 현탁물질을 응집, 흡착하는 성질과 점토성분 중 알루미늄 이온의 적조생물 구제효과를 이용하는 방법이다.
⑧ 플랑크톤의 증식을 위해 햇빛이 강하고 수온이 높을 때 많이 발생한다.
⑨ 질소, 인 등의 영양분이 풍부하고 규소, 칼슘, 마그네슘 등의 영양염과 더불어 미량의 금속, 비타민 등이 존재할 때 많이 발생한다.

Question 04

적조(red tide)에 관한 설명으로 가장 거리가 먼 것은?
㉮ 갈수기로 인하여 염도가 증가된 정체 해역에서 주로 발생한다.
㉯ 수중의 용존산소 감소에 의한 어패류의 폐사가 발생된다.
㉰ 수괴의 연직안정도가 크고 독립해 있을 때 발생된다.
㉱ 해저에 빈산소층이 형성할 때 발생한다.

풀이 ㉮ 홍수시로 인하여 염도가 낮아진 정체 해역에서 주로 발생한다.

★★ 2. 적조발생 조건

★★ ① 해류의 정체(물의 이동이 적은 정체수역)
★★ ② 염분 농도의 감소
③ 수온의 상승
④ 영양염류의 증가
⑤ 햇빛이 강할 때
⑥ 플랑크톤 농도의 증가
⑦ 하천 유입수의 오염도 증가

Question 05

연안해역에서 적조현상의 원인이 되는 조건과 가장 거리가 먼 것은?

㉮ 수온이 높을 때   ㉯ 햇빛이 강할 때
㉰ 영양염류가 과다 유입될 때   ㉱ 염분농도가 높을 때

풀이 ㉱ 염분의 농도가 낮을 때

3. 조류제거를 위하여 살포하는 황산동의 투입량 결정시 고려되는 인자

① pH
② 수온
③ 알칼리도

4. 적조현상의 주원인이 되는 조류를 제거하기 위한 방법으로 황산동을 주입하는 화학적인 방법을 사용하기도 한다. 알칼리도가 40ppm 이하일 경우 주입되는 황산동의 농도는 0.2~0.5ppm이다.

5. 적조에 의해 어패류가 폐사하는 원인

① 적조생물에 포함된 치사성의 유독물질로 인해 폐사한다.
② 적조생물의 급속한 사후분해에 의해 용존산소(DO)가 소비되면서 황화수소나 부패독과 같은 유해물질로 인해 폐사한다.
③ 적조생물이 아가미 등에 부착되어 질식사 한다.
④ 수면의 적조생물막에 의한 산소차단 현상으로 인한 대사기능 저하로 폐사한다.

Question 06

적조에 의해 어패류가 폐사하는 원인으로 틀린 것은 어느 것인가?

㉮ 강한 독성을 갖는 편모류에 의한 적조 발생
㉯ 고밀도로 존재하는 적조생물의 사후분해에 의해 다량의 용존산소가 소비
㉰ 적조생물이 어패류의 아가미 등에 부착
㉱ 다량의 적조생물 호흡에 의해 수중의 탄산염성분의 과다 배출

정답 ㉱

03 기타 내용정리

★★ 1. 분뇨의 특징

★★ ① 분과 뇨의 구성비는 약 1 : 8~1 : 10 정도이며 고액분리가 어렵다.
② 분뇨 내 질소화합물은 알칼리도를 높게 유지시켜 pH의 강하를 막아준다.
③ 분의 경우 질소산화물은 전체 VS의 12~20%, 뇨는 80~90% 함유되어 있다.
④ 분뇨는 다량의 유기물이 함유되어 있으며 BOD, SS는 COD의 $\frac{1}{3} \sim \frac{1}{2}$ 정도이다.
⑤ 분뇨 내 염소이온의 농도는 약 4,000mg/L 정도이다.
⑥ 분뇨에 포함된 질소화합물은 주로 $(NH_4)_2CO_3$, $(NH_4)HCO_3$ 형태로 존재한다.

Question 07

분뇨의 특징에 관한 설명으로 가장 거리가 먼 것은?

㉮ 분뇨 내 질소화합물은 알칼리도를 높게 유지시켜 pH의 강하를 막아준다.
㉯ 분과 뇨의 구성비는 약 1 : 8 ~ 1 : 10 정도이며 고액분리가 용이하다.
㉰ 분의 경우 질소산화물은 전체 VS의 12 ~ 20% 정도 함유되어 있다.
㉱ 분뇨는 다량의 유기물을 함유하며, 점성이 있는 반고상 물질이다.

풀이 ㉯ 분과 뇨의 구성비는 약 1 : 8 ~ 1 : 10 정도이며 고액분리가 어렵다.

2. 감응도 분석

수질 모델링 주요 절차 중 수질 관련 반응계수, 수리학적 입력계수 등의 입력자료의 변화 정도가 수질항목 농도에 미치는 영향을 파악하는 것이다.

3. 상수원에 대한 수질검사결과 질산성질소만 다량 검출된 경우는 유기질소에 의한 일시적인 오염이다.

4. 환경공학 실무에 있어서 오염물질의 추적자로 사용되는 것은 염화물이다.

5. 포도당이 서로 다른 종류의 미생물에 의해 기질로 이용될 때 서로 다른 많은 종류의 생성물로 변화된다. 이 과정에서 가장 중요한 중간체 역할을 수행하는 산(acid)은 피루빅산(pyruvic acid)이다.

6. 생물체 내에서 일어나는 에너지 대사에 적용되는 열역학법칙

　① 에너지의 총량은 일정하다.
　② 엔트로피는 끊임없이 증가하고 있다.
　③ 절대온도 0K(−273.16℃)에서는 분자운동이 없으며 엔트로피는 0이다.

> **Question 08**
>
> 생물체 내에서 일어나는 에너지 대사에 적용되는 열역학 법칙에 대한 설명으로 틀린 것은 어느 것인가?
> ㉮ 에너지의 총량은 일정하다.
> ㉯ 자연적인 반응은 질서도가 커지는 방향으로 진행된다.
> ㉰ 엔트로피는 끊임없이 증가하고 있다.
> ㉱ 절대온도 0K(−273.16℃)에서는 분자운동이 없으며 엔트로피는 0이다.
>
> **풀이** ㉯ 자연적인 반응은 무질서도가 커지는 방향으로 진행된다.

★★★ 7. 수질에서 사용하는 법칙

　① Raoult's 법칙(라울의 법칙)
　　여러 물질이 혼합된 용액에서 어느 물질의 증기압(분압)은 혼합액에서 그 물질의 몰분율에 순수한 상태에서 그 물질의 증기압을 곱한 것과 같다.
　② Schulze – Hardy 법칙(슐츠–하디 법칙)
　　콜로이드의 침전은 콜로이드 입자의 전하에 반대되는 부호의 전하를 가진 첨가된 전해질 이온에 영향을 받으며, 이 영향은 그 이온이 지니고 있는 전하의 수에 따라 현저하게 증가한다.
　③ Graham의 법칙(그레함의 법칙)
　　기체확산속도(조그마한 구멍을 통한 기체의 탈출)는 기체 분자량의 제곱근에 반비례한다.

④ Gay-Lussac법칙(게이-루삭의 법칙)
기체분석의 이해에 바탕이 되는 법칙으로 기체가 관련된 화학반응에서는 반응하는 기체와 생성된 기체의 부피 사이에는 정수관계가 성립된다.

Question 09

콜로이드의 침전에 미치는 영향이 입자에 반대되는 전하를 가진 첨가된 전해질 이온이 지니고 있는 전하의 수에 따라 현저하게 증가한다는 법칙은 어느 것인가?

㉮ Schulze - Hardy 법칙 ㉯ Derjagin - Verwey 법칙
㉰ Vander - Brown 법칙 ㉱ Landau - Overbe 법칙

정답 ㉮

Question 10

다음의 기체 법칙 중 옳은 것은?

㉮ Boyle의 법칙 : 일정한 압력에서 기체의 부피는 절대온도에 정비례한다.
㉯ Henry의 법칙 : 기체가 관련된 화학반응에서는 반응하는 기체와 생성되는 기체의 부피 사이에 정수관계가 있다.
㉰ Graham의 법칙 : 기체의 확산속도(조그마한 구멍을 통한 기체의 탈출)는 기체 분자량의 제곱근에 반비례 한다.
㉱ Gay-Lussac의 결합 부피 법칙 : 혼합 기체 내의 각 기체의 부분압력은 혼합물 속의 기체의 양에 비례한다.

풀이 ㉮ Boyle의 법칙 : 일정온도에서 기체의 압력과 그 부피는 서로 반비례한다.
㉯ Henry의 법칙 : 용해도가 크지 않은 기체가 일정한 온도에서 일정량의 액체에 녹는 무게는 압력에 비례하며, 혼합기체는 그 부분압력에 비례한다.
㉱ Gay-Lussac의 결합 부피 법칙 : 기체가 관련된 화학반응에서는 반응하는 기체와 생성된 기체의 부피 사이에는 정수관계가 성립된다.

8. 항구 내에서 기름유출에 대한 방지책

① Skimmer나 진공펌프를 이용한다.
② 흡수제를 이용하여 기름을 흡착시킨다.
③ 유화제나 침전제를 사용한다.

CHAPTER 09 수질오염개론 공식정리

01 수질오염개론 주요공식

(1) Monod식에 의한 세포의 비증식 속도 계산식

$$\mu = \mu_{max} \times \frac{S}{Ks + S}$$

- μ : 세포의 비증식 계수(/hr)
- S : 제한기질의 농도(mg/L)
- μ_{max} : 세포의 최대 비증식 계수(/hr)
- Ks : 반포화 농도(즉, $\mu = \frac{1}{2}\mu_{max}$ 일 때 제한기질의 농도(mg/L))

(2) 1차 반응식

$$\ln \frac{C_t}{C_o} = -k \times t$$

- C_t : t시간 후의 농도(mg/L)
- k : 상수(/hr)
- C_o : 초기농도(mg/L)
- t : 시간(hr)

(3) 반감기 사용(1차 반응식에서)

$$\ln \frac{C_t}{C_o} = -k \times t \xrightarrow[C_t = 1/2 C_o]{\text{반감기}} \ln \frac{1}{2} = -k \times t$$

(4) 완전혼합형(CFSTR) 반응조에서 1차 반응식

① K(상수)가 없거나 희석만 고려할 경우

$$\ln \frac{C_t}{C_o} = -\left(\frac{Q}{V}\right) \times t \quad \text{여기에서} \quad \frac{Q}{V} = K$$

② K(상수)가 주어진 경우

$$Q \times (C_o - C_t) = k \times V \times C_t$$

(5) 플러그반응조(PFR)에서 1차 반응식

$$\ln \frac{C_t}{C_o} = -k \times \left(\frac{V}{Q}\right) \quad \text{또는} \quad \ln \frac{C_t}{C_o} = -\left(\frac{Q}{V}\right) \times t$$

- C_o : 초기농도(mg/L) C_t : t시간 후의 농도(mg/L)   k : 상수(/hr)
- V : 체적(m^3) Q : 유량(m^3/hr)

(6) 산소부족농도 계산식

$$D_t(\text{산소부족농도}) = \frac{k_1 \times L_o}{k_2 - k_1} \times (10^{-k_1 \times t} - 10^{-k_2 \times t}) + D_o \times (10^{-k_2 \times t})$$

- k_1 : 탈산소계수(/day) k_2 : 재포기계수(/day)
- L_o : 최종 BOD(= BOD_u)(mg/L) D_o : 초기산소부족농도(mg/L)
- D_o = Cs(포화 DO농도) - C(혼합수중 DO농도)   t : 시간(day) = $\frac{\text{거리(m)}}{\text{유속(m/day)}}$

(7) BOD 공식

① 소모공식, 밑수 10(또는 상용대수)
$$BOD_t = BOD_u \times (1 - 10^{-k_1 \times t})$$

② 소모공식, 밑수 e(또는 자연대수)
$$BOD_t = BOD_u \times (1 - e^{-k_1 \times t})$$

③ 잔류공식, 밑수 10(또는 상용대수)
$$BOD_t = BOD_u \times (10^{-k_1 \times t})$$

④ 잔류공식, 밑수 e(또는 자연대수)
$$BOD_t = BOD_u \times (e^{-k_1 \times t})$$

- BOD_t : t일 BOD(mg/L) BOD_u : 최종 BOD(mg/L)
- k_1 : 탈산소계수(/day)   t : 시간(day)

(8) 혼합공식

$$C_m = \frac{Q_1C_1 + Q_2C_2}{Q_1 + Q_2}$$

C_m : 혼합지점의 농도 Q_1, Q_2 : 유량(m^3/day) C_1, C_2 : 농도(mg/L)

(9) N농도 계산식

① N농도 = eq/L

화학명	화학식	분자량(g)	당량	1당량g
과망간산칼륨	$KMnO_4$	158g	5당량	158g/5
다이크롬산칼륨	$K_2Cr_2O_7$	294g	6당량	294g/6

$$N농도(eq/L) = \frac{질량(g)}{부피(L)} \times \frac{1eq}{1당량\,g}$$

② 만약에 질량(g)과 부피(L)가 주어지지 않고 비중이 주어지면 비중(g/mL)을 사용하면 된다.

$$N농도(eq/L) = \frac{비중(g)}{(mL)} \times \frac{10^3 mL}{1L} \times \frac{1eq}{1당량\,g} \times \frac{농도(\%)}{100}$$

(10) M 농도 계산식

① M농도 = mol/L

$$M농도(mol/L) = \frac{질량(g)}{부피(L)} \times \frac{1mol}{분자량(g)}$$

② 화합물의 1mol = 분자량(g)이다. 만약에 질량(g)과 부피(L)가 주어지지 않고 비중이 주어지면 비중(g/mL)을 사용하여 풀이한다.

$$M농도(mol/L) = \frac{비중(g)}{(mL)} \times \frac{10^3 mL}{1L} \times \frac{1mol}{분자량(g)} \times \frac{농도(\%)}{100}$$

(11) pH 계산식

① **pH와 POH의 정의**

$pH = -\log[H^+] \Rightarrow [H^+] = 10^{-pH} \text{mol/L}$

$pOH = -\log[OH^-] \Rightarrow [OH^-] = 10^{-pOH} \text{mol/L}$

② **pH와 POH의 상관관계**

$pH + pOH = 14$

$pH = 14 - pOH$

$pOH = 14 - pH$

③ **pH 계산식**

산성물질에서 $pH = -\log[H^+]$

알칼리성물질에서 $pH = 14 + \log[OH^-]$

(12) 경도 계산식

$$\frac{경도(mg/L)}{50g} = \frac{Ca^{2+}mg/L}{20g} + \frac{Mg^{2+}mg/L}{12g} + \frac{Fe^{2+}mg/L}{28g} + \frac{Mn^{2+}mg/L}{27.5g} + \frac{Sr^{2+}mg/L}{43.8g}$$

(13) 알칼리도(Alk) 계산식

① $\dfrac{Alk(mg/L)}{50g} = \dfrac{OH^-(mg/L)}{17g} + \dfrac{CO_3^{2-}(mg/L)}{60g/2} + \dfrac{HCO_3^-(mg/L)}{61g}$

② $Alk(mg/L) = \dfrac{A \times N \times 50,000}{V}$ 또는 $AlK(mg/L) = A \times N \times f \times \dfrac{1,000}{V} \times 50$

$\begin{bmatrix} A : 적정에\ 사용되는\ 량(mL) & N : 적정용액의\ N농도 \\ V : 시료량(mL) & 50,000(mg) : CaCO_3\ 1당량(mg) \end{bmatrix}$

(14) 제거효율 계산(η)

① $\eta = \left(1 - \dfrac{C_o}{C_i}\right) \times 100(\%)$

$\begin{bmatrix} \eta : 효율(\%) & C_i : 입구농도(mg/L) & C_o : 출구농도(mg/L) \end{bmatrix}$

② $\eta = \left(1 - \dfrac{C_o \times P}{C_i}\right) \times 100(\%)$

$\begin{bmatrix} P\ (희석배수치) = \dfrac{유입수의\ Cl^-\ 농도}{유출수의\ Cl^-\ 농도} = \dfrac{희석\ 후\ 유량}{희석\ 전\ 유량} \end{bmatrix}$

③ $\eta_T = 1 - (1 - \eta_1) \times (1 - \eta_2) \times (1 - \eta_3)$

$\begin{bmatrix} \eta_T : \text{총합 효율(\%)} & \eta_1 : \text{1차처리 효율(\%)} \\ \eta_2 : \text{2차처리 효율(\%)} & \eta_3 : \text{3차처리 효율(\%)} \end{bmatrix}$

④ ①식과 ③식을 합치면 다음과 같은 식이 성립된다.

$\left(1 - \dfrac{C_o}{C_i}\right) = 1 - (1 - \eta_1) \times (1 - \eta_2) \times (1 - \eta_3)$

★★ (15) $\dfrac{BOD_6}{BOD_u}$ 비 계산

$BOD_6 = BOD_u \times (1 - 10^{-k_1 \times t})$

∴ $\dfrac{BOD_6}{BOD_u} = (1 - 10^{-k_1 \times t})$

(16) SAR(Sodium adsorption ratio) : 나트륨 흡착률 계산식

① $SAR = \dfrac{Na^+}{\sqrt{\dfrac{Mg^{2+} + Ca^{2+}}{2}}}$

② 단위 : meq/L = mN = mg/L ÷ 1mg 당량

$Na^+ = Na^+ mg/L \div 23$

$Ca^{2+} = Ca^{2+} mg/L \div 20$

$Mg^{2+} = Mg^{2+} mg/L \div 12$

③ 판정
- SAR 0~10 : 영향 적음
- SAR 10~18 : 중간 정도 영향
- SAR 18~26 : 큰 영향
- SAR 26 이상 : 아주 큰 영향

(17) COD = BDCOD + NBDCOD

$\begin{bmatrix} \text{BDCOD : 생물학적 분해 가능한 COD} = BOD_u & \text{NBDCOD : 생물학적 분해 불가능한 COD} \\ \therefore \text{NBDCOD} = \text{COD} - \text{BDCOD}(= BOD_u) & \end{bmatrix}$

(18) 총량 계산식

총량(kg/day) = 유량(m^3/day)×농도(kg/m^3)

(19) 중화적정 공식

NV = N'V'

(20) 수은주 비중

$$\frac{1,0332 mmH_2O}{760 mmHg} = 13.6 \Rightarrow \begin{cases} mmH_2O \xrightarrow{\div 13.6} mmHg \\ mmHg \xrightarrow{\times 13.6} mmH_2O \end{cases}$$

(21) 유독성 단위 계산식

$$유독성\ 단위(TU) = \frac{환경수\ 중\ 오염물질\ 농도}{초기\ TLm(96TLm)}$$

(22) 모세관 현상에서 물기둥 높이(h) 계산식

$$h = \frac{4 \cdot \sigma \cdot \cos\theta}{r \cdot d}$$

- h : 물기둥 높이(cm) σ : 표면장력(g_f/cm) θ : 접촉각
- r : 물의 밀도(1g/cm^3) d : 유리관 지름(cm)

TIP

g_f/cm = dyne/cm × $\frac{g_f}{980 dyne}$, kg_f/m = N/m × $\frac{kg_f}{9.8N}$

(23) 탈산소계수(K_1) 보정식, 재폭기계수(K_2) 보정식

$K_1(T) = K_1(20℃) \times 1.047^{(T-20)}$
$K_2(T) = K_2(20℃) \times 1.018^{(T-20)}$

(24) 이온강도(I) 계산식

$$이온강도(I) = \frac{합\{(이온의\ 몰수)\times(이온가수)^2\}}{2}$$

(25) 산소전달계수(K_{La}) 계산식

$$\frac{dO}{dt} = \alpha \cdot K_{La} \times (\beta \cdot C_s - C)$$

$\frac{dO}{dt}$: 시간에 따른 용존산소농도 변화(mg/L·hr) K_{La} : 산소전달계수(/hr)
C_s : 포화산소농도(mg/L) C : 물속의 용존산소농도(mg/L) α, β : 계수

> **TIP**
> $C_s - C$ = 산소부족농도 = 폭기해야 할 농도

(26) 염소주입량 계산식

염소주입량 = 염소요구량 + 염소잔류량

> **TIP**
> 암기법 : 주입은 요잔에 하세요!!

(27) DO 포화도 계산식

$$DO\ 포화도(\%) = \frac{현재\ DO\ 농도}{포화\ DO\ 농도} \times 100(\%)$$

(28) 완충방정식

$$pH = pKa + \log \frac{[염기]}{[산]}$$

$$\frac{[염기]}{[산]} = \frac{Ka}{[H^+]}$$

(29) 아세트산(CH_3COOH)에서 $[H^+]$ 농도

$$[H^+] = \sqrt{Ka \times C}$$

Ka : 산해리상수 C : CH_3COOH의 농도(mol/L)

(30) 임계점 도달시간(t_c), 임계부족량(D_c)

$$t_c = \frac{1}{k_1(f-1)} \log\left[f\left\{1-(f-1)\frac{D_o}{L_o}\right\}\right]$$

$$D_c = \frac{L_o}{f} \times 10^{-k_1 \times t}$$

- k_1 : 탈산소계수(/day)   f : 자정계수($f = \frac{k_2}{k_1}$) k_2 : 재폭기계수(/day)
- L_o = BODu : 최종 BOD(mg/L) D_o : 초기산소부족량($D_o = C_s - C$)

(31) 생물지수(BI) 계산식

$$BI = \frac{2A+B}{A+B+C} \times 100$$

- BI : 생물지수   A : 청수성 미생물
- B : 광범위 출현종의 미생물   C : 오수성 미생물

- 판정
  - 깨끗한 물 : 20% 이상
  - 약간 오염된 물 : 11~19%
  - 오염된 물 : 6~10%
  - 심하게 오염된 물 : 5% 이하

(32) $BIP = \frac{\text{무색 생물수}}{\text{전 생물수}} \times 100(\%)$

- 판정
  - 깨끗한 물 : 0~2%
  - 약간 오염된 물 : 10~20%
  - 심하게 오염된 물 : 70~100%

02 수질오염개론 주요반응식 정리

(1) 박테리아($C_5H_7O_2N$)의 호기성 반응식

$C_5H_7O_2N + 5O_2 \rightarrow 5CO_2 + 2H_2O + NH_3$

(2) 프로피온산(C_2H_5COOH)의 이온화 반응식

$C_2H_5COOH \rightleftarrows C_2H_5COO^- + H^+$

(3) 아세트산(CH_3COOH)의 이온화 반응식

$CH_3COOH \rightleftarrows CH_3COO^- + H^+$

(4) 글루코스($C_6H_{12}O_6$)의 호기성 반응식

$C_6H_{12}O_6 + 6O_2 \rightarrow 6CO_2 + 6H_2O$

(5) 글루코스($C_6H_{12}O_6$)의 혐기성 반응식

$C_6H_{12}O_6 \rightarrow 3CO_2 + 3CH_4$

(6) 에탄(C_2H_6)의 호기성 반응식

$C_2H_6 + 3.5O_2 \rightarrow 2CO_2 + 3H_2O$

(7) CH_2O(Foramaldehyde)의 호기성 반응식

$CH_2O + O_2 \rightarrow CO_2 + H_2O$

(8) $Ca(OH)_2$와 $Ca(HCO_3)_2$ 반응에 의해 $CaCO_3$의 침전형성 반응식

$Ca(OH)_2 + Ca(HCO_3)_2 \rightarrow 2CaCO_3 + 2H_2O$

$Ca(OH)_2$: 수산화칼슘 $Ca(HCO_3)_2$: 중탄산칼슘 $CaCO_3$: 탄산칼슘

(9) 자당($C_{12}H_{22}O_{11}$)의 호기성 반응식

$C_{12}H_{22}O_{11} + 12O_2 \rightarrow 12CO_2 + 11H_2O$

(10) 아황산나트륨(Na_2SO_3)의 산화 반응식

$Na_2SO_3 + 0.5O_2 \rightarrow Na_2SO_4$

(11) 메탄올(CH_3OH)의 호기성 반응식

$CH_3OH + 1.5O_2 \rightarrow CO_2 + 2H_2O$

(12) $Ca(OH)_2$의 이온화 반응식

$Ca(OH)_2 \rightleftarrows Ca^{2+} + 2OH^-$

(13) Glycine($CH_2(NH_2)COOH$)의 호기성 반응식

$CH_2(NH_2)COOH + 3.5O_2 \rightarrow 2CO_2 + 2H_2O + HNO_3$

(14) 페놀(C_6H_5OH)의 호기성 반응식

$C_6H_5OH + 7O_2 \rightarrow 6CO_2 + 3H_2O$

(15) 에탄올(C_2H_5OH)의 호기성 반응식

$C_2H_5OH + 3O_2 \rightarrow 2CO_2 + 3H_2O$

(16) 질산이온(NO_3^-)의 탈질 반응식

$6NO_3^- + 5CH_3OH \rightarrow 3N_2 + 5CO_2 + 7H_2O + 6OH^-$

PART 02

수질오염방지기술

CHAPTER 01　　물리적 처리
CHAPTER 02　　화학적 처리
CHAPTER 03　　생물학적 처리
CHAPTER 04　　고도처리(3차 처리)
CHAPTER 05　　슬러지 처리
CHAPTER 06　　방지기술 공식 정리

수질환경
기　　사
필　　기

CHAPTER 01 물리적 처리

01 폐·하수 처리 계통도

02 스크린(Screen)

1. 분류

① 조대 스크린 : 스크린 사이 간격이 6~150mm
② 미세 스크린 : 스크린 사이 간격이 6mm 이하

③ 초미세 스크린(마이크로 스크린) : 스크린 사이 간격이 50μm 이하

2. 설치목적
① 나무, 종이 등의 협잡물 제거
② 관로 막힘 방지, 펌프 보호

★★ 3. 스크린 접근 유속은 0.4m/sec 이상이며 통과 유속은 1m/sec 이하이다.
따라서 관에서 모래퇴적을 방지하기 위해 최소 0.45m/sec에서 최대 0.9m/sec로 한다.

4. Kirschmer식에 의한 손실수두(h_L) 계산식

$$h_L = \beta \sin\alpha \left(\frac{t}{b}\right)^{4/3} \times \frac{V^2}{2g}$$

- h_L : 수두손실(m)
- α : 경사각
- b : 스크린의 유효간격(m)
- V : 유속(m/sec)
- β : 형상계수
- t : 스크린의 막대 굵기(m)
- g : 중력가속도(9.8m/sec^2)

Question 01

수면에 대한 스크린 설치 경사각이 60°, 스크린의 막대 굵기 2cm, 스크린의 유효간격이 22mm, 폐수의 유속이 0.45m/sec, 스크린의 막대단면 모습에 따른 계수가 3.5일 때 스크린 설치에 따른 수두손실(m)을 계산하시오.

풀이

$$h_L = \beta \sin\alpha \, \frac{t}{b}^{4/3} \times \frac{V^2}{2g}$$

$$h_L = 3.5 \times \sin 60° \times \left(\frac{20mm}{22mm}\right)^{4/3} \times \frac{(0.45m/sec)^2}{2 \times 9.8m/sec^2} = 0.0276m = 0.03m$$

5. 봉 스크린(bar screen)의 손실수두(h_L) 계산식

$$h_L = \frac{1}{0.7} \times \left(\frac{V_b^2 - V_a^2}{2g}\right)$$

- h_L : 손실수두(m)
- V_b : 스크린의 통과유속(m/sec)
- g : 중력가속도(9.8m/sec^2)
- V_a : 접근 유속(m/sec)

Question 02

기계적으로 청소가 되는 바(bar)스크린의 바두께는 5mm이고 바간의 거리는 30mm이다. 바를 통과하는 유속이 0.9m/sec라고 한다면 스크린을 통과하는 수두손실(m)을 계산하시오.

(단, $h_L = \dfrac{1}{0.7} \times \left(\dfrac{V_b^2 - V_a^2}{2g}\right)$)

풀이

$V_a A_a = V_b A_b \Rightarrow V_a = V_b \times \dfrac{A_b}{A_a}$

$A_b = W \times H \times \dfrac{\text{바간격}}{\text{바두께}+\text{바간격}} = W \times H \times \dfrac{30mm}{(5+30)mm} = 0.857 W \times H$

$\therefore V_a = 0.90 \text{m/sec} \times \dfrac{0.857 W \times H}{W \times H} = 0.77 \text{m/sec}$

여기서 $h_L = \dfrac{1}{0.7} \times \dfrac{(0.9\text{m/sec})^2 - (0.77\text{m/sec})^2}{2 \times 9.8 \text{m/sec}^2} = 0.0158\text{m} = 0.02\text{m}$

TIP
① W : 수로의 폭, H : 수심
② A_a는 수로이므로 바간격과 바두께를 고려하지 않는다.
③ A_b는 통과면적이므로 바간격과 바두께를 고려한다.

03 정수시설의 착수정

① 착수정의 고수위와 주변 벽체의 상단간에는 60cm 이상의 여유를 두어야 한다.
② 형상은 일반적으로 직사각형 또는 원형으로 하고 유입구에는 제수밸브 등을 설치한다.
③ 착수정의 용량은 체류시간 1.5분 이상으로 한다.
④ 착수정의 수심은 3~5m 정도로 한다.
⑤ 수위가 고수위 이상으로 올라가지 않도록 월류관이나 월류위어를 설치한다.
⑥ 필요에 따라 분말활성탄을 주입할 수 있는 장치를 설치하는 것이 바람직하다.
⑦ 착수정은 2조 이상으로 분할하는 것이 원칙이나 분할하지 않는 경우에는 필히 바이패스관을 설치하여야 한다.
⑧ 착수정에는 원수 수질을 파악할 수 있는 채수시설과 수질측정장치를 설치하는 것이 좋다.

> **Question 03**
>
> 상수시설인 착수정의 체류시간, 수심 기준으로 옳은 것은?
>
> ㉮ 체류시간 : 1.5분 이상, 수심 : 2 ~ 3m 정도
> ㉯ 체류시간 : 1.5분 이상, 수심 : 3 ~ 5m 정도
> ㉰ 체류시간 : 3.0분 이상, 수심 : 2 ~ 3m 정도
> ㉱ 체류시간 : 3.0분 이상, 수심 : 3 ~ 5m 정도
>
> **정답** ㉯

04 침사지

★★★ 1. 상수시설 기준의 침사지 설계사항

① 저부경사는 보통 $\frac{1}{100} \sim \frac{2}{100}$ 로 한다.

★★ ② 수심은 유효수심에 모래 퇴적부의 깊이를 더한 것으로 한다.

★★ ③ 체류시간은 30~60초를 표준으로 한다.

④ 표면부하율은 200~500mm/min을 표준으로 한다.

★★ ⑤ 지내 평균유속은 2~7cm/sec를 표준으로 한다.

⑥ 지의 상단높이는 고수위보다 0.6~1m 정도의 여유고를 둔다.

★★ ⑦ 지의 유효수심은 3~4m를 표준으로 하고, 퇴사심도를 0.5~1m로 한다.

⑧ 지의 길이는 폭의 3~8배를 표준으로 한다.

⑨ 침사지의 형상은 장방형으로 하며 유입부는 점차적으로 확대되고 유출부는 차차 축소되는 모양으로 만든다.

⑩ 용량은 침사지 내의 고수위까지의 유량으로서 계획취수량을 10~20분간 저류할 수 있어야 한다.

Question 04

상수처리시설인 침사지의 구조 기준으로 틀린 것은 어느 것인가?

㉮ 표면부하율은 200 ~ 500mm/min을 표준으로 한다.
㉯ 지내 평균유속은 30cm/sec를 표준으로 한다.
㉰ 지의 상단높이는 고수위보다 0.6 ~ 1m의 여유고를 둔다.
㉱ 지의 유효수심은 3 ~ 4m를 표준으로 한다.

풀이 ㉯ 지내 평균유속은 2 ~ 7cm/sec를 표준으로 한다.

★★ 2. 하수도 시설의 중력식 침사지

★★ ① 침사지의 평균유속은 0.3m/sec를 표준으로 한다.
★★ ② 침사지의 표면 부하율은 오수침사지의 경우 1,800m³/m²·d, 우수침사지의 경우 3,600m³/m²·d 정도로 한다.
★★ ③ 침사지 수심은 유효수심에 모래 퇴적부의 깊이를 더한 것으로 한다.
④ 저부의 경사는 보통 $\frac{1}{100} \sim \frac{2}{100}$로 하며 그릿 제거설비의 종류별 특성에 따라 범위가 적용된다.
⑤ 수로형 침사지의 길이는 20m 이하로 한다.
⑥ 포기식 침사지는 바닥 중앙 웅덩이에 모인 그릿을 공기 펌프로 퍼 올릴 때 산기관으로 포기를 실시한다.
⑦ 포기식 침사지는 주로 무기성의 그릿만을 제거하게 된다.

Question 05

하수처리시설에서 중력식 침사지에 대한 설명으로 틀린 것은?

㉮ 평균 유속은 0.30m/s를 표준으로 한다.
㉯ 체류시간은 2 ~ 3분을 표준으로 한다.
㉰ 수심은 유효수심에 모래퇴적부의 깊이를 더한 것으로 한다.
㉱ 침사지 표면부하율은 오수침사지의 경우 1,800 m³/m²·d 정도로 한다.

풀이 ㉯ 체류시간은 30 ~ 60초를 표준으로 한다.

3. 침사지의 유지관리 방법

① 모래, 자갈 등을 침전시켜야 한다.
★★ ② 유기물을 제외한 무기물을 침전시켜야 한다.
③ 하수의 유속을 적정하게 유지하여야 한다.
④ 침사지에 침전된 침전물은 제거해야 한다.

★★★ ### 4. 침전지 및 침사지 설계 요소

① 면적, 유량, 체적 공식
  ㉠ 장방형

- 통과면적 = W(폭) × H(깊이)
- 수면적 = W(폭) × L(길이)
- 유량(Q) = 통과면적(W×H) × 유속(v)
- 체적(V) = W(폭) × L(길이) × H(깊이)

  ㉡ 원형

- 단면적 = $\dfrac{\pi \cdot D^2}{4}$
- 유량(Q) = 단면적($\dfrac{\pi \cdot D^2}{4}$) × 유속(v)
- 체적(V) = 단면적 × 깊이 = $\dfrac{\pi \cdot D^2}{4} \times H$

  $= \left(\dfrac{\pi \cdot D^2}{4} \times H_1 \right) + \left(\dfrac{\pi \cdot D^2}{4} \times H_2 \times \dfrac{1}{3} \right)$

> **Question 06**
>
> 1,000m³/day의 하수를 처리하는 처리장이 있다. 침전지의 깊이가 3m, 폭이 4m, 길이 16m인 침전지의 이론적인 하수 체류시간(hr)을 계산하시오.
>
> **풀이**
>
> 체류시간(t) = $\dfrac{V(m^3)}{Q(m^3/hr)}$ = $\dfrac{W(폭) \times L(길이) \times H(깊이)}{Q(m^3/hr)}$ = $\dfrac{4m \times 16m \times 3m}{1,000m^3/day \times 1day/24hr}$ = 4.61hr

Question 07

원형 1차 침전지에서 침전지의 유입 폐수량은 18,000m³/day이며 직경은 40m, 측벽의 유효높이는 3m, 원추형 바닥의 깊이는 1.2m이고 톱니형 위어가 설치되어 있다. 여기에서 침전지의 체적(m³)을 계산하시오.

[풀이]

$$V(m^3) = \left\{\frac{\pi D^2}{4} \times H_1 + \frac{\pi D^2}{4} \times H_2 \times \frac{1}{3}\right\} = \left\{\frac{\pi \times (40m)^2}{4} \times 3m + \frac{\pi \times (40m)^2}{4} \times 1.2m \times \frac{1}{3}\right\} = 4,272.58 m^3$$

② Q : 유량(m³/day), V : 체적(m³), t : 시간(day)의 상관관계식

㉠ $Q(m^3/day) = \dfrac{체적}{시간} = \dfrac{V(m^3)}{t(day)}$

㉡ $V(m^3) = Q(m^3/day) \times t(day)$

㉢ $t(day) = \dfrac{V(m^3)}{Q(m^3/day)}$

③ 수면적 부하율(V_o : m³/m²·day)

$$= \frac{Q(m^3/day)}{A(m^2)} = \frac{V(m^3)/t(day)}{A(m^2)} = \frac{A(m^2) \times H(m)/t(day)}{A(m^2)} = \frac{H(m)}{t(day)}$$

Question 08

지름이 20m이고, 깊이가 5m인 원형침전지에서 BOD 200mg/L, SS 240mg/L인 하수 4,000m³/day를 처리할 때 침전지의 수면적 부하율(m³/m²·day)을 계산하시오.

[풀이]

$$수면적\ 부하율(m^3/m^2 \cdot day) = \frac{Q(m^3/day)}{A(m^2)} = \frac{Q(m^3/day)}{\frac{\pi}{4} \times D^2(m^2)} = \frac{4,000 m^3/day}{\frac{\pi}{4} \times (20m)^2} = 12.73 m^3/m^2 \cdot day$$

TIP

수면적 부하율의 단위
m³/m²·day = m/day

Question 09

유량이 20,000m³/day, 체류시간 3시간인 침전지의 수면적 부하율(m³/m²·day)을 계산하시오. (단, 침전지 깊이는 3m이다.)

[풀이]

$$수면적\ 부하율(V_o : m^3/m^2 \cdot day) = \frac{Q}{A} = \frac{H}{t} = \frac{3m}{\left(\frac{3}{24}\right)day} = 24 m^3/m^2 \cdot day$$

④ 제거효율(η) = $\dfrac{V_s(\text{침강속도})}{V_o(\text{수면적 부하율})} \times 100(\%) \Rightarrow V_s = V_o \times \eta$

⑤ 월류위어 부하율(V_w : $m^3/m \cdot day$) = $\dfrac{Q(\text{월류유량} : m^3/day)}{L_w(\text{위어 길이} : m)}$

　㉠ 장방형일 경우 $V_w = \dfrac{Q(m^3/day)}{L(m)}$

　㉡ 원형일 경우 $V_w = \dfrac{Q(m^3/day)}{\pi \cdot D(m)}$

Question 10

월류판의 반지름이 10m이다. 1일 폐수량이 2,000m³라고 하면 월류부하($m^3/m \cdot day$)를 계산하시오.

풀이 월류부하 = $\dfrac{\text{월류유량}}{\text{월류 위어길이}} = \dfrac{Q}{\pi \cdot D} = \dfrac{2,000 m^3/day}{\pi \times 2 \times 10 m} = 31.83 m^3/m \cdot day$

05 침전지

★★★ 1. 1차 침전지의 조건(하수처리장 기준)

① 침전지의 지수는 2지 이상으로 한다.
② 표면 부하율은 계획1일 최대오수량에 대하여 25~40m³/m² · day로 한다.
★★ ③ 표면부하율은 계획1일 최대오수량에 대하여 분류식의 경우 35~70m³/m² · day, 합류식의 경우 25~50m³/m² · day로 한다.
★★ ④ 유효수심은 2.5~4m를 표준으로 한다.
★★ ⑤ 침전시간은 계획1일 최대 오수량에 대하여 표면부하율과 유효수심을 고려하여 정하며 일반적으로 2~4시간으로 한다.
⑥ 침전지 수면의 여유고는 40~60cm 정도로 한다.
⑦ 직사각형의 경우 폭과 길이의 비는 1 : 3 이상으로 한다.
⑧ 슬러지 수집기를 설치하는 경우의 침전지 바닥기울기는 직사각형에서 1/100~2/100으로 한다.

Question 11

하수도시설인 일차침전지의 시설기준에 관한 설명으로 옳지 않은 것은?

㉮ 표면부하율은 계획1일최대오수량에 대하여 분류식의 경우 35 ~ 70m³/m² · 일로 한다.
㉯ 슬러지수집기를 설치하는 경우의 침전지 바닥 기울기는 직사각형에서는 1/100 ~ 2/100으로 한다.
㉰ 침전시간은 계획1일최대오수량에 대하여 표면부하율과 유효수심을 고려하여 정하며, 일반적으로 2 ~ 4시간으로 한다.
㉱ 유효수심은 3 ~ 6m를 표준으로 한다.

풀이 ㉱ 유효수심은 2.5 ~ 4m를 표준으로 한다.

★★★ 2. 2차 침전지의 조건(하수처리장 기준)

★★ ① 표면 부하율은 계획1일 최대오수량에 대하여 20~30m³/m² · day로 한다.
★★ ② 고형물 부하율은 95~145kg/m² · day로 한다.
③ 월류위어의 부하율은 190m³/m · day이다.
★★ ④ 유효수심은 2.5~4m를 표준으로 한다.
★★ ⑤ 침전시간은 계획1일 최대 오수량에 따라 정하며 일반적으로 3~5시간으로 한다.
⑥ 직사각형의 경우 길이와 폭의 비는 3 : 1~5 : 1정도로 하며 덮개를 설치할 경우는 8 : 1정도까지 할 수 있다.
⑦ 슬러지 제거기를 사용할 경우 원형 또는 정사각형인 경우에는 바닥 기울기를 $\frac{1}{20} \sim \frac{1}{10}$ 으로 한다.

Question 12

하수처리시설의 이차침전지에 대한 설명으로 틀린 것은?

㉮ 유효수심은 2.5 ~ 4m를 표준으로 한다.
㉯ 이차침전지의 고형물부하율은 95 ~ 145kg/m² · d로 한다.
㉰ 침전시간은 계획1일 최대오수량에 따라 정하며 일반적으로 6 ~ 8시간으로 한다.
㉱ 침전지 수면의 여유고는 40 ~ 60cm 정도로 한다.

풀이 ㉰ 침전시간은 계획1일 최대오수량에 따라 정하며 일반적으로 3 ~ 5시간으로 한다.

TIP
침전지 유입구에 설치하는 정류판(baffle)의 목적은 유량의 감소, 유량의 분산유도, 침전지 유입수의 균일한 분배이다.

3. 약품 침전지 및 특성

(1) 상수처리시 약품침전지 조건

① 슬러지의 퇴적심도로서 30cm 이상을 고려한다.

★★ ② 유효수심은 3~5.5m로 한다.

③ 지의 저부에는 슬러지 배제에 편리하도록 배출수구를 향하여 경사지게 하여야 한다.

④ 고수위에서 침전지 벽체 상단까지의 여유고는 30cm 정도로 한다.

> **Question 13**
>
> 상수처리를 위한 약품침전지의 구성과 구조로 틀린 것은 어느 것인가?
>
> ㉮ 슬러지의 퇴적심도로서 30cm 이상을 고려한다.
> ㉯ 유효수심은 3 ~ 5.5m로 한다.
> ㉰ 침전지 바닥에는 슬러지 배제에 편리하도록 배수구를 향하여 경사지게 한다.
> ㉱ 고수위에서 침전지 벽체 상단까지의 여유고는 10cm 정도로 한다.
>
> **풀이** ㉱ 고수위에서 침전지 벽체 상단까지의 여유고는 30cm 정도로 한다.

★★ (2) 정수처리시 고속응집 침전시 조건

① 원수탁도는 10NTU(도) 이상이어야 한다.

② 최고탁도는 1,000NTU(도) 이하이어야 한다.

③ 처리수량의 변동이 적어야 한다.

④ 탁도와 수온의 변동이 적어야 한다.

★★ ⑤ 용량은 계획정수량의 1.5~2.0시간 분으로 한다.

★★ ⑥ 지내의 평균 상승유속은 40~50mm/min을 표준으로 한다.

TIP

NTU : Nephelometric Turbidity Unit

Question 14

정수시설인 고속응집침전지를 선택할 때에 고려하여야 하는 조건과 구조 기준으로 틀린 것은 어느 것인가?

㉮ 원수 탁도는 10 NTU 이상이어야 한다.
㉯ 용량은 계획정수량의 1.5 ~ 2.0시간분으로 한다.
㉰ 최고 탁도는 1,000 NTU 이하인 것이 바람직하다.
㉱ 표면부하율은 60 ~ 120mm/min을 표준으로 한다.

풀이 ㉱ 표면부하율은 40 ~ 50mm/min을 표준으로 한다.

4. 침강이론

(1) Ⅰ형 침전(독립침전)

① 고형물의 농도가 낮은 현탁액 속의 입자가 등가속도 영역에서 중력에 의해 침전하는 것을 말한다.
② 농도가 낮은 부유물, 독립입자의 침강형태, 비중이 큰 무기성 입자 침전, 입자 상호간 방해가 없다.
③ 침사지나 1차 침전지가 해당되고 stokes법칙이 적용된다.

> **TIP**
> 장방형 침전지 설계 조건
> ① 슬러지 영역에서는 유체 이동이 전혀 없다.
> ② 슬러지 영역 상부에 사영역이나 단락류가 없다.
> ③ 플러그 흐름이다.
> ④ 유입부의 깊이에 따라 SS 농도는 균일하다.

(2) Ⅱ형 침전(응결침전, 응집침전)

① 비교적 농도가 낮은 현탁액에서 침전 중 입자들끼리 결합하고 응집하는 것을 말한다.
② 입자가 침전하는 동안 입자가 점점 커져서 침전속도가 빨라지는 침전형태이다.
③ 부유물의 농도가 낮다.
④ 약품침전지 또는 2차 침전지가 해당된다.

(3) Ⅲ형 침전(지역침전, 간섭침전, 방해침전)

① 중간정도 농도, 서로 방해를 받으며 집단체로 침전하고 침전지나 농축조가 해당된다.
② 침전하는 입자들이 너무 가까이 있어서 입자간의 힘이 이웃입자의 침전을 방해하게

되고 동일한 속도로 침전하며 활성슬러지공법의 최종침전조 중간 깊이에서 일어나는 침전이다.

- **특징**
  - ㉠ 생물학적 처리시설과 함께 사용되는 2차 침전시설 내에서 발생한다.
  - ㉡ 입자간의 작용하는 힘에 의해 주변입자들의 침전을 방해하는 중간 정도 농도의 부유액에서의 침전을 말한다.
  - ㉢ 입자 등은 서로 간의 상대적 위치를 변경시키지 않고 입자들은 구조물을 형성하여 한 개의 단위로 침전한다.
  - ㉣ 함께 침전하는 입자들은 상부에 고체와 액체의 경계면이 형성된다.

Question 15

폐수처리에 관련된 침전현상으로 입자간의 작용하는 힘에 의해 주변입자들의 침전을 방해하는 중간 정도 농도 부유액에서의 침전은 어느 것인가?

㉮ 제1형 침전(독립입자침전)   ㉯ 제2형 침전(응집침전)
㉰ 제3형 침전(계면침전)   ㉱ 제4형 침전(압밀침전)

정답 ㉰

(4) Ⅳ형 침전(압축침전, 압밀침전)

① 입자들은 농도가 너무 커서 입자들끼리 구조물을 형성하여 더 이상의 침전은 압밀에 의해서만 생기는 고농도의 부유액에서 일어나는 침전이다.
② 압밀은 상부의 액체로부터의 침전에 의하여 입자구조물에 연속적으로 가해지는 입자들의 무게 때문에 일어나게 된다.
 ③ 깊은 2차침전시설과 슬러지농축시설의 바닥에서와 같이 깊은 슬러지층의 하부에서 보통 일어난다.
④ 농축조가 해당된다.

Question 16

폐수처리 과정인 침전시 입자의 농도가 매우 높아 입자들끼리 구조물을 형성하는 침전형태로 옳은 것은?

㉮ 농축침전   ㉯ 응집침전   ㉰ 압밀침전   ㉱ 독립침전

정답 ㉰

5. 침전효율을 증가시키는 방법

① 체류시간을 증가시킨다.

★★ ② 수면적 부하율($\frac{Q}{A}$)을 작게 한다.

★★ ③ 침전지 면적(수면적)을 증가시킨다.

④ 침전지에 경사판을 삽입하여 침전지 분리면적을 증가시킨다.

⑤ 입자의 직경이 클수록 증가한다.

6. 침전지에서 수면적 = 바닥면적 + 경사판 유효 분리면적

경사판 유효 분리면적 = $n \times a \times \cos\theta$

[n : 경사판 매수   a : 경사판 면적 θ : 경사판 설치각도]

7. Stoke's 침강이론

① 입자의 침강력(Fg)

$$F_g = V \times (\rho_s - \rho_w) \times g$$

[V : 체적 ρ_s : 입자 비중 ρ_w : 물의 비중   g : 중력가속도]

② 액체의 반발력(FD)

$$F_D = \frac{1}{2} \times C_D \times A \times \rho \times V_S^2$$

[C_D : 항력계수 = 저항계수   A : 투영 면적 ρ : 비중 V_S : 침강속도]

> **TIP**
>
> **가정조건**
> ① 제거되는 입자는 모두 구형으로 가정
> ② Re < 0.5 성립
> ③ 등속도 운동

$$F_g = F_D$$

$$V = \frac{\pi d^3}{6},\ A = \frac{\pi d^2}{4},\ C_D = \frac{24}{Re} = \frac{24\mu}{\rho \cdot V_S \cdot d} \left(Re = \frac{d \cdot V_S \cdot \rho}{\mu} = \frac{dV}{\nu} \right)$$

$$\therefore \frac{\pi d^3}{6}(\rho_s - \rho_w)g = \frac{1}{2} \cdot \frac{24\mu}{d \cdot V_s \cdot \rho} \cdot \frac{\pi d^2}{4} \cdot \rho \cdot V_s^2 = 3\pi \cdot \mu \cdot d \cdot V_s$$

$$\therefore V_S \text{ (침강속도)} = \frac{\frac{\pi d^3}{6}(\rho_s - \rho_w) \cdot g}{3\pi \cdot \mu \cdot d} = \boxed{\frac{d^2(\rho_s - \rho_w)g}{18\mu}} \;\; \bigstar\bigstar\bigstar$$

- V_S : 침강속도(cm/sec)
- ρ_s : 입자의 비중(g/cm³)
- g : 중력가속도(980cm/sec²)
- d : 직경(cm)
- ρ_w : 물의 비중(1.0g/cm³)
- μ : 점성도(g/cm·sec)

Question 17

다음 중 보통 1차침전지에서 부유물질의 침강속도가 작게 되는 조건으로 알맞은 것은 어느 것인가? (단, Stokes 법칙 적용)

㉮ 부유물질 입자의 밀도가 클 경우 ㉯ 부유물질 입자의 입경이 클 경우
㉰ 처리수의 밀도가 작을 경우 ㉱ 처리수의 점성도가 클 경우

 ㉮ 부유물질 입자의 밀도가 작을 경우 ㉯ 부유물질 입자의 입경이 작을 경우
㉰ 처리수의 밀도가 클 경우

Question 18

구형입자의 침강속도가 stokes법칙에 따른다고 할 때 직경 0.5mm이고, 비중이 2.5인 구형입자의 침강속도(m/sec)를 계산하시오. (단, 물의 밀도는 1,000kg/m³이고, 점성계수 μ는 1.002×10⁻³kg/m·sec라고 가정)

 $V_S = \dfrac{d^2(\rho_s - \rho_w)g}{18\mu} = \dfrac{(0.5\times10^{-3}\text{m})^2 \times (2{,}500-1{,}000)\text{kg/m}^3 \times 9.8\text{m/sec}^2}{18 \times 1.002\times10^{-3}\text{kg/m}\cdot\text{sec}} = 0.20\text{m/sec}$

Question 19

비중 1.7, 직경 0.05mm인 입자가 침전지에서 침강할 때 침강속도가 0.36m/hr이었다면 비중 2.7, 입경 0.06mm인 입자의 침강속도(m/hr)를 계산하시오. (단, 물의 온도, 점성도 등 조건은 같고, Stokes 법칙을 따르며, 물의 비중은 1.0이다.)

 $V_S = \dfrac{d^2(\rho_s - \rho_w)g}{18\mu}$, 따라서 $V_S \propto d^2(\rho_s - \rho_w)$이므로

0.36m/hr : {(0.05mm)²×(1.7-1.0)} = V_S : {(0.06mm)²×(2.7-1.0)}

$\therefore V_S = 1.26$m/hr

Question 20

직경이 다른 두 개의 원형입자를 동시에 20℃의 물에 떨어뜨려 침강실험을 했다. 입자 A의 직경은 2×10^{-2}cm이며 입자 B의 직경은 3×10^{-2}cm라면 입자 A와 입자 B의 침강속도의 비율(V_A/V_B)을 계산하시오. (단, 입자 A와 B의 비중은 같으며, stokes 공식을 적용)

풀이

$$V_S = \frac{d^2(\rho_S - \rho_w)g}{18\mu}$$

침강속도(V_S) = d^2이므로 $\dfrac{V_A}{V_B} = \dfrac{(2 \times 10^{-2}cm)^2}{(3 \times 10^{-2}cm)^2} = 0.44$

Question 21

표면부하율이 28.8m³/m²·day인 한 침전지로 유입되는 부유물(SS)의 침전속도 분포가 다음 표와 같다면 이 침전지에서 기대되는 전체 부유물 제거율(%)을 계산하시오.

침전속도(cm/min)	3	2	1	0.5	0.3	0.1
SS제거율(%)	20	20	25	20	10	5

풀이

100% 제거 : 침전속도(V_S) ≥ 표면부하율(V_o)
일부제거 : 침전속도(V_S) < 표면부하율(V_o)
전체 부유물 제거율 = 100% 부유물 제거율 + 일부 부유물 제거율

① 표면부하율(V_o)의 단위를 침전속도(V_S)의 단위와 일치시킨다.

$$V_o(cm/min) = \frac{28.8m^3}{m^2 \cdot day} \times \frac{10^2 cm}{1m} \times \frac{1day}{24hr} \times \frac{1hr}{60min} = 2cm/min$$

② 100% 부유물 제거율은 침전속도(V_S) ≥ 표면부하율(V_o)이므로 20% + 20% = 40%

③ 일부 부유물 제거율은 침전속도(V_S) < 표면부하율(V_o)이므로 $\dfrac{합(침전속도 \times SS제거율)}{표면부하율}$

$= \dfrac{1}{2cm/min} \times (1cm/min \times 25\% + 0.5cm/min \times 20\% + 0.3cm/min \times 10\% + 0.1cm/min \times 5\%)$

$= 19.25\%$

④ 전체 부유물 제거율 = 40% + 19.25% = 59.25%

06 부상법

1. 부상분리의 대상물질은 유지류, 미생물 슬러지, 부유고형물 등이다.

2. **적용 공식**

① $V_f = \dfrac{d^2(\rho_w - \rho_s)g}{18\mu}$

- V_f : 부상속도(cm/sec)
- ρ_s : 입자의 비중(g/cm³)
- d : 직경(cm)
- g : 중력가속도(980cm/sec²)
- ρ_w : 물의 비중(1.0g/cm³)
- μ : 점성도(g/cm·sec)

Question 22

지름이 균등하게 0.1mm일 때, 비중이 0.4인 기름방울은 비중이 0.9인 기름방울보다 수중에서의 부상속도가 몇 배인지 계산하시오. (단, 물의 비중은 1.0, 기타 조건은 같다고 함)

풀이

$\dfrac{V_{fA}}{V_{fB}} = \dfrac{(1.0-0.4)}{(1.0-0.9)} = 6$배

② A/S비 $= \dfrac{1.3 \times Sa \times (f \times P-1)}{SS} \times R$

- Sa : 공기의 용해도(mL/L)
- R : 반송비
- P : 절대압력(atm)
- -1 : 대기압
- SS : 부유고형물 농도(mg/L)

Question 23

부상조의 최적 A/S비는 0.04, 처리할 폐수의 부유물질 농도는 500mg/L, 20℃에서 414kPa로 가압할 때 반송율(%)을 계산하시오. (단, f = 0.8, Sa = 18.7mL/L, 순환방식, 1기압 = 101.35kPa)

풀이

절대압력(P) = 대기압 + 게이지압 = 1atm + ($\dfrac{414}{101.35}$)atm = 5.08atm

[참고]
표준기압 : 1atm = 760mmHg = 10,332mmH$_2$O = 101.35kPa

∴ $0.04 = \dfrac{1.3 \times 18.7\text{mL/L} \times (0.8 \times 5.08\text{atm}-1)}{500\text{mg/L}} \times R$ ∴ R = 0.2685

따라서 반송율(%) = R × 100 = 0.2685 × 100 = 26.85%

3. 부상방법

① 공기부상법
  ㉠ 단순히 공기를 넣어주는 방식이다.
  ㉡ 용해도가 작다.
  ㉢ 잘 사용하지 않는 방법이다.

② 용존공기부상법
  ㉠ 공기를 용존시킨 후 극대화시켜 공기를 불어 넣어 미세한 기포를 형성시킨다.
  ㉡ 상부로 갈수록 부상이 용이하다.
  ㉢ 효율이 가장 우수하다.

③ 진공부상법
  ㉠ 공기가 터져 장치 주위가 지저분해진다.
  ㉡ 고형물 회수가 낮다.
  ㉢ 잘 사용하지 않는 방법이다.

07 여과법

★★★ 1. 완속여과지의 특징(상수시설 기준)

① 여과지의 형상은 직사각형을 표준으로 한다.
★★ ② 여과지의 깊이는 하수집수장치의 높이에 자갈층 두께, 모래층 두께, 모래면 위의 수심과 여유고를 더하여 2.5~3.5m를 표준으로 한다.
★★ ③ 주위벽 상단은 지반보다 15cm 이상 높여서 여과지 내로 오염수나 토사 등의 유입을 방지하여야 한다.
★★ ④ 여과지의 여과속도 표준은 4~5m/day이다.
⑤ 모래층 두께는 70~90cm를 표준으로 한다.
⑥ 여과사의 유효경은 0.3~0.45mm이며, 균등계수는 2.0 이하이다.
⑦ 여과지의 모래면 위의 수심은 0.9~1.2m(90~120cm) 표준으로 한다.
★★ ⑧ 여과지는 2지 이상으로 하고 10지마다 1지 비율로 예비지를 둔다.

⑨ 한냉지에서는 여과지 물이 동결할 염려가 있으므로 여과지를 복개한다.

Question 24

정수시설인 완속여과지에 관한 설명으로 틀린 것은?
㉮ 주위벽 상단은 지반보다 60cm 이상 높여 여과지 내로 오염수나 토사 등의 유입을 방지한다.
㉯ 여과속도는 4 ~ 5m/d를 표준으로 한다.
㉰ 모래층의 두께는 70 ~ 90cm를 표준으로 한다.
㉱ 여과면적은 계획정수량을 여과속도로 나누어 구한다.

풀이 ㉮ 주위벽 상단은 지반보다 15cm 이상 높여 여과지 내로 오염수나 토사 등의 유입을 방지한다.

★★★ 2. 급속여과지의 특징(상수시설 기준)

① 중력식을 표준으로 한다.
★★ ② 1지의 여과면적은 150m² 이하로 한다.
★★ ③ 여과속도는 120~150m/d을 표준으로 한다.
④ 모래층의 두께는 60~120cm의 범위로 한다.
⑤ 여과사의 유효경은 0.45~0.7mm 범위이어야 한다.
⑥ 여과 모래의 최대경은 2mm 이내이다.
⑦ 여과 모래의 균등계수는 1.7 이하로 한다.
★★ ⑧ 여과면적은 계획정수량을 여과속도로 나누어 계산한다.
⑨ 신규로 투입하는 여과사의 세척 탁도는 30° 이하여야 한다.

Question 25

정수시설인 급속여과지 시설기준에 대한 내용으로 틀린 것은 어느 것인가?
㉮ 여과면적은 계획정수량을 여과속도로 나누어 구한다.
㉯ 여과지 1지의 여과면적은 200m² 이하로 한다.
㉰ 모래층의 두께는 여과모래의 유효경이 0.45 ~ 0.7mm의 범위인 경우에는 60 ~ 70cm를 표준으로 한다.
㉱ 여과속도는 120 ~ 150m/d를 표준으로 한다.

풀이 ㉯ 여과지 1지의 여과면적은 150m² 이하로 한다.

3. 하수고도처리에서 급속여과 장치의 특징

① 여과압에 따라서 중력식과 압력식으로 나눌 수 있다.
② 여과속도는 유입수와 여과수의 수질, SS의 포획능력 및 여과지속시간을 고려하여 정한다.
③ 모래 여과기인 경우 여과속도는 일반적으로 300m/day 이하로 한다.

4. 급속모래 여과의 문제점

① 진흙덩어리(mudball)의 축적
② 여과상의 수축
③ 공기결합(air binding)

5. 균등계수 : 체하입경 60%와 체하입경 10%의 입경비

$$균등계수(U) = \frac{P_{60\%}}{P_{10\%}}$$

① 균등계수가 1에 가까울수록 입도분포가 양호하다고 간주한다.
② 균등계수가 클수록 공극률이 작아진다.
③ 균등계수가 클수록 여과저항이 증가한다.
④ 균등계수가 클수록 유효경이 점차 증가될 가능성이 높아진다.

★★★ 6. 완속여과지와 급속여과지 정리

	완속여과지	급속여과지
여과속도	4~5m/day 표준	120~150m/day 표준
모래층 두께	70~90cm	60~120cm
모래 유효경	0.3~0.45mm	0.45~0.7mm
균등계수	2.0 이하	1.7 이하
여과지의 모래면 위의 수심	0.9~1.2m(90~120cm)	1~1.5m(100~150cm)
건설비	비싸다.	싸다.
유지관리비	적게 소요된다.	많이 소요된다.
세균제거	용이하다.	용이하지 못하다.

CHAPTER 02 화학적 처리

01 화학적 처리의 특징

1. 장 점

① 처리시간이 빠르다.
② 처리대상이 광범위하다.
③ 폐수의 유량이나 농도 변화에 쉽게 대응할 수 있다.
④ 장소의 제한을 받지 않는다.

2. 단 점

① 화학약품을 사용하므로 2차오염이 우려된다.
② 고도의 처리기술이 필요하다.
③ 슬러지 발생이 많다.

02 중 화

1. 산성폐수 중화제

구 분	중화제	특 성
알칼리금속염	가성소다(NaOH) 소다회(Na_2CO_3)	① 높은 용해도를 가지므로 반응이 용이하다. ② 가격이 고가이다. ③ pH의 조정이 정확하다. ④ 반응성이 높다.

알칼리토금속류	소석회($Ca(OH)_2$) 생석회(CaO)	① 낮은 용해도를 가지므로 미분말로 사용한다. ② 가격이 저가이다. ③ 슬러지가 많이 발생한다.
탄산염	석회석($CaCO_3$)	① 가격이 저가이다. ② 반응시간이 오래 걸린다.

2. 알칼리성 폐수의 중화제

중화제	특 성
황산(H_2SO_4)	① 부식성이 높다. ② 사용시 주의해야 한다.
염산(HCl)	① 휘발성이 높다. (황산에 비해) ② 부식성이 높다. (황산에 비해)

3. 중 화

① $pH = -\log[H^+]$, $pOH = -\log[OH^-]$, $pH + pOH = 14$

② $pH = -\log[H^+] \Rightarrow [H^+] = 10^{-pH} mol/L$

   $pOH = -\log[OH^-] \Rightarrow [OH^-] = 10^{-pOH} mol/L$

③ $NV = N'V'$ (중화적정 공식)

Question 01

pH 3을 pH 7로 만들려고 했을 때 필요한 [OH^-] 농도(mol/L)를 계산하시오.

풀이 먼저 pH 7은 중화의 상징적인 의미이므로 pH 3을 [H^+]의 농도로 고친 다음 그 농도에 대응하는 [OH^-]의 농도를 주입하면 된다.

pH 3 $\Rightarrow$ [H^+] = $10^{-pH} mol/L$ = $10^{-3} mol/L$이므로 pH 7 다시 말해서 중화에 필요한 [OH^-]의 농도는 $10^{-3} mol/L$가 된다.

03 화학적 응집

1. **메카니즘** : 콜로이드 + 응집제 + 알칼리도 → 플록형성 + 기타 부산물

    ① $Al_2(SO_4)_3 \cdot 18H_2O + 3Ca(HCO_3)_2 \rightarrow 3CaSO_4 + 2Al(OH)_3 + 6CO_2 + 18H_2O$
    (액체상태) (용해상태) (침전물)

    ② 응집제 투입(Al^{3+}) $\xrightarrow[150rpm(2분\ 정도)]{급속교반(혼화목적)}$ 전기적 중화/응결 $\xrightarrow[50rpm(20분\ 정도)]{완속교반(플록형성)}$ 거대 floc형성 → 처리

    > **TIP**
    > 응집처리시 영향을 주는 인자들
    > ① 수온   ② pH   ③ Colloid의 종류와 농도

2. **급속교반조(혼화지)**

    ★★ ① 목적 : 응집제와 하수중의 입자를 균일하게 분산시키기 위해
    ② 급속교반조의 종류로는 프로펠러형과 터빈형이 있다.
    ③ 급속교반조의 속도경사(G)는 400~1,500/sec이다.
    ④ 급속교반조의 체류시간은 2분 정도이다.
    ★★ ⑤ 정수시설내 급속혼합시설의 급속혼화방식
    ㉠ 수류식
    ㉡ 기계식
    ㉢ 펌프확산에 의한 방법

Question 02

응집지(정수시설)내 급속혼화시설의 급속혼화방식과 가장 거리가 먼 것은?
㉮ 공기식   ㉯ 수류식
㉰ 기계식   ㉱ 펌프확산에 의한 방법

정답 ㉮

3. 완속교반조(floc 형성지)

① 목적 : 급속교반에 의해 생성된 미세 floc을 완속교반에 의해 거대한 floc으로 만드는 데 있다. (응집된 입자의 floc화를 촉진하기 위해서)
② 완속교반조의 종류로는 터빈형과 패들형이 있다.
③ 완속교반조의 속도경사(G)는 40~100/sec이다.
④ 완속교반조의 체류시간은 20분 정도이다.

4. 교반조에서 사용되는 공식

① $G = \sqrt{\dfrac{P}{\mu \times V}} \Rightarrow P = G^2 \times \mu \times V$

G : 속도경사(/sec)
μ : 점성도(kg/m · sec = N · sec/m^2)
P : 동력(watt)
V : 반응조 부피(m^3)

Question 03

부피 1,000m^{3}인 탱크의 G값을 50/sec로 하고자 할 때 필요한 이론 소요동력(W)을 계산하시오. (단, 유체점도는 0.001N · s/m^2)

 $G = \dfrac{P}{\mu \times V} \Rightarrow P = G^2 \times \mu \times V = (50/sec)^2 \times 0.001N \cdot s/m^2 \times 1,000m^3 = 2,500watt$

② $G = \sqrt{\dfrac{P}{\mu \times V}}$ 에서 $W = \dfrac{P}{V}$ 이므로 $G = \sqrt{\dfrac{W}{\mu}}$

③ 속도경사(G)의 특징
 ㉠ 속도경사는 점성계수가 클수록 작아진다.
 ㉡ 속도경사는 동력이 클수록 커진다.
 ㉢ 속도경사의 단위는 sec^{-1}이다.
 ㉣ 속도경사는 반응조 용적이 클수록 작아진다.

> **Question 04**
>
> 속도경사(velocity gradient)에 대한 설명으로 틀린 것은?
>
> ㉮ 속도경사는 점성계수가 클수록 커진다.
> ㉯ 속도경사는 동력이 클수록 커진다.
> ㉰ 일반적으로 속도경사의 단위는 sec^{-1}이다.
> ㉱ 속도경사는 반응조 용적이 클수록 작아진다.
>
> **풀이** ㉮ 속도경사는 점성계수가 클수록 작아진다.

$$P = \frac{C_D \times A \times \rho \times V^3}{2}$$

⎡ P : 동력(watt = kg·m²/sec³)　　　C_D : 항력계수　　　A : Paddle의 이론적 면적(m²)
⎣ ρ : 물의 비중량(1,000kg/m³)　　V : Paddle의 상대속도(m/sec)

> **Question 05**
>
> 부피가 3,000m³인 탱크에서 G값을 50/sec로 유지하기 위해 필요한 이론적 소요동력과 패들면적(m²)을 계산하시오. (단, 유체 점성계수 1.139 ×10⁻³N·S/m², 밀도 1,000kg/m³, 직사각형 패들의 항력계수 1.8, 패들 주변속도 0.6m/sec, 패들상대속도는 주변속도 × 0.75로 가정하며 패들 면적은 A = [2P/(C·ρ·V³]식을 적용한다.)
>
> **풀이** ① P = G²×V×μ = (50/sec)²×3,000m³×1.139×10⁻³N·S/m²
> 　　　　= 8,542.5N·m/sec(= J/sec = watt = kg·m²/sec³)
> 　　② A = $\dfrac{2 \times 8,542.5 kg \cdot m^2/sec^3}{1.8 \times 1,000 kg/m^3 \times (0.6 m/sec \times 0.75)^3}$ = 104.16m²

5. 응집제의 종류 및 특징

★★★ **(1) 황산 알루미늄(황산반토, Alum)**

① 장 점
　★★ ㉠ 철염에 비해 가격이 저렴하다.
　　　㉡ 독성이 없다.
　　　㉢ 부식성이 없어 취급이 용이하다.
　　　㉣ 탁도, 조류, 세균 등의 현탁성 물질, 부유물 제거에 효과적이다.

② 단 점
　★★ ㉠ 형성된 플록(floc)이 비교적 가볍다.

★★ ⓒ 적정 pH 폭이 좁다.(pH 5~8)

> **Question 06**
>
> 응집제로 많이 사용되고 있는 황산알루미늄의 장점에 대한 설명과 가장 거리가 먼 것은?
>
> ㉮ 여러 폐수에 적용이 가능하다.
> ㉯ 결정은 부식 자극성이 거의 없고 취급이 용이하다.
> ㉰ 저렴하고 독성이 거의 없기 때문에 대량 첨가가 가능하다.
> ㉱ 철염보다 플록(floc)이 무겁다.
>
> **풀이** ㉱ 철염보다 플록(floc)이 가볍다.

★★★ **(2) 철 염**

① 장 점

★★ ㉠ 염화제2철은 고체분말로서 6개의 결정수를 가지며 최적 pH 범위는 4~12 정도이다.
㉡ 철염의 floc은 무겁고 침강이 빠르며 pH 9 이상에서 망간 제거가 가능하다.
★★ ㉢ 염화제2철은 형성 플록이 무겁고 침강이 빠르다.
㉣ 황산제1철은 pH와 알칼리도가 높은 물에서 주로 사용한다.
㉤ 알칼리 영역에서도 floc이 용해되지 않는다.

② 단 점

★★ ㉠ 가격이 비싸다.
㉡ 부식성이 강하다.
★★ ㉢ 1철염은 철이온이 잔류하고, 색도를 유발시킨다.
㉣ 황산제1철은 소석회와 함께 첨가한다.

> **Question 07**
>
> 다음은 응집제 중 철염에 대한 설명이다. 틀린 것은?
>
> ㉮ 염화제2철은 최적 pH 범위가 4 ~ 12 정도로 넓은 편이다.
> ㉯ 철염은 형성 플록이 무겁고 침강이 빠르다.
> ㉰ 가격이 저렴하다.
> ㉱ 황산제1철은 소석회와 함께 첨가한다.
>
> **풀이** ㉰ 가격이 비싸다.

> **TIP**
>
> 황산알루미늄(Alum)과 철염의 비교
>
> | 응집제
특징 | 황산알루미늄(Alum) | 철염(염화제2철) |
> |---|---|---|
> | 적정 pH | pH 5~8 | pH 4~12 |
> | 침강속도 | 느리다 | 빠르다 |
> | 가격 | 저렴하다 | 비싸다 |

★ **(3) PAC(폴리염화알루미늄, Poly aluminium chloride)**

알루미늄의 축합에 의하여 폴리머를 형성하고 있으므로 그 이름이 붙은 합성고분자 응집제이다.

① 장 점

★★ ㉠ 황산알루미늄에 비하여 처리수의 pH가 적으며 알칼리도 소비량이 적다.
㉡ 플록형성속도가 빠르며 저온 열화하지 않는다.
★★ ㉢ 적정 주입률이 Alum의 4배로 범위가 넓다.
★★ ㉣ 고탁도나 휴민질성 착색수에 효과적이다.
㉤ 적정 주입율의 폭이 매우 넓다.

② 단 점

㉠ 가격이 고가이다.
㉡ Alum보다 부식성이 강하다.
㉢ 유지비용이 고가이다.
㉣ 손실수두 증가가 크다.

📢 **Question 08**

최근 정수장에서 응집제로서 많이 사용되고 있는 폴리염화알루미늄(PACl)에 관한 내용으로 알맞은 것은?

㉮ 일반적으로 황산알루미늄보다 적정주입 pH의 범위가 넓으며 알칼리도의 감소가 적다.
㉯ 일반적으로 황산알루미늄보다 적정주입 pH의 범위가 좁으며 알칼리도의 감소가 적다.
㉰ 일반적으로 황산알루미늄보다 적정주입 pH의 범위가 좁으며 알칼리도의 감소가 크다.
㉱ 일반적으로 황산알루미늄보다 적정주입 pH의 범위가 넓으며 알칼리도의 감소가 크다.

▶ 정답 ㉮

6. 응집보조제의 종류 및 용도

① 소석회[$Ca(OH)_2$] : pH 조절, 응집효과촉진
② 탄산나트륨(Na_2CO_3) : pH 조절
③ 규산나트륨($NaSiO_3$) : 응집효과촉진

04 Jar Test(응집교반시험)

★★ 1. 목적 : 최적의 응집제 선정과 주입량 결정

2. Jar Test 시점

① 수질 변화시 수시로(홍수시 조류 유입 많을 때)
② 처리과정에서 이상 증후 발생시

3. 측정항목 : pH, 색도, 탁도, floc의 침강성

Question 09

Jar-Test를 한 결과는 다음과 같다. Alum의 주입농도(mg/L)와 주입량(kg/day)을 계산하시오.

- 결과 : 약제 5%의 Alum
- 시료 : 500mL
- 주입량 : 5mL
- 폐수량 : 1,000m³/day

풀이

① Alum의 주입농도(mg/L) = $\dfrac{5 \times 10^4 \text{mg/L} \times 5 \times 10^{-3}\text{L}}{0.5\text{L}}$ = 500mg/L

② Alum의 주입량(kg/day) = Alum의 주입농도(kg/m³) × 폐수량(m³/day)
= 0.5kg/m³ × 1,000m³/day = 500kg/day

TIP

① % $\xrightarrow{\times 10^4}$ ppm
② ppm = mg/L = g/m³
③ mg/L $\xrightarrow{\times 10^{-3}}$ kg/m³
④ mL $\xrightarrow{\times 10^{-3}}$ L

05 흡착법

1. 흡착의 특성

① 흡착제 : 활성탄, 실리카겔, 활성백토 등
② 흡착 메카니즘 : 1단계(경막으로 이동) → 2단계(경막내 확산) → 3단계(공극내 확산) → 4단계(흡착)
③ 흡착의 종류

	물리적 흡착	화학적 흡착
흡착열	작다	물리적 흡착에 비해 크다
재생	재생가능(가역적)	재생 불가능(비가역적)
작용힘	van der waals힘	흡착제-용질의 화학반응
흡착특성	다분자 흡착	단분자 흡착

> **Question 10**
>
> 화학흡착에 관한 내용으로 옳지 않는 것은?
> ㉮ 흡착된 물질은 표면에 농축되어 여러 개의 겹쳐진 층을 형성함
> ㉯ 흡착 분자는 표면에 한 부위에서 다른 부위로의 이동이 자유롭지 못함
> ㉰ 흡착된 물질 제거를 위해 일반적으로 흡착제를 높은 온도로 가열함
> ㉱ 거의 비가역적임
>
> **풀이** ㉮번의 설명은 물리적 흡착에 대한 설명이다.

④ 등온 흡착모델의 종류 : 프로인들리히(Freundlich), 랭뮤어(Langmuir), BET, 헨리형
   활성탄을 이용한 수처리 : 프로인들리히(Freundlich), 랭뮤어(Langmuir)형
⑤ 랭뮤어(Langmuir)형 등온 흡착 모델
   ㉠ 한정된 표면만이 흡착에 이용된다.
   ㉡ 공식 : $\dfrac{X}{M} = \dfrac{abC}{1+aC}$
   ㉢ 표면에 흡착된 용질물질은 그 두께가 분자 한 개 정도의 두께이다.
   ㉣ 흡착은 가역적이고 평형조건이 되어 있다.
   ㉤ 한정된 표면에만 흡착된다고 가정한다.

Question 11

Langmuir 등온 흡착식을 유도하기 위한 가정으로 틀린 것은 어느 것인가?

㉮ 한정된 표면만이 흡착에 이용된다.
㉯ 표면에 흡착된 용질물질은 그 두께가 분자 한 개 정도의 두께이다.
㉰ 흡착은 비가역적이다.
㉱ 평형조건이 이루어졌다.

풀이 ㉰ 흡착은 가역적이다.

⑥ **프로인들리히(Freundlich) 등온 흡착모델**
  ㉠ 수처리 중 활성탄 흡착에 가장 많이 사용된다.
  ㉡ 직선의 기울기가 0.5 이내에만 흡착이 용이하다.
  ★★★ ㉢ 공식 : $\dfrac{X}{M} = KC^{\frac{1}{n}} \Rightarrow \dfrac{C_i - C_o}{M} = K \times C_o^{\frac{1}{n}}$

  X : 농도차(유입수 농도 − 유출수 농도) M : 흡착제 농도
  C : 유출수 농도 k, n : 경험적 상수

Question 12

냄새 혹은 생물학적 처리불능(NBD)COD를 제거하기 위하여 흡착제로 활성탄(AC)을 사용하였는데 Freundlich 등온 공식이 잘 적용되었다. 즉, COD가 56mg/L인 원수에 활성탄 20mg/L을 주입 시켰더니 COD가 16mg/L로 되었고, 52mg/L을 주입시켰더니 COD가 4mg/L로 되었다. COD 6mg/L로 만들기 위한 활성탄의 주입량(mg/L)을 계산하시오.

풀이

① $\dfrac{(56-16)\text{mg/L}}{20\text{mg/L}} = K \times (16\text{mg/L})^{\frac{1}{n}}$

② $\dfrac{(56-4)\text{mg/L}}{52\text{mg/L}} = K \times (4\text{mg/L})^{\frac{1}{n}}$

③ $\dfrac{(56-6)\text{mg/L}}{M} = K \times (6\text{mg/L})^{\frac{1}{n}}$

①과 ②식을 정리한 다음 나눈다.

$\div \begin{vmatrix} ① \; 2\text{mg/L} = K \times (16\text{mg/L})^{\frac{1}{n}} \\ ② \; 1\text{mg/L} = K \times (4\text{mg/L})^{\frac{1}{n}} \end{vmatrix}$

$2 = 4^{\frac{1}{n}}$

양변에 ln을 취하면 $\ln 2 = \dfrac{1}{n} \ln 4$ ∴ $n = \dfrac{\ln 4}{\ln 2} = 2$

따라서 ①식에 대입하여 계산하면 $2\text{mg/L} = K \times (16\text{mg/L})^{\frac{1}{2}}$ ∴ $k = 0.5$

따라서 $\dfrac{(56-6)\text{mg/L}}{M} = 0.5 \times (6\text{mg/L})^{\frac{1}{2}}$ ∴ $M = 40.82\text{mg/L}$

2. 활성탄의 특성

① 분말 활성탄과 입상활성탄의 흡착력에 차이가 없으나 분말 활성탄의 입경이 작을수록 평형은 입상활성탄보다 더 빨리 도달된다.
② 사용된 활성탄은 화학적 또는 열적으로 재생이 가능하다.
③ 상업용 입상활성탄의 표면적은 600~1,600m^2/g 정도이다.

3. 활성탄의 종류

① 입상 활성탄(GAC ; Granular Activated Carbon)
  ㉠ 분말 활성탄에 비해 흡착속도가 느리다.
  ㉡ 분말 활성탄에 비해 취급이 쉽다.
  ㉢ 재생이 용이하다.
  ㉣ 물과 분리가 용이하다.
② 분말 활성탄(PAC ; Powdered Activated Carbon)
  ㉠ 입상 활성탄에 비해 흡착속도가 빠르다.
  ㉡ 입상 활성탄에 비해 취급이 어렵다.
  ㉢ 분말이라 비산되기 쉽다.
★★ ③ 생물활성탄(BAC ; Biological Activated Carbon)
  ★★ ㉠ 일반 활성탄에 비해 수명을 4배 이상 연장할 수 있다.
  ㉡ 활성탄이 서로 부착, 응집하여 수두손실이 증가할 수 있다.
  ㉢ 정상상태까지의 기간이 길다.
  ㉣ 활성탄에 병원균이 자랄 때 문제가 될 수 있다.
  ★★ ㉤ 오염물질에 따라 생물분해, 흡착작용이 상호보완하여 준다.
  ㉥ 미생물성장에 좋지 않은 조건이라도 흡착기능에 의하여 오염물질 제거가 가능하다.
  ★★ ㉦ 분해에 적응시간이 필요한 용해성 유기물질의 제거에 효과적이다.
  ㉧ 활성탄 사용시간 연장 및 재생이 가능하다.
  ㉨ 충격부하가 강하다.

Question 13

다음은 생물활성탄에 대한 설명이다. 틀린 것은?

㉮ 일반 활성탄에 비해 수명을 4배 이상 연장할 수 있다.
㉯ 오염물질에 따라 생물분해, 흡착작용이 상호 보완하여 준다.
㉰ 분해에 적응이 필요한 용해성 유기물질의 제거에 효과적이다.
㉱ 충격부하에 약하다.

▶ 풀이 ㉱ 충격부하에 강하다.

06 Fenton 산화법

★★★ 1. Fenton 산화법의 특징

① 화학적 산화법의 일종이다.
★★ ② 과산화수소는 철염이 과량으로 존재할 때 조금씩 단계적으로 첨가하는 것이 효과적이다.
③ 펜턴 시약으로부터 발생하는 OH라디칼을 이용하는 처리법이다.
④ 펜턴 산화반응에서 철은 촉매로 작용한다.
⑤ pH의 조정은 반응조에 과산화수소와 철염을 가한 후 조절하는 것이 효과적이다.
★★ ⑥ 최적 반응은 pH 3~4.5(3~5) 정도의 범위이다.
★★ ⑦ 폐수의 COD는 감소하지만 BOD는 증가한다.
⑧ 난분해성 유기물의 산화처리에 이용된다.
⑨ 철염을 이용하므로 수산화철의 슬러지가 다량 생성될 수 있다.
⑩ 펜턴시약을 이용하여 난분해성 유기물을 처리하는 과정은 대체로 산화반응과 함께 pH조절, 중화 및 응집, 침전으로 크게 3단계로 나눌 수 있다.

Question 14

펜톤산화처리방법에 대한 내용으로 잘못된 것은 어느 것인가?

㉮ 일반적인 적정 반응 pH는 3 ~ 4.5 이다.
㉯ 펜톤시약은 철염과 과산화수소를 말한다.
㉰ 과산화수소수를 과량으로 첨가하면 수산화철의 침전율을 향상시킬 수 있다.
㉱ 폐수의 COD는 감소하지만 BOD는 증가할 수 있다.

▶ 풀이 ㉰ 철염(황산제1철)을 과량으로 첨가하면 수산화철의 침전율을 향상시킬 수 있다.

2. Fenton 산화법 정리

① 펜턴시약 : H_2O_2
② 촉매 : 철염(황산제1철)
③ 강산화제 : OH 라디칼
④ pH 3~4.5(5)
⑤ 특징 : COD 감소, BOD 증가

Question 15

펜톤(Fenton)반응에서 사용되는 과산화수소의 용도는?

㉮ 응집제　　㉯ 촉매제　　㉰ 산화제　　㉱ 침강촉진제

풀이 펜톤(Fenton) 산화법은 펜톤시약(H_2O_2)으로부터 발생하는 OH라디칼을 이용해 처리하는 방법이다. 따라서 과산화수소(H_2O_2)의 용도는 산화제이다.

07 유해물질 처리법

1. 물리·화학적 질소제거 공정

★★ 막공법, 공기탈기법, 선택적 이온교환법, 파과점 염소주입법

> **TIP**
> 암기법
> 질소는 막공기로 이온해서 파괴한다.

Question 16

물리·화학적으로 질소를 효과적으로 제거하는 방법으로 틀린 것은 어느 것인가?

㉮ 금속염(Al, Fe) 첨가법　　㉯ 공기탈기법(Air Stripping)
㉰ 선택적 이온교환법　　㉱ 파과점 염소주입법

풀이 물리·화학적으로 질소 제거 방법으로는 막공법, 공기탈기법, 선택적이온교환법, 파과점 염소주입법이 있다.

① 물리·화학적 질소제거공정 중 이온교환법
   ㉠ 생물학적 처리 유출수 내의 유기물이 수지의 접착을 야기한다.
   ㉡ 재사용 가능한 물질(암모니아 용액)이 생산된다.
   ㉢ 부유물질 축적에 의한 과다한 수두손실을 방지하기 위하여 여과에 의한 전처리가 대개 필요하다.

★★★ ② 수중의 암모니아성 질소(NH_3–N) 탈기법(Air Stripping)
   ㉠ 원리 : 처리하고자 하는 폐수에 석회 등을 이용하여 pH를 10 이상으로 조절한 후 공기를 불어 넣어 수중에 존재하는 암모니아성 질소를 암모니아가스로 탈기하는 방법이다.
   ㉡ 반응식 : $NH_4^+ + OH^- \rightleftarrows NH_3 + H_2O$
   ㉢ 특징
      ⓐ 암모니아성 질소를 pH 10 이상에서 암모니아 가스로 탈기시킨다.
      ⓑ 기온이 상승할수록 같은 양의 폐수를 처리하는데 필요한 공기의 양은 감소한다.
      ⓒ 동절기에는 제거효율이 현저히 저하되어 적용하기 곤란하다.
      ⓓ 암모니아 유출에 따른 주변에 악취문제가 유발될 수 있다.
   ㉣ 수중의 암모니아성 질소 탈기법에서 가장 중요한 인자는 pH와 온도이다.

Question 17

수중의 암모니아(NH_3)를 포기하여 제거(air stripping)하고자 할 때 가장 중요한 인자는?

㉮ pH와 온도
㉯ pH와 용존산소 농도
㉰ 온도와 용존산소 농도
㉱ 온도와 공기공급량

풀이 수중의 암모니아성 질소 탈기법은 암모니아성 질소를 pH10 이상에서 암모니아 가스로 탈기시키는 공법이며, 기온이 상승할수록 같은 양의 폐수를 처리하는데 필요한 공기의 양은 감소하게 된다. 따라서 가장 중요한 인자는 pH와 온도이다.

★★ ③ 암모니아 제거방법 중 파과점 염소처리법
   ㉠ 원리 : 처리하고자 하는 폐수에 염소(Cl_2)를 주입하여 암모늄염을 질소가스(N_2)로 처리하는 방법이다.
   ㉡ 반응식
      $2NH_4^+ + 3Cl_2 \rightleftarrows N_2 + 6HCl + 2H^+$
      $2NH_3 + 3HOCl \rightleftarrows N_2 + 3HCl + 3H_2O$
   ㉢ 특징
      ⓐ 용존성 고형물 증가

ⓑ 많은 경비 소비
ⓒ THM 등 건강에 해로운 물질 생성

Question 18

물리, 화학적으로 질소제거 공정인 파괴점 염소주입에 대한 설명으로 틀린 것은 어느 것인가? (단, 기타 방법과 비교 내용임)

㉮ 수생생물에 독성을 끼치는 잔류 염소농도가 높아진다.
㉯ pH에 영향이 없어 염소투여요구량이 일정하다.
㉰ 기존 시설에 적용이 용이하다.
㉱ 고도의 질소제거를 위하여 여타 질소제거 공정 다음에 사용 가능하다.

풀이 ㉯ pH에 영향이 있으며, 염소투여 요구량이 일정하지 않다.

Question 19

탈기법을 이용, 폐수 중의 암모니아성 질소를 제거하기 위하여 폐수의 pH를 조절하고자 한다. 수중 암모니아를 NH_3(기체분자의 형태) 99%로 하기 위한 pH를 계산하시오. (단, 암모니아성 질소의 수중에서의 평형은 다음과 같다.)

$$NH_3 + H_2O \rightleftarrows NH_4^+ + OH^- \qquad \text{평형상수 } K = 1.8 \times 10^{-5}$$

풀이

① $K = \dfrac{[NH_4^+][OH^-]}{[NH_3]} = 1.8 \times 10^{-5}$

② $NH_3(\%) = \dfrac{[NH_3]}{[NH_3]+[NH_4^+]} \times 100 = 99\%$ (분자, 분모를 $[NH_3]$로 나누면)

$= \dfrac{1}{1+\dfrac{[NH_4^+]}{[NH_3]}} \times 100 = 99\%$ 식을 정리하면

$0.99 + 0.99\dfrac{[NH_4^+]}{[NH_3]} = 1, \quad 0.99\dfrac{[NH_4^+]}{[NH_3]} = 1-0.99$

$\therefore \dfrac{[NH_4^+]}{[NH_3]} = \dfrac{1-0.99}{0.99} = 0.01$

① 식을 정리하면

$1.8 \times 10^{-5} = \dfrac{[NH_4^+][OH^-]}{[NH_3]}$ 에서 $1.8 \times 10^{-5} = \dfrac{[NH_4^+]}{[NH_3]} \times [OH^-] \Leftarrow \dfrac{[NH_4^+]}{[NH_3]} = 0.01$ 대입

$\therefore 1.8 \times 10^{-5} = 0.01 \times [OH^-] \qquad \therefore [OH^-] = 1.8 \times 10^{-3} \text{mol/L}$

③ $pH = 14 + \log[OH^-] = 14 + \log[1.8 \times 10^{-3} \text{mol/L}] = 11.26$

Question 20

수중의 암모늄이온은 암모니아와 평형을 이루고 있다. 이 평형은 pH와 온도에 크게 영향을 받으며 수중에서 다음과 같은 평형을 이룬다. $[NH_3+H_2O \rightleftarrows NH_4^+ + OH^-]$ 수온이 25℃이고 25℃에서 NH_3 해리상수 $K_b = 1.81 \times 10^{-5}$, pH는 8.3이라면 NH_3의 형태로 몇 %가 존재하는가?
(단, $K_w = 1 \times 10^{-14}$, $NH_3(\%) = \{[NH_3] \times 100\}/\{[NH_3]+[NH_4^+]\} = \{100/(1+(K_b \cdot [H^+]/K_w)\}$)

풀이

$$K_b = \frac{[NH_4^+][OH^-]}{[NH_3]}$$

$pH + pOH = 14 \Rightarrow pOH = 14 - pH = 14-8.3 = 5.7$

$[OH^-] = 10^{-pOH} \text{mol/L} = 10^{-5.7} = 1.995 \times 10^{-6} \text{mol/L}$

따라서 $K_b = \frac{[NH_4^+]}{[NH_3]} \times [OH^-] \Rightarrow 1.81 \times 10^{-5} = \frac{[NH_4^+]}{[NH_3]} \times (1.995 \times 10^{-6} \text{mol/L})$ ∴ $\frac{[NH_4^+]}{[NH_3]} = 9.0727$

$NH_3(\%) = \frac{[NH_3]}{[NH_3]+[NH_4^+]} \times 100$에서 분자와 분모를 NH_3로 나눈다.

$NH_3(\%) = \frac{1}{1+\frac{[NH_4^+]}{[NH_3]}} \times 100 = \frac{1}{1+9.0727} \times 100 = 9.93\%$

2. 시안(CN) 화합물 함유 폐수처리방법

★★ 전기투석, 충격법, 감청법, 산성탈기법, 알칼리산화법, 오존산화법, 전해산화법

> **TIP**
>
> 암기법
> 시안아 전기 충격받은 감청이랑 산성이가 알딸딸해서 오존쌌다고 전해줘.

Question 21

다음 중 시안함유 폐수처리에 사용되는 방법으로 가장 거리가 먼 것은?

㉮ 알칼리 염소법 ㉯ 오존 산화법 ㉰ 전해법 ㉱ 아말감법

정답 ㉱

★★ ① 알칼리염소법의 특징

  ★★ ㉠ CN의 분해를 위해 유지되는 pH 10 이상이다.
  ㉡ 니켈과 철의 시안 착염이 혼입된 경우 분해가 잘 되지 않는다.
  ★★ ㉢ 산화제의 투입량이 적을 경우는 시안화합물이 잔류하거나 염화시안이 발생하게

되므로 산화제는 약간 과잉으로 주입한다.
- ㉣ 염소처리시 강알칼리성 상태에서 1단계 염소를 주입하여 시안화합물을 시안산화물로 변환시킨 후 중화하고 2단계 염소를 재주입하여 N_2와 CO_2로 분해시킨다.
- ㉤ 시안 폐수처리에서 가장 일반적인 방법이다.
- ㉥ 산화에 의해 분해되어 비독성의 화합물로 되는 것으로 반응속도가 빠르고 조정하기도 쉽다.
- ㉦ 공장규모의 대소에 불구하고 시안 폐수의 처리에는 가장 안전하고 확실하다.
② **오존산화법** : 오존은 알칼리성 영역에서 시안화합물을 N_2로 분해시켜 무해화한다.
③ **전해법** : 유가 금속류를 회수할 수 있는 장점이 있다.
④ **충격법** : 시안을 pH 3 이하의 강산성 영역에서 강하게 폭기하여 산화하는 방법이다.
⑤ **감청법** : 알칼리성 영역에서 과잉의 황산제1철 또는 황산제2철염을 가하여 공침시켜 제거하는 방법이다.

> **Question 22**
>
> 유해물질인 시안(CN)처리 방법에 대한 내용으로 틀린 것은 어느 것인가?
> ㉮ 오존산화법 : 오존은 알칼리성 영역에서 시안화합물을 N_2로 분해시켜 무해화한다.
> ㉯ 전해법 : 유가(有價)금속류를 회수할 수 있는 장점이 있다.
> ㉰ 충격법 : 시안을 pH 3 이하의 강산성 영역에서 강하게 폭기하여 산화하는 방법이다.
> ㉱ 감청법 : 알칼리성 영역에서 과잉의 황산알루미늄을 가하여 공침시켜 제거하는 방법이다.
>
> **풀이** ㉱ 감청법 : 알칼리성 영역에서 과잉의 황산제1철 또는 황산제2철을 가하여 공침시켜 제거하는 방법이다.

3. 시안의 알칼리 염소 또는 NaOCl 처리법

① 1단계 반응 : $CN^- \xrightarrow{Cl_2 \text{ 및 } NaOH} CNCl \xrightarrow{NaOH} CNO^-$

② 1단계 반응의 조건 : pH 10 이상, ORP(산화환원전위) + 300mV 이상

③ 2단계 반응 : $CNO^- \xrightarrow{NaOH,\ Cl_2,\ NaOCl} NaCl + N_2 \uparrow$

④ 2단계 반응의 조건 : pH 8, ORP(산화환원전위) + 650mV 이상

• **실전문제 반응식**

$NaCN + NaClO \rightarrow NaCNO + NaCl$ ·································· ①

$2NaCNO + 3NaClO + H_2O \rightarrow 2CO_2 + N_2 + 2NaOH + 3NaCl$ ·································· ②

①식 × 2를 ③식이라 하면

2NaCN + 2NaClO → 2NaCNO + 2NaCl ·· ③

2NaCNO + 3NaClO + H$_2$O → 2CO$_2$ + N$_2$ + 2NaOH + 3NaCl ·········· ②

∴ ③식과 ②식을 더하면

2NaCN + 5NaClO + H$_2$O → 2CO$_2$ + N$_2$ + 2NaOH + 5NaCl

4. 도금 폐수 중의 CN을 알칼리 조건하에서 산화하는데 사용되는 약제

차아염소산나트륨(NaOCl)

5. CN함유 폐수를 화학적 산화에 의해 처리할 경우 단위처리조작

균등조 – 산화반응조(1, 2단계) – 중화조 – 여과조 – 유출수

Question 23

200mg/L의 CN(시안)을 함유한 폐수 50m^{3}을 알칼리 염소법으로 처리하는데 필요한 이론적인 염소량(Cl$_2$·kg)을 계산하시오. (단, 원자량은 Cl : 35.5)

$$2CN^- + 5Cl_2 + 4H_2O \rightarrow 2CO_2 + N_2 + 8HCl + 2Cl^-$$

풀이 2CN$^-$: 5Cl$_2$
        2 × 26g   : 5 × 71g
        0.2kg/m^3 × 50m^3 : X   ∴ X = 68.27kg

6. 크롬함유 폐수처리방법

독성이 있는 6가 크롬을 독성이 없는 3가 크롬으로 pH 2~4에서 환원시키고 3가 크롬을 pH 8.0~8.5 범위에서 침전시켜 처리한다.

① Cr^{6+}는 Cr^{3+}로 환원한 후 알칼리를 주입하여 수산화물을 침전시킨다.

★★② Cr^{3+} + 3OH$^-$ → Cr(OH)$_3$ ↓ (pH 8.0~8.5)

```
황산 (pH 2~4)              NaOH(pH 8.0~8.5)    응집제 주입
    ↓                            ↓                    ↓
    환원제(NaHSO₃)
Cr⁶⁺(황색) ─────────────→ Cr³⁺(청록색) → Cr(OH)₃ → 방류(중성수 용액)
                                                       ↓
                                                Cr(OH)₃의 침전물 형성
```

③ 환원제의 종류 : SO_2, Na_2SO_3, $FeSO_4$, $NaHSO_3$

Question 24

환원처리공법으로 크롬함유 폐수를 수산화물 침전법으로 처리하고자 할 때 침전을 위한 적정 pH 범위는 얼마인가? (단, $Cr^{+3} + 3OH^- \rightarrow Cr(OH)_3 \downarrow$)

㉮ pH 4.0 ~ 4.5   ㉯ pH 5.5 ~ 6.5   ㉰ pH 8.0 ~ 8.5   ㉱ pH 11.0 ~ 11.5

정답 ㉰

Question 25

폐액 중의 크롬산을 정량했을 때 6가 크롬으로서 1,000mg/L이었다. 이 폐액을 환원침전법으로 처리하는 경우, 이 폐액 20m³을 환원할 때 필요한 아황산나트륨의 이론적인 양(kg)을 계산하시오. (단, 크롬원자량 52, 아황산나트륨의 분자량 126)

$$2H_2CrO_4 + 3Na_2SO_3 + 3H_2SO_4 \rightarrow Cr_2(SO_4)_3 + 3Na_2SO_4 + 5H_2O$$

풀이
$2Cr^{6+}$: $3Na_2SO_3$
$2 \times 52g$: $3 \times 126g$
$1kg/m^3 \times 20m^3$: X   ∴ X = 72.69kg

7. 수은함유 폐수처리방법

★★① 무기수은계함유 폐수처리방법 : 아말감법, 황화물침전법, 이온교환법, 흡착법

> **TIP**
> **암기법**
> 수은아 황화강에 이온 좀 붙여라

② 유기수은계함유 폐수처리방법 : 산화분해법

> **Question 26**
> 무기수은계 화합물을 함유한 폐수의 처리방법으로 틀린 것은 어느 것인가?
>   ㉮ 황화물 침전법   ㉯ 활성탄 흡착법   ㉰ 산화분해법   ㉱ 이온교환법
>
> **풀이** ㉰ 산화분해법은 유기수은계 화합물 함유 폐수처리방법이다.

8. 납함유 폐수처리방법

수산화물침전법, 황화물침전법

9. 불소함유 폐수처리방법

응집제거법, 활성알루미나법, 골탄법, 전해법(전기분해법)

> **TIP**
> 암기법
> 불고기가 응집되어 할미가 골났다고 전해줘

10. 카드뮴함유 폐수처리방법

부상법, 여과법, 침전법(수산화물, 황화물, 탄산염), 이온교환법, 흡착법

> **TIP**
> 암기법
> 카부여에 침전된(수황탄)에 이온 좀 붙여라

> **Question 27**
> 카드뮴 함유폐수의 처리방법으로 틀린 것은 어느 것인가?
>   ㉮ 수산화물 침전법   ㉯ 황화물 침전법   ㉰ 질화물 침전법   ㉱ 이온교환법
>
> **정답** ㉰

11. 하수 혹은 저수지 물에 있는 철과 망간 제거법

① Mn을 코팅한 녹사 메디아를 사용하여 제거
② 염소 또는 과망간산염을 주입제거
③ 폭기로 제거

12. 비소함유 폐수처리방법

일반적으로 칼슘, 알루미늄, 마그네슘, 철, 바륨 등의 수산화물에 공침시켜 제거하며 이 중에 철의 수산화물인 $Fe(OH)_3$의 플록에 흡착시켜 공침제거하는 방법이 우수한 것으로 알려져 있다.

> **Question 28**
>
> 비소(As)함유 폐수처리 방법으로 가장 일반적인 것은?
> ㉮ 아말감법   ㉯ 황화물 침전법   ㉰ 수산화물 공침법   ㉱ 알칼리 염소법
>
> 정답 ㉰

13. 유기인함유 폐수처리방법

① 유기인 화합물은 산성이나 중성에서 안정하며 물에 난용성이다.
② 유기인 화합물이 폐수에 함유된 경우에는 대부분이 현탁입자로 존재한다.
③ 일반적으로 알칼리로 가수분해시키고 응집침전 또는 부상으로 전처리한 후 활성탄 흡착으로 미량의 잔류물질을 제거시킨다.

★★★ 14. 이온교환 선택성 크기

① 음이온 교환수지에서 음이온 선택성순서 : $SO_4^{2-} > I^- > NO_3^- > CrO_4^{2-} > Br^- > Cl^- > OH^-$

> **TIP**
>
> 암기법
> SIN 커 브롬

Question 29

다음 중 보통 음이온 교환수지에 대해서 가장 일반적인 음이온의 선택성 순서가 옳게 배열된 것은?

㉮ $SO_4^{2-} > I^- > CrO_4^{2-} > Br^- > Cl^- > NO_3^- > OH^-$
㉯ $SO_4^{2-} > I^- > NO_3^- > CrO_4^{2-} > Cl^- > Br^- > OH^-$
㉰ $SO_4^{2-} > I^- > CrO_4^{2-} > Cl^- > Br^- > NO_3^- > OH^-$
㉱ $SO_4^{2-} > I^- > NO_3^- > CrO_4^{2-} > Br^- > Cl^- > OH^-$

정답 ㉱

② 양이온 교환수지에서 양이온 선택성순서 : $Ba^{2+} > Pb^{2+} > Sr^{2+} > Ca^{2+} > Ni^{2+}$

> **TIP**
> 암기법
> 바낫쓰 칼슘

Question 30

일반적인 양이온 교환물질에 있어 일반적인 양이온에 대한 선택성의 순서로 가장 적합한 것은?

㉮ $Ba^{+2} > Pb^{+2} > Sr^{+2} > Ca^{+2} > Ni^{+2}$
㉯ $Ba^{+2} > Pb^{+2} > Ca^{+2} > Ni^{+2} > Sr^{+2}$
㉰ $Ba^{+2} > Pb^{+2} > Ca^{+2} > Sr^{+2} > Ni^{+2}$
㉱ $Ba^{+2} > Pb^{+2} > Sr^{+2} > Ni^{+2} > Ca^{+2}$

정답 ㉮

15. 해수의 담수화

(1) 해수의 담수화 방법

① **증발법** : 역삼투나 전기투석과는 달리 에너지 요구량이 처리수중의 염의 농도와 비교적 무관하다.
② **역삼투법** : 반투막과 정수압을 이용하여 해수로부터 순수한 물을 분리하는 방법이다.
 ㉠ 생산된 물은 pH나 경도가 낮기 때문에 필요에 따라 적절한 약품을 주입하고 수질을 조정한다.
 ㉡ 막모듈은 플러싱과 약품세척 등을 조합하여 세척한다.
 ㉢ 장기간 운전을 중지하는 경우에는 막보전액으로는 중아황산나트륨 등을 사용한다.
 ㉣ 공급수중의 이물질로 고압 펌프와 막모듈이 손상되지 않도록 하기 위하여 고압펌프의 흡입측 공급수 배관계통에 안전 필터를 사용한다.

ⓜ 고압펌프는 효율과 내식성이 좋은 기종으로 하며 그 형식은 시설규모 등에 따라 선정한다.

③ 전기투석법 : 전위차를 추진력으로 물만을 선택적 통과시키는 원리를 이용하여 분리하는 방법이다.

④ 냉동법 : 해수를 빙점(약 -1.8℃) 이하로 냉각시킨 얼음 결정을 세정한 후 녹여 담수를 얻는 방법이다.

 (2) 해수 담수화 방식

① 상변화방식은 증발법과 결정법이 있다.
　　㉠ 증발법 : 다단플래쉬법, 다중효용법, 증기압축법, 투과기화법
　　㉡ 결정법 : 냉동법, 가스수화물법
② 상불변 방식은 막법과 용매추출법이 있다.
　　㉠ 막법 : 역삼투법, 전기투석법
　　㉡ 용매추출법

Question 31

해수담수화방식 중 상(相)변화방식인 증발법에 해당되는 것은 어느 것인가?
㉮ 가스수화물법　　㉯ 다중효용법　　㉰ 냉동법　　㉱ 전기투석법

정답 ㉯

16. 랑겔리어 지수

랑겔리어지수란 물의 실제 pH와 이론적 pH(pHs : 수중의 탄산칼슘이 용해되거나 석출되지 않는 평형상태로 있을 때의 pH)와의 차이를 말한다.

 ① 랑겔리어 지수가 부(-)의 값으로 절대치가 클수록 물의 부식성이 강하다.
 ② 랑겔리어 지수가 (+)의 값으로 절대치가 클수록 탄산칼슘의 석출이 일어나기 쉽다.
③ 랑겔리어 지수가 0이면 물의 안정도가 평형상태에 있다.
④ 물의 부식성이 강한 경우의 랑겔리어 지수는 pH, 칼슘경도, 알칼리도를 증가시킴으로써 개선할 수 있다.

요약

① 랑겔리어 지수(LI) = 0 : 물의 안정도가 평형상태
② 랑겔리어 지수(LI) > 0 : LI가 양(+)의 값이므로 과포화상태($CaCO_3$가 침전되어 퇴적)
③ 랑겔리어 지수(LI) < 0 : LI가 음(-)의 값이므로 불포화상태(부식성 증가)

Question 32

정수처리시 적용되는 랑게리아 지수에 대한 설명으로 틀린 것은 어느 것인가?

㉮ 랑게리아 지수란 물의 실제 pH와 이론적 pH(pHs : 수중의 탄산칼슘이 용해되거나 석출되지 않는 평형 상태로 있을 때의 pH)와의 차이를 말한다.
㉯ 랑게리아 지수가 양(+)의 값으로 절대치가 클수록 탄산칼슘피막 형성이 어렵다.
㉰ 랑게리아 지수가 음(-)의 값으로 절대치가 클수록 물의 부식성이 강하다.
㉱ 물의 부식성이 강한 경우의 랑게리아 지수는 pH, 칼슘경도, 알칼리도를 증가시킴으로써 개선할 수 있다.

풀이 ㉯ 랑게리아 지수가 양(+)의 값으로 절대치가 클수록 탄산칼슘피막 형성이 쉽다.

★★ 17. 수질성분이 금속도관의 부식에 미치는 영향

① 암모니아는 착화합물의 형성을 통해 구리, 납 등의 금속 용해도를 증가시킬 수 있다.
② 칼슘은 $CaCO_3$로 침전하여 부식을 보호하고 부식속도를 감소시킨다.
③ pH가 높으면 관을 보호하고 부식속도를 감소시킨다.
④ 높은 알칼리도는 구리와 납의 부식을 증가시킨다.
⑤ 구리는 갈바닉 전지를 이룬 배관상에 홈집(구멍)을 야기한다.
⑥ 고농도의 염화물이나 황산염은 철, 구리, 납의 부식을 증가시킨다.
⑦ 용존산소는 여러 부식 반응속도를 증가시킨다.

Question 33

수질 성분이 부식에 미치는 영향으로 틀린 것은 어느 것인가?

㉮ 높은 알칼리도는 구리와 납의 부식을 증가시킨다.
㉯ 암모니아는 착화물 형성을 통해 구리, 납 등의 금속용해도를 증가시킬 수 있다.
㉰ 잔류염소는 Ca와 반응하여 금속의 부식을 감소시킨다.
㉱ 구리는 갈바닉 전지를 이룬 배관상에 홈집(구멍)을 야기한다.

풀이 ㉰ 잔류염소는 Ca와 반응하여 금속의 부식을 증가시킨다.

08 살균

1. 살균의 특징

(1) 살균력의 크기

① $O_3 > Cl_2$

★★② $HOCl > OCl^- >$ 클로라민(결합잔류염소의 대표적 물질)

③ 클로라민 : 살균력은 약하나 소독 후 물에 이취미가 없고 살균 작용이 오래 지속된다.

★★④ $HOCl$이 OCl^-보다 80배 이상 강하다.

Question 34

다음 중 액체염소의 주입으로 생성된 유리염소, 결합잔류염소의 일반적인 살균력이 순서대로 옳게 나열된 것은?

㉮ $OCl^- > HOCl >$ Chloramines
㉯ $OCl^- >$ Chloramines $> HOCl$
㉰ $HOCl >$ Chloramines $> OCl^-$
㉱ $HOCl > OCl^- >$ Chloramines

정답 ㉱

★★ (2) 클로라민의 생성

① 유리염소(Cl)

$$Cl_2 + H_2O \xrightarrow{pH\ 5\sim7} HOCl(유효염소) + H^+ + Cl^-$$

② 모노클로라민(NH_2Cl)

$$HOCl + NH_3 \xrightarrow{pH\ 8.5\ \uparrow} H_2O + NH_2Cl$$

③ 디클로라민($NHCl_2$)

$$HOCl + NH_2Cl \xrightarrow{pH\ 4.5\sim8.5} H_2O + NHCl_2$$

④ 트리클로라민(NCl_3)

$$HOCl + NHCl_2 \xrightarrow{pH\ 4.4\ \downarrow} H_2O + NCl_3$$

★★ **(3) 염소 살균력 증가조건**

온도↑, 반응시간↑, 주입농도↑, 낮은 pH

(4) 염소주입량 = 염소 요구량 + 염소 잔류량

> **TIP**
> 암기법 : 주입은 요잔에 하세요!!

2. THM(트리할로메탄)의 특징

① 생성

$$H-\underset{\underset{H}{|}}{\overset{\overset{H}{|}}{C}}-H + Cl^- \rightarrow Cl-\underset{\underset{Cl}{|}}{\overset{\overset{H}{|}}{C}}-Cl$$

[Cl^- : 염소소독과정에서 유리된 염소]

② THM 증가조건 : 수온↑, pH↑, 접촉시간↑, 염소주입량↑

③ 대책
- 전구물질 제거
  - 활성탄흡착(용해성)
  - 중간염소처리(용해성)
  - 응집침전(현탁성 = 콜로이드형태)
- 소독방법 전환 – 클로라민, O_3, ClO_2, UV 등등

★★ ④ THM의 75% 이상이 클로로폼(트리클로로메탄)

★★ ⑤ THM의 종류
  ㉠ $CHClBr_2$
  ㉡ $CHBr_3$
  ㉢ $CHClI_2$

3. 소독제의 종류

★★★ **(1) 염소살균(소독)의 특징**

★★ ① 살균강도는 HOCl이 OCl^- 보다 약 80배 이상 강하다.
② HOCl은 암모니아와 반응하여 클로라민을 생성한다.
③ 암모니아가 존재하는 경우 결합 잔류 염소로 존재한다.

★★ ④ 잔류효과가 크다.
⑤ 처리수의 총용존고형물이 증가한다.
★★ ⑥ 염소의 살균력은 반응시간이 길며, 주입농도가 높을수록, 온도가 높을수록, pH가 낮을수록, 알칼리도가 낮을수록 커진다.
★★ ⑦ 바이러스 사멸효과가 나쁜 편이다. (다른 소독제에 비해서)
⑧ 인체에 위해성이 높다.
⑨ 하수의 염화물 함유량이 증가한다.
⑩ 유량변동에 대해 적응성이 어렵다.
⑪ 염소 접촉조로부터 휘발성 유기물이 생성된다.
⑫ 처리수의 잔류독성이 탈염소 과정에 의해 제거되어야 한다.

Question 35

염소의 살균력에 대한 설명으로 옳지 않은 것은?

㉮ 살균강도는 HOCl > OCl⁻ 이다.
㉯ 염소의 살균력은 반응시간이 길고 온도가 높을 때 강하다.
㉰ 염소의 살균력은 주입농도가 높고 pH가 낮을 때 강하다.
㉱ Chloramines은 살균력은 강하나 살균작용은 오래 지속되지 않는다.

풀이 ㉱ chloramines(클로라민)의 살균력은 약하나 살균작용은 오래 지속된다.

(2) 클로라민의 특징

★★ ① HOCl은 암모니아와 반응하여 클로라민을 생성한다.
② 3종의 클로라민 분포는 pH의 함수이다.
★★ ③ 트리클로라민은 불안정하여 N_2로 분해하여 산화력을 상실한다.
★★ ④ 차아염소산과 수중의 암모니아나 유기성 질소화합물이 반응하여 클로라민을 형성할 때 pH가 9인 경우 가장 많이 존재하는 것은 모노클로라민이다.
⑤ 클로라민은 수중에 오래 잔류하므로 잔류 보호성을 제공한다.

(3) 브롬화염소의 특징

① 브롬화염소는 기화속도가 낮기 때문에 염소보다 덜 유해하다.
② 하수의 살균제로 쓰일 때 브롬화염소는 액화기체로서 주입된다.
③ 브롬화염소 잔류량은 접촉조 안에서 빨리 감소하므로 주입지점에서 하수와 잘 섞어줄 필요가 있다.

(4) 이산화염소의 특징

① THMs이 형성되지 않는다.
★★② 소독력이 pH 영향을 크게 받지 않는다.
③ 페놀류 화합물 제거에 이용된다.
④ 염소에 비해 산화력이 강하다.
⑤ 일정농도 이상에서는 폭발 위험성이 있다.
⑥ 할로겐 화합물을 생성하지 않는다.
⑦ 물에 쉽게 녹고 냄새가 적다.
⑧ 일광과 접촉할 경우 분해된다.
★★⑨ 부식성이 있다.
★★⑩ 색도제거 높다.
★★⑪ 바이러스를 비활성화 시키는데 염소보다 효과적이다.

(5) 차아염소산나트륨(상수도 소독제)의 특징

① 액화염소에 비하여 안정성과 취급성이 좋다.
② 담황색 액체로 알칼리성이 강하다.
③ 저장 중에 유효염소가 감소된다.
★★④ 부식성이 있다.
★★⑤ pH영향 없다.
⑥ 색도제거 보통이다.
★★⑦ 바이러스 사멸 효과는 나쁘다.
⑧ 유효염소농도가 5~12% 정도이다.

Question 36

하수처리를 위한 소독방식의 장단점에 관한 내용으로 틀린 것은?

㉮ ClO_2 : 부산물에 의한 청색증이 유발될 수 있다.
㉯ ClO_2 : pH 변화에 따른 영향이 적다.
㉰ NaOCl : 잔류효과가 작다.
㉱ NaOCl : 유량이나 탁도 변동에서 적응이 쉽다.

풀이 ㉰ NaOCl : 잔류효과가 크다.

★★★ **(6) 오존살균의 특징**

★★ ① 오존은 잔류성이 없다.
★★ ② 슬러지가 생기지 않는다.
★★ ③ 철 및 망간의 제거능력이 크다.
　　 ④ 오존은 산소의 동소체로 HOCl보다 더 강력한 산화제이다.
★★ ⑤ 오존은 자체의 높은 산화력으로 염소에 비하여 높은 살균력을 가지고 있다.
　　 ⑥ 병원균에 대하여 살균력이 강하며 탈취, 탈색효과가 크다.
　　 ⑦ 유기화합물의 생분해성을 높이며 바이러스의 불활성화 효과가 크다.
　　 ⑧ 수용액에서 오존은 매우 불안정하여 20℃ 증류수에서의 반감기는 20~30분 정도이다.
　　 ⑨ 오존은 저장할 수 없어 현장에서 생산해야 한다.
★★ ⑩ 경제성이 낮다.
　　 ⑪ 소독 부산물의 생성을 유발하는 각종 전구물질에 대한 처리 효율이 높다.

Question 37

하수 소독시 적용되는 오존소독방법에 관한 일반적 장·단점으로 틀린 것은? (단, 염소소독 방법 등과 비교)

㉮ Cl_2보다 더 강력한 산화제이다.
㉯ 저장시스템 파괴 사고의 위험이 있다.
㉰ 모든 박테리아와 바이러스를 살균시킨다.
㉱ 초기 투자비와 부속설비가 비싸다.

▶ 풀이　㉯ 저장시스템 파괴 사고의 위험이 없다.

★★★ **(7) 자외선(UV) 방사의 특징**

★★ ① 수중에 잔류 방사량(잔류 살균력이 없음)이 존재하지 않는다.
　　 ② 자외선 소독은 화학물질 소비가 없고 해로운 부산물도 생성되지 않는다. (잔류독성이 없다.)
★★ ③ pH변화에 관계없이 지속적인 살균이 가능하다.
　　 ④ 유량과 수질의 변동에 대해 적응력이 강하다.
　　 ⑤ 태양광 중에 파장이 커질수록 살균효과는 감소한다.
　　 ⑥ 물의 탁도가 높으면 소독능력은 저하된다.
★★ ⑦ 소독의 성공여부를 즉시 측정할 수 없다.
　　 ⑧ 염소에 비해 안전성이 높고 요구되는 공간이 적다.
★★ ⑨ 비교적 소독비용이 저렴하다.
　　 ⑩ 접촉시간이 짧다.(1~5초)

⑪ 대부분의 Virus, Spores, Cysts등을 비활성시키는데 염소보다 효과적이다.
⑫ 5~400nm 스펙트럼 범위의 단파장에서 발생하는 전자기 방사를 말한다.
⑬ 물과 수중의 성분은 자외선의 전달 및 흡수에 영향을 주며 Beer-Lambert 법칙이 적용된다.
⑭ 과학적으로 증명된 정밀한 처리시스템이다.

Question 38

하수소독시 적용되는 UV 소독방법에 대한 내용으로 틀린 것은? (단, 오존 및 염소소독 방법과 비교)

㉮ pH 변화에 관계없이 지속적인 살균이 가능하다.
㉯ 유량과 수질의 변동에 대해 적응력이 강하다.
㉰ 설치가 복잡하고, 전력 및 램프수가 많이 소요되므로 유지비가 높다.
㉱ 물이 혼탁하거나 탁도가 높으면 소독능력에 영향을 미친다.

풀이 ㉰ 설치가 간단하고 유지비가 저렴하다.

CHAPTER 03 생물학적 처리

01 표준활성슬러지법

★★★ 1. 표준활성슬러지법(재래식 활성슬러지법)

① MLSS 1,500~2,500mg/L
② F/M비 0.2~0.4/day
③ HRT(수리학적 체류시간) 6~8hr
④ SRT(미생물 체류시간) 3~6day
⑤ 반응조 수심 4~6m
⑥ 반응조 형상 : 사각형, 다단 완전혼합형
⑦ 포기방식 : 전면포기식, 선회류식, 미세기포 분사식, 수중 교반식

Question 01

표준활성슬러지법의 MLSS농도의 표준범위로 가장 옳은 것은?

㉮ 1,000~1,500mg/L ㉯ 1,500~2,500mg/L
㉰ 2,500~3,500mg/L ㉱ 3,500~4,500mg/L

정답 ㉯

> **TIP**
> 표준활성슬러지법 운전조건
> 온도 25~30℃, pH 6~8, DO 2mg/L 이상, BOD : N : P = 100 : 5 : 1

〈표준활성슬러지법(재래식 활성슬러지법)〉

TIP
슬러지를 반송하는 이유는 폭기조내 요구되는 미생물 농도를 유지하기 위해서이다.

2. 완전혼합 활성슬러지의 공법의 장점

① 산소소모율에 있어서 최대 균등화
② 유입물질이 반응조 전체에 빠른 시간 내에 분산됨으로 인한 충격부하 영향의 최소화
③ 호기성 생물학적 산화가 일어나는 동안 발생되는 CO_2의 최대 중화
④ 독성물질 유입시 플록(floc) 형성의 안정성이 떨어진다.

★★ 3. 활성슬러지법 처리방법별 F/M비

① 표준 활성슬러지법 : 0.2~0.4kg BOD/kg SS · day
② 순산소 활성슬러지법 : 0.3~0.6kg BOD/kg SS · day
③ 장기포기법 : 0.03~0.05kg BOD/kg SS · day
④ 산화구법 : 0.03~0.05kg BOD/kg SS · day

Question 02

활성슬러지법 처리방법별 F/M비로 틀린 것은?

㉮ 표준 활성슬러지법 : 0.2 ~ 0.4kg BOD/ kg SS · day
㉯ 순산소 활성슬러지법 : 0.03 ~ 0.06kg BOD/ kg SS · day
㉰ 장기포기법 : 0.03 ~ 0.05kg BOD/ kg SS · day
㉱ 산화구법 : 0.03 ~ 0.05kg BOD/ kg SS · day

풀이 ㉯ 순산소 활성슬러지법 : 0.3 ~ 0.6kg BOD/ kg SS · day

4. 표준활성슬러지법의 특징

① 슬러지 팽화가 발생된다.
② 운전비용이 고가이다.
③ 설치면적이 적게 소요된다.
④ BOD, SS의 제거율이 높다.
⑤ 처리수의 수질이 양호하다.
⑥ 슬러지(미생물)을 키워 처리하므로 슬러지의 생성량이 많다.
⑦ F/M비가 높으면 BOD 제거효율이 떨어지게 된다.
⑧ 동일한 COD 제거효율을 얻기 위해서는 온도가 감소함에 따라 F/M비를 감소해야 한다.
⑨ 폭기시간은 원폐수가 폭기조 내에 머무는 시간을 뜻하며 원폐수의 량만을 고려하고 반송 슬러지량은 고려하지 않는다.
⑩ 슬러지 벌킹현상이 현저한 활성슬러지에서 관찰되는 사상성 미생물은 Sphaerotius(스페로티러스)이다.

5. 활성슬러지법에서 F/M비

① F/M비가 낮을수록 잉여슬러지 생산량은 적어진다.
② F/M비율의 단위는 BODkg/MLSSkg·day으로 표현된다.
③ F/M비율을 크게 할수록 세포 체류시간은 짧아진다.
④ F/M비를 크게 할수록 조내의 유기물질 제거율이 감소한다.

★★★ 6. 활성슬러지 공정 중 최종 침전조에서 슬러지 부상원인

① 탈질소화 현상이 발생할 때
② 침전조의 수면적 부하가 높은 경우
③ SVI가 높고 잉여슬러지의 인출량이 부족할 때
④ 폭기조의 폭기량을 증가시켜 질산화 정도를 증가시킬 때

> **TIP**
> ★★ 슬러지 부상(Sludge rising)원인은 침전조의 탈질화작용에 의한다.

Question 03

최종침전지에서 발생하는 침전성이 우수한 슬러지의 부상(sludge rising) 원인으로 알맞은 것은?

㉮ 침전조의 슬러지 압밀 작용에 의한다.
㉯ 침전조의 탈질화 작용(denitrification)에 의한다.
㉰ 침전조의 질산화 작용(nitrification)에 의한다.
㉱ 사상균류(flamentus bacteria)의 출현에 의한다.

▶ 정답 ㉯

★★★ 7. 슬러지 팽화(슬러지 벌킹) 현상

(1) 원인

① 미생물에 비해서 유기물 먹이가 너무 많을 경우
② 포기조의 용존산소가 부족할 때
③ 유입수에 갑자기 산업폐수가 혼합되어 유입될 경우
④ 영양염류(N,P)가 부족할 때

(2) 슬러지팽화 발생으로 나타나는 현상

① 활성슬러지가 백색을 띠며 유동상태로 된다.
② 슬러지의 침전 분리성이 악화되고 압밀침전이 곤란해진다.
③ 포기조의 SVI(슬러지용적지수)가 200 이상이 된다.

Question 04

다음 중 활성슬러지공법으로 하·폐수처리시 슬러지 팽화(bulking)현상이 발생했을 때 사상균의 조절방법으로 거리가 먼 것은?

㉮ 염소나 과산화수소를 반송슬러지에 주입한다.
㉯ 선택반응조(selector)를 이용한다.
㉰ fungi를 성장시켜 F/M비를 감소시킨다.
㉱ 포기조 내의 용존산소의 농도를 변화시킨다.

▶ 풀이 ㉰ fungi를 제거한다.

★ 8. 핀플록(Pin Floc)현상

(1) 원 인

① SRT(미생물체류시간)가 너무 길 때
② 세포의 과도한 산화

(2) 방지책

① SRT(미생물체류시간)를 단축시킨다.
② DO를 적정하게 유지한다.
③ 슬러지 인발량을 증가시킨다.

9. 활성슬러지법에서 포기조내 처리상황이 악화되었을 때 검토해야 할 사항

① 유입수의 유해성분 유무 조사
② MLSS가 적정하게 유지되는가 조사
③ 유입수의 pH 변동 유무 조사
④ 유입수의 SS 변동 유무 조사
⑤ 유입수의 BOD 변동 유무 조사

Question 05

활성슬러지법에서 포기조 내 처리상황이 악화되었을 때 검토해야 할 사항과 가장 거리가 먼 것은?

㉮ 유입수의 유해성분 유무 조사
㉯ MLSS가 적정 유지되는가를 조사
㉰ 유입수의 pH 변동 유무를 조사
㉱ 원폐수의 SS농도 변동 유무를 조사

풀이 ㉱ 유입수의 SS 농도 변동 유무를 조사

★★★ 10. 활성슬러지법의 계산식 정리

① 유량(Q), 체적(V), 수리학적 체류시간(t)의 상관관계

  ㉠ $Q(m^3/day) = \dfrac{V(m^3)}{t(day)}$

  ㉡ $V(m^3) = Q(m^3/day) \times t(day)$

  ㉢ $t(day) = \dfrac{V(m^3)}{Q(m^3/day)}$

② SRT = MCRT = θ_c (미생물 체류시간 = 고형물 체류시간)

  ㉠ $SRT = \dfrac{\text{살아있는 미생물}}{\text{죽은 미생물}} = \dfrac{MLSS \times V}{Q_w \times SS_w + Q_o \times SS_o}$

  ㉡ 유출수의 SS(SS_o)를 무시하면

  $SRT = \dfrac{MLSS \times V}{Q_w \times SS_w}$

  ㉢ MLSS = X, $SS_w = X_r$이라 하면

  $SRT = \dfrac{MLSS \times V}{Q_w \times SS_w} = \dfrac{V}{Q_w} \times \dfrac{MLSS}{SS_w} = \dfrac{V}{Q_w} \times \left(\dfrac{X}{X_r}\right)$

Question 06

활성슬러지공법으로 100m³/일의 폐수를 처리한다. 포기조 용적이 20m³, 포기조 내 MLSS가 2,000mg/L로 유지된다. 처리수로 유실되는 SS농도는 평균 20mg/L, 폐기시키는 슬러지의 양은 1m³/day이며 폐기되는 슬러지의 SS농도가 1%라면 미생물 체류시간(일)을 계산하시오.

풀이 미생물 체류시간(= SRT = MCRT = θ_c)

$SRT = \dfrac{MLSS \cdot V}{Q_w \cdot SS_w + Q_o \cdot SS_o} = \dfrac{2,000mg/L \times 20m^3}{1m^3/day \times 1 \times 10^4 mg/L + (100-1)m^3/day \times 20mg/L} = 3.34 day$

TIP

$SS_w = 1\% = 1 \times 10^4 ppm = 1 \times 10^4 mg/L$

$Q_o = Q_i - Q_w = (100-1)m^3/day$

Question 07

폭기조내의 MLSS가 4,000mg/L, 폭기조 용적이 500m³인 활성슬러지법에서 매일 25m³의 폐슬러지를 뽑아 소화조로 보내 처리한다면 세포의 평균체류시간(day)을 계산하시오. (단, 반송슬러지의 농도는 2%, 비중은 1.0, 유출수내 SS 농도 고려안함.)

풀이 세포의 평균체류시간(SRT) = $\dfrac{MLSS \cdot V}{Q_w \cdot SS_w}$ = $\dfrac{4,000mg/L \times 500m^3}{25m^3/day \times 2 \times 10^4 mg/L}$ = 4day

> **TIP**
> ① $SS_w = SS_r = 2\%$
> ② $2\% \xrightarrow{\times 10^4} 2 \times 10^4 mg/L$

Question 08

잉여 슬러지량이 15m³/day이고, 폭기조 부피가 300m³[폭기조 MLSS농도(X)/반송슬러지농도(X_r)] = 0.3일 때, MCRT(day)를 계산하시오. (단, 최종유출수의 SS농도 고려하지 않음)

풀이 평균 미생물 체류시간(MCRT) = $\dfrac{MLSS \times V}{Q_w \times SS_w}$ = $\dfrac{V}{Q_w} \times \dfrac{MLSS}{SS_w}$ = $\dfrac{V}{Q_w} \times \dfrac{X}{X_r}$ = $\dfrac{300m^3}{15m^3/day} \times 0.3$
= 6day

③ L_V : BOD 용적 부하(kg/m³·day)

$$L_V(kg/m^3 \cdot day) = \dfrac{BOD \text{ 총량}(kg/day)}{\text{용적}(m^3)} = \dfrac{BOD(kg/m^3) \times Q(m^3/day)}{V(m^3)}$$

Question 09

BOD 300mg/L, 유량 6,000m³/day인 폐수를 유효용적이 400m³인 포기조로 처리하고자 한다. 이 포기조의 BOD 용적부하(kg/m³·day)를 계산하시오.

풀이 BOD 용적부하(kg/m³·day) = $\dfrac{BOD(kg/m^3) \times Q(m^3/day)}{V(m^3)}$ = $\dfrac{0.3kg/m^3 \times 6,000m^3/day}{400m^3}$ = 4.5kg/m³·day

④ F/M비(BOD-MLSS 부하)

㉠ F/M비(/day) = $\dfrac{\text{먹이}}{\text{미생물}}$ = $\dfrac{BOD(kg/m^3) \times Q(m^3/day)}{MLSS(kg/m^3) \times V(m^3)}$

ⓛ $t = \dfrac{V}{Q} \Rightarrow \dfrac{1}{t} = \dfrac{Q}{V}$

$$F/M비(/day) = \dfrac{BOD(kg/m^3) \times Q(m^3/day)}{MLSS(kg/m^3) \times V(m^3)} = \dfrac{BOD(kg/m^3)}{MLSS(kg/m^3)} \times \dfrac{1}{t(day)}$$

ⓒ $L_V(kg/m^3 \cdot day) = \dfrac{BOD(kg/m^3) \times Q(m^3/day)}{V(m^3)}$

$$F/M비(/day) = \dfrac{BOD(kg/m^3) \times Q(m^3/day)}{MLSS(kg/m^3) \times V(m^3)}$$

$$= \dfrac{1}{MLSS(kg/m^3)} \times \dfrac{BOD(kg/m^3) \times Q(m^3/day)}{V(m^3)}$$

$$= \dfrac{1}{MLSS(kg/m^3)} \times L_V(kg/m^3 \cdot day)$$

Question 10

유입수의 BOD 농도가 270mg/L인 폐수를 폭기시간 8시간, F/M비를 0.4로 처리하고자 한다면 유지되어야 할 MLSS의 농도(mg/L)를 계산하시오.

풀이

$$F/M비(/day) = \dfrac{BOD \times Q}{MLSS \times V} = \dfrac{BOD}{MLSS} \times \dfrac{1}{t}$$

따라서 $0.4/day = \dfrac{270mg/L}{MLSS(mg/L)} \times \dfrac{1}{\left(\dfrac{8hr}{24}\right)day}$ ∴ $MLSS = \dfrac{270mg/L}{0.4/day \times \left(\dfrac{8hr}{24}\right)day} = 2,025.0mg/L$

Question 11

포기조 내 BOD용적부하가 0.5kg−BOD/m³·d일 때 F/M비(/day)를 계산하시오. (단, 포기조 MLSS는 2,000mg/L)

풀이

① BOD 용적부하 $= \dfrac{BOD(kg/m^3) \times Q(m^3/day)}{V(m^3)} = 0.5 kgBOD/m^3 \cdot day$

② $F/M비(/day) = \dfrac{BOD(kg/m^3) \times Q(m^3/day)}{MLSS(kg/m^3) \times V(m^3)} = \dfrac{0.5 kg/m^3 \cdot day}{2 kg/m^3} = 0.25/day$

⑤ 슬러지량($Q_w \cdot SS_w$; kg/day) = Y · BOD 제거량 − kd · MLSS량

$Q_w \cdot SS_w(kg/day) = Y \times (BOD_i - BOD_o)(kg/m^3) \times Q(m^3/day)$

$\qquad - kd(/day) \times MLSS(kg/m^3) \times V(m^3)$

> **TIP**
> $BOD_i - BOD_o = BOD \times \eta$

Question 12

유입 하수량이 10,000m³/day, 유입 BOD가 200mg/L, 폭기조용량 1,000m³, 폭기조내 MLSS가 1,750mg/L, BOD 제거율이 90%이고 BOD의 세포 합성률이 0.55이며 슬러지의 자기 산화율이 0.08/day일 때, 잉여슬러지 발생량(kg/day)을 계산하시오.

풀이 잉여슬러지량(kg/day) = $Y \cdot Q \cdot BOD \cdot \eta - k_d \cdot V \cdot MLSS$
 = $0.55 \times 10,000m^3/day \times 0.2kg/m^3 \times 0.9 - 0.08/day \times 1,000m^3 \times 1.75kg/m^3$
 = 850kg/day

> **TIP**
> ① $200mg/L = 200g/m^3 = 0.2kg/m^3$ ② $BOD \cdot \eta = (BOD_i - BOD_o)$

⑥ θv(유기물 반응시간) = $\dfrac{(S_i - S_o)mg/L}{K(L/g \cdot hr) \times MLVSS(g/L) \times S_o(mg/L)}$

$\begin{bmatrix} S_i (\text{유입수 COD 중 생물학적 분해 가능한 COD}) = COD_i - NBDCOD \\ S_o (\text{유출수 COD 중 생물학적 분해 가능한 COD}) = COD_o - NBDCOD \end{bmatrix}$

Question 13

SS가 거의 없고 COD가 1,500mg/L인 산업폐수를 활성슬러지공법(완전혼합)으로 처리하여 유출수 COD를 180mg/L 이하로 처리하고자 한다. 아래의 주어진 조건을 이용하여 반응시간(hr)을 계산하시오.

- MLSS = 3,000mg/L
- MLVSS = MLSS × 0.7
- MLVSS를 기준으로 한 반응속도 상수 $k = 0.532 L/g \cdot hr$
- NBDCOD = 155mg/L
- 반송을 고려한 혼합액의 COD = 800mg/L

풀이 반응시간(θ) = $\dfrac{S_i - S_o}{k \times MLVSS \times S_o}$

$S_i = COD_i - NBDCOD = 800mg/L - 155mg/L = 645mg/L$
$S_o = COD_o - NBDCOD = 180mg/L - 155mg/L = 25mg/L$
$k = 0.532 L/g \cdot hr$
$MLVSS = MLSS \times 0.7 = 3,000mg/L \times 0.7 \times 10^{-3} g/mg = 2.1 g/L$

따라서 반응시간(θ) = $\dfrac{645mg/L - 25mg/L}{0.532 L/g \cdot hr \times 2.1 g/L \times 25mg/L}$ = 22.20hr

⑦ 슬러지일령(S·A) : 미생물이 포기조에서 생성된 다음 잉여슬러지로 유출되기까지의 시간

$$S \cdot A(day) = \frac{살아있는\ 미생물}{유입수의\ SS} = \frac{MLSS(kg/m^3) \times V(m^3)}{SS_i(kg/m^3) \times Q(m^3/day)}$$

Question 14

SS 200mg/L, 폐수량 2,500m³/day의 폐수를 활성슬러지법으로 처리하고자 한다. 포기조 내의 MLSS 농도가 2,000mg/L, 포기조 용적 1,000m³이면 슬러지 일령(day)을 계산하시오.

풀이

$$슬러지\ 일령(S \cdot A) = \frac{MLSS \times V}{Q_i \times SS_i} = \frac{2,000mg/L \times 1,000m^3}{2,500m^3/day \times 200mg/L} = 4day$$

⑧ 공식응용(1) SRT, Y, kd 주어지고 체적(V) 계산?

㉠ $SRT = \dfrac{MLSS \cdot V}{Q_w \cdot SS_w}$

㉡ $Q_w \cdot SS_w = Y \cdot Q \cdot BOD \cdot \eta - kd \cdot V \cdot MLSS$

㉡식의 $Q_w \cdot SS_w$를 ㉠식의 $Q_w \cdot SS_w$에 대입

$$SRT = \frac{MLSS \cdot V}{Y \cdot Q \cdot BOD \cdot \eta - kd \cdot V \cdot MLSS} \Rightarrow \frac{1}{SRT} = \frac{Y \cdot Q \cdot BOD \cdot \eta - kd \cdot V \cdot MLSS}{MLSS \cdot V}$$

$$\Rightarrow \frac{1}{SRT} = \frac{Y \cdot Q \cdot BOD \cdot \eta}{MLSS \cdot V} - \frac{kd \cdot V \cdot MLSS}{MLSS \cdot V}$$

$$\Rightarrow \boxed{\frac{1}{SRT} = \frac{Y \cdot Q \cdot BOD \cdot \eta}{MLSS \cdot V} - kd}$$

$$\Rightarrow \frac{1}{SRT} + kd = \frac{Y \cdot Q \cdot BOD \cdot \eta}{MLSS \cdot V} \qquad \boxed{\therefore V = \frac{Y \cdot Q \cdot BOD \cdot \eta}{\left(\dfrac{1}{SRT} + kd\right) \cdot MLSS}}$$

Question 15

BOD₅가 80mg/L인 하수가 완전혼합 활성슬러지공정으로 처리된다. 유출수의 BOD₅가 10mg/L, 온도 20℃, 유입유량 40,000톤/일, MLVSS가 2,000mg/L, Y 값 0.6mgVSS/mg BOD₅, kd값 0.6d⁻¹, 미생물 체류시간 10일이라면 Y값과 kd값을 이용한 반응조의 부피(m^3)를 계산하시오. (단, 비중은 1.0 기준)

풀이

$$\frac{1}{SRT} = \frac{Y \cdot Q \cdot (BOD_i - BOD_o)}{MLVSS \cdot V} - kd$$

- SRT : 미생물 체류시간(day)   Y : 세포생산계수(mgMLVSS/mg 기질) 또는 수율(mg SS/mg BOD)
- Q : 유량(m^3/day) BOD_i : 유입수의 BOD(mg/L)
- BOD_o : 유출수의 BOD(mg/L)   MLVSS : 미생물의 농도(mg/L)
- V : 체적(m^3)   kd : 자기분해 속도상수 또는 내호흡계수(/day)

$$\frac{1}{10 day} = \frac{0.6 \times 40,000 m^3/day \times (80-10) mg/L}{2,000 mg/L \times V} - 0.6/day \quad \therefore V = 1,200 m^3$$

TIP

유입유량 40,000ton/day는 비중이 1.0ton/m^3이므로 40,000ton/day = 40,000m^3/day가 된다.

⑨ 공식응용(2) SRT, Y, Kd 주어지고 폐슬러지량($Q_w \cdot SS_w$) 계산?

㉠ $SRT = \dfrac{MLSS \cdot V}{Q_w \cdot SS_w}$

㉡ $Q_w \cdot SS_w = Y \cdot Q \cdot BOD \cdot \eta - kd \cdot V \cdot MLSS$

㉠식의 $MLSS \cdot V = SRT \cdot Q_w \cdot SS_w$를 ㉡식의 $MLSS \cdot V$에 대입

$Q_w \cdot SS_w = Y \cdot Q \cdot BOD \cdot \eta - kd \cdot SRT \cdot Q_w \cdot SS_w$

$Q_w \cdot SS_w + kd \cdot SRT \cdot Q_w \cdot SS_w = Y \cdot Q \cdot BOD \cdot \eta$

$Q_w \cdot SS_w (1 + kd \cdot SRT) = Y \cdot Q \cdot BOD \cdot \eta$

$$\Rightarrow \boxed{\therefore Q_w \cdot SS_w = \frac{Y \cdot Q \cdot BOD \cdot \eta}{1 + (kd \cdot SRT)}}$$

TIP

$BOD \cdot \eta = BOD_i - BOD_o$

 Question 16

다음과 같은 조건 하에서의 활성슬러지조에서 1일 발생하는 잉여슬러지량(kg/day)을 계산하시오. (단, 유입수량 10,500m^3/day, 유입수 BOD 200mg/L, 유출수 BOD 20mg/L, Y = 0.6, K_d = 0.05/d, θ_C = 10일)

풀이

$$잉여슬러지량(Q_w \cdot SS_w) = \frac{Y \cdot Q \cdot (BOD_i - BOD_o)}{1 + (kd \cdot SRT)} = \frac{0.6 \times 10,500 m^3/day \times (0.2-0.02)kg/m^3}{1 + (0.05/day \times 10day)} = 756 kg/day$$

★★★ 11. 활성슬러지법의 제어 지표

(1) SVI(슬러지 용적지수)

포기조에서 성장한 미생물의 2차 침전지에서의 침강농축성을 나타내는 지표이며 포기조 혼합액 1L를 30분간 침강시킨 후 1g의 MLSS가 슬러지로 형성시 차지하는 부피(mL)

① SVI(슬러지 용적지수) 계산식

★★ ㉠ $SVI(mL/g) = \dfrac{SV(mL/L)}{MLSS(mg/L)} \times 10^3$

> **TIP**
> $SVI(mL/g) = \dfrac{SV(mL/L)}{MLSS(mg/L)} \times \dfrac{10^3 mg}{1g}$

★ ㉡ $SVI(mL/g) = \dfrac{SV(\%)}{MLSS(mg/L)} \times 10^4$

> **TIP**
> $SVI(mL/g) = \dfrac{SV(\%)}{MLSS(mg/L)} \times \dfrac{10^3 mL}{1L} \times \dfrac{10^3 mg}{1g} \times \dfrac{10^{-2}}{1\%}$

★ ㉢ $SVI(mL/g) = \dfrac{1}{SS_r(mg/L)} \times 10^6 = \dfrac{10^6}{SS_w(mg/L)}$

> **TIP**
> $SVI(mL/g) = \dfrac{1}{SS_r(mg/L)} \times \dfrac{10^3 mL}{1L} \times \dfrac{10^3 mg}{1g}$

> **TIP**
> SS_r(반송슬러지 농도) = SS_w(폐슬러지 농도)

② 침강성의 판단
  ㉠ SVI 50~150 : 침강성 양호(정상상태)
  ㉡ SVI 200 이상 : 슬러지 팽화(슬러지 벌킹) 발생

Question 17

폭기조 혼합액의 SVI가 170에서 130으로 감소하였다. 처리장 운전시 대응 방법으로 알맞은 것은 ?

㉮ 별다른 조치가 필요없다.　　　　　㉯ 반송슬러지 양을 감소시킨다.
㉰ 폭기시간을 증가시킨다.　　　　　㉱ 무기응집제를 첨가한다.

풀이 SVI(슬러지용적지수)가 50 ~ 150은 정상범위 이므로 별다른 조치를 취할 필요가 없다.

Question 18

포기조 내 MLSS농도가 3,500mg/L이고, 1L의 임호프콘에 30분간 침전시킨 후 그것의 부피는 500mL였다. 이때의 SVI(Sludge Volume Index)를 계산하시오.

풀이 $SVI = \dfrac{SV(mL/L)}{MLSS(mg/L)} \times 10^3 = \dfrac{500mL/L}{3,500mg/L} \times 10^3 = 142.86$

Question 19

포기조 내 MLSS의 농도가 3,000mg/L이고, 30분 후 침강된 슬러지의 분율이 25%일 때 SVI를 계산하시오.

풀이 $SVI = \dfrac{SV(\%)}{MLSS(mg/L)} \times 10^4 = \dfrac{25\%}{3,000mg/L} \times 10^4 = 83.33$

Question 20

SVI = 150일 때, 반송슬러지 농도(mg/L)를 계산하시오.

풀이 $SVI = \dfrac{10^6}{SS_r}$ 에서 $SS_r = \dfrac{10^6}{SVI} = \dfrac{10^6}{150} = 6,666.67 mg/L$

Question 21

폭기조 혼합액을 30분간 침전시킨 뒤의 침전물의 부피는 400mL/L이었고, MLSS 농도가 3,000 mg/L이었다면 침전지에서 침전상태를 판단하시오.

풀이

① SVI(슬러지 용적지수) = $\dfrac{SV(mL/L)}{MLSS(mg/L)} \times 10^3$

② 판정 SVI ┌ 50~150 : 침강성 양호
　　　　　└ 200 이상 : 슬러지 팽화 발생

∴ SVI = $\dfrac{SV(mL/L)}{MLSS(mg/L)} \times 10^3 = \dfrac{400mL/L}{3,000mg/L} \times 10^3 = 133.33$ (침강성 양호)

(2) 반송비(R), 반송율(%), 반송유량(Q_R) 계산식

★★ ① $R = \dfrac{MLSS - SS_i}{SS_r - MLSS}$

② 유입수의 SS(SS_i)를 무시하면

$R = \dfrac{MLSS}{SS_r - MLSS}$

③ $SVI = \dfrac{10^6}{SS_r} \Rightarrow SS_r = \dfrac{10^6}{SVI}$

★★★ $R = \dfrac{MLSS - SS_i}{SSr - MLSS}$ 식에 $SS_r = \dfrac{10^6}{SVI}$ 를 대입하면

$R = \dfrac{MLSS - SS_i}{\dfrac{10^6}{SVI} - MLSS} \xrightarrow{SS_i를 \ 무시하면} R = \dfrac{MLSS}{\dfrac{10^6}{SVI} - MLSS}$

④ $R = \dfrac{SV(\%)}{100 - SV(\%)}$

⑤ $R = \dfrac{반송유량(Q_R)}{유입유량(Q)}$

⑥ 반송율(%) = 반송비(R) × 100(%)

⑦ 반송유량(Q_R) = 유입유량(Q) × 반송비(R)

Question 22

다음 특성을 갖는 폐수를 활성슬러지법으로 처리할 때 포기조 내의 MLSS 농도를 일정하게 유지하기 위한 반송비를 계산하시오. (단, 유입원수의 SS는 200mg/L, 포기조내의 MLSS는 2,000mg/L, 반송슬러지 농도는 8,000mg/L이며, 포기조 내에서 슬러지 생성 및 방류수 중의 SS는 무시한다.)

풀이

반송비(R) = $\dfrac{MLSS - SS_i}{SS_r - MLSS}$ = $\dfrac{2,000mg/L - 200mg/L}{8,000mg/L - 2,000mg/L}$ = 0.3

Question 23

잉여슬러지의 농도가 10,000mg/L 일 때 포기조 MLSS를 2,500mg/L로 유지하기 위한 반송비를 계산하시오. (단, 기타 조건은 고려하지 않음)

풀이

반송비(R) = $\dfrac{MLSS}{SS_r - MLSS}$ = $\dfrac{2,500mg/L}{10,000mg/L - 2,500mg/L}$ = 0.33

Question 24

활성슬러지법으로 운전되는 하수처리장에서 SVI 100일 때 포기조내의 MLSS 농도를 2,500mg/L로 유지하기 위한 슬러지 반송율을 계산하시오. (단, 유입수의 SS 농도는 무시한다.)

풀이

① 반송비(R) = $\dfrac{MLSS}{\dfrac{10^6}{SVI} - MLSS}$ = $\dfrac{2,500mg/L}{\dfrac{10^6}{100} - 2,500mg/L}$ = 0.3333

② 반송율(%) = 반송비×100 = 0.3333×100 = 33.33%

Question 25

폐수량이 10,000m³/d, SS농도 500mg/L인 폐수가 처리장으로 유입되고 있다. 폭기조의 MLSS 농도가 3,000mg/L이고 SVI가 125라면, 이 폭기조의 MLSS 농도를 변동없이 유지하기 위한 반송슬러지 유량(m³/day)을 계산하시오.

풀이

① 반송비(R) = $\dfrac{MLSS - SS_i}{SS_r - MLSS}$

여기서 $SS_r = \dfrac{10^6}{SVI}$ 이므로 R = $\dfrac{MLSS - SS_i}{\dfrac{10^6}{SVI} - MLSS}$ = $\dfrac{3,000mg/L - 500mg/L}{\dfrac{10^6}{125} - 3,000mg/L}$ = 0.5

② 반송슬러지 유량(Q_R) = Q×R = 10,000m³/day×0.5 = 5,000m³/day

Question 26

포기조 내 혼합액 1L를 30분간 정치했을 때 슬러지 용량이 300mL이다. 유입수 중의 슬러지와 포기조에서 생성슬러지를 무시한다면 슬러지 반송율(%)을 계산하시오. (단, 1L 메스실린더 기준)

풀이

$$반송비(\%) = \frac{SV(\%)}{100-SV(\%)} \times 100(\%), \quad SV(\%) = 300\text{mL/L} \times 10^{-3}\text{L/mL} \times 100 = 30\%$$

$$반송율(\%) = \frac{30\%}{100-30\%} \times 100 = 42.86\%$$

(3) SDI(슬러지 밀도지수)

① SVI(슬러지 용적지수)의 역수이다.

② SDI는 2~0.67이 적당하다.

③ $SDI(g/100\text{mL}) = \dfrac{1}{SVI(\text{mL/g})} \times 100$

Question 27

폭기조 용액을 1L 메스실린더에서 30분간 침강시킨 침전슬러지 부피가 500mL이었다. MLSS 농도가 2,500mg/L이라면 SDI를 계산하시오.

풀이

① $SVI = \dfrac{SV(\text{mL/L})}{MLSS(\text{mg/L})} \times 10^3 = \dfrac{500\text{mL/L}}{2,500\text{mg/L}} \times 10^3 = 200$

② $SDI = \dfrac{1}{SVI} \times 100 = \dfrac{1}{200} \times 100 = 0.5$

제3장 | 생물학적 처리

02 활성슬러지법의 종류

1. 점감식 포기법

① 공기량이 점점 감소하는 방식
② 질산화 제어에 유리

2. 계단식(단계) 포기법

① 구역마다 폐수를 균등하게 공급하는 방식
② BOD의 불균형이 해소된다.

> **TIP**
> 표준 활성슬러지법과 계단식 포기법(Step aeration)의 가장 큰 차이는 수리학적 체류시간(HRT)이다.

3. 산화구법

① 1차 침전지를 생략할 수 있다.
② 소요면적이 크다.
③ 질소제거가 가능하다.
④ 슬러지량이 적다.
⑤ 소규모에 경제적이다.
⑥ 저부하에서 운전되므로 유입하수량, 수질의 시간변동이 있어도 안정된 유기물 제거를 기대할 수 있다.
⑦ SRT가 길어 질산화반응이 진행되므로 무산소 조건을 적절히 만들면 70% 정도의 질소 제거가 가능하다.
⑧ 산화구내의 혼합상태에 따른 용존산소농도는 흐름의 방향에 따라 농도구배가 발생하지만 MLSS농도, 알칼리도는 구내에서 균일하다.
⑨ 슬러지 발생량은 유입 SS량당 대략 75%정도로 표준활성슬러지법에 비하여 매우 작다.

4. 심층폭기법

★★ ① 산기수심을 깊게 할수록 단위 송기량당 압축동력은 증대하지만, 산소 용해도가 높은 만큼 송기량이 감소하기 때문에 소비동력은 증가하지 않는다.
★★ ② 수심은 10m 정도이다.
③ 형상은 직사각형이다.
④ 폭은 수심에 비해 1배 정도로 한다.
★★ ⑤ 포기조를 설치하기 위해서 필요한 단위용량당 용지면적은 조의 수심에 비례해서 감소하므로 용지 이용율이 높다.
⑥ 산기수심이 깊을수록 용존질소농도가 증가하여 이차침전지에서 과포화분의 질소가 재기포화 되는 경우가 있다. 따라서 용존질소의 재기포화에 따른 대책이 필요하다.
⑦ U자형관을 이용하여 포기를 실시하며 주로 부상조를 사용하여 슬러지를 분리시킨다.

> **Question 28**
>
> 활성슬러지법인 심층포기법에 관한 설명으로 틀린 것은?
>
> ㉮ 심층포기법은 수심이 깊은 조를 이용하여 용지이용율을 높이고자 고안된 공법이다.
> ㉯ 산기수심을 깊게 할수록 단위 송풍량기당 압축동력이 증대하여 소비동력이 증가된다.
> ㉰ 용존질소의 재기포화에 따른 대책이 필요하다.
> ㉱ 포기조를 설치하기 위해서 필요한 단위 용량당 용지면적은 조의 수심에 비례하여 감소한다.
>
> **풀이** ㉯ 산기수심을 깊게 할수록 단위 송풍량기당 압축동력이 증대하지만, 산소 용해도가 높은만큼 송기량이 감소하기 때문에 소비동력은 증가하지 않는다.

5. 초심층 폭기법(Deep Shaft Aeration System)

★★ ① 기포와 미생물이 접촉하는 시간이 활성슬러지법보다 길어서 산소전달효율이 높다.
② 순환류의 유속이 매우 빠르기 때문에 난류상태가 되어 산소전달율을 증가시킨다.
③ F/M비는 표준활성슬러지공법에 비하여 높게 운전한다.
★★ ④ 표준활성슬러지공법에 비하여 MLSS농도를 높게 운전한다.
⑤ 수압이 증가하기 때문에 산소전달율이 높다.
⑥ 부지절감효과가 있다.
★★ ⑦ 초심층의 수심은 150m 정도이다.

6. 순산소 폭기법(순산소 활성슬러지법)

① MLSS를 고농도로 유지할 수 있다.
② 폐활성슬러지량을 감소시킬 수 있다.
③ 슬러지 침전 특성을 양호하게 할 수 있다.
★★ ④ 반응시간을 단축시켜 BOD 용적부하를 높일 수 있다.
⑤ 이차 침전지에서 스컴이 발생하는 경우가 많다.
★★ ⑥ 잉여슬러지는 표준활성슬러지법에 비해 적게 발생한다.
⑦ 표준활성슬러지법의 $\frac{1}{2}$ 정도의 포기시간으로 처리수의 BOD, SS, COD 및 투시도 등을 표준활성슬러지법과 비슷한 결과를 얻을 수 있다.
★★ ⑧ MLSS 농도는 표준활성슬러지법의 2배 이상으로 유지 가능하다.

Question 29

순산소활성슬러지법의 특징으로 틀린 것은?

㉮ 이차침전지에서 스컴이 발생하는 경우가 많다.
㉯ 잉여슬러지는 표준활성슬러지법에 비하여 일반적으로 많이 발생한다.
㉰ 표준활성슬러지법의 1/2 정도의 포기시간으로 처리수의 BOD, SS, COD 및 투시도 등을 표준활성슬러지법과 비슷한 결과를 얻을 수 있다.
㉱ MLSS 농도는 표준활성슬러지법의 2배 이상으로 유지 가능하다.

풀이 ㉯ 잉여슬러지는 표준활성슬러지법에 비하여 일반적으로 적게 발생한다.

03 생물막공법

1. 생물막공법의 특징

★ (1) 생물막공법의 처리특성

① 수질, 수량 변동이 강하여 저온처리 효율이 좋다.
★★ ② 질화세균 및 탈질균이 잘 증식된다.
③ 저농도의 폐수처리가 가능하다.
★★ ④ 슬러지 발생량이 적다.
★★ ⑤ 슬러지 보유량이 크고 정화에 관여하는 미생물의 다양성이 높다.
⑥ 생물막 각 단계별 우점종이 다르다.
⑦ 유해물질에 대한 내성이 높다.
⑧ 정수장 면적을 줄일 수 있다.
⑨ 자동화·무인화가 용이하다.
⑩ 균일폭기가 어렵다.
★★ ⑪ 시설의 표준화가 되어있지 않아 부품관리 시공이 어렵다.
★★ ⑫ 분해속도가 빠른 기질제어에 비효과적이다. (분해속도가 빠른 기질제어에 효과적인 방법은 활성슬러지법이다.)

Question 30

하수처리에 생물막법의 효과적 적용이 필요한 경우로 틀린 것은 어느 것인가?
㉮ 특수한 기능을 가진 미생물을 반응조내 고정화해야 할 필요가 있는 경우
㉯ 증식속도가 빨라 고정화하지 않으면 미생물의 유출농도를 제어할 수 없는 경우
㉰ 활성슬러지로는 대응할 수 없는 정도의 큰 부하변동이 있는 경우
㉱ 생물반응의 저해물질이 유입되는 경우

▶ 풀이 ㉯ 증식속도가 빠른 경우는 부유 성장식을 이용하는 것이 유리하다.

(2) 막분리법의 영향인자

① 막충전밀도 : 압력용기 단위 부피 중에 설치할 수 있는 막표면적을 나타낸다.
② 염 배제율 : 막의 성질과 염의 농도 구배에 따라 달라지는데 일반적으로 85~99.5%의 값을 얻을 수 있다.
③ 회수율 : 실제 장치 능력을 나타내는 것으로 대개는 75~95% 범위이며 실질적 최대치는 80% 정도이다.

★★★ (3) 막공법 중 물질분리를 유발하는 추진력

★★ ① 전기투석(Electrodialysis) – 전위차
★★ ② 투석(Dialysis) – 농도차
③ 역삼투(RO) – 정압차(정수압차)
④ 한외여과(UF) – 정압차(정수압차)
⑤ 나노여과(NF) – 정압차(정수압차)
⑥ 정밀여과(MF) – 정압차(정수압차)

 Question 31

분리막을 이용한 다음의 폐수처리방법 중 구동력이 농도차에 의한 것은?
㉮ 역삼투(Reverse Osmosis)   ㉯ 투석(Dialysis)
㉰ 한외여과(Ultrafiltration)   ㉱ 정밀여과(Microfiltration)

 정답   ㉯

(4) 막분리방법 – 역삼투

① 셀룰로오스 아세테이트로 만든 막이 널리 사용되며 비교적 단단하다.
★★ ② 구동력은 정수압차이다.
③ 기본장치에 부착된 기계의 주요 형태는 관형, 중공사형, 나선구조형으로 분류된다.
★★ ④ 역삼투방법의 분리 형태는 용해 확산이다.
★★ ⑤ 해수의 담수화에 사용한다.
⑥ 막교환에 드는 비용은 막공법 운영 소비비용의 많은 부분을 차지한다.

Question 32

역삼투 막분리방법에 관한 내용과 가장 거리가 먼 것은?

㉮ 셀룰로오스 아세테이트로 만든 막이 널리 사용되며 비교적 단단하다.
㉯ 용질의 농도차이로 선택적 투과막을 통과한 용액내 용질을 분리시키는 것이다.
㉰ 기본장치에 부착된 기계의 주요형태는 관형, 중공사형, 나선 구조형으로 분류된다.
㉱ 막 교환에 드는 비용은 막 공법 운영 소요 비용의 많은 부분을 차지한다.

풀이 ㉯ 역삼투 막분리방법의 구동력은 정수압차이다.

(5) 막분리방법 – 정밀여과

① 분리형태는 Pore size 및 흡착현상에 기인한 체걸름이다.
★★ ② 구동력은 정수압차이다. (0.1~1Bar)
③ 전자공업의 초순수제조, 무균수제조, 식품의 무균여과에 적응한다.
★★ ④ 대칭형 다공성막 형태이다. (Pore size 0.1~10㎛)

Question 33

다음에 설명한 분리방법으로 가장 적합한 것은?

- 막형태 : 대칭형 다공성막
- 구동력 : 정수압차
- 분리형태 : Pore size 및 흡착현상에 기인한 체걸음
- 적용분야 : 전자공업의 초순수 제조, 무균수 제조, 식품의 무균여과

㉮ 역삼투   ㉯ 한외여과   ㉰ 정밀여과   ㉱ 투석

정답 ㉰

(6) 정수 처리시 막여과시설 중 막의 열화 및 파울링

★★ ① 열화
  ㉠ 정의 : 막 자체의 변질로 생긴 비가역적인 막성능의 저하를 의미한다.
  ㉡ 내용
    ⓐ 장기적인 압력부하에 의한 막 구조의 압밀화
    ⓑ 원수 중의 고형물이나 진동에 의한 막 면의 상처나 마모, 파단
    ⓒ 건조되거나 수축으로 인한 막 구조의 비가역적인 변화
    ⓓ 막이 pH나 온도 등의 작용에 의한 분해
    ⓔ 산화제에 의한 막 재질의 특성변화나 분해
    ⓕ 미생물과 막 재질의 자화 또는 분비물의 작용에 의한 변화

★★ ② 파울링
  ㉠ 정의 : 막 자체의 변질이 아닌 외적 인자로 생긴 막 성능의 저하를 의미한다.
  ★★ ㉡ 내용
    ⓐ 막의 다공질부의 흡착, 석출, 포착 등에 의한 폐색(막힘)
    ⓑ 막모듈의 공급유로 또는 여과수 유로가 고형물로 폐색되어 흐르지 않은 상태 (유로폐색)
    ⓒ 농축으로 인하여 난분해성 물질이 용해도를 초과하여 막면에 석출된 층

> **Question 34**
>
> 막여과시설에서 막모듈의 열화에 관한 설명으로 틀린 것은 어느 것인가?
> ㉮ 미생물과 막 재질의 자화 또는 분비물의 작용에 의한 변화
> ㉯ 산화제에 의하여 막 재질의 특성변화나 분해
> ㉰ 건조되거나 수축으로 인한 막 구조의 비가역적인 변화
> ㉱ 응집제 투입에 따른 막모듈의 공급유로가 고형물로 폐색
>
> **풀이** ㉱번은 파울링에 대한 내용이다.

★★★ (7) 막의 면적(m^2)

① $Q_F = k \times (\triangle P - \triangle \pi)$

Q_F : 유출수량($L/m^2 \cdot day$) k : 막의 확산계수($L/m^2 \cdot day \cdot kPa$)
$\triangle P$: 압력차(kPa) $\triangle \pi$: 삼투압차(kPa)

② 25℃의 막의 면적($A_{25℃}$) = $\dfrac{Q(유량)}{Q_F(유출수량)}$

③ 10℃의 막의 면적($A_{10℃}$) = $1.58 A_{25℃}$

Question 35

역삼투장치로 하루에 400,000L의 3차 처리된 유출수를 탈염시키고자 한다. 25℃에서 물질전달계수 = 0.2068L/(d·m²)(kPa), 유입수와 유출수 사이의 압력차는 2,400kPa, 유입수와 유출수 사이의 삼투압차는 310kPa, 최저운전온도는 10℃, $A_{10℃} = 1.58A_{25℃}$ 라면 요구되는 막의 면적(m²)을 계산하시오.

풀이
① $Q_F = K \times (\triangle P - \triangle \pi) = 0.2068 L/m^2 \cdot day \cdot kPa \times (2,400-310) kPa = 432.212 L/m^2 \cdot day$

② 25℃의 막의 면적 $(A_{25℃}) = \dfrac{Q(유량)}{Q_F(유출수량)} = \dfrac{400,000 L/day}{432.212 L/day \cdot m^2} = 925.47 m^2$

③ 10℃의 막의 면적 $(A_{10℃}) = 1.58 A_{25℃} = 1.58 \times 925.47 m^2 = 1,462.25 m^2$

2. 살수여상법 : 주요 정화작용은 호기성 산화이다.

★ (1) 살수여상법 특징

★★ ① 슬러지 팽화가 발생되지 않는다.
★★ ② 슬러지의 발생량이 적다.
  ③ 운전이 용이하다.
  ④ 총괄 관측수율은 전형적인 활성슬러지공정의 60~80% 정도이다.
  ⑤ 슬러지 일령은 부유성장 시스템보다 높아 100일 이상의 슬러지일령에 쉽게 도달된다.
  ⑥ 정기적으로 여상에 살충제를 살포하거나 여상을 침수토록 하여 파리문제를 해결할 수 있다.
  ⑦ 생물막의 공기유동저항이 커 산소공급 능력에 한계가 있다.

(2) 살수여상 종류 중 초벌살수여상

① 여재는 플라스틱 등이 사용되며 생물막 탈리는 연속적으로 발생된다.
② 저율살수여상에 비하여 여상에 파리가 거의 발생하지 않는다.

③ BOD_5 제거율이 저율살수여상에 비하여 낮다.
④ 유출수의 질산화가 불량하다.

항 목	2단 살수여상	고율 살수여상	표준 살수여상
수리학적 부하($m^3/m^2 \cdot day$)	10~30	10~30	1~4
BOD 부하($kgBOD/m^3 \cdot day$)	0.7~1.2	0.5~1.5	0.1~0.4
여재 크기(mm)	50~60mm	50~60mm	30~50mm
여상 깊이(m)	1.5~2.1m	1.2~1.4m	1.5~2.4m
SS제거율(%)	70~80%	65~75%	70~80%
BOD제거율(%)	70~80%	65~75%	75~85%

★★ **(3) 문제점**

① 결빙
② 악취 발생
③ 연못화 현상
④ 파리 번식

Question 36

살수여상 상단에서 연못화(ponding)가 일어나는 원인과 가장 거리가 먼 조건은?

㉮ 여재가 너무 작을 때
㉯ 여재가 견고하지 못하고 부서질 때
㉰ 탈락된 생물막이 공극을 폐쇄할 때
㉱ BOD 부하가 낮을 때

풀이 ㉱ BOD 부하가 높을 때

Question 37

BOD 250mg/L인 폐수를 살수여상법으로 처리할 때 처리수의 BOD는 40mg/L이었고 이때의 온도가 20℃였다. 만일 온도가 23℃로 된다면 처리수의 BOD 농도(mg/L)를 계산하시오. (단, 온도 이외의 처리조건은 같고, E : 처리효율, $E_t = E_{20} \times C_i^{T-20}$, $C_i = 1.035$임)

풀이

① 20℃에서 살수여상 효율(E) = $\left(1 - \dfrac{BOD_o}{BOD_i}\right) \times 100(\%) = \left\{1 - \dfrac{40mg/L}{250mg/L}\right\} \times 100 = 84\%$

② E (23℃) = $E_{20℃} \times 1.035^{T-20}$ = 84% × $1.035^{(23-20)}$ = 93.13%

③ 유출수 BOD 농도를 구한다.

$E_{(23℃)} = \left(1 - \dfrac{BOD_o}{BOD_i}\right) \times 100$

93.13% = $\left\{1 - \dfrac{BOD_o}{250mg/L}\right\} \times 100$ ∴ BOD_o = 17.18mg/L

Question 38

BOD가 200mg/L이고 유량이 7,570m³/day인 도시하수를 2단계 살수여상으로 처리하고자 한다. 요구되는 최종유출수의 BOD는 25mg/L이다. 반송비(R)가 2일 때 요구되는 1단계 여상의 부피(m³)를 계산하시오. (단, $E_1 = E_2$, E_1 : 1단계 살수여상 효율, E_2 : 2단계 살수여상 효율, $F = \dfrac{1+R}{(1+R/10)^2}$, $E_1 = \dfrac{100}{1+0.432\sqrt{\dfrac{W}{VF}}}$)

풀이

① 효율$(\eta) = \left(1 - \dfrac{BOD_o}{BOD_i}\right) \times 100$에서 $1-\eta = \dfrac{BOD_o}{BOD_i}$ 에서 $1-\eta = P$

∴ $P = \dfrac{BOD_o}{BOD_i}$ 1단계와 2단계로 처리하므로($E_1 = E_2$)

$P^2 = \dfrac{25mg/L}{200mg/L}$, $P(통과율) = \sqrt{\dfrac{25mg/L}{200mg/L}} = 0.3536$

$\eta = 1-P = 1-0.3536 = 0.6464$ 따라서 64.64%

② $F = \dfrac{1+R}{\left(1+\dfrac{R}{10}\right)^2} = \dfrac{1+2}{\left(1+\dfrac{2}{10}\right)^2} = 2.0833$

③ $E_1 = \dfrac{100}{1+0.432\sqrt{\dfrac{W}{VF}}}$

$\begin{bmatrix} E_1 : \text{1단계 살수여상의 효율} \\ V : \text{체적(m}^3) \end{bmatrix}$ $W : BOD$ 부하량(kg/day) $= BOD$ 농도 $\times Q$
  $F :$ 재순환계수

$64.64\% = \dfrac{100}{1+0.432\sqrt{\dfrac{0.2kg/m^3 \times 7,570m^3/day}{V \times 2.0833}}}$ ∴ $V = 453.3 m^3$

3. 회전원판법(RBC)

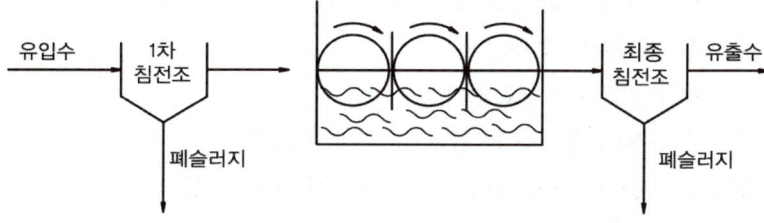

(1) 회전원판생물막 접촉기(RBC)

- 특징

① RBC조 메디아는 전형적으로 40% 정도가 물에 잠기도록 하며 미생물이 여재 위에 부

착 성장함에 따라 막은 액체 내에서 전단력을 증가시킨다.
② 시스템의 산소 전달 능력을 초과하지 않을 정도의 유기물 부하율이 유지되도록 RBC 조가 설계되어야 한다.
③ 활성슬러지 시스템에서 필요한 에너지의 $\frac{1}{3} \sim \frac{1}{2}$의 에너지가 필요하다.
④ 유입수는 침전을 거치거나 적어도 회전속도를 증가시켜 전단력을 작게 하는 방법이 사용된다.
⑤ 슬러지 생산은 살수여상 공정에서의 관측수율과 비슷하다.
⑥ 모델링의 복잡성으로 경험적 설계기준이 발전하였다.
⑦ 살수여상과 같이 파리는 발생하지 않으나 하루살이가 발생하는 수가 있다.
⑧ 설비는 경량 재료로 만든 원판으로 구성되며, 1~2rpm의 속도로 회전한다.
⑨ 고정메디아로 높은 미생물 농도 및 슬러지 일령을 유지할 수 있다.
⑩ 원판의 회전으로 인해 부착생물과 회전판 사이에 전단력이 생긴다.

Question 39

일반적으로 회전원판법에서 원판 직경의 몇 %가 물에 잠긴 상태에서 운영하는가? (단, 공기구동 방식이 아님)

㉮ 약 20%   ㉯ 약 40%   ㉰ 약 60%   ㉱ 약 80%

정답 ㉯

- 장점
① 미생물에 대한 산소공급 소요전력이 작다.
② 다단계 공정에서 높은 질산화율을 얻을 수 있다.
★★ ③ 활성슬러지 공법에 비하여 소요동력이 적다.
★★ ④ 단회로 현상의 제어가 쉽다.
★★ ⑤ 슬러지 반송(재순환)이 필요없다.
⑥ 운전관리상 조작이 간단하고, 유지비가 적게 든다.
⑦ 부하충격(폐수량 변화)에 강하고 유해물질에 대한 내성이 크다.
⑧ 휴지기간에 대한 대응력이 뛰어나다.

- 단점
★★ ① 타 생물학적 처리공정에 비하여 bench-scale의 처리연구를 현장시스템으로 scale-up 시키기가 용이하지 못한다.
★★ ② 운영변수가 많아 모델링이 복잡하다.

③ 공기에 노출되기 때문에 저온시 처리효율이 크게 떨어진다.
★★ ④ 활성슬러지법에 비해 이차침전지에서 미세한 SS가 유출되기 쉽고 처리수의 투명도가 나쁘다.
★★ ⑤ 하루살이가 발생된다.

> **Question 40**
>
> 하수처리를 위한 회전원판법에 대한 내용으로 틀린 것은 어느 것인가?
> ㉮ 질산화가 일어나기 쉬우며 pH가 저하되는 경우가 있다.
> ㉯ 원판의 회전으로 인해 부착생물과 회전판 사이에 전단력이 생긴다.
> ㉰ 살수여상과 같이 여상에 파리는 발생하지 않으나 하루살이가 발생하는 수가 있다.
> ㉱ 활성슬러지법에 비해 이차침전지 SS 유출이 적어 처리수의 투명도가 좋다.
>
> **풀이** ㉱ 활성슬러지법에 비해 이차침전지 SS 유출이 많아 처리수의 투명도가 나쁘다.

(2) 회전생물막 접촉기에서 생성되는 생물막의 두께조절수단

① 원판의 전단력 증대를 위해 주기적으로 포기한다.
② 원판 회전방향을 반전시킨다.
③ 염소같은 화학약품을 가해 탈리를 유도한다.

★★★ 4. 생물막법 중 접촉산화법

(1) 장점

★★ ① 분해속도가 낮은 기질제거에 효과적이다.
② 부하, 수량변동에 대하여 완충능력이 있다.
★★ ③ 슬러지 반송이 필요없어 슬러지 발생량이 적고, 운전관리가 용이하다.
④ 슬러지 보유량이 크며 생물상이 다양하며 처리효과가 안정적이다.
★★ ⑤ 슬러지 자산화가 기대되어 잉여슬러지량이 감소한다.
⑥ 난분해성 물질 및 유해물질에 대한 내성이 크다.
⑦ 수온의 변동에 강하다.
⑧ 비표면적이 큰 접촉재를 사용하여 부착생물량을 다량으로 보유할 수 있기 때문에 유입 기질 변동에 유연히 대응할 수 있다.

(2) 단점

① 초기 건설비가 높다.
★★ ② 접촉재가 조내에 있기 때문에 부착생물량의 확인이 용이하지 못한다.
③ 고부하시 매체의 공극으로 인하여 폐쇄위험이 크다.
④ 미생물량과 영향인자를 정상상태로 유지하기 위한 조작이 용이하지 못하다.
⑤ 반응조내에 매체를 균일하게 포기 교반하는 조건 설정이 어렵다.

Question 41

생물막법 처리방식인 접촉산화법의 장·단점으로 틀린 것은 어느 것인가?

㉮ 부하, 수량변동에 대하여 완충능력이 있다.
㉯ 미생물량과 영향인자를 정상상태로 유지하기 위한 조작이 어렵다.
㉰ 분해속도가 낮은 기질제거에 효과적이며 수온의 변동에 강하다.
㉱ 반응조내 매체를 균일하게 포기 교반하는 조건설정이 용이하다.

풀이 ㉱ 반응조내 매체를 균일하게 포기 교반하는 조건설정이 어렵다.

---

5. 산화지법

(1) 자연적(생물학적) 정화능력을 이용하여 하·폐수 처리 → 연못

⇒ 산화지 = 안정지 = 라군(lagoon)

★★ (2) 메카니즘 : 박테리아와 조류의 공생 관계 이용

⇒ 수심 1m 이하, 호기성 산화지(혐기성, 포기성 산화지는 안됨).

Question 42

호기성 산화지(인위적인 포기를 시켜주는 산화지)에서의 생물학적 특징으로 틀린 것은?

㉮ 미생물 : 박테리아 ㉯ 태양광선 : 필요
㉰ 먹이 : 탄수화물, 단백질 ㉱ 냄새 : 없음

풀이 ㉯ 태양광선 : 불필요

TIP

회전 생물막 접촉판법은 일반적으로 2~4개의 조를 직렬로 배치하여 적용하는 경우가 많은데 첫째 조에서 최종 조로 폐수가 이전됨에 따라 관찰되는 현상
① 최종 조로 갈수록 난분해성 기질이 잔류한다.
② 회전판 표면의 생물막의 두께가 얇아진다.
③ 각 조에서의 원판사이의 간격은 첫째 조에서 상대적으로 가장 넓게 조절한다.

04 혐기성 처리

★★ 1. 혐기성 처리의 장·단점

(1) 장 점

① 에너지가 작게 요구된다.
★★ ② 처리 후 슬러지 생성량이 적다.
★★ ③ 메탄을 생성한다.
④ 유기물의 농도가 높은 경우에 적용된다.
⑤ 포기장치가 필요없다.
⑥ 처리 비용이 적게 소요된다.
⑦ 동력비가 적게 든다.
⑧ 유지관리비가 적게 든다.

(2) 단 점

★★ ① 처리수의 수질이 나쁘다.
★★ ② 유출수에 질소와 인의 함량이 높다.
③ 부지면적이 크다.

④ 처리시간이 길어진다.
⑤ 알칼리도의 보충이 필요하다.

> **Question 43**
>
> 글루코스($C_6H_{12}O_6$) 100mg/L인 용액이 있다. 혐기성 분해시 생산되는 이론적 메탄량(mg/L)을 계산하시오.
>
> **풀이**
> $C_6H_{12}O_6 \rightarrow 3CO_2 + 3CH_4$
> 180g : 3 × 16g
> 100mg/L : X
> ∴ X = 26.67mg/L

2. 혐기성 처리의 특징

(1) 혐기성 처리

① 메탄형성 미생물은 산형성 미생물보다 느리게 성장하고 약 6.7~7.4 정도의 좁은 pH 범위를 가진다.
② 혐기성 소화 동안의 미생물 작용은 고형물의 액화, 용해성 고형물의 소화, 가스생성의 3가지 단계로 구성된다.

★ (2) 혐기성 소화

① 장점(호기성 소화에 비해)
  ㉠ 처리 후 슬러지 생성량이 적다.
  ㉡ 동력비가 적게 든다.
  ㉢ 유지관리비가 적게 든다.
  ㉣ 탈수성이 양호하다.
  ㉤ 고농도 폐수처리에 양호하다.
  ㉥ 이용 가능한 가스를 생산할 수 있다.
② 단점(호기성 소화에 비해)
  ㉠ 초기 순응시간이 오래 걸린다.
  ㉡ 소화 체류시간이 길다.
  ㉢ 상징액에 질소와 인의 함량이 높다.
  ㉣ 미생물 성장속도가 느리다.
  ㉤ 유출수의 수질이 불량하다.

ⓗ 처리과정 중 악취가 발생한다.
ⓢ 소화속도가 느리다.

Question 44

혐기성 소화법과 비교한 호기성 소화법의 장·단점으로 틀린 것은 어느 것인가?

㉮ 운전이 용이하다.
㉯ 소화슬러지 탈수가 용이하다.
㉰ 가치있는 부산물이 생성되지 않는다.
㉱ 저온시의 효율이 저하된다.

풀이 ㉯ 소화슬러지 탈수가 용이하지 못하다.

(3) 혐기성 소화조 운전시 이상발포(액주모양의 이상발포)

① 원인
  ㉠ 유기물의 과부하
  ㉡ 과다배출로 조내 슬러지 부족
  ㉢ 스컴 및 토사의 퇴적

② 대책
  ㉠ 슬러지의 유입을 줄이고 배출을 일시중지한다.
  ㉡ 소화온도를 높인다.
  ㉢ 토사의 퇴적은 준설한다.
  ㉣ 스컴을 파쇄·제거한다.
  ㉤ 조내 교반을 한다.

Question 45

혐기성 소화조 운전 중 액주모양의 이상발포가 발생되었을 때의 대책으로 가장 거리가 먼 것은?

㉮ 슬러지의 유입을 줄이고 배출을 일시 중지한다.
㉯ 소화온도를 높인다.
㉰ 조내 교반을 중지한다.
㉱ 스컴을 파쇄·제거한다.

풀이 ㉰ 조내 교반을 한다.

★ (4) 혐기성 소화시 소화가스 발생량 저하원인

① 저농도 슬러지 유입

② 소화슬러지 과잉 배출
③ 조내 온도 저하
④ 소화가스 누출될 때
⑤ 과다한 산이 생성되었을 때
⑥ 소화조내의 pH 상승(8.5 이상)

> **Question 46**
>
> 혐기성 소화조 운전 중 소화가스 발생량이 저하되었다. 그 원인과 가장 거리가 먼 것은?
> ㉮ 조내 온도저하   ㉯ 저농도 슬러지 유입
> ㉰ 소화슬러지 과잉배출   ㉱ 과다교반
>
> **정답** ㉱

3. 혐기성 처리의 종류

(1) 상향류 혐기성 슬러지상 특징

① 미생물의 체류시간을 적절히 조절하면 저농도 유기성 폐수의 처리도 가능하다.
② 기계적인 교반이나 여재가 필요없기 때문에 비용이 적게든다.
③ 고액 및 기액분리 장치를 제외하면 전체적으로 구조가 간단하다.
④ 고형물의 농도가 높은 경우에는 고형물 및 미생물 유실의 우려가 크다.
⑤ 수리학적 체류시간을 적게 할 수 있어 반응조 용량이 축소된다.

(2) 혐기성 유동상

① 장점
  ㉠ 짧은 수리학적 체류시간과 높은 부하율로 운전이 가능하다.
  ㉡ 매질의 첨가나 제거가 쉽다.
  ㉢ 독성 물질에 대한 완충능력이 좋다.
  ㉣ 미생물 체류시간을 적절히 조절하여 저농도 유기성 폐수처리가 가능하다.
② 단점
  ㉠ 유출수 재순환의 필요로 공정이 복잡하다.
  ㉡ 매질의 가격이 비싸다.
  ㉢ 편류현상을 방지하기 위해 유입수 분산장치가 필요하다.

★★★ (3) 자기조립법(UASB ; Upflow Anaerobic Sludge Blanket)

① 특징
  ㉠ 극히 높은 유기물부하를 허용하며 따라서 반응기용량을 콤팩트화 할 수 있다.
  ㉡ 반응기의 접촉재 충전과 생물의 부착담체 등을 이용하지 않고 고농도 MLSS의 혐기성 처리공정이다.
  ㉢ 온도변화, 충격부하, 독성, 저해물질의 존재 등에 상당한 내성을 가진다.
  ㉣ 반응기의 구조는 폐수 유입부, 슬러지 변동부, 슬러지 블랭킷부 및 가스·슬러지 분리장치 등 크게 4가지 부위로 대별된다.
  ㉤ 균체를 고농도의 펠릿모양으로 유지할 수 있다.
  ㉥ 펠릿이 크게 활성화 된다.

② 장점
  ㉠ 고부하 운전이 가능하다.
  ㉡ 고농도 폐수처리에 적합하다.
  ㉢ 수리학적 체류시간을 작게 할 수 있어 반응조 용량이 축소된다.
  ㉣ 미생물 체류시간을 적절히 조절하면 저농도 유기성 폐수의 처리도 가능하다.
  ㉤ 기계적인 교반이나 여재가 필요 없기 때문에 비용이 적게 든다.
  ㉥ 고액 및 기액 분리장치는 제외하면 전체적으로 구조가 간단하다.

〈UASB(상향류 혐기성 슬러지상)〉

③ 단점
  ㉠ 폐수의 성상에 의하여 슬러지의 입상화가 크게 영향을 받는다.
  ㉡ 고형물의 농도가 높을 경우 고형물 및 미생물이 유실될 우려가 있다.

Question 47

자기조립법(UASB)의 특성으로 가장 거리가 먼 것은?
㉮ 조립시점이 빠르고 인 제거율이 높다.
㉯ 균체를 고농도의 펠렛 모양으로 유지할 수 있다.
㉰ 펠렛이 크게 활성화 된다.
㉱ 고부하 운전이 가능하다.

풀이 ㉮ 혐기성이므로 인 제거율이 낮다.

CHAPTER 04 고도처리(3차 처리)

01 고도처리(3차 처리)의 특징

1. 하수의 고도처리 도입이유
① 방류수역의 수질환경기준의 달성
② 방류수역의 이용도 향상
③ 처리수의 재이용

★★ 2. 하수의 고도처리공법(3차 처리공법)
① 생물학적 원리를 이용하여 하수내 질소를 제거(3차 처리)하는 공법
   - SBR 공정, A_2/O공법, 4단계 Bardenpho공법, 5단계 Bardenpho공법(수정 Bardenpho공법), VIP공법, UCT공법
② 생물학적 원리를 이용하여 하수내 인을 제거(3차 처리)하는 공법
   - SBR공법, A/O공법, A_2/O공법, 5단계 Bardenpho공법(수정 Bardenpho공법), VIP공법, UCT공법
③ 생물학적 원리와 화학적 원리를 함께 이용하며 인을 제거하는 공법
   - 포스트립(Phostrip)공법
④ 생물학적 원리를 이용하여 하수내 질소와 인을 동시에 제거하는 공법
   - A_2/O공법, 5단계 Bardenpho공법(수정 Bardenpho공법), VIP공법, UCT공법, SBR공법
⑤ 고도처리법(3차 처리법)은 재래식 2차처리에서 완전히 제거되기 어려운 성분을 다시 제거하는 방법이다.

★★ 3. 생물학적 인, 질소제거 공정

① Anaerobic(혐기성조)
  ㉠ 혐기 또는 절대혐기상태
  ㉡ 분자상 산소 + 결합형 산소도 없는 상태
  ㉢ 역할 : 인(P)의 방출, 유기물 제거
② Anoxic(무산소조)
  ㉠ 결합산소(NO_2, NO_3 등) 이용
  ㉡ 역할 : 탈질작용(질소제거)
③ Aerobic(호기성조 또는 포기조)
  ㉠ 분자상 산소를 포기시켜 사용
  ㉡ 역할 : 인(P)의 과잉흡수, 질산화

> **Question 01**
>
> 생물학적 인, 질소제거 공정에서 호기조, 무산소조, 혐기조 공정의 주된 역할을 가장 옳게 설명한 것은? (단, 유기물 제거는 고려하지 않으며, 호기조 – 무산소조 – 혐기조 순서임)
>
> ㉮ 질산화 및 인의 과잉 흡수 - 탈질소 - 인의 용출
> ㉯ 질산화 - 탈질소 및 인의 과잉 흡수 - 인의 용출
> ㉰ 질산화 및 인의 용출 - 인의 과잉 흡수 - 탈질소
> ㉱ 질산화 및 인의 용출 - 탈질소 - 인의 과잉 흡수
>
> 정답 ㉮

4. 생물학적 폐수처리 시스템 중 하나의 반응조 안에서 질산화, 탈질을 유도할 수 있는 공정

① 산화구
② 간헐 반응조(SBR)
③ PFR

02. A/O 공법

1. A/O 공법의 공정도

2. A/O 공법의 반응조 역할

★★ ① 혐기성조(Anaerobic) : 인(P)의 방출, 유기물 제거
★★ ② 호기성조(Aerobic) : 인(P)의 과잉흡수

> **Question 02**
>
> 하수의 3차 처리 공법인 A/O 공정 중 포기조의 주된 역할을 가장 적합하게 설명한 것은?
> ㉮ 인의 과잉섭취　　㉯ 질소의 탈기　　㉰ 탈질　　㉱ 인의 방출
>
> **정답** ㉮

3. A/O 공법의 특징

★★ ① 혐기성조-호기성조로 이루어져 있다.
★★ ② 인을 주로 처리하기 위한 공법이다.
★★ ③ 폐슬러지 내의 인의 함량은 비교적 높아 비료 가치가 있다.
　　④ 기온이 낮을 때 운전성능이 불확실하다.
　　⑤ 비교적 수리학적 체류시간이 짧다.
　　⑥ 높은 BOD/P비가 요구된다.
　　⑦ 공정의 운전 유연성이 제한적이다.
　　⑧ 인 제거율은 시스템 내의 SRT가 중요한 변수가 된다.
　　⑨ 인 제거 성능으로는 우천시에 저하되는 경향이 있다.
★★ ⑩ 표준활성슬러지법의 반응조 전반 20~40% 정도를 혐기성 반응조로 하는 것이 표준이다.
　　⑪ 혐기성 반응조의 운전지표로 산화·환원 전위를 사용할 수 있다.

⑫ 인제거 기능외에 사상성 미생물에 의한 벌킹억제 효과가 있다.
⑬ 처리수의 BOD 및 SS 농도를 표준활성슬러지법과 동등하게 처리할 수 있다.
⑭ 타공법에 비해 운전이 비교적 간단하다.

Question 03

생물학적 인 제거 공정 중 A/O 공법의 장단점으로 틀린 것은?

㉮ 폐슬러지내의 인의 함량(1% 이하)이 낮다.　　㉯ 타공법에 비하여 운전이 비교적 간단하다.
㉰ 높은 BOD/P 비가 요구된다.　　㉱ 비교적 수리학적 체류시간이 짧다.

풀이 ㉮ 폐슬러지내의 인의 함량이 높다.

03 　A$_2$/O 공법

1. A$_2$/O 공법의 공정도

2. A$_2$/O 공법의 반응조 역할

★★ ① 혐기성조 : 인의 방출, 유기물 제거
★★ ② 무산소조 : 탈질작용(질소 제거)
★★ ③ 호기성조(포기조 또는 폭기조) : 인의 과잉흡수 및 질산화
★★ ④ 내부반송 : 호기성조(폭기조)에서 질산화를 통하여 생성된 질산성 질소를 무산소조로 보내 질소를 제거한다.

Question 04

아래의 공정은 A²/O 공정을 나타낸 것이다. 각 반응조의 주요 기능으로 알맞은 것은 어느 것인가?

㉮ 혐기조 : 인방출, 무산소조 : 질산화, 폭기조 : 탈질, 인과잉섭취
㉯ 혐기조 : 인방출, 무산소조 : 탈질, 폭기조 : 인과잉섭취, 질산화
㉰ 혐기조 : 탈질, 무산소조 : 질산화, 폭기조 : 인방출 및 과잉섭취
㉱ 혐기조 : 탈질, 무산소조 : 인과잉섭취, 폭기조 : 질산화, 인방출

정답 ㉯

3. A₂/O 공법의 특징

★★ ① 혐기성조 - 무산소조 - 호기성조로 이루어져 있다.
★★ ② 인과 질소를 동시에 처리할 수 있다.
　　③ A/O 공법에 비하여 탈질성능이 우수하다.
★★ ④ 인농도가 높아진 잉여슬러지를 인발함으로써 제거한다.
★★ ⑤ 폐슬러지 내의 인 함유량은 일반슬러지에 비해 3~5% 높아 비료로서의 가치가 높다.
★★ ⑥ 폭기조에서 질산화를 통하여 생성된 질산성 질소를 무산소조로 내부반송하여 질소를 제거한다.
　　⑦ 폭기조의 주된 역할은 질산화와 인의 과잉섭취이며 유입유량의 2배 정도 비율로 다시 무산소조로 반송시킨다.
　　⑧ 무산소조에는 질산염과 아질산염 형태의 화학적으로 결합된 산소가 호기성조로부터 질산화된 MLSS로 내부반송되어 유입된다.
　　⑨ 내부 반송율은 유입유량 기준으로 100~300% 정도이다.

Question 05

하수내 함유된 유기물질뿐 아니라 영양물질까지 제거하기 위하여 개발된 A_2/O공법에 대한 내용으로 틀린 것은 어느 것인가?

㉮ 인과 질소를 동시에 제거할 수 있다.
㉯ 혐기조에서는 인의 방출이 일어난다.
㉰ 폐 sludge내의 인함량은 비교적 높아서(3 ~ 5%) 비료의 가치가 있다.
㉱ 무산소조에서는 인의 과잉섭취가 일어난다.

풀이 ㉱ 무산소조에서는 탈질작용이 일어난다.

04 4단계 Bardenpho 공정

1. 4단계 Bardenpho 공정

생물학적 인 및 질소제거 공정 중 질소 제거를 주목적으로 개발한 공정이다.

2. 4단계 Bardenpho의 공정도

Question 06

다음의 생물학적 인 및 질소제거 공정 중 질소 제거를 주목적으로 개발한 공법으로 가장 적절한 것은?

㉮ 4단계 Bardenpho 공법   ㉯ A^2/O 공법
㉰ A/O 공법   ㉱ Phostrip 공법

정답 ㉮

05. 5단계 Bardenpho 공정 (수정 Bardenpho 공정 또는 M-Bardenpho 공정)

1. 5단계 Bardenpho 공정의 공정도

2. 5단계 Bardenpho 공법의 반응조 역할

① 혐기성조 : 미생물에 의한 인의 방출 및 유기물 제거
② 1단계 무산소조 : 탈질화현상으로 질소제거
③ 1단계 호기성조(포기조 또는 폭기조) : 미생물에 의한 인의 과잉 흡수 및 질산화
④ 2단계 무산소조 : 잔류 질산성 질소 제거
⑤ 2단계 호기성조(포기조 또는 폭기조) : 종침에서 탈질에 의한 Rising 현상 및 인의 재방출 방지
⑥ 내부반송 : 1단계 호기성조에서 1단계 무산소조로 이루어지며 1단계 호기성조에서 질산화를 통하여 생성된 질산성 질소를 1단계 무산소조로 보내 질소를 제거한다.

Question 07

5단계 Bardenpho 공정 중 호기조의 역할에 관한 설명으로 가장 적절한 것은?
㉮ 인의 방출   ㉯ 인의 과잉 섭취   ㉰ 슬러지 라이징   ㉱ 탈질산화

정답 ㉯

3. 5단계 Bardenpho 공법의 특징

★★ ① 질소와 인을 동시에 처리할 수 있다.
② 내부반송율이 높고 비교적 큰 규모의 반응조 사용이 가능하다.
★★ ③ 폐슬러지 내의 인의 함량이 높아 비료가치가 있다.
★★ ④ 2단계 호기성조(재폭기조)의 역할은 종침에서 탈질에 의한 Rising 현상 및 인의 재방출을 방지하는데 있다. (2단계 호기성조는 최종침전지에서의 혐기성 상태를 방지하기 위해 재포기를 실시한다.)
★★ ⑤ 슬러지의 생산량은 적으나 비교적 큰 규모의 반응조가 요구된다.
⑥ 효과적인 인 제거를 위해서는 혐기조에서 질산성 질소가 유입되지 않아야 한다.
⑦ 인 제거는 과잉의 인을 섭취한 슬러지를 폐기함으로써 이루어진다.

Question 08

생물학적 원리를 이용하여 질소, 인을 제거하는 공정인 5단계 Bardenpho공법에 대한 내용으로 틀린 것은 어느 것인가?

㉮ 인제거를 위해 혐기성조가 추가된다.
㉯ 조 구성은 혐기조, 무산소조, 호기조, 무산소조, 호기조 순이다.
㉰ 내부반송률은 유입유량 기준으로 100~200% 정도이며 2단계 무산소조로부터 1단계 무산소조로 반송된다.
㉱ 마지막 호기성 단계는 폐수내 잔류 질소가스를 제거하고 최종 침전지에서 인의 용출을 최소화하기 위하여 사용한다.

풀이 ㉰ 내부반송은 1단계 호기조에서 1단계 무산소조로 한다.

06 포스트립(Phostrip) 공법

1. 포스트립 공법의 공정도

★★ 2. 포스트립(Phostrip) 공법의 반응조 역할

① 포기조 : 인의 과잉 흡수
② 탈인조(혐기성조) : 인의 방출
③ 응집조 : 상징수에 많이 포함되어 있는 인을 석회(Lime)를 이용해 화학침전시켜 제거

> **Question 09**
> 다음의 생물화학적 인 및 질소제거 공법 중 인 제거만을 주목적으로 개발된 공법은?
> ㉮ Phostrip ㉯ A²/O ㉰ UCT ㉱ Bardenpho
>
> 정답 ㉮

3. 포스트립(Phostrip) 공법의 특징

★★ Phostrip 프로세스는 폐수 중인 성분을 생물학적, 화학적 원리와 함께 이용하여 제거하는 방법이다.

① 인 침전을 위하여 석회주입이 필요하다.
★★ ② 최종침전지에서 인 용출 방지를 위하여 MLSS내 DO를 높게 유지하여야 한다.
③ 기존 활성슬러지 처리장에 쉽게 적용 가능하다.
★★ ④ Stripping(액체 속에 용해되어 있는 기체를 분리, 제거하는 조작)을 위한 별도의 반응

조가 필요하다.
⑤ Main Stream 화학침전에 비하여 약품사용량이 적다.
⑥ 반송슬러지의 일부를 혐기성 상태의 조로 유입시켜 인을 방출시킨다.
★★ ⑦ 인 제거시 BOD/P에 의하여 조절되지 않는다.
⑧ 유입수의 BOD 부하에 따라 인 방출이 큰 영향을 받지 않는다.

Question 10

Phostrip Process에 관한 설명으로 틀린 것은?

㉮ 질소와 인의 동시 제거시 운전의 유연성이 크다.
㉯ 기존 활성슬러지 처리장에 쉽게 적용 가능하다.
㉰ 인제거시 BOD/P비에 의하여 조절되지 않는다.
㉱ Stripping을 위하여 별도의 반응조가 필요하다.

풀이 ㉮ 질소와 인의 동시 제거시 운전의 유연성이 작다.

TIP
Main Stream(주류) : 유기물 제거 공정
Side Stream(측류) : 인 제거 공정

07 VIP공법(Virginia Initative Plant)

1. VIP공정(Virginia Initative Plant)

2. VIP공법의 특징

① 슬러지의 침전성이 우수하다.
② UCT 공법에 비해 더 낮은 BOD/P 비가 요구된다.
③ 혐기성조의 질산성 질소 부하가 감소하는데 이는 인 제거 능력을 증가시킨다.
④ 운전이 복잡하며 반송시스템을 필요로 한다.
⑤ 단계적 운전을 위해 많은 장치가 요구된다.

UCT 공정(University of Cape Town)

1. UCT 공정

2. UCT 공법의 특징

① 저농도 하수에서 인 제거가 용이하다.
② 슬러지 침전성이 우수하다.
③ 질소 제거율이 높다.
④ 운전이 복잡하며 반송시스템을 필요로 한다.
⑤ 혐기성조의 질산성 질소 부하가 감소하는데 이는 인 제거 능력을 증가시킨다.

> **TIP**
> 하수 내 질소 및 인을 생물학적으로 처리하는 UCT 공법의 경우 다른 공법과 달리 침전지에서 반송되는 슬러지를 혐기조로 반송시키지 않고 무산소조로 반송하는데 그 이유는 혐기성조에 질산염의 부하를 감소시킴으로써 인의 방출을 증대시키기 위해서이다.

Question 11

하수내 질소 및 인을 생물학적으로 처리하는 UCT 공법의 경우 다른 공법과는 달리 침전지에서 반송되는 슬러지를 혐기조로 반송하지 않고 무산소조로 반송하는데, 그 이유로 가장 적합한 것은?

㉮ 혐기조에 질산염의 부하를 감소시킴으로써 인의 방출을 증대시키기 위해
㉯ 호기조에서 질산화된 질소의 일부를 잔류 유기물을 이용하여 탈질시키기 위해
㉰ 무산소조에 유입되는 유기물 부하를 감소시켜 탈질을 증대시키기 위해
㉱ 후속되는 호기조의 질산화를 증대시키기 위해

정답 ㉮

09 연속회분식 활성슬러지법 (SBR ; Sequencing Batch Reactor)

★★★ 1. SBR 공법

생물학적 원리를 이용하여 폐수를 고도처리(영양염류 제거공정)하기 위한 공정 중 하나의 탱크에서 시차를 두고 유입, 반송, 침전, 유출 등의 각 과정을 거치는 공정이다.

• 장점
★★ ① 단일반응조에서 1주기(Cycle) 중에 호기 – 무산소 등의 조건을 설정하여 질산화와 탈질화를 도모할 수 있다.
★★ ② 충격부하 또는 첨두유량에 대한 대응성이 우수하다.
　③ 자동화를 실시하기가 용이하다.
　④ BOD 부하의 변화폭이 큰 경우에 잘 견딘다.
　⑤ 슬러지 반송을 위한 펌프가 필요없어 배관과 동력이 절감된다.
★★ ⑥ 질소와 인의 효율적인 제거가 가능하다.
★★ ⑦ 2차 침전지와 슬러지 반송을 생략할 수 있다.
　⑧ 수리학적 과부하에도 MLSS의 누출이 없다.

⑨ 팽화방지를 위한 공정의 변경이 용이하다.
⑩ 운전방식에 따라 사상균 벌킹을 방지할 수 있다.
⑪ 고부하형의 경우 다른 처리방식과 비교하여 적은 부지면적에 시설을 건설할 수 있다.
⑫ 활성슬러지 혼합액을 이상적인 정치상태에서 침전시켜 고액분리가 원활히 행해진다.

• 단점
① 처리용량이 큰 처리장에는 적응하기 어렵다. (소용량 처리장에 적합)
★★ ② 설계자료가 제한적이다.

Question 12

연속회분식 반응조(SBR)의 장점에 대한 설명으로 옳지 않은 것은?

㉮ 수리학적 과부하시 MLSS의 누출이 많다.
㉯ 질소와 인의 동시 제거시 운전의 유연성이 크다.
㉰ 설계자료가 제한적이다.
㉱ 소유량에 적합하다.

풀이 ㉮ 수리학적 과부하에도 MLSS의 누출이 없다.

2. SBR의 공정

주입(fill) → 반응(react) → 침전(settle) → 제거(draw) → 휴지(idle)

Question 13

연속회분식반응조(SBR)공법은 한 개의 반응조에서 시간별로 운전단계가 변화하며 하폐수를 처리하는 공정이다. 다음 중 SBR공법의 일반적인 운전단계의 순서로 올바른 것은?

㉮ 주입(Fill) → 휴지(Idle) → 반응(React) → 침전(Settle) → 제거(Draw)
㉯ 주입(Fill) → 반응(React) → 휴지(Idle) → 침전(Settle) → 제거(Draw)
㉰ 주입(Fill) → 반응(React) → 침전(Settle) → 휴지(Idle) → 제거(Draw)
㉱ 주입(Fill) → 반응(React) → 침전(Settle) → 제거(Draw) → 휴지(Idle)

정답 ㉱

① 주입(fill)
  ㉠ 주입과정에서 반응조의 수위가 75%~100%까지 상승한다.
★★ ㉡ 주입단계는 총 cycle 시간의 약 25% 정도이다.
  ㉢ 주입단계의 목적은 기질(원폐수 또는 1차 유출수)를 반응조에 주입하는 것이다.

② 반응(react)
★★ ㉠ 반응단계는 총 cycle 시간의 약 35% 정도이다.
㉡ 반응기간 동안 미생물은 제어된 환경조건에서 기질을 소모한다.
③ 침전(settle)
㉠ 연속 흐름식 공정에 비하여 일반적으로 더 효율적이다.
㉡ 정지한 상태에서 고형물은 액체와 분리되어 정화된 상징수는 유출수로서 배출된다.
④ 제거(draw)
㉠ 침전 후 상징수(처리수)를 반응조로부터 제거하는 것이다.
★★ ㉡ 총 cycle 시간의 5~30% 정도이다.
⑤ 휴지(idle) : 휴지기간은 다중 반응조 시스템에서 다른 반응조의 교체 전에 반응조의 주입단계를 완료하기 위해 한 반응조에 시간을 제공하기 위하여 사용된다. 휴지는 필수적인 단계는 아니기 때문에 때때로 생략될 수 있다.

Question 14

연속회분식(SBR)의 운전단계에 관한 설명으로 틀린 것은?

㉮ 주입 : 주입단계 운전의 목적은 기질(원폐수 또는 1차 유출수)을 반응조에 주입하는 것이다.
㉯ 주입 : 주입단계는 총 cycle 시간의 약 25% 정도이다.
㉰ 반응 : 반응단계는 총 cycle 시간의 약 65% 정도이다.
㉱ 침전 : 연속흐름식 공정에 비하여 일반적으로 더 효율적이다.

풀이 ㉰ 반응 : 반응단계는 총 cycle 시간의 약 35% 정도이다.

10 질산화 공정 중 부유성장식 및 부착성장식

1. 하수고도처리 공정 중 단일단계 질산화공정 중 부유성장식

① BOD와 암모니아성 질소 동시제거 가능
② 온도가 낮은 경우에는 반응조 용적이 매우 크게 소요
③ 운전의 안정성은 미생물 반송을 위한 이차침전지의 운전에 좌우됨
④ BOD/TKN비가 높아 안정적인 MLSS운영이 쉽다.
⑤ 독성물질에 대한 질산화 저해 방지 불가능

> **TIP**
> TKN(총킬달질소) = NH_3-N + 유기질소

2. 하수고도처리 공정 중 단일단계 질산화공정 중 부착성장식

① BOD와 암모니아성 질소 동시제거 가능
② 미생물이 여재에 부착되어 있어 안정성이 이차침전과 연관이 없다.
③ 암모니아 농도가 약 1~3mg/L 정도가 처리수로 유출된다.
④ 독성물질에 대한 질산화 저해 방지가 불가능하다.

Question 15

하수고도처리를 위한 질소제거 방법 중 단일단계 질산화(부착성장식)에 관한 설명으로 옳지 않은 것은?

㉮ BOD와 암모니아성 질소 동시제거 가능
㉯ 미생물이 여재에 부착되어 있어 안정성은 이차침전과 관련됨
㉰ 독성물질에 대한 질산화 저해 방지 불가능
㉱ 유출수의 암모니아 농도는 약 1 ~ 3mg/L 정도

풀이 ㉯ 미생물이 여재에 부착되어 있어 안정성은 이차침전과 연관이 없다.

3. 하수고도처리 공정 중 분리단계 질산화공정 중 부유성장식

① 운전이 안정적이다.
② 독성물질에 대한 질산화 저해방지가 가능하다.
③ 미생물 반송을 위한 이차침전지의 운전에 의해 안정성이 좌우된다.
④ 단일단계 질산화공정에 비해 단위 공정이 복잡하다.

4. 하수고도처리 공정 중 분리단계 질산화공정 중 부착성장식

① 운전이 안정적이다.
② 미생물이 여재에 부착되어 있어 안정성이 이차침전과 연관이 없다.
③ 독성물질에 대한 질산화 저해 방지가 가능하다.
④ 단일단계 질산화공정에 비해 단위공정이 복잡하다.

Question 16

질산염(NO_3^-) 10mg/L를 탈질시키는데 소모되는 메탄올(CH_3OH)의 양(mg/L)을 계산하시오.

풀이
$6NO_3^-$ + $5CH_3OH$ → $3N_2 + 5CO_2 + 7H_2O + 6OH^-$
6×62g : 5×32g
10mg/L : X

∴ X = 4.30mg/L

Question 17

유량 1,000m³/day인 폐수를 탈질화하고자 한다. 다음 조건에서 탈질화에 사용되는 anoxic 반응조의 부피(m³)를 계산하시오. (단, 내부반송등 기타 조건은 고려하지 않음.)

- 반응조 유입수 질산염 농도 : 22mg/L
- MLVSS : 2,000mg/L
- 탈질율(R_{DN}) : 0.1day^{-1}
- 반응조 유출수 질산염 농도 : 3mg/L
- 용존산소 : 0.1mg/L

풀이
① 무산소조의 체류시간 = $\dfrac{(S_i - S_o)}{R_{DN} \times MLVSS}$ = $\dfrac{22mg/L - 3mg/L}{0.1/day \times 2,000mg/L}$ = 0.095day

② 반응조 부피(V) = 유량(Q) × 시간(t) = 1,000m³/day × 0.095day = 95m³

Question 18

다음에 주어진 조건을 이용하여 질산화/탈질화 혼합반응조에서 요구되는 전체 반송비(R)를 계산하시오. (단, 반송된 질산성 질소는 완전히 탈질되고, 질소동화작용은 무시한다.)

[조건]
① 유입수 암모니아 : 25mg/L as N
② 유출수 암모니아 : 5mg/L as N
③ 유출수 질산염 : 5mg/L as N

풀이 반송비(R) = $\left(\dfrac{\text{유입수 } NH_3 - \text{유출수 } NH_3}{\text{유출수 } NO_3}\right) - 1$ = $\left\{\dfrac{(25-5)mg/L}{5mg/L}\right\} - 1 = 3$

CHAPTER 05 슬러지 처리

01 슬러지 처리 공정

1. 처리공정 : 농축 → 유기물의 안정화 → 약품조정조 → 탈수 → 건조 → 최종처분

Question 01

다음은 슬러지 처리 공정을 순서대로 배치한 것이다. 일반적인 순서로 가장 옳은 것은?

㉮ 농축 → 약품조정 → 유기물의 안정화 → 건조 → 탈수 → 최종처분
㉯ 농축 → 유기물의 안정화 → 약품조정 → 탈수 → 건조 → 최종처분
㉰ 약품조정 → 농축 → 유기물의 안정화 → 탈수 → 건조 → 최종처분
㉱ 유기물의 안정화 → 농축 → 약품조정 → 탈수 → 건조 → 최종처분

정답 ㉯

2. 농축법의 종류

(1) 중력식 농축

① 구조가 간단하여 유지관리 용이
② 저장과 농축이 동시에 가능
③ 동력비 적게 소요
④ 1차 슬러지에 적합
⑤ 약품 미사용
⑥ 잉여 슬러지 농축에 부적합
⑦ 악취 발생
⑧ 잉여슬러지의 경우 소요면적이 큼

(2) 부상식 농축

① 고형물 회수율이 높음
② 잉여슬러지에 효과적
③ 악취 발생
④ 동력비 많이 소요
⑤ 소요면적 큼
⑥ 부식 발생(실내 설치시)
⑦ 약품주입 없이도 운전이 가능

Question 02

하수 슬러지 농축 방법 중 부상식 농축의 장단점으로 틀린 것은?

㉮ 잉여슬러지의 농축에 부적합하다.
㉯ 소요면적이 크다.
㉰ 실내에 설치할 경우 부식문제가 유발된다.
㉱ 약품 주입없이 운전이 가능하다.

풀이 ㉮ 잉여슬러지의 농축에 적합하다.

(3) 원심분리 농축

① 잉여 슬러지에 효과적
② 운전조작 용이
③ 소요면적이 작음
④ 악취가 적음

⑤ 고농도로 농축 가능
⑥ 연속운전가능
⑦ 유지관리비 고가
⑧ 시설비 고가
⑨ 유지관리가 어려움
⑩ 약품 주입없이 운전이 가능

(4) 중력벨트 농축

① 소요면적이 큼
② 규격(용량)이 제한적
③ 잉여슬러지에 효과적

Question 03

하수 슬러지의 농축 방법별 장단점으로 옳지 않은 것은?

㉮ 중력식 농축 : 잉여 슬러지의 농축에 적합
㉯ 부상식 농축 : 약품 주입 없이도 운전 가능
㉰ 원심분리 농축 : 악취가 적음
㉱ 중력벨트 농축 : 고농도로 농축 가능

풀이 ㉮ 중력식 농축 : 잉여슬러지의 농축에 부적합

---

3. 슬러지 개량

(1) 슬러지 개량방법 중 세정(Elutriation)의 특징

① 알칼리도를 줄이고 슬러지 탈수에 사용되는 응집제량을 줄일 수 있다.
② 소화 슬러지를 물과 혼합시킨 다음 재침전시킨다.
③ 슬러지의 탈수 특성을 좋게 하기 위한 직접적인 방법은 아니다.
④ 슬러지내의 가스방울을 없애줌으로써 부력을 감소시켜 잘 농축하게 된다.
⑤ 슬러지의 비료가치가 낮아진다.

★(2) 슬러지 개량을 위한 열처리의 특징

① 일반적으로 약품처리가 필요없다.
② 슬러지는 안정화시키고 병원균을 사멸한다.

③ 슬러지 성분변화에 민감하지 않다.
④ 악취가 발생된다.

> **Question 04**
>
> 슬러지 개량을 위한 열처리의 장점으로 틀린 것은?
> ㉮ 고온 분해에 따라 악취가 발생되지 않는다.　㉯ 일반적으로 약품처리가 필요없다.
> ㉰ 슬러지를 안정화시키고 병원균을 사멸한다.　㉱ 슬러지 성분변화에 민감하지 않다.
>
> **풀이** ㉮ 악취가 발생된다.

★★★ 4. 공식정리

★ ① $V_1 \times (100 - P_1) = V_2 \times (100 - P_2)$ 또는 $V_1 \times TS_1 = V_2 \times TS_2$

$\left[V : 슬러지량(m^3) \quad P : 함수율(\%) \quad TS : 고형물 함량(\%) \Rightarrow TS(\%) = 100 - P(\%) \right.$

> **Question 05**
>
> 수분함량이 80%인 슬러지 $100m^3$을 $25m^3$으로 농축하였다면 함수율(%)을 계산하시오. (단, 슬러지의 비중은 항상 1이다.)
>
> **풀이** $V_1 \times (100-P_1) = V_2 \times (100-P_2)$
> $100m^3 \times (100-80) = 25m^3 \times (100-P_2)$　∴ $P_2 = 20\%$

★★ ② 슬러지량$(m^3/day) = \dfrac{SS농도(kg/m^3) \times Q(m^3/day) \times \eta(제거율)}{비중량(kg/m^3)} \times \dfrac{100}{100 - P\%}$

• **공식설명**

㉠ 슬러지의 비중이 주어지면 비중 $(g/cm^3) \xrightarrow{\times 10^3}$ 비중량(kg/m^3)으로 전환한다.

㉡ $100 - P(함수율) = TS(고형물)$이므로 $\dfrac{100}{100 - P(\%)} = \dfrac{100}{TS(\%)}$

따라서 수분의 함량(P)이 주어지면 $\dfrac{100}{100 - P(\%)}$ 를 사용하고

고형물 함량(TS)이 주어지면 $\dfrac{100}{TS(\%)}$ 를 사용한다.

ⓒ 건조 슬러지량(kg/day) = SS(kg/m³)×Q(m³/day)×η(제거효율)

ⓔ 건조 슬러지량(m³/day) = $\dfrac{SS(kg/m^3) \times Q(m^3/day) \times \eta}{비중량(kg/m^3)}$

ⓜ 습 슬러지량(kg/day) = SS(kg/m³)×Q(m³/day)×η× $\dfrac{100}{100 - P(\%)}$

★★ ⓗ 습 슬러지량(m³/day) = $\dfrac{SS(kg/m^3) \times Q(m^3/day) \times \eta}{비중량(kg/m^3)} \times \dfrac{100}{100 - P(\%)}$

Question 06

1차 침전지의 유입유량은 1,000m³/day이고 SS농도는 220mg/L이다. 1차 침전지에서 SS제거효율이 60%일 때 하루에 발생되는 1차 슬러지 부피(m³/day)를 계산하시오. (단, 슬러지 비중은 1.03, 함수율은 94%)

풀이

슬러지량(m³/day) = $\dfrac{SS농도(kg/m^3) \times Q(m^3/day) \times \eta(제거율)}{비중량(kg/m^3)} \times \dfrac{100}{100-P(\%)}$

$= \dfrac{1,000m^3/day \times 0.22kg/m^3 \times 0.6}{1,030kg/m^3} \times \dfrac{100}{100-94} = 2.14 m^3/day$

★★ ③ 슬러지 비중 구하는 문제

$$\dfrac{100}{\rho_{SL}} = \dfrac{W_{TS}}{\rho_{TS}} + \dfrac{W_P}{\rho_P}$$

ρ_{SL} : 슬러지 비중 ρ_{TS} : 고형물 비중 ρ_P : 수분의 비중
W_{TS} : 고형물 함량(%) W_P : 수분의 함량(%)

Question 07

함수율이 90%인 슬러지 겉보기 비중이 1.02이었다. 이 슬러지를 탈수하여 함수율이 50%인 슬러지를 얻었다면 탈수된 슬러지가 갖는 비중을 계산하시오. (단, 물의 비중은 1.0으로 한다.)

풀이

$\dfrac{1}{\rho_{SL}} = \dfrac{W_{TS}}{\rho_{TS}} + \dfrac{W_P}{\rho_P}$

① $\dfrac{1}{1.02} = \dfrac{0.1}{\rho_{TS}} + \dfrac{0.9}{1.0}$ ∴ $\rho_{TS} = 1.244$

② $\dfrac{1}{\rho_{SL}} = \dfrac{0.5}{1.244} + \dfrac{0.5}{1.0}$ ∴ $\rho_{SL} = 1.11$

④ 슬러지 비중 구하는 문제

$$\frac{100}{\rho_{SL}} = \frac{W_{VS}}{\rho_{VS}} + \frac{W_{FS}}{\rho_{FS}} + \frac{W_P}{\rho_P}$$

- ρ_{SL} : 슬러지 비중
- ρ_P : 수분의 비중(1.0)
- W_{VS} : 휘발성고형물(유기물)함량(%)
- W_P : 수분의 함량(%)
- ρ_{VS} : 휘발성 고형물(유기물)비중
- ρ_{FS} : 잔류성 고형물(무기물)비중
- W_{FS} : 잔류성 고형물(무기물)함량(%)

Question 08

1차 처리결과에 생성되는 슬러지를 분석한 결과 함수율이 90%, 고형물 중 무기성 고형물질이 30%, 유기성 고형물질이 70%, 유기성 고형물질의 비중 1.1, 무기성 고형물질의 비중이 2.2로 판정되었다. 이 때 슬러지의 비중을 계산하시오.

풀이

$$\frac{1}{\rho_{SL}} = \frac{0.1 \times 0.7}{1.1} + \frac{0.1 \times 0.3}{2.2} + \frac{0.9}{1.0} \qquad \therefore \rho_{SL} = 1.0233$$

⑤ 소화율(η) 계산식

생슬러지 $\xrightarrow{\text{VSS}_1 / \text{FSS}_1}$ 소화조 $\xrightarrow{\text{VSS}_2 / \text{FSS}_2}$ 소화 슬러지

$$\eta = \left\{1 - \frac{\text{VSS}_2/\text{FSS}_2}{\text{VSS}_1/\text{FSS}_1}\right\} \times 100 (\%)$$

- VSS_1 : 생슬러지의 휘발성 고형물
- FSS_1 : 생슬러지의 잔류성 고형물
- VSS_2 : 소화 슬러지의 휘발성 고형물
- FSS_2 : 소화 슬러지의 잔류성 고형물

Question 09

도시하수처리장의 농축조를 거친 혼합 슬러지를 고속 혐기성 소화법에 의하여 처리하고자 한다. 다음의 조건을 이용한 소화조 소화율(%)을 계산하시오.

[조건]
- 발생 슬러지량 : $Q = 200 m^3/day$
- 생 슬러지 기질농도 : $S_o = 42 kg\ BOD_u/m^3$
- 체류기간 : 10day
- 생 슬러지 고형물 성분 : $FSS_1 = 30\%$, $VSS_1 = 70\%$
- 소화 슬러지 고형물 성분 : $FSS_2 = 50\%$, $VSS_2 = 50\%$

풀이

$$\text{소화율}(\%) = \left\{1 - \frac{\text{소화후}(VSS_2/FSS_2)}{\text{소화전}(VSS_1/FSS_1)}\right\} \times 100(\%) = \left\{1 - \frac{50\%/50\%}{70\%/30\%}\right\} \times 100(\%) = 57.14\%$$

5. 냄새를 발생하는 물질

화합물	화학식	특 징
Amines(아민류)	CH_3NH_2 $(CH_3)_3H$	생선 냄새
Diamines(다이아민류)	$NH_2(CH_2)_4NH_2$ $NH_2(CH_2)_5NH_2$	부패된 고기 냄새
Methylamine(메틸아민)	CH_3NH_2	부패된 생선 냄새
암모니아	NH_3	암모니아 냄새
황화수소	H_2S	썩은 계란 냄새
황화다이메틸	$CH_3 - S - CH_3$	썩은 채소 냄새
황화다이페닐	$(C_6H_5)_2S$	비위 상하는 냄새
Crotyl mercaptan (크로틸 머캅탄)	$CH_3 - CH = CH - CH_2 - SH$	스컹크 냄새
Ethyl mercaptan (에틸 머캅탄)	CH_3CH_2-SH	썩은 양배추 냄새
Methyl mercaptan (메틸 머캅탄)	CH_3SH	썩은 양배추 냄새
Skatole(스카톨)	C_9H_9N	구역질 나는 냄새
Indole(인돌)	C_8H_6NH	구역질 나는 냄새
이산화황	SO_2	자극성 냄새
Thiocresol(티오크레졸)	$CH_3 - C_6H_4 - SH$	스컹크 냄새

CHAPTER 06 방지기술 공식 정리

1. 소화조에서 소화율(%) 계산식

$$\text{소화율}(\%) = \left(1 - \frac{VSS_2 / FSS_2}{VSS_1 / FSS_1}\right) \times 100(\%)$$

- VSS_1 : 생 슬러지의 휘발성 고형물
- FSS_1 : 생 슬러지의 잔류성 고형물
- VSS_2 : 소화 슬러지의 휘발성 고형물
- FSS_2 : 소화 슬러지의 잔류성 고형물

2. 탈질반응조(Anoxic basin)의 체류시간 계산식

$$\text{체류시간} = \frac{S_i - S_o}{R_{DN} \times MLVSS}$$

- R_{DN} : T℃에서 탈질화율(mgNO$_3$−N/mg VSS·day)
- $R_{DN}(T℃) = R_{DN}(20℃) \times K^{(T-20)} \times (1-DO)$
- k : 보정계수
- S_i : 유입수 질산염 농도(mg/L)
- DO : 용존산소 농도(mg/L)
- S_o : 유출수 질산염 농도(mg/L)

3. 침강속도 계산식

$$V_s = \frac{d^2(\rho_S - \rho_W)g}{18\mu}$$

- V_s : 침강속도(cm/sec)
- d : 직경(cm)
- ρ_S : 입자의 비중(g/cm^3)
- ρ_W : 물의 비중(1.0g/cm^3)
- g : 중력가속도(980cm/sec^2)
- μ : 점성도(g/cm·sec)

4. 완전혼합형 반응조(CFSTR)에서 반응식

$$Q(C_o - C_t) = K \times V \times C_t^m$$

- Q : 유량(m^3/hr)
- C_o : 초기농도(mg/L)
- C_t : t시간 후의 농도(mg/L)
- k : 속도상수
- V : 반응조 부피(m^3)
- m : 차수

5. 플러그 흐름 반응조(PFR)에서 반응식

$$\ln\frac{C_t}{C_o} = -\left(\frac{Q}{V}\right) \times t$$

- C_o : 초기농도(mg/L)
- C_t : t시간 후의 농도(mg/L)
- Q : 유량(m^3/hr)
- V : 체적(m^3)
- t : 시간(hr)
- $K : \dfrac{Q}{V}$

6. 1차 반응식

$$\ln\frac{C_t}{C_o} = -k \times t$$

- C_o : 초기농도(mg/L)
- C_t : t시간 후의 농도(mg/L)
- k : 상수(/hr)
- t : 시간(hr)

7. Q : 유량(m^3/day), V : 체적(m^3), t : 시간(day)의 상관관계식

① $Q(m^3/day) = \dfrac{V(m^3)}{t(day)}$

② $V(m^3) = Q(m^3/day) \times t(day)$

③ $t(day) = \dfrac{V(m^3)}{Q(m^3/day)}$

8. 슬러지량 계산식

$$슬러지량(m^3/day) = \frac{SS농도(kg/m^3) \times Q(m^3/day) \times \eta(제거율)}{비중량(kg/m^3)} \times \frac{100}{100-P}$$

> **TIP**
> 여기서 슬러지 비중이 1.0이면 비중량은 1,000kg/m^3이다. 100−P(함수율)은 TS(고형물 함량)과 동일하므로 함수율(P)이 주어지면 $\dfrac{100}{100-P}$, 고형물(TS)가 주어지면 $\dfrac{100}{TS}$를 대입하면 된다.

9. 슬러지 비중 구하는 문제

① $\dfrac{100}{\rho_{SL}} = \dfrac{W_{TS}}{\rho_{TS}} + \dfrac{W_P}{\rho_P}$

- ρ_{SL} : 슬러지 비중
- W_{TS} : 고형물 함량(%)
- ρ_{TS} : 고형물 비중
- W_P : 수분의 함량(%)
- ρ_P : 수분의 비중

② $\dfrac{100}{\rho_{SL}} = \dfrac{W_{VS}}{\rho_{VS}} + \dfrac{W_{FS}}{\rho_{FS}} + \dfrac{W_P}{\rho_P}$

- ρ_{SL} : 슬러지 비중
- ρ_P : 수분의 비중(1.0)
- W_{VS} : 휘발성 고형물(유기물)함량(%)
- W_P : 수분의 함량(%)
- ρ_{VS} : 휘발성 고형물(유기물)비중
- ρ_{FS} : 잔류성 고형물(무기물)비중
- W_{FS} : 잔류성 고형물(무기물)함량(%)

10. 막의 면적(m^2)

① $Q_F = k \times (\triangle P - \triangle \pi)$

- Q_F : 유출수량(L/$m^2 \cdot$ day)
- $\triangle P$: 압력차(kPa)
- k : 막의 확산계수(L/$m^2 \cdot$ day $\cdot$ kPa)
- $\triangle \pi$: 삼투압차(kPa)

② 25℃의 막의 면적($A_{25℃}$) = $\dfrac{Q(유량)}{Q_F(유출수량)}$

③ 10℃의 막의 면적($A_{10℃}$) = $1.58 A_{25℃}$

11. 속도경사 계산식

$G = \sqrt{\dfrac{P}{\mu \times V}} \Rightarrow P = G^2 \times \mu \times V$

- G : 속도경사(/sec)
- μ : 점성도(kg/m $\cdot$ sec = N $\cdot$ sec/m^2)
- P : 동력(watt)
- V : 반응조 부피(m^3)

12. 동력 계산식

$P = \dfrac{C_D \times A \times \rho \times V^3}{2}$

- P : 동력(watt = kg $\cdot m^2$/sec^3)
- ρ : 물의 비중량(1,000kg/m^3)
- C_D : 항력계수
- V : Paddle의 상대속도(m/sec)
- A : Paddle의 이론적 면적(m^2)

13. 공기와 고형물의 비(A/S비) 계산식

$$A/S비 = \frac{1.3 \times Sa \times (f \times P - 1)}{SS} \times R$$

- Sa : 공기의 용해도(mL/L)
- SS : 부유고형물 농도(mg/L)
- P : 절대압력(atm)
- R : 반송비

14. 월류부하 계산식

$$월류부하(m^3/m \cdot day) = \frac{Q}{L}$$

- Q : 폐수량(m^3/day)
- L : 월류위어 길이(m) $\Rightarrow$ 원형에서 $L = \pi \cdot D$

15. 수분과 고형물에 따른 슬러지 계산식

$$V_1 \times (100 - P_1) = V_2 \times (100 - P_2)$$
$$V_1 \times TS_1 = V_2 \times TS_2$$

- V : 슬러지량(m^3)
- P : 함수율(%)
- TS : 고형물 함량(%)

16. BOD 면적부하 계산식

$$BOD\ 면적부하(g/m^2 \cdot day) = \frac{BOD \times Q}{A}$$

- BOD : BOD 농도(g/m^3)
- Q : 유량(m^3/day)
- A : 면적(m^2)

17. 등온 흡착공식

$$\frac{X}{M} = KC^{\frac{1}{n}} \Rightarrow \frac{C_i - C_o}{M} = K \times C_o^{\frac{1}{n}}$$

- X : 농도차(처음 농도−나중 농도)(mg/L)
- k, n : 경험적인 상수
- M : 활성탄 주입 농도(mg/L)
- C : 나중 농도(mg/L)

18. 처리효율 계산식

① $\eta = \left(1 - \dfrac{BOD_o}{BOD_i}\right) \times 100(\%)$

② $\eta = \left\{1 - \dfrac{BOD_o \times P}{BOD_i}\right\} \times 100(\%)$

③ $\eta_T = 1 - (1 - \eta_1) \times (1 - \eta_2) \times (1 - \eta_3)$

④ $\left(1 - \dfrac{BOD_o}{BOD_i}\right) = 1 - (1 - \eta_1) \times (1 - \eta_2) \times (1 - \eta_3)$

$\begin{bmatrix} \eta : 처리\ 효율(\%) & \eta_T : 총합효율(\%) \\ \eta_1 : 1차\ 처리\ 효율(\%) & \eta_2 : 2차\ 처리\ 효율(\%) \\ \eta_3 : 3차\ 처리\ 효율(\%) & BOD_i : 유입수\ BOD\ 농도(mg/L) \\ BOD_o : 유출수\ BOD\ 농도(mg/L) & \\ P : 희석\ 배수치 \Rightarrow P = \dfrac{유입수\ Cl^-\ 농도}{유출수\ Cl^-\ 농도} = \dfrac{희석\ 전\ 농도}{희석\ 후\ 농도} = \dfrac{희석\ 후\ 유량}{희석\ 전\ 유량} \end{bmatrix}$

19. 고형물 부하율 계산식

$$고형물\ 부하(kg/m^2 \cdot hr) = \dfrac{고형물\ 농도(kg/m^3) \times 유량(m^3/hr)}{면적(m^2)}$$

20. 수두손실 계산식

$$h_L = \beta \sin\alpha \left(\dfrac{t}{b}\right)^{4/3} \times \dfrac{V^2}{2g}$$

$\begin{bmatrix} h_L : 수두손실(m) & \beta : 형상계수 & \alpha : 경사각 & t : 스크린의\ 막대\ 굵기(m) \\ b : 스크린의\ 유효간격(m) & g : 중력가속도(9.8m/sec^2) & V : 유속(m/sec) \end{bmatrix}$

21. 부상속도 계산식

$$V_f = \dfrac{d^2(\rho_w - \rho_s)g}{18\mu}$$

$\begin{bmatrix} V_f : 부상속도(cm/sec) & d : 직경(cm) & \rho_w : 물의\ 비중(1.0g/cm^3) \\ \rho_s : 입자의\ 비중(g/cm^3) & g : 중력가속도(980cm/sec^2) & \mu : 점성도(g/cm \cdot sec) \end{bmatrix}$

22. 혼합공식 계산식

$$C_m = \frac{Q_1C_1 + Q_2C_2}{Q_1 + Q_2}$$

C_m : 혼합지점의 농도(mg/L)   Q : 유량(m^3/day)   C : 농도(mg/L)

23. 염소 주입량 계산식

염소 주입량 = 염소 요구량 + 염소 잔류량

> **TIP**
> 암기법 : 주입은 요잔에 하세요!!

24. 산기관수 계산식

$$산기관수 = \frac{공급공기량(m^3/m^3 \cdot hr) \times 폐수량(m^3/day) \times 체류시간(day)}{산기관의 공급 공기량(m^3/hr \cdot 개)}$$

25. 선속도 계산식

$$선속도(m^3/m^2 \cdot hr) = \frac{유량(m^3/hr)}{면적(m^2)}$$

26. 원형 침전지에서 부피 계산식

$$원형 침전지에서 부피(V) = \left(\frac{\pi \cdot D^2}{4} \times H_1\right) + \left(\frac{\pi \cdot D^2}{4} \times H_2 \times \frac{1}{3}\right)$$

27. Re(레이놀드 수) 계산식

① 원형일 때

$$Re = \frac{DV\rho}{\mu} = \frac{DV}{\nu}$$

Re : 레이놀드 수   D : 입자 직경(cm)   V : 유속(cm/sec)
μ : 점성도(g/cm·sec) ν : 동점도(cm^2/sec)

② 장방형

$$Re = \frac{D_o V \rho}{\mu} = \frac{D_o V}{\nu}$$

[D_o(환산직경 = 상당직경) = 4R

$$R(경심) = \frac{A(면적)}{S(윤변길이)} = \frac{b \times h}{b + 2h}$$

[b : 폭(m)   h : 평균수위(m)

③ 판정

(층류) Re < 2,100

(난류) Re > 4,000

(천이구역) 2,100 < Re < 4,000

28. 활성 슬러지법의 계산식

① HRT(수리학적 체류시간) = $\dfrac{V(m^3)}{Q(m^3/day)}$

② SRT = MCRT(미생물 체류시간)

$= \dfrac{MLSS \times V}{Q_w \cdot SS_w + Q_o SS_o} \xrightarrow{SS_o \text{ 무시}} \quad \therefore SRT = \dfrac{MLSS \times V}{Q_w \times SS_w} = \dfrac{V}{Q_w} \times \dfrac{X}{X_r}$

③ L_V (BOD 용적부하) (kg/m³ · day) = $\dfrac{BOD \times Q}{V}$

④ F/M비(BOD−MLSS부하)(/day) = $\dfrac{BOD \times Q}{MLSS \times V}$

응용 1 $\dfrac{Q}{V} = \dfrac{1}{t}$ $\therefore$ F/M비 = $\dfrac{BOD}{MLSS} \times \dfrac{1}{t}$

응용 2 $\dfrac{BOD \times Q}{V} = L_V$ ∴ F/M비 $= \dfrac{1}{MLSS} \times L_V$

⑤ 슬러지량($Q_w \cdot SS_w$) $= Y \cdot Q \cdot BOD \cdot \eta - kd \cdot V \cdot MLSS$

> **TIP**
> $BOD \cdot \eta = BOD_i - BOD_o$

⑥ θ_v(유기물 반응시간) $= \dfrac{S_i - S_o}{\text{반응상수}(k) \times MLVSS \times S_o}$

$\begin{cases} MLVSS = MLSS의\ 75\% \\ S_i = COD_i - NBDCOD \\ S_o = COD_o - NBDCOD \end{cases}$

- 응용 1 : SRT, Y, Kd 주어지고 체적(V)계산?

  ① $SRT = \dfrac{MLSS \cdot V}{Q_w \cdot SS_w}$

  ② $Q_w \cdot SS_w = Y \cdot Q \cdot BOD \cdot \eta - Kd \cdot V \cdot MLSS$

  ②식의 $Q_w \cdot SS_w$를 ①식의 $Q_w \cdot SS_w$에 대입

  $SRT = \dfrac{MLSS \cdot V}{Y \cdot Q \cdot BOD \cdot \eta - kd \cdot V \cdot MLSS}$

  $\Rightarrow \dfrac{1}{SRT} = \dfrac{Y \cdot Q \cdot BOD \cdot \eta - Kd \cdot V \cdot MLSS}{MLSS \cdot V}$

  $\Rightarrow \dfrac{1}{SRT} = \dfrac{Y \cdot Q \cdot BOD \cdot \eta}{MLSS \cdot V} - \dfrac{Kd \cdot V \cdot MLSS}{MLSS \cdot V}$

  $\Rightarrow \boxed{\dfrac{1}{SRT} = \dfrac{Y \cdot Q \cdot BOD \cdot \eta}{MLSS \cdot V} - Kd}$

  $\Rightarrow \dfrac{1}{SRT} + Kd = \dfrac{Y \cdot Q \cdot BOD \cdot \eta}{MLSS \cdot V}$

  $\boxed{\therefore V = \dfrac{Y \cdot Q \cdot BOD \cdot \eta}{\left(\dfrac{1}{SRT} + Kd\right) \cdot MLSS}}$

- 응용 2 : SRT, Y, Kd 주어지고 폐슬러지량($Q_w \cdot SS_w$)계산?

  ① $SRT = \dfrac{MLSS \cdot V}{Q_w \cdot SS_w}$

  ② $Q_w \cdot SS_w = Y \cdot Q \cdot BOD \cdot \eta - Kd \cdot V \cdot MLSS$

  ①식의 $MLSS \cdot V = SRT \cdot Q_w \cdot SS_w$를 ②식의 $MLSS \cdot V$에 대입

  $Q_w \cdot SS_w = Y \cdot Q \cdot BOD \cdot \eta - Kd \cdot SRT \cdot Q_w \cdot SS_w$

  $Q_w \cdot SS_w + Kd \cdot SRT \cdot Q_w \cdot SS_w = Y \cdot Q \cdot BOD \cdot \eta$

  $Q_w \cdot SS_w(1 + Kd \cdot SRT) = Y \cdot Q \cdot BOD \cdot \eta$

  $\therefore Q_w \cdot S_w = \dfrac{Y \cdot Q \cdot BOD \cdot \eta}{1 + (Kd \cdot SRT)}$

  [$BOD \cdot \eta = BOD_i - BOD_o$

29. 활성슬러지법의 제어 지표

① SVI(슬러지 용적지수) : 포기조에서 성장한 미생물의 2차 침전지에서의 침강농축성을 나타내는 지표이다.

- 판정(SVI) $\begin{cases} 50 \sim 150 : \text{침강성 양호} \\ 200 \text{ 이상} : \text{슬러지 팽화 발생} \end{cases}$

$$SVI(mL/g) = \dfrac{SV(mL/L)}{MLSS(mg/L)} \times 10^3 = \dfrac{SV(\%)}{MLSS(mg/L)} \times 10^4 = \dfrac{10^6}{SS_r(mg/L)}$$

여기서 $SS_r = SS_w$이다.

② 반송비(R)와 반송율(%)

㉠ $R = \dfrac{MLSS - SS_i}{SS_r - MLSS} \xrightarrow{SSi\ 무시} R = \dfrac{MLSS}{SS_r - MLSS}$

여기서 $SS_r = SS_w$이다.

㉡ $SVI = \dfrac{10^6}{SS_r} \Rightarrow SS_r = \dfrac{10^6}{SVI}$ 을 ㉠식에 대입

$R = \dfrac{MLSS - SS_i}{10^6/SVI - MLSS}$

㉢ $R = \dfrac{SV(\%)}{100 - SV(\%)}$

㉣ $R = \dfrac{Q_r}{Q_i}$

㉢ 반송율(%) = R(반송비) × 100(%)

③ SDI(슬러지밀도지수) : SVI의 역수이며 2~0.67 적당

$$SDI = \frac{1}{SVI} \times 100(g/100mL)$$

PART 03

수질오염공정시험기준

CHAPTER 01   총 칙

CHAPTER 02   정도보증/정도관리(QA/QC)

CHAPTER 03   일반시험기준

CHAPTER 04   일반항목편

CHAPTER 05   금속편

CHAPTER 06   유기물질 및 휘발성유기화합물편

CHAPTER 07   생물편

수질환경
기 사
필 기

CHAPTER 01 총칙

1. 목적

이 시험기준은 「환경분야 시험·검사 등에 관한 법률」에 따라 수질오염물질을 측정함에 있어 측정의 정확성 및 통일성을 유지하기 위하여 필요한 제반사항에 대하여 규정함을 목적으로 한다.

★ 2. 농도 표시

★★ ① 백분율(Parts Per Hundred)은 용액 100mL 중의 성분무게(g), 또는 기체 100mL 중의 성분무게(g)를 표시할 때는 W/V%, 용액 100mL 중의 성분용량(mL), 또는 기체 100mL 중의 성분용량(mL)을 표시할 때는 V/V%, 용액 100g 중 성분용량(mL)을 표시할 때는 V/W%, 용액 100g 중 성분무게(g)를 표시할 때는 W/W%의 기호를 쓴다. 다만, 용액의 농도를 "%"로만 표시할 때는 W/V%를 말한다.

Question 01

백분율(W/V, %)의 설명으로 알맞은 것은?
㉮ 용액 100g 중의 성분무게(g)를 표시
㉯ 용액 100mL 중의 성분용량(mL)을 표시
㉰ 용액 100mL 중의 성분무게(g)를 표시
㉱ 용액 100g 중의 성분용량(mL)을 표시

정답 ㉰

② 천분율(ppt, parts per thousand)을 표시할 때는 g/L, g/kg의 기호를 쓴다.
★ ③ 백만분율(ppm, parts per million)을 표시할 때는 mg/L, mg/kg의 기호를 쓴다.

Question 02

ppm을 설명한 것으로 틀린 것은?
㉮ ppb농도의 1,000배 이다.
㉯ 백만분율이라고 한다.
㉰ mg/kg이다.
㉱ %농도의 1/1,000이다.

풀이 ㉱ %농도의 1/10,000이다.

★ ④ 십억분율(ppb, parts per billion)을 표시할 때는 μg/L, μg/kg의 기호를 쓴다.
★★ ⑤ 기체 중의 농도는 표준상태(0℃, 1기압)로 환산 표시한다.

Question 03

농도표시에 관한 설명으로 틀린 것은?
㉮ 십억분율을 표시할 때는 μg/L, μg/kg의 기호로 쓴다.
㉯ 천분율을 표시할 때는 g/L, g/kg의 기호로 쓴다.
㉰ 용액의 농도는 %로만 표시할 때는 V/V%, W/W%를 나타낸다.
㉱ 용액 100 g 중 성분용량(mL)을 표시할 때는 V/W%의 기호로 쓴다.

풀이 ㉰ 용액의 농도는 %로만 표시할 때는 W/V%로 나타낸다.

★★ 3. 온도 표시

① 온도의 표시는 셀시우스(Celcius) 법에 따라 아라비아 숫자의 오른쪽에 ℃를 붙인다. 절대온도는 K로 표시하고, 절대온도 0K는 -273℃로 한다.
★★ ② 표준온도는 0℃, 상온은 15℃~25℃, 실온은 1℃~35℃로 하고, 찬 곳은 따로 규정이 없는 한 0℃~15℃의 곳을 뜻한다.
★★ ③ 냉수는 15℃ 이하, 온수는 60℃~70℃, 열수는 약 100℃를 말한다.

Question 04

온도에 관한 내용으로 틀린 것은?

㉮ 찬 곳은 따로 규정이 없는 한 0℃~15℃의 곳을 뜻한다.
㉯ 냉수는 15℃ 이하를 말한다.
㉰ 온수는 70℃~90℃를 말한다.
㉱ 상온은 15℃~25℃를 말한다.

풀이 ㉰ 온수는 60℃~70℃를 말한다.

④ "수욕상 또는 수욕중에서 가열한다."라 함은 따로 규정이 없는 한 수온 100℃에서 가열함을 뜻하고 약 100℃의 증기욕을 쓸 수 있다.

★★ ⑤ 각각의 시험은 따로 규정이 없는 한 상온에서 조작하고 조작 직후에 그 결과를 관찰한다. 단, 온도의 영향이 있는 것의 판정은 표준온도를 기준으로 한다.

Question 05

(   ) 안에 옳은 내용은?

제반 시험 조작은 따로 규정이 없는 한 상온에서 실시하고 조작 직후 그 결과를 관찰하는 것으로 한다. 단, 온도의 영향이 있는 것의 판정은 (   )를(을) 기준으로 한다.

㉮ 실온　　㉯ 표준온도　　㉰ 수온　　㉱ 정온

정답 ㉯

4. 기구 및 기기

공정시험기준에서 사용하는 모든 기구 및 기기는 측정결과에 대한 오차가 허용되는 범위 이내인 것을 사용하여야 한다.

5. 기구

공정시험기준에서 사용하는 모든 유리기구는 KSL 2302 이화학용 유리기구의 모양 및 치수에 적합한 것 또는 이와 동등 이상의 규격에 적합한 것으로, 국가 또는 국가에서 지정하는 기관에서 검정을 필한 것을 사용하여야 한다.

6. 기기

① 공정시험기준의 분석절차 중 일부 또는 전체를 자동화한 기기가 정도관리 목표 수준에 적합하고, 그 기기를 사용한 방법이 국내외에서 공인된 방법으로 인정되는 경우 이를 사용할 수 있다.
② 연속측정 또는 현장측정의 목적으로 사용하는 측정기기는 공정시험기준에 의한 측정치와의 정확한 보정을 행한 후 사용할 수 있다.
③ 분석용 저울은 0.1mg까지 달 수 있는 것이어야 하며, 분석용 저울 및 분동은 국가 검정을 필한 것을 사용하여야 한다.

7. 시약 및 용액

(1) 시약

시험에 사용하는 시약은 따로 규정이 없는 한 1급 이상 또는 이와 동등한 규격의 시약을 사용한다.

(2) 용액

① 용액의 앞에 몇 %라고 한 것(예 : 20% 수산화소듐 용액)은 수용액을 말하며, 따로 조제방법을 기재하지 아니하였으며 일반적으로 용액 100mL에 녹아있는 용질의 g 수를 나타낸다.
② 용액 다음의 ( )안에 몇 N, 몇 M, 또는 %라고 한 것[예 : 아황산소듐용액(0.1 N), 아질산소듐용액(0.1 M), 구연산이암모늄용액(20%)]은 용액의 조제방법에 따라 조제하여야 한다.
★★ ③ 용액의 농도를 (1→10), (1→100) 또는 (1→1000) 등으로 표시하는 것은 고체 성분에 있어서는 1g, 액체성분에 있어서는 1mL를 용매에 녹여 전체 양을 10mL, 100mL 또는 1,000mL로 하는 비율을 표시한 것이다.
★★ ④ 액체 시약의 농도에 있어서 예를 들어 염산(1+2)이라고 되어있을 때에는 염산 1mL와 물 2mL를 혼합하여 조제한 것을 말한다.

★★★ 8. 관련 용어의 정의

★★ ① 시험조작 중 "즉시"란 30초 이내에 표시된 조작을 하는 것을 뜻한다.
★★ ② "감압 또는 진공"이라 함은 따로 규정이 없는 한 15mmHg 이하를 뜻한다.

Question 06

수질오염공정시험기준에서 진공이라 함은?
㉮ 따로 규정이 없는 한 15mmHg 이하를 말한다.
㉯ 따로 규정이 없는 한 15mmH$_2$O 이하를 말한다.
㉰ 따로 규정이 없는 한 4mmHg 이하를 말한다.
㉱ 따로 규정이 없는 한 4mmH$_2$O 이하를 말한다.

정답 ㉮

③ "이상"과 "초과", "이하", "미만"이라고 기재하였을 때는 "이상" "이하"는 기산점 또는 기준점인 숫자를 포함하며, "초과"와 "미만"의 기산점 또는 기준점인 숫자를 포함하지 않는 것을 뜻한다. 또 "a~b"라 표시한 것은 a 이상 b 이하임을 뜻한다.

★★ ④ "바탕시험을 하여 보정한다."라 함은 시료에 대한 처리 및 측정을 할 때, 시료를 사용하지 않고 정제수를 이용하여 같은 방법으로 측정한 분석값을 시료의 분석값에서 빼는 것을 뜻한다.

★★ ⑤ 방울수라 함은 20℃에서 정제수 20 방울을 적하할 때, 그 부피가 약 1mL 되는 것을 뜻한다.

Question 07

방울수를 올바르게 정의한 것은?
㉮ 방울수라 함은 20℃에서 정제수 10방울을 적하할 때, 그 부피가 약 1mL되는 것을 뜻한다.
㉯ 방울수라 함은 20℃에서 정제수 20방울을 적하할 때, 그 부피가 약 1mL되는 것을 뜻한다.
㉰ 방울수라 함은 4℃에서 정제수 10방울을 적하할 때, 그 부피가 약 1mL되는 것을 뜻한다.
㉱ 방울수라 함은 4℃에서 정제수 20방울을 적하할 때, 그 부피가 약 1mL되는 것을 뜻한다.

정답 ㉯

★★ ⑥ "항량으로 될 때까지 건조한다."라 함은 같은 조건에서 1시간 더 건조할 때 전후 무게의 차가 g당 0.3mg 이하일 때를 말한다.

Question 08

'항량으로 될 때까지 강열한다.' 는 의미에 해당하는 것은?
㉮ 강열할 때 전후무게의 차가 g당 0.1 mg 이하일 때
㉯ 강열할 때 전후무게의 차가 g당 0.3 mg 이하일 때
㉰ 강열할 때 전후무게의 차가 g당 0.5 mg 이하일 때
㉱ 강열할 때 전후무게의 차가 없을 때

정답 ㉯

⑦ 용액의 산성, 중성, 또는 알칼리성을 검사할 때는 따로 규정이 없는 한 유리전극법에 의한 pH미터로 측정하고 구체적으로 표시할 때는 pH 값을 쓴다.
⑧ 여과용 기구 및 기기를 기재하지 않고 "여과한다." 라고 하는 것은 KSM 7602 거름종이 5종 A 또는 이와 동등한 여과지를 사용하여 여과함을 말한다.
★★ ⑨ "정밀히 단다."라 함은 규정된 양의 시료를 취하여 화학저울 또는 미량저울로 칭량함을 말한다.
★★ ⑩ 무게를 "정확히 단다."라 함은 규정된 수치의 무게를 0.1mg까지 다는 것을 말한다.
★★ ⑪ "정확히 취하여"라 하는 것은 규정한 양의 액체를 부피피펫으로 눈금까지 취하는 것을 말한다.

Question 09

"정확히 취하여" 라고 하는 것은 규정한 양의 액체를 무엇으로 눈금까지 취하는 것을 말하는가?
㉮ 메스실린더   ㉯ 뷰렛   ㉰ 부피피펫   ㉱ 눈금 비이커

정답 ㉰

★★ ⑫ "약"이라 함은 기재된 양에 대하여 ±10%이상의 차가 있어서는 안 된다.

Question 10

수질오염공정시험기준에서 사용되는 용어 중 "약"에 관한 용어정의로 옳은 것은?
㉮ 기재된 양에 대하여 ±0.1% 이상의 차가 있어서는 안 된다.
㉯ 기재된 양에 대하여 ±1% 이상의 차가 있어서는 안 된다.
㉰ 기재된 양에 대하여 ±5% 이상의 차가 있어서는 안 된다.
㉱ 기재된 양에 대하여 ±10% 이상의 차가 있어서는 안 된다.

정답 ㉱

★ ⑬ "냄새가 없다."라고 기재한 것은 냄새가 없거나, 또는 거의 없는 것을 표시하는 것이다.
⑭ 시험에 쓰는 물은 따로 규정이 없는 한 증류수 또는 정제수로 한다.
⑮ "방랭한다"라 함은 상온에 방치하여 상온까지 냉각하는 것을 말한다.

Question 11

수질오염공정시험기준 총칙에서 용어의 정의가 틀린 것은?
㉮ 무게를 "정확히 단다"라 함은 규정된 수치의 무게를 0.1 mg까지 다는 것을 말한다.
㉯ 시험조작 중 "즉시"란 30초 이내에 표시된 조작을 하는 것을 뜻한다.
㉰ "바탕시험을 하여 보정한다"라 함은 시료를 사용하여 같은 방법으로 조작한 측정치를 보정하는 것을 말한다.
㉱ "항량으로 될 때까지 건조한다"라 함은 1시간 더 건조하거나 또는 강열할 때 전후 차가 g당 0.3mg 이하일 때를 말한다.

풀이 ㉰ "바탕시험을 하여 보정한다"라 함은 시료를 사용하지 않고 같은 방법으로 조작한 측정치를 빼는 것을 말한다.

★★ 9. 용기

① "용기"라 함은 시험용액 또는 시험에 관계된 물질을 보존, 운반 또는 조작하기 위하여 넣어두는 것으로 시험에 지장을 주지 않도록 깨끗한 것을 뜻한다.
★★ ② "밀폐용기"라 함은 취급 또는 저장하는 동안에 이물질이 들어가거나 또는 내용물이 손실되지 아니하도록 보호하는 용기를 말한다.

Question 12

취급 또는 저장하는 동안에 이물이 들어가거나 또는 내용물이 손실되지 아니하도록 보호하는 용기는?
㉮ 차광용기 ㉯ 밀봉용기 ㉰ 밀폐용기 ㉱ 기밀용기

정답 ㉰

★ ③ "기밀용기"라 함은 취급 또는 저장하는 동안에 밖으로부터의 공기 또는 다른 가스가 침입하지 아니하도록 내용물을 보호하는 용기를 말한다.
★ ④ "밀봉용기"라 함은 취급 또는 저장하는 동안에 기체 또는 미생물이 침입하지 아니하도록 내용물을 보호하는 용기를 말한다.

Question 13

취급 또는 저장하는 동안에 기체 또는 미생물이 침입하지 아니하도록 내용물을 보호하는 용기는?
㉮ 밀봉용기 ㉯ 기밀용기 ㉰ 밀폐용기 ㉱ 완밀용기

정답 ㉮

⑤ "차광용기"라 함은 광선이 투과하지 않는 용기 또는 투과하지 않게 포장을 한 용기이며 취급 또는 저장하는 동안에 내용물이 광화학적 변화를 일으키지 아니하도록 방지할 수 있는 용기를 말한다.

CHAPTER 02 정도보증/정도관리(QA/QC)

01 목적

환경측정의 정도보증/정도관리는 측정·분석 결과의 정밀·정확도를 관리하고 보증하여 국가적인 환경정책 결정, 산업체의 오염물질 관리 및 국민의 삶의 질 관리에 기여하는 것을 그 목적으로 한다.

02 검정곡선(Calibration curve)

분석물질의 농도변화에 따른 지시값을 나타낸 것으로 시료 중 분석 대상 물질의 농도를 포함하도록 범위를 설정하고, 검정곡선 작성용 표준용액은 가급적 시료의 매질과 비슷하게 제조하여야 한다.

★★ 1. 검정곡선법(external standard method)

① 시료의 농도와 지시값과의 상관성을 검정곡선식에 대입하여 작성하는 방법이며, 검정곡선은 직선성이 유지되는 농도범위 내에서 제조농도 3~5개를 사용한다.

② 검정곡선식

$y = a_0 + a_1 \cdot x$

y : 지시값　　　x : 농도　　　a_0, a_1 : 계수

★★ 2. 표준물첨가법(standard addition method)

시료와 동일한 매질에 일정량의 표준물질을 첨가하여 검정곡선을 작성하는 방법으로써, 매질효과가 큰 시험 분석 방법에서 분석 대상 시료와 동일한 매질의 표준시료를 확보하지 못한 경우에 매질효과를 보정하여 분석할 수 있는 방법이다.

★★ 3. 내부표준법(internal standard method)

검정곡선 작성용 표준용액과 시료에 동일한 양의 내부표준물질을 첨가하여 시험분석 절차, 기기 또는 시스템의 변동으로 발생하는 오차를 보정하기 위해 사용하는 방법이다. 내부표준법은 시험 분석하려는 성분과 물리·화학적 성질은 유사하나 시료에는 없는 순수 물질을 내부표준물질로 선택한다. 일반적으로 내부표준물질로는 분석하려는 성분에 동위원소가 치환된 것을 많이 사용한다.

> **Question 01**
>
> 검정곡선 작성용 표준용액과 시료에 동일한 양의 내부표준물질을 첨가하여 시험분석 절차, 기기 또는 시스템의 변동으로 발생하는 오차를 보정하기 위해 사용하는 방법은?
> ㉮ 검정곡선법　　㉯ 표준물첨가법　　㉰ 내부표준법　　㉱ 절대검량선법
>
> **정답** ㉰

★★ 4. 검정곡선의 작성 및 검증

① 검정곡선을 작성하고 얻어진 검정곡선의 결정계수(R^2) 또는 감응계수(RF, response factor)의 상대표준편차가 일정 수준 이내이어야 하며, 결정계수나 감응계수의 상대표준편차가 허용범위를 벗어나면 재작성하여야 한다.

★★ ② 감응계수 = $\dfrac{R}{C}$

$\left[\begin{array}{l} C : \text{검정곡선 작성용 표준용액의 농도} \\ R : \text{반응값} \end{array}\right.$

Question 02

감응계수를 옳게 나타낸 것은? (단, 검정곡선 작성용 표준용액의 농도 : C, 반응값 : R)

㉮ 감응계수 = R/C ㉯ 감응계수 = C/R
㉰ 감응계수 = R×C ㉱ 감응계수 = C - R

정답 ㉮

③ 검정곡선은 분석할 때마다 작성하는 것이 원칙이며, 분석 과정 중 검정곡선의 직선성을 검증하기 위하여 각 시료군(시료 20개 이내)마다 1회의 검정곡선 검증을 실시한다.
④ 검증은 방법검출한계의 5배~50배 또는 검정곡선의 중간 농도에 해당하는 표준용액에 대한 측정값이 검정곡선 작성시의 지시값과 10% 이내에서 일치하여야 한다. 만약 이 범위를 넘는 경우 검정곡선을 재작성하여야 한다.

Question 03

분석물질의 농도변화에 대한 지시값을 나타내는 검정곡선방법에 대한 설명으로 알맞은 것은?

㉮ 검정곡선법은 시료의 농도와 지시값과의 상관성을 검정곡선식에 대입하여 작성하는 방법으로, 직선성이 유지되는 농도범위 내에서 제조농도 3 ~ 5개를 사용한다.
㉯ 표준물첨가법은 시료와 동일한 매질에 일정량의 표준물질을 첨가하여 검정곡선을 작성하는 것으로, 시험분석 절차, 기기 또는 시스템의 변동으로 발생하는 오차를 보정하기위해 사용한다.
㉰ 내부표준법은 표준용액과 시료에 동일한 양의 내부표준물질을 첨가하여 검정곡선을 작성하는 것으로, 매질효과가 큰 시험분석 방법에서 분석 대상 시료와 동일한 매질의 시료를 확보하지 못한 경우에 매질효과를 보정하기 위해 사용한다.
㉱ 검정곡선의 검증은 방법검출한계의 2배 ~ 5배 또는 검정곡선의 중간 농도에 해당하는 표준용액에 대한 측정값이 검정곡선 작성시의 지시값과 10% 이내에서 일치하여야 한다.

풀이 ㉯ 표준물첨가법은 시료와 동일한 매질에 일정량의 표준물질을 첨가하여 검정곡선을 작성하는 것으로, 매질효과가 큰 시험분석 방법에서 분석대상 시료와 동일한 매질의 표준시료를 확보하지 못한 경우에 매질효과를 보정하여 분석할 수 있는 방법이다.
㉰ 내부표준법은 표준용액과 시료에 동일한 양의 내부표준물질을 첨가하여 시험분석 절차, 기기 또는 시스템의 변동으로 발생하는 오차를 보정하기 위해 사용하는 방법이다.
㉱ 검정곡선의 검증은 방법검출한계의 5배 ~ 50배 또는 검정곡선의 중간 농도에 해당 하는 표준용액에 대한 측정값이 검정곡선 작성시의 지시값과 10% 이내에서 일치하여야 한다.

03 검출한계

1. 기기검출한계(IDL : instrument detection limit)

시험분석 대상물질을 기기가 검출할 수 있는 최소한의 농도 또는 양으로서, 일반적으로 S/N 비의 2배~5배 농도 또는 바탕시료를 반복 측정 분석한 결과의 표준편차에 3배한 값 등을 말한다.

2. 방법검출한계(MDL : method detection limit)

① 시료와 비슷한 매질 중에서 시험분석 대상을 검출할 수 있는 최소한의 농도로서, 제시된 정량한계 부근의 농도를 포함하도록 준비한 n개의 시료를 반복 측정하여 얻은 결과의 표준편차(S)에 99% 신뢰도에서의 t-분포값을 곱한 것이다.

② 방법검출한계 = t(n-1, a = 0.01)×S
여기서 t(n-1, a = 0.01)는 아래의 표에서 구한다.

자유도(n-1)	2	3	4	5	6	7	8	9
t-분포값	6.96	4.54	3.75	3.36	3.14	3.00	2.90	2.82

★★★ 3. 정량한계(LOQ, limit of quantification)

① 시험분석 대상을 정량화할 수 있는 측정값으로서, 제시된 정량한계 부근의 농도를 포함하도록 시료를 준비하고 이를 반복 측정하여 얻은 결과의 표준편차(S)에 10배한 값을 사용한다.
★★★ ② 정량한계 = 10×S

Question 04

정량한계(LOQ)를 옳게 나타낸 것은?
㉮ 정량한계 = 2×표준편차 ㉯ 정량한계 = 3.3×표준편차
㉰ 정량한계 = 5×표준편차 ㉱ 정량한계 = 10×표준편차

`정답` ㉱

04 정밀도(Precision)

 ① 시험분석 결과의 반복성을 나타내는 것으로 반복시험하여 얻은 결과를 상대표준편차(RSD, relative standard deviation)로 나타내며, 연속적으로 n회 측정한 결과의 평균값($\bar{x}$)과 표준편차(s)로 구한다.

 ② 정밀도(%) = $\dfrac{S(\text{표준편차})}{\bar{x}(n\text{회 측정한 결과의 평균값})} \times 100$

Question 05

정도관리 요소 중 정밀도를 옳게 나타낸 것은? (단, n : 연속적으로 측정한 횟수)
㉮ 정밀도(%) = (n회 측정한 결과의 평균값/표준편차)×100
㉯ 정밀도(%) = (표준편차/n회 측정한 결과의 평균값)×100
㉰ 정밀도(%) = (상대편차/n회 측정한 결과의 평균값)×100
㉱ 정밀도(%) = (n회 측정한 결과의 평균값/상대편차)×100

정답 ㉯

05 정확도(Accuracy)

① 시험분석 결과가 참값에 얼마나 근접하는가를 나타내는 것으로 동일한 매질의 인증시료를 확보할 수 있는 경우에는 표준절차서(SOP ; standard operational procedure)에 따라 인증표준물질을 분석한 결과값(C_M)과 인증값(C_C)과의 상대백분율로 구한다.

② 정확도(%) = $\dfrac{C_M}{C_C} \times 100 = \dfrac{C_{AM} - C_S}{C_A} \times 100$

C_{AM} : 인증시료를 확보할 수 없는 경우에 해당 표준물질을 첨가하여 시료를 분석한 분석값
C_S : 인증시료를 확보할 수 없는 경우에는 해당 표준물질을 첨가하지 않은 시료의 분석값
C_A : 첨가 농도

현장 이중시료(Field duplicate)

① 동일 위치에서 동일한 조건으로 중복 채취한 시료로서 독립적으로 분석하여 비교한다. 현장 이중시료는 필요시 하루에 20개 이하의 시료를 채취할 경우에는 1개를, 그 이상의 시료를 채취할 때에는 시료 20개당 1개를 추가로 채취하며, 동일한 조건에서 측정한 두 시료의 측정값 차를 두 시료 측정값의 평균값으로 나누어 상대편차백분율(RPD, relative percent difference)로 구한다.

② 상대편차백분율(%) = $\dfrac{C_2 - C_1}{\bar{x}} \times 100\%$

CHAPTER 03 일반시험기준

01 공장폐수 및 하수유량 – 관(pipe) 내의 유량 측정방법

1. 개요

① **목적**: 공장, 하수 및 폐수 종말처리장 등의 원수, 공정수, 배출수 등의 관내의 유량을 측정하는데 사용하며, 관(pipe)내의 유량측정 방법에는 벤튜리미터(venturi meter), 유량측정용 노즐(nozzle), 오리피스(orifice), 피토우(pitot)관, 자기식 유량측정기(magnetic flow meter)가 있다.

> **Question 01**
>
> 다음 중 관내의 유량 측정 방법으로 틀린 것은 어느 것인가?
> ㉮ 오리피스
> ㉯ 자기식 유량 측정기(Magnetic flow meter)
> ㉰ 피토우(pitot)관
> ㉱ 위어(Weir)
>
> **풀이** ㉱ 위어(Weir)는 관내의 압력이 필요하지 않은 측정용 수로에서 유량 측정 방법이다.

② **적용범위**: 공장, 하수 및 폐수 종말처리장 등의 원수, 공정수, 배출수 등에서 공장폐수 원수(raw wastewater), 1차 처리수(primary effluent), 2차 처리수(secondary effluent), 1차 슬러지(primary sludge), 반송슬러지(return sludge, thickened sludge), 포기액(mixed liquor), 공정수(process water) 등의 압력 하에 존재하는 관내의 유량을 측정하는 사용한다.

★★★ 폐수처리 공정에서 유량측정장치의 적용

장치	공장폐수 원수 (raw wastewater)	1차 처리수 (primary effluent)	2차 처리수 (secondary effluent)	1차 슬러지 (primary sludge)	반송 슬러지 (return sludge)	농축 슬러지 (thickened sludge)	포기액 (mixed liquor)	공정수 (process water)
벤튜리미터 (venturi meter)	○	○	○	○	○	○	○	
유량측정용 노즐(nozzle)	○	○	○	○	○	○	○	○
오리피스 (orifice)								○
피토우 (pitot)관								○
자기식 유량측정기 (magnetic flow meter)	○	○	○	○	○	○		○

Question 02

공장폐수 및 하수유량(관 내의 유량측정방법)을 측정하는 장치 중 공정수(process water)에 적용하지 않는 것은?

㉮ 유량측정용 노즐
㉯ 오리피스
㉰ 벤튜리미터
㉱ 자기식유량측정기

풀이 공장폐수나 하수의 관 내 유량측정방법 중 공정수(process water)에 적용되는 장치는 유량측정용 노즐, 오리피스, 피토우관, 자기식유량측정기이다.

㉠ 노즐의 경우 약간의 고형 부유물질이 포함된 폐·하수에도 이용할 수 있고, 피토우관은 부유물질이 많이 흐르는 폐·하수에서는 사용이 곤란하나 부유물질이 적은 대형관에서는 효율적인 유량측정기이다. 또한 자기식 유량 측정기기의 경우에는 고형물질이 많아 관을 메울 우려가 있는 폐·하수에 이용할 수 있다.

TIP
① 벤튜리미터 설치에 있어 관내의 흐름이 완전히 발달하여 와류에 영향을 받지 않고 실질적으로 직선적인 흐름을 유지해야 한다. 그러므로 벤튜리미터는 난류 발생에 원인이 되는 관로상의 점으로부터 충분히 하류지점에 설치해야하며, 통상관 직경의 약 30배~50배 하류에 설치해야 효과적이다.
② 노즐 출구의 분류는 속도분포가 고르기 때문에 관의 끝에 설치하여 유량계로서가 아닌 목적에도 쓰이고 있다.

▶ 유량계에 따른 정밀/정확도 및 최대유속과 최소유속의 비율

유량계	★★범위 (최대유량 : 최소유량)	★★정확도 (실제유량에 대한, %)	★★정밀도 (최대유량에 대한, %)
벤튜리미터(venturi meter)	4 : 1	±1	±0.5
유량측정용 노즐(nozzle)	4 : 1	±0.3	±0.5
오리피스(orifice)	4 : 1	±1	±1
피토우(pitot)관	3 : 1	±3	±1
자기식 유량측정기 (magnetic flow meter)	10 : 1	±1~2	±0.5

Question 03

관내의 공장폐수 및 하수유량 측정 장치인 벤튜리미터 유량계의 [최대유량 : 최소유량] 범위로 옳은 것은?

㉮ 2 : 1　　㉯ 3 : 1　　㉰ 4 : 1　　㉱ 5 : 1

`정답` ㉰

Question 04

유량계에 따른 '정밀도, 정확도'로 옳은 것은? (단, 최대유량 : 최소유량 = 4 : 1)

㉮ 벤튜리미터 정확도(실제유량에 대한 %) : ±3
㉯ 벤튜리미터 정밀도(최대유량에 대한 %) : ±5
㉰ 오리피스 정확도(실제유량에 대한 %) : ±3
㉱ 오리피스 정밀도(최대유량에 대한 %) : ±1

`정답` ㉱

2. 유량계 종류 및 특성

(1) 벤튜리미터(venturi meter) 특성 및 구조

벤튜리미터(venturi meter)는 긴 관의 일부로써 단면이 작은 목(throat)부분과 점점 축소, 점점 확대되는 단면을 가진 관으로 축소부분에서 정력학적

〈벤튜리미터〉

수두의 일부는 속도수두로 변하게 되어 관의 목(throat)부분의 정력학적 수두보다 적게 된다. 이러한 수두의 차에 의해 직접적으로 유량을 계산할 수 있다.

(2) 유량측정용 노즐(nozzle) 특성 및 구조

유량측정용 노즐은 수두와 설치비용 이외에도 벤튜리미터와 오리피스 간의 특성을 고려하여 만든 유량측정용 기구로서 측정원리의 기본은 정수압이 유속으로 변화하는 원리를 이용한 것이다.

그러므로 벤튜리미터의 유량 공식을 노즐에도 이용할 수 있다.

〈유량측정용 노즐〉

Question 05

긴 관의 일부로써 단면이 작은 목 부분과 점점 축소, 점점 확대되는 단면을 가진 관으로 축소 부분에서 정역학적 수두의 일부는 속도수두로 변하게 되어 관의 목부분의 정역학적 수두보다 적어지는 이러한 차에 의해 직접적으로 유량을 측정하는 것은?
㉮ 벤튜리미터 ㉯ 피토우관
㉰ 자기식 유량측정기 ㉱ 오리피스

정답 ㉮

(3) 오리피스(orifice) 특성 및 구조

오리피스는 설치에 비용이 적게 들고 비교적 유량측정이 정확하여 얇은 판 오리피스가 널리 이용되고 있으며 흐름의 수로 내에 설치한다. 오리피스를 사용하는 방법은 노즐(nozzle)과 벤튜리미터와 같다.

오리피스의 장점은 단면이 축소되는 목(throat)부분을 조절함으로써 유량이 조절된다는 점이며, 단점은 오리피스(orifice) 단면에서 커다란 수두손실이 일어난다는 점이다.

〈오리피스〉

> **Question 06**
>
> 공장폐수 및 하수유량 측정방법 중 오리피스에 대한 내용으로 틀린 것은?
> ㉮ 설치에 비용이 적게 소요되며 비교적 유량측정이 정확하다.
> ㉯ 오리피스판의 두께에 따라 흐름의 수로 내외에 설치가 가능하다.
> ㉰ 오리피스 단면에 커다란 수두손실이 일어나는 단점이 있다.
> ㉱ 단면이 축소되는 목부분을 조절함으로써 유량이 조절된다.
>
> **풀이** ㉯ 얇은 판 오리피스가 널리 이용되고 있으며 흐름의 수로 내에 설치한다.

★★ (4) 피토우(pitot)관 특성 및 구조

피토우관의 유속은 마노미터에 나타나는 수두차에 의하여 계산한다. 왼쪽의 관은 정수압을 측정하고 오른쪽관은 유속이 0인 상태인 정체압력(stagnation pressure)을 측정한다.

피토우관으로 측정할 때는 반드시 일직선상의 관에서 이루어져야 하며, 관의 설치장소는 엘보우(elbow), 티(tee)등 관이 변화하는 지점으로부터 최소한 관 지름의 15배~50배 정도 떨어진 지점이어야 한다.

〈피토우(Pitot)관〉

(5) 자기식 유량측정기(magnetic flow meter) 특성 및 구조

측정원리는 패러데이(faraday)의 법칙을 이용하여 자장의 직각에서 전도체를 이동시킬 때 유발되는 전압은 전도체의 속도에 비례한다는 원리를 이용한 것으로 이 경우 전도체는 폐·하수가 되며, 전도체의 속도는 유속이 된다. 이때 발생된 전압은 유량계 전극을 통하여 조절변류기로 전달된다.

이 측정기는 ★★ 전압이 활성도, 탁도, 점성, 온도의 영향을 받지 않고 다만 유체(폐·하수)의 유속에 의하여 결정되며 수두손실이 적다.

〈자기식 유량측정기〉

Question 07

고형물질이 많아 관을 메울 우려가 있는 폐·하수의 관내 유량을 측정하는 방법으로 알맞은 것은 어느 것인가?

㉮ 자기식 유량측정기(magnetic flow meter) ㉯ 유량측정용 노즐(nozzle)
㉰ 파샬플룸(parshall flume) ㉱ 피토우관(pitot)

정답 ㉮

(6) 결과보고

① 벤튜리미터, 유량측정 노즐, 오리피스 측정공식

 $Q = \dfrac{C \cdot A}{\sqrt{1 - [\dfrac{d_2}{d_1}]^4}} \sqrt{2g \cdot H}$

- Q : 유량(cm^3/sec)
- A : 목(throat)부분의 단면적(cm^2) [= $\dfrac{\pi d_2^2}{4}$]
- H_1 : 유입부 관 중심부에서의 수두(cm)
- g : 중력가속도(980cm/sec^2)
- d_2 : 목(throat)부 직경(cm)
- C : 유량계수
- H : H_1-H_2(수두차 : cm)
- H_2 : 목(throat)부의 수두(cm)
- d_1 : 유입부의 직경(cm)

② 피토우(pitot)관 측정공식

 $Q = C \cdot A \cdot V = C \times \dfrac{\pi \cdot D^2}{4} \times \sqrt{2 \cdot g \cdot H}$

- Q : 유량(cm^3/sec)
- A : 관의 유수단면적(cm^2) [= $\dfrac{\pi D^2}{4}$]
- H : H_1-H_2(수두차 : cm)
- H_1 : 정체압력 수두(cm)
- D : 관의 직경(cm)
- C : 유량계수
- V : $\sqrt{2g \cdot H}$(cm/sec)
- g : 중력가속도(980cm/sec^2)
- H_2 : 정수압 수두(cm)

02 공장폐수 및 하수유량 - 측정용 수로 및 기타 유량 측정방법

1. 개요

(1) 목적

공장, 하수 및 폐수 종말처리장 등의 원수, 공정수, 배출수 등의 개수로의 유량을 측정하는데 사용한다.

(2) 적용범위

① 관내의 압력이 필요하지 않은 측정용 수로에서 유량을 측정하는데 적용한다.
② 공장, 하수 및 폐수 종말처리장 등의 원수, 공정수 배출수 등에서 공장폐수원수(raw wastewater), 1차 처리수(primary effluent), 2차 처리수(secondary effluent), 공정수(process water)등의 측정용 수로 유량을 측정하는데 사용한다.

▶ 폐수처리 공정에서 유량측정장치의 적용

	공장폐수 원수 (raw wastewater)	1차 처리수 (primary effluent)	2차 처리수 (secondary effluent)	1차 슬러지 (primary sludge)	반송 슬러지 (return sludge)	농축 슬러지 (thickened sludge)	포기액 (mixed liquor)	공정수 (process water)
웨어 (weir)		○	○					○
플룸 (flume)	○	○	○					○

Question 08

폐수처리 공정 중 관 내의 압력이 필요하지 않은 측정용 수로의 유량측정장치인 웨어가 적용되지 않는 것은?
㉮ 공장폐수원수 ㉯ 1차 처리수 ㉰ 2차 처리수 ㉱ 공정수

풀이) 웨어는 1차 처리수, 2차 처리수, 공정수의 유량측정에 적용한다.

▶ 유량계에 따른 정밀/정확도 및 최대유속과 최소유속의 비율

유량계	범위 (최대유량 : 최소유량)	정확도 (실제유량에 대한, %)	정밀도 (최대유량에 대한, %)
웨어(weir)	500 : 1	±5	±0.5
파샬수로(flume)	10 : 1~75 : 1	±5	±0.5

Question 09

공장폐수 및 하수유량 측정을 위한 웨어의 최대유량과 최소유량의 비로 옳은 것은?

㉮ 100 : 1　　㉯ 200 : 1　　㉰ 400 : 1　　㉱ 500 : 1

정답 ㉱

Question 10

공장, 하수 및 폐수 종말처리장 등의 원수, 공정수, 배출수 등의 개수로 유량을 측정하는데 사용하는 웨어의 정확도 기준은 얼마인가? (단, 실제유량에 대한 %)

㉮ ±5%　　㉯ ±10%　　㉰ ±15%　　㉱ ±25%

정답 ㉮

(3) 웨어(weir)

① 웨어의 종류 및 구조

(a) 3각 웨어　　　　(b) 4각 웨어

〈웨어의 구조〉

② 수로

㉠ 수로는 목재, 철판, PVC판, FRP 등을 이용하여 만들며 부식성을 고려하여 내구성이 강한 재질을 선택한다.

㉡ 수로의 크기는 수로의 내부치수로 정하되 폐수량에 따라 적절하게 결정한다.

㉢ 수로는 바닥면을 수평으로 하며 수위를 읽는데 오차가 생기지 않도록 한다.

② 수로의 측면과 바닥면은 안측이 직각으로 접하게 하고, 누수가 없도록 하여야 한다.
⑩ 웨어판에 다가오는 흐름을 고르게 하여 수면의 파동이 없게 하기 위하여 웨어의 상류에 체(눈금의 간격 10mm~20mm 철재의 체를 사용하여도 좋다) 혹은 적당한 다공판으로 만든 정류장치를 마련하며, 그 위치는 따로 정한다.
⑪ 웨어의 수로는 웨어로부터 상류로 향하여 수위측정부분(L_1), 정류부분(L_2), 유수도입부분(L_3)으로 되어 있으며 정류장치의 다공판은 2매 이상, 가능한 한 4매로 하고 정류부분에 같은 간격으로 유수에 직각 또는 수직으로 붙인다.
★★ ⑫ 유수의 도입부분은 상류측의 수로가 웨어의 수로 폭과 깊이보다 <U>클 경우에는 없어도 좋다.</U> 저수량은 될수록 큰 편이 좋다.

〈웨어의 수로(입체도)〉

📢 Question 11

웨어의 수로에 관한 설명으로 잘못된 것은 어느 것인가?
㉮ 수로는 목재, 철판, PVC판, FRP 등을 이용하여 만들며 부식성을 고려하여 내구성이 강한 재질을 선택한다.
㉯ 수로의 크기는 수로의 내부치수로 정하되 폐수량에 따라 적절하게 결정한다.
㉰ 수로는 바닥면을 수평으로 하며 수위를 읽는데 오차가 생기지 않도록 한다.
㉱ 유수의 도입부분은 상류측의 수로가 웨어의 수로폭과 깊이보다 작을 경우에는 없어도 좋다.

풀이 ㉱ 유수의 도입부분은 상류측의 수로가 웨어의 수로폭과 깊이보다 클 경우에는 없어도 좋다.

③ 웨어판
   ㉠ 웨어판의 재료는 ★★ <U>3mm 이상의 두께</U>를 갖는 내구성이 강한 철판으로 한다.
   ㉡ 웨어판의 가장자리는 웨어판의 안측으로부터 약 2mm의 사이는 웨어판의 양측면에 직각인 평면을 이루고, 그것으로부터 바깥쪽으로 향하여 약 45°의 경사면을 이루는 것으로 한다.
   ㉢ 웨어판 ★★ <U>안측의 가장자리는 직선</U>이어야 하며, 그 귀퉁이는 날카롭거나 둥글지 않게 줄로 다듬는다.
   ㉣ 웨어판 ★★ <U>내면은 평면</U>이어야 하며, 특히 가장자리로부터 100mm 이내는 될수록 매끄럽게 다듬는다.

㉤ 웨어판은 유수의 수압에 의하여 바깥쪽으로 굽지 않도록 웨어판 바깥면의 절단 하부점(직각 3각 웨어), 절단 하부 모서리(4각 웨어)로 부터 30cm 이상 떨어져서 보강재를 붙인다.

㉥ 웨어판은 수로의 장축에 직각 또는 수직으로 하여 말단의 바깥틀에 누수가 없도록 고정한다.

㉦ 웨어판의 크기는 수로의 붙인 틀의 크기에 맞추며 절단의 크기는 따로 정한다.

㉧ 직각 3각 웨어의 절단은 절단각도를 90°로 하고 그 2등분선은 수직이며, 또한 수로 폭의 중앙에 위치하도록 붙인다.

㉨ 웨어판은 절단 하부 귀퉁이의 2등분선이 수로의 중앙에 위치하며 또 그 하부 귀퉁이가 수로 밑면과 수평이며, 또한 평행하게 되도록 붙인다.

Question 12

유량 측정시 사용되는 웨어판에 대한 내용으로 잘못된 것은 어느 것인가?
㉮ 웨어판의 재료는 3mm 이상의 두께를 갖는 내구성이 강한 철판으로 한다.
㉯ 웨어판의 내면은 평면이어야 한다.
㉰ 웨어판 안측의 가장자리는 직선이어야 한다.
㉱ 웨어판의 크기는 수로의 붙인 틀의 크기에 맞추고 절단의 크기는 따로 정하지 않는다.

풀이 ㉱ 웨어판의 크기는 수로의 붙인 틀의 크기에 맞추고 절단의 크기는 따로 정한다.

(4) 유량의 산출 방법

① 직각 3각 웨어

 $Q = K \cdot h^{5/2}$

$$\begin{bmatrix} Q : 유량(m^3/\text{분}) \\ B : 수로의\ 폭(m) \\ h : 웨어의\ 수두(m) \end{bmatrix}$$

$K : 유량계수 = 81.2 + \dfrac{0.24}{h} + [8.4 + \dfrac{12}{\sqrt{D}}] \times [\dfrac{h}{B} - 0.09]^2$

$D : 수로의\ 밑면으로부터\ 절단\ 하부\ 점까지의\ 높이(m)$

Question 13

수로 및 직각 3각 웨어판을 만들어 유량을 산출할 때 웨어의 수두 0.2m, 수로의 밑면에서 절단 하부점까지의 높이 0.75m, 수로의 폭 0.5m일 때의 웨어의 유량(m^3/min)은 얼마인가? (단, $k = 81.2 + \dfrac{0.24}{h} + \left[8.4 + \dfrac{12}{\sqrt{D}}\right] \times \left[\dfrac{h}{B} - 0.09\right]^2$)

㉮ 0.54m^3/min ㉯ 1.15m^3/min ㉰ 1.51m^3/min ㉱ 2.33m^3/min

풀이

① $k = 81.2 + \dfrac{0.24}{h} + \left[8.4 + \dfrac{12}{\sqrt{D}}\right] \times \left[\dfrac{h}{B} - 0.09\right]^2$

$= 81.2 + \dfrac{0.24}{0.2m} + \left[8.4 + \dfrac{12}{\sqrt{0.75m}}\right] \times \left[\dfrac{0.2m}{0.5m} - 0.09\right]^2 = 84.54$

② $Q = k \cdot h^{\frac{5}{2}} \, (m^3/min) = 84.54(0.2m)^{\frac{5}{2}} = 1.51 m^3/min$

② 4각 웨어

 $Q = K \cdot b \cdot h^{3/2}$

$\begin{bmatrix} Q : 유량(m^3/분) \\ K : 유량계수 = 107.1 + \dfrac{0.177}{h} + 14.2\dfrac{h}{D} - 25.7 \times \sqrt{\dfrac{(B-b)h}{D \cdot B}} + 2.04\sqrt{\dfrac{B}{D}} \\ D : 수로의 밑면으로부터 절단 하부 모서리까지의 높이(m) \\ B : 수로의 폭(m) \qquad b : 절단의 폭(m) \qquad h : 웨어의 수두(m) \end{bmatrix}$

Question 14

4각 위어를 사용하여 유량을 측정하고자 한다. 위어의 수두가 30cm, 수로의 밑면으로부터 절단 하부 모서리까지의 높이가 0.8m, 수로의 폭이 1.5m, 절단의 폭이 1.0m이다. 이때의 유량은?

(단, $k = 107.1 + \dfrac{0.177}{H} + 14.2\dfrac{H}{D} - 25.7 \times \sqrt{\dfrac{(B-b)H}{D \cdot B}} + 2.04\sqrt{\dfrac{B}{D}}$)

㉮ 4.99m^3/분 ㉯ 5.26m^3/분 ㉰ 13.31m^3/분 ㉱ 17.54m^3/분

풀이

$Q(m^3/min) = k \times b \times h^{\frac{3}{2}}$

$\begin{bmatrix} Q : 유량(m^3/min) \qquad k : 유량계수 \qquad b : 절단의 폭(m) \qquad h : 위어의 수두(m) \end{bmatrix}$

따라서 $Q = 109 \times 1.0(m) \times (0.3m)^{\frac{3}{2}} = 17.91 m^3/min$

★★★ TIP

삼각 웨어와 사각 웨어의 유량 적용공식 핵심정리

구분	적용공식	K값
삼각 웨어	$Q = K \cdot h^{5/2}(m^3/min)$	K = 83~85
사각 웨어	$Q = K \cdot b \cdot h^{3/2}(m^3/min)$	K = 109~111

2. 파샬수로(parshall flume)

★★ (1) 특성

수두차가 작아도 유량측정의 정확도가 양호하며 측정하려는 폐하수 중에 부유물질 또는 토사 등이 많이 섞여 있는 경우에도 목(throat) 부분에서의 유속이 상당히 빠르므로 부유물질의 침전이 적고 자연유하가 가능하다.

〈파샬수로의 개략도〉

★★ (2) 재질

부식에 대한 내구성이 강한 스테인레스 강판, 염화비닐합성수지, 섬유유리, 강철판, 콘크리트 등을 이용하여 설치하되 면처리는 매끄럽게 처리하여 가급적 마찰로 인한 수두 손실을 적게 한다.

Question 15

파아샬 수로(Parshall flume)에 대한 설명으로 옳지 않은 것은?
㉮ 수두차가 작아도 유량측정의 정확도가 양호하다.
㉯ 부유물질 또는 토사등이 많이 섞여 있는 경우에도 목(throat)부분에서의 유속이 상당히 빠르므로 부유물질의 침전이 적다.
㉰ 재질은 부식에 대한 내구성이 강한 스테인레스 강판, 염화비닐합성수지 등을 이용한다.
㉱ 관형 및 장방형으로 구분되며 패러데이(Faraday)의 법칙을 이용한다.

풀이 ㉱ 패러데이(Faraday)법칙을 이용하는 것은 자기식 유량 측정기(Magnetic flow meter)이다.

(3) 유량측정 공식

▶ 유량측정 공식(경험식)

목(throat)폭	적용공식
W = 7.6cm	$q = 0.143 Ha^{1.55}$ (L/s)
W = 15.2cm	$q = 0.264 Ha^{1.58}$ (L/s)
W = 22.86cm	$q = 0.466 Ha^{1.53}$ (L/s)
W = 30.48cm~243.84cm	$q = 0.964 Ha^{1.52}$ (L/s)

Ha : 상류부의 수위(cm)   q : L/초

Question 16

어떤 공장 배수의 유량을 측정하기 위하여 파샬수로를 설치하였다. 파샬수로의 목의 폭(W) = 5.2cm 이고 경험에 의한 유량측정공식은 $Q = 0.264 Ha^{1.58}$이며 상류부의 수위가 20cm라면 유량은?

㉮ 10L/sec   ㉯ 15L/sec   ㉰ 20L/sec   ㉱ 30L/sec

풀이 $Q = 0.264 \times H_a^{1.58} = 0.264 \times (20cm)^{1.58} = 30.0$ L/sec

3. 용기에 의한 측정

★★ **(1) 최대 유량이 1m³/분 미만인 경우**

① 유수를 용기에 받아서 측정한다.
② 용기는 용량 100~200 L인 것을 사용하여 유수를 채우는 데에 요하는 시간을 스톱워치(stop watch)로 잰다. 용기에 물을 받아 넣는 시간을 20초 이상이 되도록 용량을 결정한다.
③ 다음 계산식에 의하여 그 유량을 구한다.

★★ $Q = 60 \cdot \dfrac{V}{t}$

Q : 유량(m³/분)   V : 측정용기의 용량(m³)
t : 유수가 용량 V를 채우는 데에 걸린 시간(sec)

> **Question 17**
>
> 최대 유량이 1m³/min 미만인 경우, 용기에 의한 유량 측정에 대한 내용으로 틀린 것은 어느 것인가?
> ㉮ 유량(m³/min) = 60×V/t이다. (t : 유수가 용기 V를 채우는데 걸린 시간(sec), V : 측정용기의 용량(m³)
> ㉯ 유수를 채우는데 소요하는 시간을 스톱워치로 잰다.
> ㉰ 용기에 물을 받아 넣는 시간을 20초 이상이 되도록 용량을 결정한다.
> ㉱ 용기는 용량 50~100L인 것을 사용한다.
>
> **풀이** ㉱ 용기는 용량 100~200L인 것을 사용한다.

(2) 최대유량 1m³/분 이상인 경우

① 이 경우는 침전지, 저수지 기타 적당한 수조(水槽)를 이용한다.
② 수조가 작은 경우는 한번 수조를 비우고서 유수가 수조를 채우는 데 걸리는 시간으로부터 최대유량이 1m³/분 미만인 경우와 동일한 방법으로 유량을 구한다.
③ 수조가 큰 경우는 유입시간에 있어서 유수의 부피는 상승한 수위와 상승 수면의 평균 표면적의 계측에 의하여 유량을 산출한다. 이 경우 측정시간은 5분 정도, 수위의 상승 속도는 적어도 매분 1cm 이상이어야 한다.

4. 개수로에 의한 측정

(1) 수로의 구성재질과 수로 단면의 형상이 일정하고 수로의 길이가 적어도 10m까지 똑바른 경우

① 직선 수로의 구배와 횡단면을 측정하고 이어서 자(尺) 등으로 수로폭간의 수위를 측정한다.
② 다음의 식을 사용하여 유량을 계산한다. 평균유속은 케이지(Chezy)의 유속공식에 의한다.

$Q = 60 \cdot V \cdot A$

Q : 유량(m³/분)
A : 유수단면적(m²)
C : 유속계수(Bazin의 공식)
R : 경심[유수 단면적 A를 윤변 S로 나눈 것(m)]

★★ V : 평균유속(= $C\sqrt{Ri}$)(m/s)
i : 홈 바닥의 구배(비율)
$C = \dfrac{87}{1 + \dfrac{r}{\sqrt{R}}}$ (m/s)

Question 18

그림과 같은 개수로(수로의 구성재질과 수로 단면의 형상이 일정하고 수로의 길이가 적어도 10m 까지 똑바른 경우)가 있다. 수심 1m, 수로폭 2m, 수면경사 $\frac{1}{1,000}$ 인 수로의 평균 유속($C(Ri)^{0.5}$)을 케이지(Chezy)의 유속 공식으로 계산하였을 때 유량은?

(단, Bazin의 유속계수 $C = \dfrac{87}{1+\dfrac{r}{\sqrt{R}}}$ 이며 $R = \dfrac{Bh}{B+2h}$ 이고 r = 0.46이다.)

㉮ 102m³/min ㉯ 122m³/min ㉰ 142m³/min ㉱ 162m³/min

① $R(경심m) = \dfrac{A(면적)}{S(윤변의 길이)} = \dfrac{1m \times 2m}{2m + 2 \times 1m} = 0.5m$

② $C = \dfrac{87}{1+\dfrac{r}{\sqrt{R}}} = \dfrac{87}{1+\dfrac{0.46}{\sqrt{0.5m}}} = 52.71$

③ Chezy식에서 유속(v) = $C \times (R \times i)^{0.5}$ = $52.71 \times (0.5m \times \dfrac{1}{1,000})^{0.5}$ = 1.1786m/sec

④ 유량(Q) = 단면적(A)×유속(v) = (1m×2m)×1.1786m/sec×60sec/min = 141.43m³/min

▶ 관의 형상에 따른 경심공식

★★ 원형	★★ 장방형	제형
A(면적) = $\dfrac{\pi \cdot D^2}{4}$	A(면적) = b × h	A(면적) = $\dfrac{h(B_1+B_2)}{2}$
S(윤변의 길이) = $\pi \cdot D$	S(윤변의 길이) = b + 2h	S(윤변의 길이) = $B_2 + 2b$
★★ R(경심) = $\dfrac{D}{4}$	★★ R(경심) = $\dfrac{b \times h}{b+2h}$	R(경심) = $\dfrac{h(B_1+B_2)}{2(B_2+2b)}$

TIP
배진(Bazin)의 조도상수 r(수로의 매끄러운 정도를 나타내는 상수)의 값

수로의 특성	r
모르타르(mortar)의 바름, 대패로 민 목재판, 기타 곱게 시공을 했거나 매끄러운 면	0.06
곱게 다듬은 판바름, 절석공(切石工) 또는 연와공 등의 매끄러운 면	0.16
콘크리트로 만든 수로	0.30
보통 다듬돌로 쌓은 수로, 거치른 콘크리트 등의 조잡한 면	0.46
정규의 단면으로 장석을 쌓은 수로	0.85
단면이 비교적 정돈된 보통의 하천	1.30

★★ **(2) 수로의 구성, 재질, 수로단면의 형상, 구배 등이 일정하지 않은 개수로의 경우**

① 수로는 될수록 직선적이며, 수면이 물결치지 않는 곳을 고른다.

★★ ② 10m를 측정구간으로 하여 2m마다 유수의 횡단면적을 측정하고, 산술평균값을 구하여 유수의 평균 단면적으로 한다.

★★ ③ 유속의 측정은 부표를 사용하여 10m구간을 흐르는데 걸리는 시간을 스톱워치(stop watch)로 재며 이때 실측유속을 표면 최대유속으로 한다.

④ 수로의 수량은 다음 식을 사용하여 계산한다.

★★ $V = 0.75 \cdot V_e$

$$\begin{bmatrix} V : 총평균 \ 유속(m/s) & V_e : 표면 \ 최대유속(m/s) \end{bmatrix}$$

Question 19

개수로 평균 단면적이 0.8m²이고, 표면 최대 유속이 2m/sec일 때 총 평균 유속은? (단, 수로의 구성, 재질, 수로 단면의 형상, 구배 등이 일정치 않은 개수로의 경우)

㉮ 60m/min ㉯ 70m/min ㉰ 80m/min ㉱ 90m/min

풀이 $V = 0.75 \times V_e = 0.75 \times 2m/sec \times 60sec/min = 90m/min$

$Q = 60 \cdot V \cdot A$

$$\begin{bmatrix} Q : 유량(m^3/분) \\ A : 측정구간의 \ 유수의 \ 평균단면적(m^2) \end{bmatrix} \quad V : 총평균 \ 유속(m/s)$$

Question 20

개수로 유량측정에 관한 설명으로 옳지 않은 것은? (단, 수로의 구성, 재질, 단면의 형상, 기울기 등이 일정하지 않은 개수로의 경우)

㉮ 수로는 가능한 한 직선적이며 수면이 물결치지 않는 곳을 고른다.
㉯ 10m를 측정구간으로 하여 2m마다 유수의 횡단면적을 측정하고, 산출평균 값을 구하여 유수의 평균 단면적으로 한다.
㉰ 유속의 측정을 부표를 사용하여 100m 구간을 흐르는데 걸리는 시간을 스톱워치로 재며 이때 실측 유속을 표면 최대유속으로 한다.
㉱ 총 평균 유속(m/s)은 [0.75×표면 최대유속(m/s)] 식으로 계산된다.

풀이 ㉰ 유속의 측정은 부표를 사용하여 10m 구간을 흐르는데 걸리는 시간을 스톱워치로 재며 이때 실측유속을 표면 최대유속으로 한다.

03 하천유량 – 유속 면적법

1. 목적

하천 유량을 측정하여 유역의 수위, 유량, 유사량, 하상의 변동 상황과 강수량과 유출량을 측정하여 하천의 오염 정도를 측정하는데 목적이 있다.

★★ 2. 적용범위

이 시험기준은 단면의 폭이 크며 유량이 일정한 곳에 활용하기에 적합하다.

① 균일한 유속분포를 확보하기 위한 충분한 길이(약 100m 이상)의 직선 하도(河道)의 확보가 가능하고 횡단면상의 수심이 균일한 지점
② 모든 유량 규모에서 하나의 하도로 형성되는 지점
★★ ③ 가능하면 하상이 안정되어 있고, 식생의 성장이 없는 지점
④ 유속계나 부자가 어디에서나 유효하게 잠길 수 있을 정도의 충분한 수심이 확보되는 지점
★★ ⑤ 합류나 분류가 없는 지점
★★ ⑥ 교량 등 구조물 근처에서 측정할 경우 교량의 상류지점
★★ ⑦ 대규모 하천을 제외하고 가능하면 도섭으로 측정할 수 있는 지점
⑧ 선정된 유량측정 지점에서 말뚝을 박아 동일 단면에서 유량측정을 수행할 수 있는 지점

Question 21

유속 면적법을 이용하여 하천유량을 측정할 때 적용 적합지점에 관한 내용으로 틀린 것은?

㉮ 가능하면 하상이 안정되어 있고 식생의 성장이 없는 지점
㉯ 합류나 분류가 없는 지점
㉰ 교량 등 구조물 근처에서 측정할 경우 교량의 상류 지점
㉱ 대규모 하천을 제외하고 가능한 부자(浮子)로 측정할 수 있는 지점

풀이 ㉱ 대규모 하천을 제외하고 가능하면 도섭으로 측정할 수 있는 지점

3. 결과보고

유황(流況)이 일정하고 하상의 상태가 고른 지점을 선정하여 물이 흐르는 방향과 직각이 되도록 하천의 양끝을 로프로 고정하고 등간격으로 측정점을 정한다.

통수단면을 여러개로 소구간 단면으로 나누어 각 소구간 마다 수심 및 유속계로 1개~2개의 점 유속을 측정하고 소구간 단면의 평균유속 및 단면적을 구한다. 이 평균유속에 소구간 단면적을 곱하여 소구간 유량(qm)으로 한다.

소구간 단면에 있어서 평균유속 Vm은 수심 0.4 m를 기준으로 다음과 같이 구한다.

★★ ① 수심이 0.4 m 미만일 때 $V_m = V_{0.6}$

★★ ② 수심이 0.4 m 이상일 때 $V_m = \dfrac{(V_{0.2} + V_{0.8})}{2}$

$V_{0.2}$, $V_{0.6}$, $V_{0.8}$은 각각 수면으로부터 전 수심의 20%, 60% 및 80%인 점의 유속이다.

Question 22

유속-면적법에 의한 하천유량을 구하기 위한 소구간 단면에 있어서의 평균유속 V_m을 구하는 식은? (단, $V_{0.2}$, $V_{0.4}$, $V_{0.5}$, $V_{0.6}$, $V_{0.8}$은 각각 수면으로부터 전 수심의 20%, 40%, 50%, 60% 80%인 점의 유속이다.)

㉮ 수심이 0.4 m 미만일 때 $V_m = V_{0.5}$
㉯ 수심이 0.4 m 미만일 때 $V_m = V_{0.8}$
㉰ 수심이 0.4 m 이상일 때 $V_m = (V_{0.2}+V_{0.8}) \times 1/2$
㉱ 수심이 0.4 m 이상일 때 $V_m = (V_{0.4}+V_{06}) \times 1/2$

정답 ㉰

04 시료의 채취 및 보존방법

1. 개요

지표수, 하·폐수 등의 시료채취 및 보존에 적용한다.

2. 시료채취방법

(1) 배출허용기준 적합여부 판정을 위한 시료채취

배출허용기준 적합 여부 판정을 위하여 채취하는 시료는 시료의 성상, 유량, 유속 등의 시간에 따른 변화를 고려하여 현장물의 성질을 대표할 수 있도록 채취하여야 하며, 복수채취를 원칙으로 한다. 단, 신속한 대응이 필요한 경우 등 복수채취가 불합리한 경우에는 예외로 할 수 있다.

★★★ ① 복수시료채취방법 등

★★ ㉠ 수동으로 시료를 채취할 경우에는 30분 이상 간격으로 2회 이상 채취(composite sample)하여 일정량의 단일시료로 한다. 단, 부득이한 사유로 6시간 이상 간격으로 채취한 시료는 각각 측정분석한 후 산술평균하여 측정분석값을 산출한다.

★★ ㉡ 자동시료채취기로 시료를 채취할 경우에는 6시간 이내에 30분 이상 간격으로 2회 이상 채취(composite sample)하여 일정량의 단일시료로 한다.

> **Question 23**
>
> 자동시료채취기의 시료채취 기준으로 옳은 것은? (단, 배출허용기준 적합여부 판정을 위한 시료채취-복수시료채취방법 기준)
>
> ㉮ 2시간 이내에 30분 이상 간격으로 2회 이상 채취하여 일정량의 단일시료로 한다.
> ㉯ 4시간 이내에 30분 이상 간격으로 2회 이상 채취하여 일정량의 단일시료로 한다.
> ㉰ 6시간 이내에 30분 이상 간격으로 2회 이상 채취하여 일정량의 단일시료로 한다.
> ㉱ 8시간 이내에 30분 이상 간격으로 2회 이상 채취하여 일정량의 단일시료로 한다.
>
> **정답** ㉰

㉢ 수소이온농도(pH), 수온 등 현장에서 즉시 측정하여야 하는 항목인 경우에는 30분 이상 간격으로 2회 이상 측정한 후 산술평균하여 측정값을 산출한다. (단, pH의 경우 2회 이상 측정한 값을 pH 7을 기준으로 산과 알칼리로 구분하여 평균값을 산정

하고 산정한 평균값 중 배출허용기준을 많이 초과한 평균값을 측정분석값으로 함)
ⓔ 시안(CN), 노말헥산추출물질, 대장균군 등 시료채취기구 등에 의하여 시료의 성분이 유실 또는 변질 등의 우려가 있는 경우에는 30분 이상 간격으로 2개 이상의 시료를 채취하여 각각 분석한 후 산술평균하여 분석값을 산출한다.

★ ② 복수시료채취방법 적용을 제외할 수 있는 경우
ⓐ 환경오염사고 또는 취약시간대(일요일, 공휴일 및 평일 18 : 00 ~ 09 : 00 등)의 환경오염감시 등 신속한 대응이 필요한 경우
ⓑ 물환경 보전법에 의한 비정상적 행위를 할 경우
ⓒ 사업장 내에서 발생하는 폐수를 회분식(batch식) 등 간헐적으로 처리하여 방류하는 경우
ⓓ 기타 부득이 복수시료채취 방법으로 시료를 채취할 수 없을 경우

Question 24

배출허용기준 적합여부 판정을 위한 시료채취 시 복수시료채취방법 적용을 제외할 수 있는 경우가 아닌 것은?

㉮ 환경오염사고 또는 취약시간대의 환경 오염감시 등 신속한 대응이 필요한 경우
㉯ 부득이 복수시료채취방법으로 할 수 없을 경우
㉰ 유량이 일정하며 연속적으로 발생되는 폐수가 방류되는 경우
㉱ 사업장내에서 발생하는 폐수를 회분식 등 간헐적으로 처리하여 방류하는 경우

풀이 ㉰ 물환경 보전법에 의한 비정상적 행위를 할 경우

(2) 하천수 등 수질조사를 위한 시료채취

시료는 시료의 성상, 유량, 유속 등의 시간에 따른 변화(폐수의 경우 조업상황 등)를 고려하여 현장물의 성질을 대표할 수 있도록 채취하여야 하며, 수질 또는 유량의 변화가 심하다고 판단될 때에는 오염상태를 잘 알 수 있도록 시료의 채취 횟수를 늘려야 하며, 이때에는 채취 시의 유량에 비례하여 시료를 서로 섞은 다음 단일시료로 한다.

(3) 지하수 수질조사를 위한 시료채취

지하수 침전물로부터 오염을 피하기 위하여 보존 전에 현장에서 여과(0.45μm)하는 것을 권장한다. 단, 기타 휘발성유기화합물과 민감한 무기화합물질을 함유한 시료는 그대로 보관한다.

★★ 3. 시료채취시 유의사항

① 시료는 목적시료의 성질을 대표할 수 있는 위치에서 시료채취용기 또는 채수기를 사용하여 채취하여야 한다.

★★ ② 시료 채취 용기는 깨끗이 세척된 용기 또는 멸균된 용기를 사용하며, 시료를 채울 때에는 어떠한 경우에도 시료의 교란이 일어나서는 안 되며 가능한 한 공기와 접촉하는 시간을 짧게하여 채취한다.

★★ ③ 시료채취량은 시험항목 및 시험횟수에 따라 차이가 있으나 보통 3L~5L정도이어야 한다.

④ 시료채취시에 시료채취시간, 보존제 사용여부, 매질 등 분석결과에 영향을 미칠 수 있는 사항을 기재하여 분석자가 참고할 수 있도록 한다.

★★ ⑤ 용존가스, 환원성 물질, 휘발성유기화합물, 냄새, 유류 및 수소이온 등을 측정하기 위한 시료를 채취할 때에는 운반중 공기와의 접촉이 없도록 시료 용기에 가득 채운 후 빠르게 뚜껑을 닫는다.

> **TIP**
> ① 휘발성유기화합물 분석용 시료를 채취할 때에는 뚜껑의 격막을 만지지 않도록 주의하여야 한다.
> ② 병을 뒤집어 공기방울이 확인되면 다시 채취해야 한다.

📢 Question 25

수질분석용 시료 채취시 유의사항으로 틀린 것은 어느 것인가?
㉮ 채취용기는 시료를 채우기 전에 깨끗한 물로 3회 이상 씻은 다음 사용한다.
㉯ 유류 또는 부유물질 등이 함유된 시료는 시료의 균일성이 유지될 수 있도록 채취하여야 하며 침전물 등이 부상하여 혼입되어서는 안된다.
㉰ 용존가스, 환원성 물질, 휘발성유기화합물, 냄새, 유류 및 수소이온 등을 측정하는 시료는 시료용기에 가득 채워야 한다.
㉱ 시료 채취량은 보통 3L ~ 5L 정도이어야 한다.

풀이 ㉮ 시료 채취 용기는 깨끗이 세척된 용기 또는 멸균된 용기를 사용한다.

⑥ 현장에서 용존산소 측정이 어려운 경우에는 시료를 가득 채운 300mL BOD병에 황산망간 용액 1mL와 알칼리성 요오드화포타슘-아자이드화소듐 용액 1mL를 넣고 기포가 남지 않게 조심하여 마개를 닫고 수회 병을 회전하고 암소에 보관하여 8시간 이내 측정한다.

⑦ 유류 또는 부유물질 등이 함유된 시료는 시료의 균일성이 유지될 수 있도록 채취해야 하며, 침전물 등이 부상하여 혼입되어서는 안 된다.

★★ ⑧ 지하수 시료는 취수정 내에 고여 있는 물과 원래 지하수의 성상이 달라질 수 있으므로 고여 있는 물을 충분히 퍼낸 다음 새로 나온 물을 채취한다. 이 경우 퍼내는 양은 고여 있는 물의 4배~5배 정도이나 pH 및 전기전도도를 연속적으로 측정하여 이 값이 평형을 이룰 때까지로 한다.

★★ ⑨ 지하수 시료채취 시 심부층의 경우 저속양수펌프 등을 이용하여 반드시 저속시료채취하여 시료 교란을 최소화하여야 하며, 천부층의 경우 저속양수펌프 또는 정량이송펌프 등을 사용한다.

★★ ⑩ 냄새 측정을 위한 시료채취 시 유리기구류는 사용 직전에 새로 세척하여 사용한다. 먼저 냄새 없는 세제로 닦은 후 정제수로 닦아 사용하고, 고무 또는 플라스틱 재질의 마개는 사용하지 않는다.

⑪ 총유기탄소를 측정하기 위한 시료 채취 시 시료병은 가능한 외부의 오염이 없어야 하며, 이를 확인하기 위해 바탕시료를 시험해 본다. 시료병은 폴리테트라플루오로에틸렌(PTFE)으로 처리된 고무마개를 사용하며, 암소에서 보관하며 깨끗하지 않은 시료병은 사용하기 전에는 산세척하고, 알루미늄 호일로 포장하여 400℃ 회화로에서 1시간 이상 구워 냉각한 것을 사용한다.

★★ ⑫ 퍼클로레이트를 측정하기 위한 시료채취 시 시료 용기를 질산 및 정제수로 씻은 후 사용하며, 시료채취시 시료병의 2/3를 채운다.

Question 26

시료를 채취할 때 유의하여야 할 사항으로 옳지 않은 것은?

㉮ 휘발성유기화합물 분석용 시료를 채취할 때에는 뚜껑의 격막을 만지지 않도록 주의 하여야 한다.
㉯ 지하수 시료채취 시 심부층의 경우 저속양수펌프 등을 이용하여 반드시 저속시료채취하여 시료 교란을 최소화하여야 한다.
㉰ 냄새 측정을 위한 시료채취 시 냄새 없는 세제로 닦은 후 고무 또는 플라스틱 마개로 봉한다.
㉱ 퍼클로레이트를 측정하기 위한 시료채취 시 시료용기를 질산 및 정제수로 씻은 후 사용하며 시료 채취 시 시료병의 2/3를 채운다.

풀이 ㉰ 냄새 측정을 위한 시료채취 시 냄새 없는 세제로 닦은 후 정제수로 닦아 사용하고, 고무 또는 플라스틱 재질의 마개는 사용하지 않는다.

4. 시료채취지점

(1) 배출시설 등의 폐수

- 당연 채취지점 : ① ② ③ ④
- 필요시 채취지점 : ⑤ ⑥ ⑦
- ① ② ③ : 방지시설 최초 방류지점
- ④ : 배출시설 최초 방류지점(방지시설을 거치지 않을 경우)
- ⑤ ⑥ ⑦ : 부지경계선 외부 배출수로

〈시료 채취 지점 예시〉

폐수의 성질을 대표할 수 있는 곳(그림)에서 채취하며 폐수의 방류수로가 한 지점 이상일 때에는 각 수로별로 채취하여 별개의 시료로 하며 필요에 따라 부지 경계선 외부의 배출구 수로에서도 채취할 수 있다. 시료채취시 우수나 조업목적 이외의 물이 포함되지 말아야 한다.

(2) 하천수

① 하천수의 오염 및 용수의 목적에 따라 채수지점을 선정하며 하천본류와 하천지류가 합류하는 경우에는 그림의 합류이전의 각 지점과 합류 이후 충분히 혼합된 지점에서 각각 채수한다.

〈하천수 채수지점〉

★★ ② 하천의 단면에서 수심이 가장 깊은 수면의 지점과 그 지점을 중심으로 하여
  ㉠ 좌우로 수면폭을 2등분한 각각의 지점의 수면으로부터
★★ ㉡ 수심 2m 미만일 때에는 수심의 1/3에서
★★ ㉢ 수심이 2m 이상일 때에는 수심의 1/3 및 2/3에서 각각 채수한다.

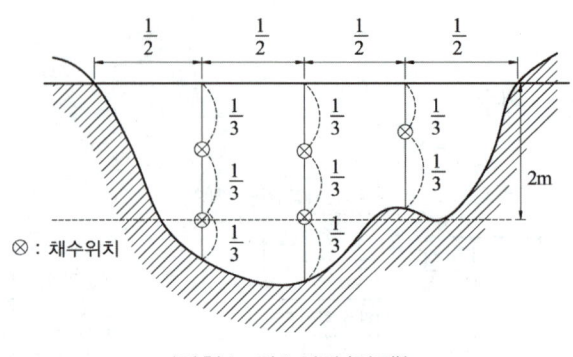

〈하천수 채수위치(단면)〉

Question 27

다음은 하천수의 오염 및 용수의 목적에 따른 채수지점에 관한 내용이다. (   ) 안에 옳은 내용은?

> 하천의 단면에서 수심이 가장 깊은 수면의 지점과 그 지점을 중심으로 하여 좌우로 수면 폭을 2등분한 각각의 지점의 수면으로부터 (   )

㉮ 수심이 2m 미만일 때는 표층수를 대표로 하고, 2m 이상일 때는 수심 1/3 지점에서 채수한다.
㉯ 수심이 2m 미만일 때는 수심의 1/2에서, 2m 이상일 때는 수심 1/3 및 2/3 지점에서 각각 채수한다.
㉰ 수심이 2m 미만일 때는 표층수를 대표로 하고, 2m 이상일 때는 수심 2/3 지점에서 채수한다.
㉱ 수심이 2m 미만일 때는 수심의 1/3에서, 2m 이상일 때는 수심 1/3 및 2/3 지점에서 각각 채수한다.

정답 ㉱

5. 시료의 보존방법

★★★ ▶ 시험에 자주 출제되는 주요항목의 시료 보존방법

항목		시료용기	보존방법	최대보존기간 (권장보존기간)
냄새		G	가능한 한 빨리 분석 또는 냉장 보관	6시간
노말헥산추출물질		G	H_2SO_4로 pH 2 이하	28일
부유물질		P, G	-	7일
색도		P, G	-	48시간
생물화학적 산소요구량		P, G	-	48시간(6시간)
수소이온농도		P, G	-	가능한 한 빨리 현장 측정
온도		P, G	-	가능한 한 빨리 현장 측정
용존산소	적정법	BOD병	가능한 한 빨리 용존산소 고정 후 암소 보관	8시간

항목		시료용기	보존방법	최대보존기간 (권장보존기간)
	전극법	BOD병	-	가능한 한 빨리 현장 측정
잔류염소		G(갈색)	-	가능한 한 빨리 현장 측정
전기전도도		P, G	-	24시간
총유기탄소 (용존유기탄소)		P, G	가능한 한 빨리 분석 또는 H_3PO_4 또는 H_2SO_4를 가한 후 pH 2 이하	28일(7일)
클로로필 a		P, G	가능한 한 빨리 여과하여 −20 ℃ 이하에서 보관	7일(24시간)
탁도		P, G	-	48시간(24시간)
투명도			-	현장 측정
화학적 산소요구량		P, G	H_2SO_4로 pH 2 이하	28일(7일)
불소		P	-	28일
브롬이온		P, G	-	28일
시안		P, G	NaOH로 pH 12 이상	14일(24시간)
아질산성 질소		P, G	-	48시간(즉시)
암모니아성 질소		P, G	H_2SO_4로 pH 2 이하	28일(7일)
염소이온		P, G	-	28일
음이온계면활성제		P, G	-	48시간
인산염인		P, G	가능한 한 빨리 여과	48시간
질산성 질소		P, G	-	48시간
총인(용존 총인)		P, G	H_2SO_4로 pH 2 이하	28일
총질소(용존 총질소)		P, G	H_2SO_4로 pH 2 이하	28일(7일)
퍼클로레이트		P, G	현장에서 멸균된 여과지로 여과	28일
페놀류		G	H_3PO_4로 pH 4 이하 조정한 후 시료 1L 당 $CuSO_4$ 1g 첨가	28일
황산이온		P, G	-	28일(48시간)
금속류(일반)		P, G	HNO_3로 pH 2 이하 (실온에서 보관 가능)	6개월
수은(0.2 μg/L 이하)		P, G	1L 당 HCl(12M) 5mL 첨가	28일
6가 크롬		P, G	-	24시간
알킬수은		P, G	HNO_3 2mL	1개월
다이에틸헥실프탈레이트, 다이에틸헥실아디페이트		G(갈색)	-	7일(추출 후 40일)
1.4-다이옥산		G(갈색)	HCl(1+1)로 pH 2 이하	14일

항목		시료용기	보존방법	최대보존기간 (권장보존기간)
염화비닐, 아크릴로니트릴, 브로모폼		G(갈색)	HCl(1+1)로 pH 2 이하	14일
석유계총탄화수소		G(갈색)	H_2SO_4 또는 HCl로 pH 2 이하	7일 이내 추출, 추출 후 40일
유기인		G, G(갈색)	NaOH 또는 H_2SO_4로 pH 5~9	7일(추출 후 40일)
폴리클로리네이티드비페닐 (PCB)		G, G(갈색)	NaOH 또는 H_2SO_4로 pH 5~9	7일(추출 후 40일)
과불화화합물		PP	2주 이내 분석 어려울 때 냉동 (-20℃)보관	냉동 시 필요에 따라 분석 전까지 시료의 안정성 검토(2주)
휘발성유기화합물		G, G(갈색)	HCl로 pH 2 이하	7일(추출 후 14일)
노닐페놀, 옥틸페놀, 니트로벤젠, 2,6-디니트로톨루엔, 2,4-디니트로톨루엔		G, G(갈색)	H_2SO_4로 pH 2 이하	28일 (추출 후 40일)
총대장균군	환경기준 적용시료	P, G	1℃~5℃	24시간
	배출허용준 및 방류수 기준 적용 시료	P, G	1℃~5℃	6시간
분원성 대장균군		P, G	1℃~5℃	24시간
대장균		P, G	1℃~5℃	24시간
물벼룩 급성 독성		P, G	암소에 통기되지 않는 용기에 보관	72시간(24시간)
식물성 플랑크톤		P, G	가능한 한 빨리 분석 또는 포르말린용액을 시료의 3%~5% 가하거나 글루타르알데하이드 또는 루골용액을 시료의 1%~2% 가하여 냉암소보관	6개월

① P : polyethylene, G : glass, PP : polypropylene
② 시료 채취 후 운반 온도는 (5±3)℃, 실험실 보관 온도는 (3±2)℃로 하여 냉암소에 보관한다.
③ 시료 보존처리는 현장에서 실시하는 것을 원칙으로 한다.

Question 28

냄새항목을 측정하기 위한 시료의 최대보존기간 기준으로 알맞은 것은 어느 것인가?
㉮ 즉시　　㉯ 6시간　　㉰ 24시간　　㉱ 48시간

정답 ㉯

Question 29

다음 항목 중 최대 보존기간이 서로 다른 것은?

㉮ 질산성 질소
㉯ 전기전도도
㉰ 색도
㉱ 음이온계면활성제

풀이 최대 보존기간
㉮ 질산성 질소 : 48시간
㉯ 전기전도도 : 24시간
㉰ 색도 : 48시간
㉱ 음이온계면활성제 : 48시간

Question 30

수질시료를 보존할 때 반드시 유리용기에 넣어 보존해야 하는 측정항목으로 가장 거리가 먼 것은?

㉮ 폴리클로리네이티드비페닐
㉯ 페놀류
㉰ 유기인
㉱ 불소

풀이 ㉱ 불소는 폴리에틸렌병에 보관한다.

Question 31

다음 측정항목 중 시료의 보존방법이 다른 물질은 어느 것인가?

㉮ 유기인
㉯ 화학적 산소요구량
㉰ 암모니아성 질소
㉱ 노말헥산추출물질

풀이 측정항목별 시료의 보존방법
㉮ 유기인 : NaOH 또는 H_2SO_4로 pH 5~9
㉯ 화학적산소요구량 : H_2SO_4로 pH 2 이하
㉰ 암모니아성 질소 : H_2SO_4로 pH 2 이하
㉱ 노말헥산추출물질 : H_2SO_4로 pH 2 이하

Question 32

다음 항목 중 시료의 보존방법이 틀린 것은?

㉮ 시안 : NaOH로 pH 12 이상
㉯ 1,4-다이옥산 : HCl(1+1)로 pH 2 이하
㉰ 휘발성유기화합물 : HCl로 pH 2 이하
㉱ 폴리클로리네이티드비페닐(PCB) : H_2SO_4로 pH 2 이하

풀이 ㉱ 폴리클로리네이티드비페닐(PCB) : NaOH 또는 H_2SO_4로 pH 5~9

05 시료의 전처리 방법

1. 적용범위

수질오염공정시험기준상 원자흡수분광광도법, 유도결합플라스마 - 원자발광분광법, 유도결합플라스마 - 질량분석법, 양극벗김전압전류법, 자외선/가시선 분광법을 위한 금속 측정용 시료의 전처리에 사용한다.

2. 용어정의

① **산분해법** : 시료에 산을 첨가하고 가열하여 시료 중의 유기물 및 방해물질을 제거하는 방법이다. 이 과정에서 시료 중의 유기물 및 방해물질은 산에 의해 분해되고 이들과 착화합물을 형성하고 있던 중금속류는 이온 상태로 시료 중에 존재하게 된다.

② **마이크로파 산분해법** : 전반적인 처리 절차 및 원리는 산분해법과 같으나 마이크로파를 이용해서 시료를 가열하는 것이 다르다. 마이크로파를 이용하여 시료를 가열할 경우 고온 고압 하에서 조작할 수 있어 전처리 효율이 좋아진다.

③ **용매추출법** : 시료에 적당한 착화제를 첨가하여 시료 중의 금속류와 착화합물을 형성시킨 다음 형성된 착화합물을 유기용매로 추출하여 분석하는 방법이다. 이 방법은 시료 중의 분석대상물의 농도가 낮거나 복잡한 매질 중에서 분석대상물만을 선택적으로 추출하여 분석하고자 할 때 사용한다.

★★ 3. 산분해법

① **질산법** : 유기함량이 비교적 높지 않은 시료의 전처리에 사용한다.
② **질산-염산법** : 유기물 함량이 비교적 높지 않고 금속의 수산화물, 산화물, 인산염 및 황화물을 함유하고 있는 시료에 적용되며 휘발성 또는 난용성 염화물을 생성하는 금속 물질의 분석에는 주의한다.
③ **질산-황산법** : 유기물 등을 많이 함유하고 있는 대부분의 시료에 적용된다. 그러나 칼슘, 바륨, 납 등을 다량 함유한 시료는 난용성의 황산염을 생성하여 다른 금속성분을 흡착하므로 주의한다.
④ **질산-과염소산법** : 유기물을 다량 함유하고 있으면서 산분해가 어려운 시료에 적용된다.

TIP

주의사항
① 과염소산을 넣을 경우 질산이 공존하지 않으면 폭발할 위험이 있으므로 반드시 질산을 먼저 넣어주어야 하며, 어떠한 경우에도 유기물을 함유한 뜨거운 용액에 과염소산을 넣어서는 안 된다.
② 납을 측정할 경우, 시료 중에 황산이온(SO_4^{2-})이 다량 존재하면 불용성의 황산납이 생성되어 측정값에 손실을 가져온다. 이때는 분해가 끝난 액에 정제수 대신 아세트산암모늄(5 → 6) 50mL를 넣고 가열하여 액이 끓기 시작하면 비커 또는 킬달플라스크를 회전시켜 내벽을 액으로 충분히 씻어준 다음 약 5분 동안 가열을 계속하고 방치하여 냉각하여 거른다.

⑤ 질산-과염소산-불화수소산법 : 다량의 점토질 또는 규산염을 함유한 시료에 적용된다.

Question 33

유기물 함량이 비교적 높지 않고 금속의 수산화물, 산화물, 인산염 및 황화물을 함유하고 있는 시료에 적용되며 휘발성 또는 난용성 염화물을 생성하는 금속 물질의 분석에는 주의하여야 하는 시료의 전처리 방법(산분해법)으로 가장 적절한 것은?

㉮ 질산 - 염산법
㉯ 질산 - 황산법
㉰ 질산 - 과염소산법
㉱ 질산 - 불화수소산법

정답 ㉮

Question 34

시료의 전처리를 위한 산분해법 중 질산 - 과염소산법에 관한 설명으로 옳지 않은 것은?

㉮ 과염소산을 넣을 경우 질산이 공존하지 않으면 폭발할 위험이 있으므로 반드시 질산을 먼저 넣어 주어야 한다.
㉯ 납을 측정할 경우 과염소산에 따른 납 증기 발생으로 측정치에 손실을 가져온다.
㉰ 유기물을 다량 함유하고 있으면서 산분해가 어려운 시료들에 적용한다.
㉱ 유기물을 함유한 뜨거운 용액에 과염소산을 넣어서는 안 된다.

풀이 ㉯ 납을 측정할 경우 시료중에 황산이온이 다량 존재하면 불용성의 황산납이 생성되어 측정값에 손실을 가져온다.

★★ 4. 마이크로파 산분해법

① 밀폐 용기를 이용한 마이크로파 장치에 의한 방법에 적용되는 방법이다.
② 깨끗한 용기에 잘 혼합된 시료 적당량을 옮긴 후 적당량의 질산을 가한다. 이 방법은 유기물을 다량 함유하고 있으면서 산분해가 어려운 시료에 적용된다.
③ 시료와 동일한 방법으로 바탕시험을 하며 전체 회전판의 평형을 맞추기 위하여 남은 용기에도 시료와 동일하게 정제수에 시약을 가하여 용기가 모두 일정하게 가열이 되도록 한다. 기타 전처리 조건은 제조사의 매뉴얼에 따른다.
④ 분해가 완료되면 용기를 꺼내어 시료 용액이 실온이 되도록 냉각시키고 시료를 혼합시키기 위해 용기를 잘 흔들어 섞고 용기 내에 남아 있는 가스를 제거한다. 분해된 시료가 고체 물질을 함유한다면 거르거나, 10분간 2,000rpm~3,000 rpm으로 원심 분리하여 거르거나 정치시켜 사용한다.

★★ 5. 회화에 의한 분해

① 목적성분이 400℃ 이상에서 휘산되지 않고 쉽게 회화될 수 있는 시료에 적용된다. 시료 중에 염화암모늄, 염화마그네슘 등이 다량 함유된 경우에는 납, 철, 주석, 아연, 안티몬 등이 휘산되어 손실을 가져오므로 주의하여야 한다.
② 회화온도 : 400~500℃

Question 35

시료의 전처리 과정 중 '회화에 의한 분해'에 대한 설명으로 가장 옳은 것은?

㉮ 목적성분이 400℃ 이상에서 쉽게 휘산 및 회화될 수 있는 시료에 적용된다.
㉯ 목적성분이 400℃ 이상에서 휘산되고 쉽게 회화되지 않는 시료에 적용된다.
㉰ 목적성분이 400℃ 이상에서 쉽게 휘산 및 회화되지 않는 시료에 적용된다.
㉱ 목적성분이 400℃ 이상에서 휘산되지 않고 쉽게 회화될 수 있는 시료에 적용된다.

정답 ㉱

★ 6. 용매추출법(피로리딘다이티오카르바민산 암모늄(1-pyrrolidinecarbodithioic acid, ammonium salt)추출법)

시료 중 구리, 아연, 납, 카드뮴, 니켈, 철, 망간, 6가 크롬, 코발트 및 은 등의 측정에 적용된다. 다만 망간은 착화합물 상태에서 매우 불안정하므로 추출 즉시 측정하여야 하며, 크롬은 6가 크롬 상태로 존재할 경우에만 추출된다. 또한 철의 농도가 높을 경우에는 다른 금속의 추출에 방해를 줄 수 있으므로 주의해야 한다.

Question 36

중금속 측정을 위한 시료의 전처리 방법 중 용매추출법인 피로리딘 다이티오카르바민산 암모늄 추출법에 관한 내용으로 틀린 것은 어느 것인가?

㉮ 시료중의 구리, 아연, 납, 카드뮴, 니켈, 코발트 및 은 등의 측정에 이용되는 방법이다.
㉯ 철의 농도가 높을 때에는 다른 금속 추출에 방해를 줄 수 있다.
㉰ 망간은 착화합물 상태에서 매우 안정적이기 때문에 추출되기 어렵다.
㉱ 크롬은 6가 크롬 상태로 존재할 경우에만 추출된다.

풀이 ㉰ 망간은 착화합물 상태에서 매우 불안정하므로 추출 즉시 측정하여야 한다.

CHAPTER 04 일반항목편

01 냄새(Odor)

이 시험기준은 측정자의 후각을 이용하는 방법으로 시료를 정제수로 희석하면서 냄새가 느껴지지 않을 때까지 반복하여 희석배수를 수치화하여 냄새를 측정하는 방법이다.

(1) 적용범위

이 시험기준은 지표수, 지하수, 하·폐수 등에 적용할 수 있다.

(2) 간섭물질

잔류염소 냄새는 측정에서 제외한다. 따라서 <u>잔류염소가 존재하면 티오황산소듐 용액을 첨가</u>하여 잔류염소를 제거한다.

 Question 01

물 속의 냄새 측정 시 잔류염소 냄새는 측정에서 제외한다. 잔류염소 제거를 위해 첨가하는 시액은?
㉮ 티오황산소듐용액 ㉯ 과망간산포타슘용액
㉰ 아스코르빈산암모늄용액 ㉱ 질산암모늄용액

정답 ㉮

TIP
① 티오황산소듐용액 1mL는 잔류염소 농도가 1mg/L인 시료 500mL의 잔류염소를 제거할 수 있다.
② 냄새 측정자는 너무 후각이 민감하거나, 둔감해서는 안 된다. 또한 측정자는 측정 전에 흡연을 하거나 음식을 섭취하면 안 되고, 로션, 향수, 진한 비누 등을 사용해서도 아니된다. 감기나 냄새에 대한 알레르기 등이 없어야 한다. 미리 정해진 횟수를 측정한 측정자는 무취 공간에서 30분 이상 휴식을 취해야 한다.
③ 냄새측정 실험실은 주위가 산만하지 않으며, 환기가 가능해야 한다. 필요하다면 활성탄 필터와 항온, 항습장치를 갖춘다.
④ 냄새를 정확하게 측정하기 위하여 측정자는 5명 이상으로 한다.
⑤ 온도 변화에 따라 냄새가 발생할 수 있으므로, 온도변화를 1℃ 이내로 유지한다. 또한 측정자가 시료에 대한 선입견을 갖지 않도록 어둡게 처리된 플라스크 또는 갈색 플라스크를 사용한다.

(3) 냄새역치(TON, threshold odor number)

냄새를 감지할 수 있는 최대 희석배수를 말한다.

(4) 농도계산

냄새 역치(TON, threshold odor number)를 구하는 경우 사용한 시료의 부피와 냄새 없는 희석수의 부피를 사용하여 다음과 같이 계산한다.

★★★ 냄새역치(TON) = $\dfrac{A+B}{A}$

A : 시료 부피(mL)   B : 무취 정제수 부피(mL)

Question 02

물 속의 냄새를 측정하기 위한 시험에서 시료 부피 4mL와 무취 정제수(희석수) 부피 196mL인 경우 냄새역치(TON, threshold odor number)는?

㉮ 0.02 ㉯ 0.5 ㉰ 50 ㉱ 100

풀이 냄새역치(TON) = $\dfrac{A+B}{A} = \dfrac{4mL+196mL}{4mL} = 50$

> **TIP**
> ① 냄새가 있는지 없는지만 보고하는 경우에는 판단한 결과로 보고한다.
> ★★② 냄새 역치로 보고하는 경우에는 각 판정요원의 냄새의 역치를 기하평균하여 결과로 보고한다.

Question 03

수질오염공정시험기준상 냄새 측정에 관한 내용으로 틀린 것은 어느 것인가?
㉮ 물속의 냄새를 측정하기 위하여 측정자의 후각을 이용하는 방법이다.
㉯ 잔류염소의 냄새는 측정에서 제외한다.
㉰ 냄새 역치는 냄새를 감지할 수 있는 최대 희석배수를 말한다.
㉱ 각 판정요원의 냄새의 역치를 산술평균하여 결과로 보고한다.

풀이 ㉱ 각 판정요원의 냄새의 역치를 기하평균하여 결과로 보고한다.

02 투명도(Transparency)

이 시험기준은 지름 30cm의 투명도판(백색원판 또는 세키 디스크)을 사용하여 호소나 하천에 보이지 않는 깊이로 넣은 다음 이것을 천천히 끌어 올리면서 보이기 시작한 깊이를 0.1 m 단위로 읽어 투명도를 측정하는 방법이다.

(1) 적용범위

이 시험기준은 지표수 중 호소수 또는 유속이 작은 하천에 적용할 수 있다.

★★★ (2) 분석기기 및 기구

① **백색원판**
백색원판은 지름이 30 cm로 무게가 약 3 kg이 되는 원판에 지름 5 cm의 구멍 8개가 뚫려 있다.

② **세키 디스크 (Secchi disk)**
지름 20 cm의 흑백으로 채색된 사분원호 모양의 원판으로, 사용 시 약 3kg의 추를 원판 하부에 부착하여 사용한다.

Question 04

투명도 측정에 관한 내용으로 틀린 것은?
㉮ 백색원판의 지름은 30cm 이다.
㉯ 백색원판에 뚫린 구멍의 지름은 5cm 이다.
㉰ 백색원판에는 구멍이 8개 뚫려있다.
㉱ 백색원판의 무게는 약 2kg 이다.

풀이 ㉱ 백색원판의 무게는 약 3kg 이다.

(a) 평면도

(b) 측면도

〈백색원판〉

(3) 분석절차

① 백색원판 또는 세키 디스크는 측정에 앞서 상판에 이물질이 없도록 깨끗하게 닦아 주고, 측정시간은 오전 10시에서 오후 4시 사이로 한다.
② 날씨가 맑고 수면이 잔잔할 때 직사광선을 피하여 배의 그늘 등에서 백색원판 또는 세키 디스크를 조용히 보이지 않는 깊이로 넣은 다음 천천히 끌어 올리면서 보이기 시작하는 깊이를 2회~3회 반복 측정하고 평균하여 사용한다.

★★★ **TIP**

★★① 백색원판 또는 세키 디스크의 <u>색도차는 투명도에 미치는 영향이 적지만, 원판의 광 반사능은 투명도에 영향을 미치므로</u> 표면이 더러울 때에는 다시 색칠하여야 한다.
② 투명도는 일기, 시각, 개인차 등에 의하여 약간의 차이가 있을 수 있으므로 측정조건을 기록해 두어야 한다.
★★③ 흐름이 있어 줄이 기울어질 경우에는 <u>2kg정도의 추를 달아서</u> 줄을 세워야 하고 줄은 10cm 간격으로 눈금표시가 되어 있어야 하며, 충분히 강도가 있는 것을 사용한다.
④ 강우시나 수면에 파도가 격렬하게 일 때는 정확한 투명도를 얻을 수 없으므로 측정하지 않는 것이 좋다.
⑤ 측정결과는 0.1m 단위로 표기한다.

Question 05

투명도의 측정방법에 관한 설명으로 옳지 않은 것은?

㉮ 측정값의 정확성을 기하기 위하여 반복해서 측정하고 평균값을 0.1m 단위로 읽는다.
㉯ 백색원판의 색도차는 투명도에 미치는 영향이 크므로 판의 표면이 더러울 때는 다시 색칠하여야 한다.
㉰ 흐름이 있어 줄이 기울어질 경우에는 2kg 정도의 추를 달아서 줄을 세워야 한다.
㉱ 백색원판은 무게가 약 3kg인 지름 30cm의 백색원판에 지름 5cm의 구멍이 8개 뚫려 있다.

풀이 ㉯ 백색원판의 색도차는 투명도에 미치는 영향이 적지만 원판의 광반사능은 투명도에 영향을 미치므로 표면이 더러울 때에는 다시 색칠하여야 한다.

03 탁도(Turbidity)

이 시험기준은 탁도를 측정하기 위하여 탁도계를 이용하여 물의 흐림 정도를 측정하는 방법이다.

(1) 적용범위

이 시험기준은 지표수와 지하수에 적용할 수 있다.

★★ (2) 간섭물질

① 시료 내 입자가 큰 침전물이 빠르게 침전되는 경우 탁도값이 낮게 측정된다.
② 시료 속의 거품은 빛을 산란시켜서 높은 측정값을 나타낸다. 따라서 시료 분취 시 거품 생성을 방지하기 위하여 시료를 측정용기의 벽을 따라 부어야 한다.
③ 물에 색깔이 있는 시료는 색이 빛을 흡수하기 때문에 잠재적으로 측정값이 낮게 분석된다.

Question 06

수질오염공정시험기준상 탁도 측정에 관한 설명으로 틀린 것은?

㉮ 시료 내 입자가 큰 침전물이 빠르게 침전되는 경우 탁도값이 낮게 측정된다.
㉯ 물에 색깔이 있는 시료는 잠재적으로 측정값이 높게 분석된다.
㉰ 시료 속의 거품은 빛을 산란시켜서 높은 측정값을 나타낸다.
㉱ 탁도를 측정하기 위해서는 탁도계를 이용하여 물의 흐림 정도를 측정한다.

풀이 ㉯ 물에 색깔이 있는 시료는 색이 빛을 흡수하기 때문에 잠재적으로 측정값이 낮게 분석된다.

(3) 분석기기 및 기구

① **탁도계**(turbidimeter) : 광원부와 광전자식 검출기를 갖추고 있으며 <u>검출한계가 0.02 NTU 이상인 NTU(nephelometric turbidity units) 탁도계</u>로서 광원인 텅스텐필라멘트는 2,200K~3,000K 온도에서 작동하고 <u>측정튜브내의 투사광과 산란광의 총 통과거리는 10cm를 넘지 않아야</u> 하며, 검출기에 의해 빛을 흡수하는 각도는 투사광에 대하여 (90±30)℃를 넘지 않아야 한다.

② **측정용기** : 무색 투명한 유리 또는 플라스틱 재질로서 튜브의 내외부가 긁히거나 부식되지 않아야 한다.

Question 07

탁도 측정 시 사용되는 탁도계의 설명으로 ( )에 들어갈 내용으로 알맞은 것은?

광원부와 광전자식 검출기를 갖추고 있으며, 검출한계가 ( ) NTU 이상인 NTU 탁도계로서 광원인 텅스텐필라멘트는 2,200K~3,000K 온도에서 작동하고 측정튜브내의 투사광과 산란광의 총 통과거리는 10cm를 넘지 않아야 한다.

㉮ 0.01　　　㉯ 0.02　　　㉰ 0.05　　　㉱ 0.1

정답 ㉯

04 색도(Color)

★★★ **(1) 목적**

이 시험기준은 시각적으로 눈에 보이는 색상에 관계없이 단순 색도차 또는 단일 색도차를 계산하는 데 아담스-니컬슨(Adams-Nickerson)의 공식을 근거로 색도를 측정하는 방법이다.

(2) 적용범위

이 시험기준은 지표수, 지하수, 하·폐수 등에 적용할 수 있다.

(3) 간섭물질

근본적인 간섭은 측정 파장에서 콜로이드 물질 및 부유 물질의 존재로 빛이 흡수 혹은 분산 때문에 일어난다. 이러한 물질은 0.45 μm 공극 크기를 가진 셀롤로오스 여과지 또는 유리섬유 여과지 등을 사용하여 제거한다.

★★★ **(4) 아담스-니컬슨(Adams-Nickerson)의 색도공식**

① 육안으로 두개의 서로 다른 색상을 가진 A, B가 무색으로부터 같은 정도로 색도가 있다고 판정되면, 이들의 색도값 (ADMI의 기준: American dye manufacturers institute) 도 같게 된다.

② 이 방법은 백금-코발트 표준물질과 아주 다른 색상의 하·폐수에서 뿐만 아니라 표준물질과 비슷한 색상의 하·폐수에도 적용할 수 있다.

(5) 분석기기 및 기구

① **여과장치** : 지름이 22mm 또는 47mm이고 공극이 0.45 μm 인 셀룰로오스 여과지 또는 유리섬유여과지를 사용한다. 여과장치는 유리, 스텐인리스강 또는 폴리테트라플루오로에틸렌(PTFE, polytetrafluoroethylene) 재질을 사용한다.

② **분광광도계 (spectrophotometer)** : 10nm 이하의 스펙트럼 대역폭 (spectral band width) 으로 400nm~700nm 파장범위에서 투과율(%)을 측정할 수 있는 장치 혹은 동등 이상의 성능을 가진 것을 사용한다.

다음 중 색도(Color)에 대한 내용으로 틀린 것은?

㉮ 시각적으로 눈에 보이는 색상에 관계없이 단순 색도차 또는 단일 색도차를 계산하는 데 아담스-니컬슨(Adams-Nickerson)의 공식을 근거로 색도를 측정하는 방법이다.
㉯ 근본적인 간섭은 측정 파장에서 콜로이드 물질 및 부유 물질의 존재로 빛이 흡수 혹은 분산 때문에 일어난다.
㉰ 육안으로 두개의 서로 다른 색상을 가진 A, B가 무색으로부터 같은 정도로 색도가 있다고 판정되면, 이들의 색도값도 같게 된다.
㉱ 백금-코발트 표준물질과 아주 다른 색상의 하·폐수에서는 적용할 수 없다.

 ㉱ 백금-코발트 표준물질과 아주 다른 색상의 하·폐수에서뿐만 아니라 표준물질과 비슷한 색상의 하·폐수에도 적용할 수 있다.

05 수소이온농도(Potential of Hydrogen, pH)

(1) 목적

이 시험기준은 기준전극과 유리전극으로 구성된 pH 측정기를 사용하여 양전극 간에 생성되는 기전력의 차를 이용하여 수소이온농도(pH)를 측정하는 방법이다.

(2) 적용범위

이 시험기준은 수온이 0℃~40℃인 지표수, 하·폐수 등에 적용할 수 있으며, 정량범위는 pH 0.0~pH 14.0이다.

★★ (3) 간섭물질

① pH 10 이상에서 소듐에 의해 오차가 발생할 수 있는데, 이는 "낮은 소듐 오차전극"을 사용하여 줄일 수 있다.
② 기름층이나 작은 입자상이 전극을 피복하여 pH 측정을 방해할 수 있는데, 이 피복물을 세척제로 씻은 후 정제수로 충분히 세척하고 부드러운 재질의 종이 등으로 물기를 제거하여 pH를 측정한다. 염산(1 + 9)을 사용하여 피복물을 제거할 수 있다.
③ pH는 온도변화에 따라 영향을 받는다.
④ 가끔 전극이 부식되는 경우가 있으며, 이는 부정확한 결과를 유발한다.
⑤ 측정이 완료된 후에는 전극을 정제수로 잘 씻은 다음 3M KCl 용액에 담가둔다.

Question 09

기준전극과 유리전극으로 구성된 pH 측정기를 사용하여 수소이온농도를 측정할 때 간섭물질에 대한 내용으로 틀린 것은?

㉮ pH 10 이상에서 소듐에 의해 오차가 발생할 수 있는데, 이는 "낮은 소듐 오차전극"을 사용하여 줄일 수 있다.
㉯ 기름층이나 작은 입자상이 전극을 피복하여 pH 측정을 방해할 수 있다.
㉰ pH는 온도변화에 따라 영향을 받지 않는다.
㉱ 측정이 완료된 후에는 전극을 정제수로 잘 씻은 다음 3M KCl 용액에 담가둔다.

풀이 ㉰ pH는 온도변화에 따라 영향을 받는다.

(4) 용어정의

① **유리전극(작용전극, working electrode)**
pH 측정기를 구성하는 유리전극으로서 수소이온의 농도가 감지되는 전극이다.

② **기준전극**
은-염화은과 칼로멜 전극 등으로 구성된 전극으로 pH 측정기에서 측정 전위 값의 기준이 되며 작용 전극과 일체형으로 된 결합 전극의 형태가 있다.

(5) 분석기기 및 기구

① **pH 측정기**
pH 측정기는 보통 유리전극과 기준전극으로 구성된 검출부와 측정된 pH 결과를 표시하는 지시부로 되어 있다.

② **검출부**
시료와 접촉되는 부분으로서 유리전극 또는 안티몬전극과 기준전극으로 구성되어 있다.

> **TIP**
> 안티몬전극을 사용하는 경우에 정량범위는 pH 2.0 ~ pH 12.0이다.

③ **지시부**
비대칭 전위조절(영점조절) 기능과 온도보정 기능이 있다. 온도보정 기능이 없는 것에는 온도보정용 감온부가 있다. 측정기의 운전상태, 측정결과, 교정값 등을 확인하고 기록할 수 있어야 한다.

★★ (6) 표준용액

① pH 표준용액 조제에 사용되는 물은 정제수를 15분 이상 끓여서 이산화탄소를 날려 보내고 산화칼슘(생석회) 흡수관을 달아 식혀서 준비한다.
② 제조된 pH 표준용액의 전도도는 2 μS/cm 이하이어야 한다.
③ 조제한 pH 표준용액은 경질 유리병 또는 폴리에틸렌병에 담아서 보관한다.
④ 보통 빛을 차단하고 냉장 보관하여 산성 표준용액은 3개월, 염기성 표준용액은 산화칼슘 흡수관을 부착하여 1개월 이내에 사용한다.
⑤ 국내외 시판용 표준용액을 사용할 수 있고, 유효기간 내에 사용해야 한다.

Question 10

pH 표준용액의 조제에 대한 내용으로 틀린 것은?

㉮ pH 표준용액 조제에 사용되는 물은 정제수를 15분 이상 끓여서 이산화탄소를 날려 보내고 산화칼슘(생석회) 흡수관을 달아 식혀서 준비한다.
㉯ 제조된 pH 표준용액의 전도도는 2 μS/cm 이하이어야 한다.
㉰ 조제한 pH 표준용액은 경질 유리병 또는 폴리에틸렌병에 담아서 보관한다.
㉱ 산성 표준용액은 산화칼슘 흡수관을 부착하여 1개월 이내에, 염기성 표준용액은 3개월 이내에 사용한다.

풀이 ㉱ 산성 표준용액은 3개월, 염기성 표준용액은 산화칼슘 흡수관을 부착하여 1개월 이내에 사용한다.

★★ ▶ 온도별 표준용액의 pH 값

온 도	수산염 표준용액	프탈산염 표준용액	인산염 표준용액	붕산염 표준용액	탄산염 표준용액	수산화칼슘 표준용액
0℃	1.67	4.01	6.98	9.46	10.32	13.43
5℃	1.67	4.01	6.95	9.39	10.25	13.21
10℃	1.67	4.00	6.92	9.33	10.18	13.00
15℃	1.67	4.00	6.90	9.27	10.12	12.81
20℃	1.68	4.00	6.88	9.22	10.07	12.63
25℃	1.68	4.01	6.86	9.18	10.02	12.45
30℃	1.69	4.01	6.85	9.14	9.97	12.30
35℃	1.69	4.02	6.84	9.10	9.93	12.14
40℃	1.70	4.03	6.84	9.07	-	11.99
50℃	1.71	4.06	6.83	9.01	-	11.70
60℃	1.73	4.10	6.84	8.96	-	11.45

(암기법) 수프인 7부옷에 탄숨
(해설) 수 : 수산염, 프 : 프탈산염, 인 : 인산염, 부 : 붕산염, 탄 : 탄산염, 숨 : 수산화칼슘, pH 7 : 인산염

> **Question 11**
>
> 다음 pH 표준액 중 pH 값이 0℃에서 가장 높은(큰) 값을 나타내는 표준액은 어느 것인가?
> ㉮ 프탈산염 표준액 ㉯ 수산염 표준액 ㉰ 탄산염 표준액 ㉱ 붕산염 표준액
>
> 풀이 pH 값이 0℃에서 가장 높은(큰) 값을 나타내는 표준액의 순서는 수산화칼슘 > 탄산염 > 붕산염 > 인산염 > 프탈산염 > 수산염 순이다.

06 용존산소(DO : Dissolved Oxygen)

1. 적정법(Titrimetric Method)

★★ (1) 목적

이 시험기준은 시료에 황산망간과 알칼리성 요오드포타슘용액을 넣어 생기는 수산화제일망간이 시료 중의 용존산소에 의하여 산화되어 수산화제이망간으로 되고, 황산 산성에서 용존산소량에 대응하는 요오드를 유리한다. 유리된 요오드를 티오황산소듐으로 적정하여 용존산소를 측정하는 방법이다.

★★ (2) 적용범위

이 시험기준은 지표수, 지하수, 하·폐수 등에 적용할 수 있으며, 정량한계는 0.1mg/L 이다. ★★

> **Question 12**
>
> DO 측정 시 적정법의 정량한계는?
> ㉮ 1.0mg/L ㉯ 0.5mg/L ㉰ 0.3mg/L ㉱ 0.1mg/L
>
> 풀이 ① 적정법의 정량한계 : 0.1 mg/L
> ② 전극법의 정량한계 : 0.5 mg/L
> ③ 광화학 센서방법의 정량한계 : 0.5 mg/L

★★ (3) 전처리

① 시료가 착색 또는 현탁된 경우 : 포타슘명반용액과 암모니아용액 주입
② 미생물 플럭 (floc)이 형성된 경우 : 황산구리-설파민산용액 주입

③ 산화성 물질(잔류염소 등)을 함유한 경우 : 알칼리성 요오드화포타슘-아자이드화소듐 용액 주입
④ 산화성 물질을 함유한 경우 (Fe(Ⅲ)) : Fe(Ⅲ) 100mg/L~ 200mg/L가 함유되어 있는 시료의 경우, 황산을 첨가하기 전에 플루오린화포타슘용액 1 mL를 가한다.

Question 13

적정법으로 용존산소(DO)를 측정할 때 시료가 착색 또는 현탁된 경우 전처리로 알맞은 것은?
㉮ 포타슘명반용액과 암모니아용액 주입
㉯ 황산구리-설파민산용액 주입
㉰ 알칼리성 요오드화포타슘-아자이드화소듐 용액 주입
㉱ 플루오린화포타슘용액 주입

정답 ㉮

★★ (4) 분석방법

① 시료를 가득 채운 300 mL BOD 병에 황산망간용액 1 mL와 알칼리성 요오드화포타슘-아자이드화소듐용액 1 mL를 넣고 기포가 남지 않게 조심하여 마개를 닫고 병을 수회 회전하면서 섞는다.
② 2분 이상 정치시킨 후에 상층액에 미세한 침전이 남아 있으면 다시 회전시켜 혼화하면 갈색 침전물이 생긴다.
③ 시료를 정치하여 100 mL 이상의 맑은 층이 생기면 마개를 열고 황산 2 mL를 병목으로부터 넣는다.
④ 마개를 다시 닫고 갈색 침전물이 완전히 용해할 때까지 병을 회전시킨다.
⑤ BOD 병의 용액 200 mL를 정확히 취하여 황색이 될 때까지 티오황산소듐용액(0.025M)으로 적정한 다음, 전분용액 1 mL를 넣어 용액을 청색으로 만든다. 이후 다시 티오황산소듐용액(0.025M)으로 용액이 청색에서 무색이 될 때까지 적정한다.

(5) 농도계산

$$\text{용존산소(mg/L)} = a \times f \times \frac{V_1}{V_2} \times \frac{1{,}000}{V_1 - R} \times 0.2$$

a : 적정에 소비된 티오황산소듐용액(0.025M)의 양(mL)
f : 티오황산소듐용액(0.025 M)의 인자(factor)
V_1 : 전체 시료의 양(mL)
V_2 : 적정에 사용한 시료의 양(mL)
R : 황산망간 용액과 알칼리성 요오드화포타슘-아자이드화소듐 용액 첨가량(mL)

2. 전극법(Electrode Method)

(1) 목적

이 시험기준은 시료 중의 용존산소가 격막을 통과하여 전극의 표면에서 산화, 환원반응을 일으키고 이때 산소의 농도에 비례하여 전류가 흐르게 되는데 이 전류량으로부터 용존산소를 측정하는 방법이다.

★★ (2) 적용범위

이 시험기준은 지표수, 하·폐수 등에 적용할 수 있으며, 정량한계는 0.5mg/L이다.

> **TIP**
> 특히 산화성 물질이 함유된 시료나 착색된 시료와 같이 용존산소-적정법을 적용할 수 없는 하·폐수의 용존산소 측정에 유용하게 사용할 수 있다.

📢 Question 14

산화성물질이 함유된 시료나 착색된 시료에 적합하며 특히 윙클러-아자이드화소듐변법에 사용할 수 없는 폐하수의 용존산소 측정에 유용하게 사용할 수 있는 측정법은?
- ㉮ 이온크로마토그래피법
- ㉯ 기체크로마토그래피법
- ㉰ 알칼리비색법
- ㉱ 전극법

정답 ㉱

(3) 간섭물질

격막 필름은 가스를 선택적으로 통과시키지 못하므로 장시간 사용 시 황화수소(H_2S)가스의 유입으로 감도가 낮아질 수 있다. 따라서 주기적으로 격막 교체와 기기교정이 필요하다.

3. 광학식 센서방법(Optical Sensor Method)

(1) 목적

이 시험기준은 형광 소광(fluorescence quenching)의 원리에 따라 작동하는 광학식 센서로 용존산소를 측정하는 방법이다.

★★ (2) 적용범위

이 시험기준은 지표수, 하·폐수 등에 적용할 수 있으며, 정량한계는 0.5mg/L이다.

> **TIP**
> 색도나 탁도가 높은 물, 철 및 요오드 등 간섭물질이 있어 용존산소-적정법에 적합하지 않은 물의 분석에 사용하기 적합하다.

Question 15

용존산소(DO)를 측정하는 방법으로 틀린 것은?
- ㉮ 적정법
- ㉯ 전극법
- ㉰ 광학식 센서방법
- ㉱ 자외선/가시선분광법

풀이 용존산소의 측정방법은 적정법(윙클러-아자이드화소듐변법), 전극법, 광학식 센서방법이다.

07 생물화학적 산소 요구량 (BOD, Biochemical Oxygen Demand)

이 시험기준은 물속에 존재하는 생물화학적 산소 요구량을 측정하기 위하여 시료를 20℃에서 5일간 저장하여 두었을 때 시료 중의 호기성 미생물의 증식과 호흡작용에 의하여 소비되는 용존산소의 양으로부터 측정하는 방법이다.

(1) 적용범위

① 이 시험기준은 지표수, 지하수, 폐수 등에 적용할 수 있다.
② 이 시험기준은 실험실에서 20℃에서 5일 동안 배양할 때의 산소요구량이므로 실제 환경조건의 온도, 생물군, 물의 흐름, 햇빛, 용존산소에서는 다를 수 있어 실제 지표수의 산소요구량을 알고자 할 때에는 위의 조건을 고려해야 한다.
③ 시료 중 용존산소의 양이 소비되는 산소의 양보다 적을 때에는 시료를 희석수로 적당히 희석하여 사용한다.
④ 공장폐수나 혐기성 발효의 상태에 있는 시료는 호기성 산화에 필요한 미생물을 식종하여야 한다.
⑤ 탄소 BOD를 측정해야 할 경우에는 질산화 억제 시약을 첨가한다.

(2) 간섭물질

① 시료가 산성 또는 알칼리성을 나타내거나 잔류염소 등 산화성 물질을 함유하였거나 용존산소가 과포화 되어 있을 때에는 BOD 측정이 간섭받을 수 있으므로 전처리를 행한다.
② 탄소 BOD를 측정할 때, 시료 중 질산화 미생물이 충분히 존재할 경우 유기 및 암모니아성 질소 등의 환원상태 질소화합물질이 BOD 결과를 높게 만든다. 적절한 질산화 억제 시약을 사용하여 질소에 의한 산소 소비를 방지한다.
③ 시료는 시험하기 바로 전에 온도를 (20±1)℃로 조정한다.

★★ (3) 전처리

① ★★ pH가 6.5~8.5의 범위를 벗어나는 산성 또는 알칼리성 시료는 염산용액(1M) 또는 수산화소듐용액(1M)으로 시료를 중화하여 pH 7~7.2로 맞춘다. 다만 이때 넣어주는 염산 또는 수산화소듐의 양이 ★★ 시료량의 0.5%가 넘지 않도록 하여야 한다. pH가 조정된 시료는 반드시 식종을 실시한다.

Question 16

BOD 측정 시 산성 또는 알칼리성 시료에 대하여 전처리를 할 때 중화를 위해 넣어주는 산 또는 알칼리의 양은 시료량의 몇 %가 넘지 않도록 하여야 하는가?

㉮ 0.5   ㉯ 1.0   ㉰ 2.0   ㉱ 3.0

정답 ㉮

② 가능한 한 염소소독 전에 시료를 채취한다. 그러나 잔류염소를 함유한 시료는 시료 100mL에 아자이드화소듐 0.1g과 요오드화포타슘 1g을 넣고 흔들어 섞은 다음 염산을 넣어 산성으로 한다. (약 pH 1) 유리된 요오드를 전분지시약을 사용하여 아황산소듐용액(0.025 N)으로 액의 색깔이 청색에서 무색으로 변화될 때까지 적정하여 얻은 아황산소듐용액(0.025 N)의 소비된 부피(mL)를 남아 있는 시료의 양에 대응하여 넣어 준다. 일반적으로 잔류염소를 함유한 시료는 반드시 식종을 실시한다.

★★ ③ 수온이 20℃ 이하일 때의 용존산소가 과포화 되어 있을 경우에는 수온을 23℃~25℃로 상승시킨 이후에 15분간 통기하고 방치하고 냉각하여 수온을 다시 20℃로 한다.

④ 기타 독성을 나타내는 시료에 대해서는 그 독성을 제거한 후 식종을 실시한다.

Question 17

20℃ 이하에서 BOD 측정 시료의 용존산소가 과포화되어 있을 때 처리하는 방법은?

㉮ 시료의 산소 과포화되어 있어도 배양전 용존 산소 값으로 측정됨으로 상관이 없다.
㉯ 시료의 수온을 23℃~25℃로 하여 15분간 통기하고 방냉한 후 수온을 20℃로 한다.
㉰ 아황산소듐을 적당량 넣어 산소를 소모시킨다.
㉱ 5℃ 이하로 냉각시켜 냉암소에서 15분간 잘 저어준다.

풀이 온도가 높으면 DO값이 낮아지고, 온도가 낮으면 DO값이 높아지므로 ㉯번이 정답이다.

(4) 분석방법

① 시료(또는 전처리한 시료)의 예상 BOD값으로부터 단계적으로 희석배율을 정하여 3종~5종의 희석 시료를 2개를 한 조로 하여 조제한다.

★★ ② 예상 BOD값에 대한 사전경험이 없을 때 희석하여 시료 조제방법

   ★★ ㉠ 오염정도가 심한 공장폐수는 0.1%~1.0%
   ★★ ㉡ 처리하지 않은 공장폐수와 침전된 하수는 1%~5%
   ★★ ㉢ 처리하여 방류된 공장폐수는 5%~25%

★★ ㉣ 오염된 하천수는 25%~100%의 시료가 함유되도록 희석 조제한다.

Question 18

예상 BOD 값에 대한 사전경험이 없을 때 BOD 시험을 위한 시료용액 조제 시 희석기준에 대한 내용으로 틀린 것은?

㉮ 오염된 하천수는 10%~20%의 시료가 함유되도록 희석한다.
㉯ 처리하여 방류된 공장폐수는 5%~25%의 시료가 함유되도록 희석한다.
㉰ 처리하지 않은 공장폐수는 1%~5%의 시료가 함유되도록 희석한다.
㉱ 심한 공장폐수는 0.1%~1.0%의 시료가 함유되도록 희석한다.

풀이 ㉮ 오염된 하천수는 25%~100%의 시료가 함유되도록 희석한다.

③ BOD용 희석수 또는 BOD용 식종희석수를 사용하여 시료를 희석할 때에는 2L 부피실린더에 공기가 갇히지 않게 조심하면서 반만큼 채우고, 시료(또는 전처리한 시료) 적당량을 넣은 다음 BOD용 희석수 또는 식종 희석수로 희석배율에 맞는 눈금의 높이까지 채운다.

④ 공기가 갇히지 않게 젖은 막대로 조심하면서 섞고 2개의 300mL BOD병에 완전히 채운 다음, 한 병은 마개를 꼭 닫아 물로 마개주위를 밀봉하여 BOD용 배양기에 넣고 어두운 상태에서 5일 간 배양한다. 이때 온도는 20℃로 항온한다. 나머지 한 병은 15분 간 방치 후에 희석된 시료 자체의 초기 용존산소를 측정하는데 사용한다.

⑤ 같은 방법으로 미리 정해진 희석배율에 따라 몇 개의 희석 시료를 조제하여 2개의 300mL BOD병에 완전히 채운 후 실험한다. 처음의 희석 시료 자체의 용존산소량과 20℃에서 5일 간 배양할 때 소비된 용존산소의 양을 용존산소 측정법에 따라 측정하여 구한다.

★★ ⑥ 5일 저장기간 동안 산소의 소비량이 40%~70% 범위 안의 희석 시료를 선택하여 초기 용존산소량과 5일간 배양한 다음 남아 있는 용존산소량의 차로부터 BOD를 계산한다.

Question 19

생물화학적 산소요구량(BOD)을 측정할 때 가장 신뢰성이 높은 결과를 갖기위해서는 용존산소 감소율이 5일 후 어느 정도이어야 하는가?

㉮ 10%~20%   ㉯ 20%~40%   ㉰ 40%~70%   ㉱ 70%~90%

정답 ㉰

⑦ 시료를 식종하여 BOD를 측정할 때는 실험에 사용한 식종액을 희석수로 단계적으로 희석한 이후에 위의 실험방법에 따라 실험하고 배양 후의 산소 소비량이 40% ~ 70% 범위 안에 있는 식종 희석수를 선택하여 배양전후의 용존산소량과 식종액 함유율을 구하고 시료의 BOD 값을 보정한다.

(5) 농도계산

 ① 식종하지 않은 시료

생물화학적 산소요구량(mg/L) = $(D_1 - D_2) \times P$

- D_1 : 15분간 방치된 후의 희석(조제)한 시료의 DO(mg/L)
- D_2 : 5일간 배양한 다음의 희석(조제)한 시료의 DO(mg/L)
- P : 희석시료 중 시료의 희석배수(희석시료량/시료량)

② 식종희석수를 사용한 시료

생물화학적 산소요구량(mg/L) = $[(D_1 - D_2) - (B_1 - B_2) \times f] \times P$

- D_1 : 15분간 방치된 후의 희석(조제)한 시료의 DO(mg/L)
- D_2 : 5일간 배양한 다음의 희석(조제)한 시료의 DO(mg/L)
- B_1 : 식종액의 BOD를 측정할 때 희석된 식종액의 배양 전 DO(mg/L)
- B_2 : 식종액의 BOD를 측정할 때 희석된 식종액의 배양 후 DO(mg/L)
- f : 희석시료 중의 식종액 함유율(x%)과 희석한 식종액 중의 식종액 함유율(y%)의 비(x/y)
- P : 희석시료 중 시료의 희석배수(희석시료량/시료량)

08 화학적 산소요구량(Chemical Oxygen Demand)

1. 적정법-산성 과망간산포타슘법(COD_{Mn})

이 시험기준은 물속에 존재하는 화학적 산소요구량을 측정하기 위하여 시료를 황산산성으로 하여 과망간산포타슘 일정과량을 넣고 30분간 수욕상에서 가열반응시킨 다음 소비된 과망간산포타슘량으로부터 이에 상당하는 산소의 양을 측정하는 방법이다.

(1) 적용범위

이 시험기준은 지표수, 하수, 폐수 등에 적용하며, 반응시료(100mL)의 염화이온 농도가 2,000mg/L 미만인 경우에 적용한다.

★★ **(2) 간섭물질**

① 유리기구류나 공기로부터 유기물의 오염이 되지 않게 주의하고 사용하는 정제수에 유기물이 없는지 확인해야 한다.

② 염소이온은 과망간산에 의해 정량적으로 산화되어 양의 오차를 유발하므로 황산은을 첨가하여 염소이온의 간섭을 제거한다.

★★ ③ 아질산염은 아질산성 질소 1mg당 1.1mg의 산소를 소모하여 COD 측정값의 오차를 유발한다. 아질산염의 방해가 우려되면 아질산성 질소 1mg당 10mg의 설파민산을 넣어 간섭을 제거한다.

④ 제일철이온, 아황산염 등 실험 조건에서 산화되는 물질이 있을 때에 해당되는 COD 값을 정량적으로 빼주어야 한다.

⑤ 가열과정에서 오차가 발생할 수 있으므로 물중탕의 온도와 가열시간을 잘 지켜야 한다.

Question 20

화학적 산소요구량(COD)을 적정법 – 산성 과망간산포타슘법으로 측정할 때 아질산염의 방해가 우려되는 경우, 간섭 제거방법으로 옳은 것은?

㉮ 아질산성 질소 1mg 당 10mg의 황산은을 넣는다.
㉯ 아질산성 질소 1mg 당 10mg의 질산은을 넣는다.
㉰ 아질산성 질소 1mg 당 10mg의 옥살산소듐을 넣는다.
㉱ 아질산성 질소 1mg 당 10mg의 설파민산을 넣는다.

정답 ㉱

2. 적정법-알칼리성 과망간산포타슘법(COD_{Mn})

이 시험기준은 물속에 존재하는 화학적 산소요구량을 측정하기 위하여 시료를 알칼리성으로 하여 과망간산포타슘 일정과량을 넣고 60분간 수욕상에서 가열반응 시키고 요오드화포타슘 및 황산을 넣어 남아있는 과망간산포타슘에 의하여 유리된 요오드의 양으로부터 산소의 양을 측정하는 방법이다.

(1) 적용범위

이 시험기준은 하수, 폐수 등에 적용할 수 있으며, 반응시료 (100mL)의 염소이온 농도가 2,000mg/L 이상으로 산성 과망간산포타슘법으로 분석할 수 없는 경우에 적용한다.

(2) 간섭물질

① 유리기구류나 공기로부터 유기물의 오염이 되지 않게 주의하고 사용하는 정제수에 유기물이 없는지 확인해야 한다.
② 시료 중에 환원성 무기물질들의 간섭이나 알코올류, 당류, 단백질 등의 알칼리 가용성 화합물의 방해를 받지 않는다.
③ 가열과정에서 오차를 발생할 수 있으므로 물중탕기의 온도와 가열시간을 잘 지켜야 한다.

> **Question 21**
>
> COD 측정에서 최초의 첨가한 KMnO₄량의 1/2 이상이 남도록 첨가하는 이유는?
> ㉮ KMnO₄ 잔류량이 1/2 이하로 되면 유기물의 분해온도가 저하한다.
> ㉯ KMnO₄ 잔류량이 1/2 이상이면 모든 유기물의 산화가 완료한다.
> ㉰ KMnO₄ 잔류량이 많을 경우 유기물의 산화속도가 저하한다.
> ㉱ KMnO₄ 농도가 저하되면 유기물의 산화율이 저하한다.
>
> **정답** ㉱

3. 적정법-다이크롬산포타슘법(CODCr)

이 시험기준은 화학적 산소요구량을 측정하기 위하여 시료를 황산산성으로 하여 다이크롬산포타슘 일정과량을 넣고 2시간 가열반응 시킨 다음 소비된 다이크롬산포타슘의 양을 구하기 위해 환원되지 않고 남아 있는 다이크롬산포타슘을 황산제일철암모늄용액으로 적정하여 시료에 의해 소비된 다이크롬산포타슘을 계산하고 이에 상당하는 산소의 양을 측정하는 방법이다.

(1) 적용범위

① 이 시험기준은 지표수, 지하수, 하·폐수 등에 적용하며, COD 5mg/L~50mg/L의 낮은 농도 범위를 갖는 시료에 적용한다. 따로 규정이 없는 한 해수를 제외한 모든 시료의 다이크롬산포타슘에 의한 화학적 산소요구량을 필요로 하는 경우에 이 방법에 따라 시험한다.
② 염소이온의 농도가 1,000mg/L 이상의 농도일 때에는 COD 값이 최소한 250mg/L 이상의 농도이어야 한다. 따라서 해수 중에서 COD 측정은 이 방법으로 부적절하다.

★★ (2) 간섭물질

① 유리기구류나 공기로부터 유기물의 오염이 되지 않게 주의하고 사용하는 정제수에 유기물이 없는지 확인해야 한다.

② 염소이온은 다이크롬산에 의해 정량적으로 산화되어 양의 오차를 유발하므로 황산수은(Ⅱ)을 첨가하여 염소이온과 착물을 형성하도록 하여 간섭을 제거할 수 있다. 염소이온의 양이 40mg 이상 공존할 경우에는 ★★ $HgSO_4 : Cl^- = 10 : 1$의 비율로 황산수은(Ⅱ)의 첨가량을 늘린다.

③ 아질산 이온(NO_2^-) 1mg으로 1.1mg의 산소(O_2)를 소비한다. 아질산 이온에 의한 방해를 제거하기 위해 시료에 존재하는 ★★ 아질산성 질소(NO_2-N) mg당 설퍼민산 10mg을 첨가한다.

Question 22

다이크롬산포타슘에 의한 화학적 산소요구량(COD) 측정 시 염소이온이 40mg 이상 공존할 경우 첨가하는 시약과 염소이온의 비율로 맞는 것은?

㉮ $HgSO_4 : Cl^- = 5 : 1$
㉯ $HgSO_4 : Cl^- = 10 : 1$
㉰ $AgSO_4 : Cl^- = 5 : 1$
㉱ $AgSO_4 : Cl^- = 10 : 1$

정답 ㉯

★★★ ▶ COD 내용 정리

	산성 과망간산포타슘법 (COD_{Mn})	알칼리성 과망간산포타슘법 (COD_{Mn})	다이크롬산포타슘법 (COD_{Cr})
시료액성	황산산성	알칼리성	황산산성
가열시간	30분	60분	2시간
적정용액	0.005M 과망간산포타슘($KMnO_4$)용액	0.025M 티오황산소듐($Na_2S_2O_3$)용액	0.025N 황산제일철암모늄용액
종말점	엷은 홍색	무색	청록색→적갈색
농도(mg/L)	$COD(mg/L) = (b - a) \times f \times \dfrac{1000}{V} \times 0.2$	$COD(mg/L) = (b - a) \times f \times \dfrac{1000}{V} \times 0.2$	$COD(mg/L) = (b - a) \times f \times \dfrac{1000}{V} \times 0.2$

Question 23

알칼리성 KMnO₄법으로 COD를 측정하기 위하여 사용하는 표준적정액은 무엇인가?

㉮ NaOH ㉯ KMnO₄ ㉰ Na₂S₂O₃ ㉱ Na₂C₂O₄

정답 ㉰

Question 24

공장 폐수의 COD를 측정하기 위하여 검수 25mL에 증류수를 가하여 100mL로 하여 실험한 결과 0.025 N-KMnO₄가 10.1mL 최종 소모되었을 때 이 공장의 COD(mg/L)는? (단, 공시험의 적정에 소요된 0.025N-KMnO₄ = 0.1 mL, 0.025N-KMnO₄의 역가 = 1.0)

㉮ 20 ㉯ 40 ㉰ 60 ㉱ 80

풀이

$$COD(mg/L) = \frac{(b-a) \times f \times 0.2}{V(L)} = \frac{(10.1 - 0.1)\,mL \times 1.0 \times 0.2}{25 \times 10^{-3}\,L} = 80\,mg/L$$

09 부유물질(Suspended Solids)

이 시험기준은 미리 무게를 단 유리섬유여과지(GF/C)를 여과장치에 부착하여 일정량의 시료를 여과시킨 다음 항량으로 건조하여 무게를 달아 여과 전·후의 유리섬유 여과지의 무게차를 산출하여 부유물질의 양을 구하는 방법이다.

(1) 적용범위

이 시험기준은 지표수, 지하수, 하·폐수 등에 적용할 수 있다.

★★★ (2) 간섭물질

★★ ① 나무 조각, 큰 모래입자 등과 같은 큰 입자들은 부유물질 측정에 방해를 주며, 이 경우 ★★ 직경 2mm 금속망에 먼저 통과시킨 후 분석을 실시한다.

② 증발잔류물이 1,000mg/L 이상인 경우의 해수, 공장폐수 등은 특별히 취급하지 않을 경우, 높은 부유물질 값을 나타낼 수 있다. 이 경우 여과지를 여러 번 세척한다.

③ 칼슘, 마그네슘, 염화물, 황산염 등의 농도가 높을 경우 금속 침전이 발생하며, 흡습성이 있기 때문에 부유물질 측정에 영향을 줄 수 있다.

④ 유지(oil), 그리스(grease), 왁스(wax) 등을 포함하는 시료의 경우, 시료를 여과하고 여과재와 함께 여과 깔때기를 건조시킨다.

> **Question 25**
>
> 부유물질(SS) 측정 시 간섭물질에 관한 내용으로 잘못된 것은 어느 것인가?
> ㉮ 큰 입자들은 부유물질 측정에 방해를 주며, 이 경우 직경 0.2mm 금속망에 먼저 통과 시킨 후 분석을 실시한다.
> ㉯ 증발잔류물이 1,000mg/L 이상인 경우의 해수, 공장폐수 등은 특별히 취급하지 않을 경우, 높은 부유물질 값을 나타낼 수 있어 여과지를 여러 번 세척한다.
> ㉰ 칼슘, 마그네슘, 염화물, 황산염 등의 농도가 높을 경우 금속 침전이 발생하며, 흡습성이 있기 때문에 부유물질 측정에 영향을 줄 수 있다.
> ㉱ 유지(oil), 그리스(grease), 왁스(wax) 등을 포함하는 시료의 경우, 시료를 여과하고 여과재와 함께 여과 깔때기를 건조시킨다.
>
> **풀이** ㉮ 큰 입자들은 부유물질 측정에 방해를 주며, 이 경우 직경 2mm 금속망에 먼저 통과 시킨 후 분석을 실시한다.

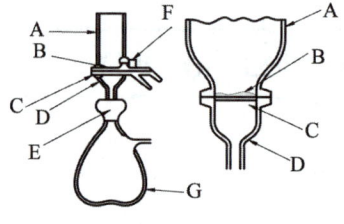

A. 상부 여과관
B. 여과재
C. 여과재 지지대
D. 하부 여과관
E. 고무마개
F. 금속제 집게
G. 흡인병

〈여과장치〉

(3) 분석절차

★★ ① 유리섬유여과지(GF/C)를 여과장치에 부착하여 미리 정제수 20mL씩으로 3회 흡인 여과하여 씻은 다음 시계접시 또는 알루미늄 호일 접시 위에 놓고 105℃~110℃의 건조기 안에서 2시간 건조시켜 황산 데시케이터에 넣어 방치하고 냉각한 다음 항량하여 무게를 정밀히 달고, 여과장치에 부착 시킨다.

② 시료 적당량(건조 후 부유물질로써 1mg 이상)을 여과장치에 주입하면서 흡입 여과한다.

③ 시료 용기 및 여과장치의 기벽에 붙어있는 부착물질을 소량의 정제수로 유리섬유여과지에 씻어 내린 다음 즉시 여지상의 잔류물을 정제수 10mL씩 3회 씻어주고 약 3분 동안 계속하여 흡입 여과한다.

④ 유리섬유여과지를 핀셋으로 주의하면서 여과장치에서 끄집어내어 시계접시 또는 알루미늄 호일 접시 위에 놓고 105℃~110℃의 건조기 안에서 2시간 건조시켜 황산 데시

케이터에 넣어 방치하고 냉각한 다음 항량으로 하여 무게를 정밀히 단다.

★★ **TIP**
① 유리섬유여과지(GF/C) 또는 이와 동등한 규격으로 지름 47mm의 것을 사용한다.
② 사용한 여과장치의 하부여과재를 다이크롬산포타슘·황산용액에 넣어 침전물을 녹인 다음 정제수로 씻어준다
③ 용존성 염류가 다량 함유되어 있는 시료의 경우에는 흡입장치를 끈 상태에서 정제수를 여지 위에 부은 뒤 흡입여과하는 것을 반복하여 충분히 세척한다.

Question 26

부유물질(SS) 측정시, 건조시키는 온도와 시간은?

㉮ 100℃ ~ 105℃, 4시간　　㉯ 100℃ ~ 105℃, 2시간
㉰ 105℃ ~ 110℃, 4시간　　㉱ 105℃ ~ 110℃, 2시간

정답 ㉱

(4) 농도계산

여과 전후의 유리섬유여지 무게의 차를 구하여 부유물질의 양으로 한다.

★★ 부유물질(mg/L) = (b - a) × $\dfrac{1{,}000}{V}$

　　a : 시료 여과 전의 유리섬유여지 무게(mg)　　b : 시료 여과 후의 유리섬유여지 무게(mg)
　　V : 시료의 양(mL)

Question 27

폐수중의 부유물질을 측정하고자 실험을 하여 다음과 같은 결과를 얻었다. 폐수중의 부유물질의 양(mg/L)은 얼마인가?

- 시료량 : 100mL
- 시료 여과 전 유리섬유 여지의 무게 : 0.6329g
- 시료 여과 후 유리섬유 여지의 무게 : 0.6531g

㉮ 202mg/L　　㉯ 221mg/L　　㉰ 231mg/L　　㉱ 241mg/L

풀이 부유물질의 양(mg/L) = $\dfrac{(\text{여과후 무게} - \text{여과전 무게})(\text{mg})}{\text{시료량(L)}} = \dfrac{(0.6531\text{g} - 0.6329\text{g}) \times 10^3 \text{mg/g}}{0.1\text{L}} = 202\text{mg/L}$

10 노말헥산 추출물질(n-Hexane Extractable Material)

이 시험기준은 수중에 비교적 휘발되지 않는 탄화수소, 탄화수소유도체, 그리스유상물질 및 광유류를 함유하고 있는 시료를 pH 4 이하의 산성으로 하여 노말헥산층에 용해되는 물질을 노말헥산으로 추출하고 노말헥산을 증발시킨 잔류물의 무게로부터 구하는 방법이다. 다만, 광유류의 양을 시험하고자 할 경우에는 활성규산마그네슘(플로리실) 컬럼을 이용하여 동식물유지류를 흡착·제거하고 유출액을 같은 방법으로 구할 수 있다.

(1) 적용범위

이 시험기준은 지표수, 지하수, 폐수 등에 적용할 수 있으며, 정량한계는 0.5mg/L이다.

Question 28

노말헥산 추출물질의 정량한계는 어느 것인가?

㉮ 0.1mg/L ㉯ 0.5mg/L ㉰ 1.0mg/L ㉱ 5.0mg/L

정답 ㉯

TIP
① 폐수 중의 비교적 휘발되지 않는 탄화수소, 탄화수소유도체, 그리스유상물질 및 광유류가 노말헥산층에 용해되는 성질을 이용한 방법으로 통상 유분의 성분별 선택적 정량이 곤란하다.
② 활성규산마그네슘 컬럼과 동등이상의 성능을 나타낼 수 있는 것을 사용할 수 있다.
③ 활성규산마그네슘은 입경 150μm~250μm로서 사용 전에 노말헥산으로 씻고 150℃로 약 2시간 가열한 후 진공건조용기에서 식힌 것을 사용한다.

Question 29

수질오염공정시험기준상 노말헥산 추출물질에 해당하지 않는 것은 어느 것인가?

㉮ 휘발되지 않는 탄화수소, 탄화수소유도체   ㉯ 그리스유상물질
㉰ 광유류   ㉱ 셀룰로오스류

정답 ㉱

★★ **(2) 간섭물질**

최종 무게 측정을 방해할 가능성이 있는 입자가 존재할 경우 0.45μm 여과지로 여과한다.

(3) 총 노말헥산 추출물질의 분석절차

★★ ① 시료적당량(노말헥산 추출물질로서 5mg~200mg 해당량)을 분별깔때기에 넣고 메틸오렌지용액(0.1%) 2방울~3방울을 넣고 황색이 적색으로 변할 때까지 염산(1 + 1)을 넣어 시료의 pH를 4 이하로 조절한다.

> **Question 30**
>
> 총 노말헥산추출물질 시험방법에서 시료에 넣어주는 지시약과 염산(1+1)을 넣어 조절해야 하는 pH 범위로 가장 알맞은 것은 어느 것인가?
> ㉮ 메틸렌블루용액(0.1%), pH 5.5 이하   ㉯ 메틸레드용액(0.1%), pH 5.5 이하
> ㉰ 메틸오렌지용액(0.1%), pH 4 이하   ㉱ 메틸레드용액(0.1%). pH 4 이하
>
> **정답** ㉰

② 시료의 용기는 노말헥산 20mL씩으로 2회 씻어서 씻은 액을 분별깔때기에 합하고 마개를 하여 2분 간 세게 흔들어 섞고 정치하여 노말헥산층을 분리한다.
③ 수층에 한 번 더 시료용기를 씻은 노말헥산 20mL를 넣어 흔들어 섞고 정치하여 노말헥산층을 분리하여 앞의 노말헥산층과 합한다. 정제수 20mL씩으로 수회 씻어준 다음 수층을 버리고 노말헥산층에 무수황산소듐을 수분이 제거될 만큼 넣어 흔들어 섞고 수분을 제거한다.
④ 분별깔때기의 꼭지부분에 건조여과지를 사용하여 여과한다. 노말헥산을 항량으로 하며 무게를 미리 단 증발용기에 넣고 분별깔때기에 노말헥산 소량을 넣어 씻어 준 다음 여과하여 증발용기에 합한다.
⑤ 노말헥산 5mL씩으로 여과지를 2회 씻어주고 씻은 액을 증발용기에 합한다.
⑥ 증발용기가 알루미늄박으로 만든 접시 또는 비커일 경우에는 용기의 표면을 깨끗이 닦고, 80℃로 유지한 전기열판 또는 전기맨틀에 넣어 노말헥산을 증발시킨다.
⑦ 증류플라스크일 경우에는 U자형 연결관과 냉각관을 달아 전기열판 또는 전기맨틀의 온도를 80℃로 유지하면서 매 초당 한 방울의 속도로 증류한다. 증류플라스크 안에 2mL가 남을 때까지 증류한 다음, 냉각관의 상부로부터 질소가스를 넣어주어 증류플라스크안의 노말헥산을 완전히 증발시키고 증류플라스크를 분리하여 실온으로 냉각될 때까지 질소를 흘려보내어 노말헥산을 완전히 증발시킨다.

⑧ 증발용기 외부의 습기를 깨끗이 닦고 (80±5)℃의 건조기 중에 30분간 건조하고 실리카겔 데시케이터에 넣어 정확히 30분간 방치하여 냉각한 후 무게를 단다.
⑨ 따로 시험에 사용된 노말헥산 전량을 미리 항량으로 하여 무게를 단 증발용기에 넣어, 시료와 같이 조작하여 노말헥산을 날려 보내어 바탕시험을 행하고 보정한다.

(4) 농도계산

① 총 노말헥산추출물질

★★★ 총 노말헥산추출물질(mg/L) = $(a - b) \times \dfrac{1{,}000}{V}$

- a : 시험전후의 증발용기의 무게(mg)
- b : 바탕시험 전후의 증발용기의 무게(mg)
- V : 시료의 양(mL)

> **Question 31**
>
> 어떤 공장의 폐수 중 노말헥산의 추출물질량을 측정하기 위해 실험을 한 결과 다음 값을 얻었다. 총 노말헥산 추출물질의 농도는? (단, 측정에 사용한 시료 500mL, 증발용 비이커의 순무게 : 76.1452g, 추출에 사용된 노말헥산 증발 건조 후 비이커의 무게 : 76.1988g이었다.)
>
> ㉮ 107.2mg/L   ㉯ 123.2mg/L   ㉰ 159.7mg/L   ㉱ 184.4mg/L
>
> **풀이** 총 노말헥산추출물질의 농도(mg/L) = $\dfrac{(시료+용기) - 용기}{시료량}$
>
> $= \dfrac{(76.1988-76.1452)\text{g} \times 10^3 \text{mg/g}}{500\text{mL} \times 10^{-3} \text{L/mL}} = 107.2\text{mg/L}$

② 노말헥산추출물질 중 광유류

총 노말헥산추출물질 중 광유류(mg/L) = $(a - b) \times \dfrac{100}{50} \times \dfrac{1{,}000}{V}$

- a : 유출액 중의 노말헥산추출물질의 무게(mg)
- b : 바탕시험에 의한 잔류물의 무게(mg)
- V : 시료의 양(mL)

③ 총 노말헥산추출물질 중 동·식물유지류

노말헥산추출물질 중 동·식물류(mg/L) = $a - b$

- a : 노말헥산추출물질의 양(mg/L)
- b : 노말헥산추출물질 중 광유류의 양(mg/L)

11 잔류염소(Residual Chlorine)

1. 비색법(Colorimetric Method)

이 시험기준은 인산염완충용액을 사용하여 시료의 pH를 약산성으로 조절한 후 발색하여 잔류염소 표준비색표와 비교하여 총 잔류염소를 측정하는 방법이다.

> **Question 32**
>
> 다음은 잔류염소-비색법 측정에 관한 내용이다. (   ) 안에 옳은 내용은?
>
> 시료의 pH를 (   )으로 약산성으로 조절한 후 발색하여 잔류염소 표준비색표와 비교 측정한다.
>
> ㉮ 인산염완충용액   ㉯ 프탈산염완충용액
> ㉰ 붕산염완충용액   ㉱ 수산화포타슘완충용액
>
> **정답** ㉮

(1) 적용범위

이 시험기준은 지표수, 지하수, 하·폐수 등에 적용할 수 있으며, 정량한계는 0.05mg/L이다.

(2) 간섭물질

① 유리 잔류염소는 질소(nitrogen, N), 트라이클로라이드(trichloride, Cl_3), 트라이클로라민(trichloramine, NCl_3), 클로린디옥사이드(chlorine dioxide, ClO_2)의 존재하에서는 정확한 측정이 불가능하다.

② 구리에 의한 간섭은 구리 파이프 혹은 황산구리염 처리된 저장고에서 채취된 시료의 측정에서 발생할 수 있다. 이 경우, EDTA를 사용하여 제거할 수 있다.

③ 2mg/L 이상의 크롬산은 종말점에서 간섭을 하는데 이때 염화바륨을 가하여 침전시켜 제거한다.

④ 직사광선 또는 강렬한 빛에 노출되거나 흔들면 염소가 감소되기 때문에 과도한 빛에 노출하거나 교반하지 않는다.

Question 33

잔류염소를 비색법으로 측정할 때의 내용으로 틀린 것은?

㉮ 정량한계는 0.05mg/L이다.
㉯ 유리염소는 질소, 트라이클로라이드, 트라이클로라민, 클로린디옥사이드의 존재하에서는 불가능하다.
㉰ 2mg/L 이상의 크롬산은 종말점에서 간섭을 하는데 이때 염화소듐을 가하여 침전시켜제거한다.
㉱ 직사광선 또는 강렬한 빛에 의해 분해된다.

▶ 풀이 ㉰ 2mg/L 이상의 크롬산은 종말점에서 간섭을 하는데 이때 염화바륨을 가하여 침전시켜 제거한다.

(3) 표정

유리 잔류염소 표준용액 10mL를 취하여 정제수 60mL가 담겨진 250mL 삼각플라스크에 넣는다. 염산용액(1+3) 5mL, 요오드화포타슘 3g을 넣고 밀봉하여 흔들어 섞은 다음 어두운 곳에 약 5분간 방치한다. 티오황산소듐용액(0.1M)으로 적정하여 시료가 연한 노란색이 되면 요오드화아연 전분지시약 용액을 넣고 계속 티오황산소듐용액(0.1M)으로 푸른색이 없어질 때까지 적정한다.

> **TIP**
> 티오황산소듐(0.1 M) 1mL = 유리염소 3.55mg

2. 전류 적정법(Amperometric titration)

이 시험기준은 전류 적정법으로 총 잔류염소를 측정하는 방법이다.

(1) 적용범위

① 이 시험기준은 지표수, 지하수, 하·폐수 등에 적용할 수 있으며, 정량한계는 2mg/L이다.
② 이 시험기준은 물 속의 총염소를 측정하기 위해 적용한다.

Question 34

잔류염소를 적정법으로 측정할 때 정량한계는?

㉮ 0.5 mg/L ㉯ 1 mg/L ㉰ 1.5 mg/L ㉱ 2 mg/L

▶ 정답 ㉱

12 염소이온(Chloride, Cl⁻)

★★ ▶ **적용 가능한 시험방법**

염소이온	정량한계(mg/L)	정밀도(% RSD)
이온크로마토그래피	0.1mg/L	± 25% 이내
적정법	0.7mg/L	± 25% 이내
이온전극법	5mg/L	± 25% 이내

1. 이온크로마토그래피

이 시험기준은 지하수, 지표수, 폐수 등을 이온교환 컬럼에 고압으로 전개시켜 분리되는 염소이온을 분석하는 방법이다. 물속에 존재하는 염소이온(Cl^-)의 정성 및 정량분석방법으로 음이온류-이온크로마토그래피에 따른다.

2. 적정법

이 시험기준은 물속에 존재하는 염소이온을 분석하기 위해서, 염소이온을 질산은과 정량적으로 반응시킨 다음 과잉의 질산은이 크롬산과 반응하여 크롬산은의 침전(엷은 적황색 침전)으로 나타나는 점을 적정의 종말점으로하여 염소이온의 농도를 측정하는 방법이다.

📢 Question 35

적정법을 이용한 염소이온의 측정 시 적정의 종말점으로 알맞은 것은 어느 것인가?
㉮ 엷은 적황색 침전이 나타날 때
㉯ 엷은 적갈색 침전이 나타날 때
㉰ 엷은 청록색 침전이 나타날 때
㉱ 엷은 황갈색 침전이 나타날 때

정답 ㉮

(1) 적용범위

① 이 시험기준은 지표수, 지하수, 폐수 등에 적용할 수 있으며, ★★정량한계는 0.7mg/L이다.
② 비교적 분해되기 쉬운 유기물을 함유하고 있거나 자외부에서 흡광도를 나타내는 브롬이온이나 크롬을 함유하지 않는 시료에 적용된다.

Question 36

적정법으로 염소이온을 측정할 때 정량한계로 옳은 것은?

㉮ 0.1mg/L ㉯ 0.3mg/L ㉰ 0.5mg/L ㉱ 0.7mg/L

풀이 염소이온의 시험방법별 정량한계
① 이온크로마토그래피 : 0.1mg/L ② 적정법 : 0.7mg/L ③ 이온전극법 : 5mg/L

정답 ㉱

★★ (2) 간섭물질

브롬화물이온, 요오드화물이온, 시안화물이온 등이 공존하면 염화물 이온으로 정량된다. 아황산이온, 티오황산이온, 황산이온도 방해하지만 <u>과황산수소로 산화시키면 방해되지 않는다.</u>

Question 37

적정법으로 염소이온 측정시 아황산이온, 티오황산이온, 황산이온의 간섭을 방지하는 방법으로 가장 적절한 것은?

㉮ 황산알루미늄 주입으로 응집제거함 ㉯ 클로로폼으로 추출함
㉰ 과황산수소로 산화시킴 ㉱ 아세트산아연용액으로 탈이온화

정답 ㉰

(3) 분석절차

① 시료 50mL를 정확히 취하여 삼각플라스크에 담는다.
② 시료가 산성 또는 알칼리성인 경우 수산화소듐용액(4%) 또는 황산(1 + 35)을 사용하여 중화하여 약 pH 7.0으로 조절한다.
③ 크롬산포타슘용액 1mL를 넣어 질산은용액(0.01N)으로 적정한다. 적정의 종말점은 엷은 적황색 침전이 나타날 때로 하며, 따로 정제수 50mL를 취하여 바탕시험액으로 하고 시료의 시험방법에 따라 시험하여 보정한다.

3. 이온전극법

이 시험기준은 염소이온을 이온전극법을 이용하여 분석하는 방법으로 시료에 아세트산염 완충용액을 가해 pH를 약 5로 조절하고, 전극과 비교전극을 사용하여 전위를 측정하고 그 전위차로부터 정량하는 방법으로 음이온류-이온전극법에 따른다.

13 암모니아성 질소(Ammonium Nitrogen)

★★ ▶ 적용 가능한 시험방법

암모니아성 질소	정량한계(mg/L)	정밀도(% RSD)
자외선/가시선 분광법	0.01mg/L	± 25% 이내
이온전극법	0.08mg/L	± 25% 이내
적정법	1mg/L	± 25% 이내

📢 Question 38

암모니아성 질소의 분석방법으로 틀린 것은 어느 것인가? (단, 수질오염공정시험기준)

㉮ 자외선/가시선 분광법   ㉯ 연속흐름법   ㉰ 이온전극법   ㉱ 적정법

풀이 암모니아성 질소의 분석방법으로는 자외선/가시선 분광법, 이온전극법, 적정법이 있다.

★★ 1. 자외선/가시선 분광법

이 시험기준은 물속에 존재하는 암모니아성 질소를 측정하기 위하여 암모늄이온이 하이포염소산의 존재 하에서, 페놀과 반응하여 생성하는 인도페놀의 청색을 630nm에서 측정하는 방법이다.

(1) 적용범위

이 시험기준은 지표수, 지하수, 폐수 등에 적용할 수 있으며, 정량한계는 0.01mg/L이다.

(2) 간섭물질

글라이신, 우레아, 글루타믹산, 시아나이트 그리고 아세트아마이드는 용액 내에서 매우 천천히 지속적으로 가수분해 하지만, pH 9.5에서 우레아는 약 7%, 시아나이트는 약 5%의 양이 전처리된 증류물과 가수분해한다.

★★ 2. 이온전극법

이 시험기준은 물속에 존재하는 암모니아성 질소를 측정하기 위하여 시료에 수산화소듐을 넣어 시료의 pH를 11~13으로 하여 암모늄이온을 암모니아로 변화시킨 다음 암모니아 이온전극을 이용하여 암모니아성 질소를 정량하는 방법이다.

(1) 적용범위

이 시험기준은 지표수, 지하수, 폐수 등에 적용할 수 있으며, 정량한계는 0.08mg/L이다.

(2) 간섭물질

① 글라이신, 우레아, 글루타믹산, 시아나이트 그리고 아세트아미드는 용액 내에서 매우 천천히 지속적으로 가수분해하지만, pH 9.5에서 우레아는 약 7%, 시아나이트는 약 5%의 양이 전처리된 증류물과 가수분해한다.
② 아민은 측정값이 높아지는 간섭현상을 일으키며, 이와 같은 영향은 산성화에 의해서 더 커질 수 있다.
③ 수은과 은은 암모니아와 결합함으로써 측정값을 축소하는 간섭현상을 일으키며, NaOH/EDTA 용액을 사용하여 제거할 수 있다.
④ 고농도의 용존 이온은 측정에 영향을 줄 수 있지만, 색도와 탁도는 영향을 주지 않는다.

Question 39

암모니아성 질소를 자외선/가시선 분광법(흡광광도법)으로 측정하고자 할 때의 선택파장(①)과 이온전극법으로 측정하고자 할 때 암모늄 이온을 암모니아로 변화시킬 때의 시료의 pH 범위(②)로 옳은 것은?

㉮ ① 630nm, ② 4~6　　　　㉯ ① 540nm, ② 4~6
㉰ ① 630nm, ② 11~13　　　㉱ ① 540nm, ② 11~13

정답 ㉰

---

3. 적정법

이 시험기준은 물속에 존재하는 암모니아성 질소를 측정하기 위하여 시료를 증류하여 유출되는 암모니아를 황산용액에 흡수시키고 수산화소듐용액으로 잔류하는 황산을 적정하여 암모니아성 질소를 정량하는 방법이다.

(1) 적용범위

이 시험기준은 지표수, 지하수, 폐수 등에 적용할 수 있으며, 정량한계는 1mg/L이다.

(2) 분석방법

① 전처리한 시료 전량을 500mL 삼각플라스크에 옮기고 메틸레드-브로모크레졸 그린 혼합지시약 5방울~7방울을 넣은 다음 수산화소듐용액(0.05M)으로 액의 색이 자회색(pH 4.8)을 나타낼 때까지 적정한다.

② 따로 황산용액(0.025M) 50mL를 정확히 취하여 500mL 삼각플라스크에 넣고 메틸레드-브로모크레졸그린 혼합지시약 5~7방울을 넣은 다음 수산화소듐용액(0.05M)으로 액의 색이 자회색(pH 4.8)을 나타낼 때까지 적정하여 황산용액(0.025M) 50mL에서 대응하는 수산화소듐용액(0.05M)의 mL수를 구하고 암모니아성 질소의 농도를 산출한다.

14 아질산성 질소(Nitrite-Nitrogen)

▶ 적용 가능한 시험방법

아질산성 질소	정량한계(mg/L)	정밀도(% RSD)
자외선/가시선 분광법	0.004mg/L	± 25% 이내
이온크로마토그래피	0.1mg/L	± 25% 이내

Question 40

자외선/가시선 분광법과 이온크로마토그래피법만으로 측정하는 항목은?

㉮ 암모니아성 질소 ㉯ 아질산성 질소 ㉰ 질산성 질소 ㉱ 용존 총질소

정답 ㉯

★★ 1. 자외선/가시선 분광법

이 시험기준은 물속에 존재하는 아질산성 질소를 측정하기 위하여, 시료 중 아질산성 질소를 설퍼닐아마이드와 반응시켜 디아조화하고 α-나프틸에틸렌다이아민이염산염과 반응시켜 생성된 디아조화합물의 붉은색의 흡광도 540nm에서 측정하는 방법이다.

(1) 적용범위

이 시험기준은 지표수, 지하수, 폐수 등에 적용할 수 있으며, 정량한계는 0.004mg/L이다.

(2) 간섭물질

① 아질산성 질소는 목적물질보다 1,000배 가량의 농도의 다른 물질이 존재하더라도 거의 방해물질에 의해 간섭받지 않는다. 다만, 시료 중에 강한 산화제 혹은 환원제가 존재할 경우 아질산성 질소의 농도를 쉽게 변화시킬 수 있다.
② 알칼리도가 높은(600mg/L 이상) 시료에서는 pH에 변화가 생겨 과소평가될 수 있다.

(3) 전처리

① 시료를 여과하여도 탁하거나 착색되어 있을 경우에는 시료 100mL에 대하여 포타슘 명반용액(황산알루미늄포타슘·12수화물 5g을 물에 녹여 100mL로 한액) 2mL를 넣는다.
② 수산화소듐용액(4%)을 넣어 수산화알루미늄의 플록을 형성시킨 다음 수분간 방치하고 여과하여 여액을 시료로 한다.

2. 이온크로마토그래피

이 시험기준은 지하수, 지표수, 폐수 등을 이온교환 컬럼에 고압으로 전개시켜 분리되는 아질산 이온을 분석하는 방법이다. 물속에 존재하는 아질산 이온(NO_2^-)의 정성 및 정량분석방법으로 음이온류-이온크로마토그래피에 따른다.

15 질산성 질소(Nitrate Nitrogen)

★★ ▶ 적용 가능한 시험방법

질산성질소	정량한계(mg/L)	정밀도(% RSD)
이온크로마토그래피	0.1mg/L	± 25% 이내
자외선/가시선 분광법(부루신법)	0.1mg/L	± 25% 이내
자외선/가시선 분광법 (활성탄흡착법)	0.3mg/L	± 25% 이내
데발다합금 환원증류법	중화적정법 : 0.5mg/L 분광법 : 0.1mg/L	± 25% 이내

Question 41

질산성 질소 분석방법으로 틀린 것은 어느 것인가?
㉮ 이온크로마토그래피법　　　　　　　㉯ 자외선/가시선 분광법-부루신법
㉰ 자외선/가시선 분광법-활성탄흡착법　㉱ 연속흐름법

정답 ㉱

1. 이온크로마토그래피

이 시험기준은 지하수, 지표수, 폐수 등을 이온교환 컬럼에 고압으로 전개시켜 분리되는 질산성이온을 분석하는 방법이다. 물속에 존재하는 질산성 이온(NO_3^-)의 정성 및 정량분석방법으로 음이온류-이온크로마토그래피에 따른다.

★★ 2. 자외선/가시선 분광법-부루신법

이 시험기준은 물속에 존재하는 질산성 질소를 측정하기 위하여 황산산성(13N H_2SO_4 용액, 100℃)에서 질산이온이 부루신과 반응하여 생성된 황색화합물의 흡광도를 410nm에서 측정하여 질산성 질소를 정량하는 방법이다.

(1) 적용범위

이 시험기준은 지표수, 지하수, 폐수 등에 적용할 수 있으며, 정량한계는 0.1mg/L이다.

> **Question 42**
>
> 자외선/가시선 분광법(부루신법)으로 질산성 질소를 측정할 때 정량한계는?
>
> ㉮ 0.01mg ㉯ 0.05mg ㉰ 0.1mg ㉱ 0.5mg
>
> **정답** ㉰

★★ (2) 간섭물질

① 용존 유기물질이 황산산성에서 착색이 선명하지 않을 수 있으며 이때 부루신설퍼닐산을 제외한 모든 시약을 추가로 첨가하여야 하며, 용존 유기물이 아닌 자연 착색이 존재할 때에도 적용된다.

★★ ② 바닷물과 같이 염분이 높은 경우, 바탕시료와 표준용액에 ★★<u>염화소듐용액(30%)을 첨가</u>하여 염분의 영향을 제거한다.

★★ ③ <u>모든 강산화제 및 환원제는 방해를 일으킨다</u>. 산화제의 존재 여부는 잔류염소측정기로 알 수 있다.

★★ ④ 잔류염소는 <u>이산화비소산소듐으로 제거</u>할 수 있다.

⑤ 제1철, 제2철 및 4가 망간은 약간의 방해를 일으키나 1mg/L 이하의 농도에서는 무시해도 된다.

⑥ 시료의 반응시간 동안 균일하게 가열하지 않는 경우 오차가 생기며 착색이 이루어지는 시간대에는 확실한 온도 조절이 필요하다.

(3) 전처리

시료의 pH를 아세트산 또는 수산화소듐으로 약 7로 조절한다. 탁도가 있는 경우에는 여과한다.

(4) 분석방법

① 바탕시료, 표준시료, 시료의 수만큼 시료 용기를 준비하고, 각 시료 용기에 시료를 10mL씩 채운다.

② 시료 자체의 색깔이나 유기성 용해물질이 가열시 발색되어 보정이 필요할 경우에는 시료 한조를 더 취하여 부루신설퍼닐산 용액을 제외한 모든 시약을 넣어서 같은 방법으로 시험하고 보정한다.

> **TIP**
> 바닷물과 같이 염분이 높은 경우, 염화소듐을 바탕시료와 표준용액에 염화소듐용액(30%) 2mL를 넣는다.

★★ ③ 황산(4 + 1) 10mL를 각 시료용기에 넣고 흔들어 섞고 수냉한다.
④ 여기에 부루신설퍼닐산 용액 0.5mL를 넣어 흔들어 섞고 끓는 물중탕에서 정확히 20분 간 가열반응 시킨 다음 실온까지 수냉한다.
⑤ 이 용액의 일부를 층장 10mm 흡수셀에 옮겨 시료용액으로 하고 정제수 10mL를 취하여 시료의 시험방법에 따라 시험하여 바탕시험액으로 한다.
⑥ 바탕시험용액을 대조액으로 하여 410nm에서 시료 용액의 흡광도를 구하고 미리 작성한 검정곡선으로 질산성 질소의 양을 구하여 농도를 계산한다.

★★ 3. 자외선/가시선 분광법-활성탄흡착법

이 시험기준은 물속에 존재하는 질산성 질소를 측정하기 위하여 pH 12 이상의 알칼리성에서 유기물질을 활성탄으로 흡착한 다음 혼합 산성액으로 산성으로 하여 아질산염을 은폐시키고 질산성 질소의 흡광도를 ★★ 215nm에서 측정하는 방법이다.

(1) 적용범위

이 시험기준은 지표수, 지하수, 폐수 등에 적용할 수 있으며, 정량한계는 ★★ 0.3mg/L이다.

(2) 전처리

탁도가 있는 경우에는 여과한다.

Question 43

자외선/가시선 분광법(활성탄흡착법)으로 질산성 질소를 측정할 때 정량한계는 얼마인가?
㉮ 0.01mg/L   ㉯ 0.03mg/L   ㉰ 0.1mg/L   ㉱ 0.3mg/L

정답 ㉱

4. 데발다합금 환원증류법

이 시험기준은 물속에 존재하는 질산성 질소를 측정하기 위하여 아질산성 질소를 설퍼민산으로 분해 제거하고 암모니아성 질소 및 일부 분해되기 쉬운 유기질소를 알칼리성에서 증류제거 한 다음 데발다합금으로 질산성 질소를 암모니아성 질소로 환원하여 이를 암모니아성 질소 시험방법에 따라 시험하고 질산성 질소의 농도를 환산하는 방법이다.

(1) 적용범위

이 시험기준은 지표수, 지하수, 폐수 등에 적용할 수 있으며, 정량한계는 중화적정법은 0.5mg/L, 흡광도법은 0.1mg/L이다.

16 총질소(Total Nitrogen)

적용 가능한 시험방법

총질소	정량한계(mg/L)	정밀도(% RSD)
자외선/가시선 분광법(산화법)	0.1mg/L	± 25% 이내
자외선/가시선 분광법 (카드뮴 - 구리 환원법)	0.004mg/L	± 25% 이내
자외선/가시선 분광법 (환원증류 - 킬달법)	0.02mg/L	± 25% 이내
연속흐름법	0.06mg/L	± 25% 이내

Question 44

총질소의 측정방법으로 틀린 것은 어느 것인가?
㉮ 자외선/가시선 분광법(산화법) ㉯ 자외선/가시선 분광법(카드뮴 - 구리 환원법)
㉰ 이온크로마토그래피 ㉱ 자외선/가시선 분광법(환원증류 - 킬달법)

정답 ㉰

★★ 1. 자외선/가시선 분광법-산화법

이 시험기준은 물속에 존재하는 총질소를 측정하기 위하여 시료 중 모든 질소화합물을 알칼리성 **과황산포타슘**을 사용하여 120℃ 부근에서 유기물과 함께 분해하여 질산이온으로 산화시킨 후 산성상태로 하여 흡광도를 220nm에서 측정하여 총질소를 정량하는 방법이다.

(1) 적용범위

① 이 시험기준은 지표수, 지하수, 폐수 등에 적용할 수 있으며, 정량한계는 0.1mg/L이다.
★★ ② 비교적 분해되기 쉬운 유기물을 함유하고 있거나 자외부에서 흡광도를 나타내는 브롬이온이나 크롬을 함유하지 않는 시료에 적용된다.

(2) 간섭물질

자외부에서 흡광도를 나타내는 모든 물질이 분석을 방해할 수 있으며 특히, 브롬이온 농도 10mg/L, 크롬 농도 0.1mg/L 정도에서 영향을 받으며 해수와 같은 시료에는 적용할 수 없다.

(3) 전처리

시료 50mL(질소함량이 0.1mg 이상일 경우에는 희석)를 분해병에 넣고 알칼리성 과황산포타슘 용액 10mL를 넣어 마개를 닫고 흔들어 섞은 다음 고압증기멸균기에 넣고 가열한다. 약 120℃가 될 때부터 30분간 가열 분해하고 분해병을 꺼내어 냉각한다.

(4) 농도 계산식

$$총질소(mg/L) = a \times \frac{60}{25} \times \frac{1,000}{V}$$

[a : 검정곡선으로부터 구한 질소의 양(mg)   V : 전처리에 사용한 시료량(mL)

2. 자외선/가시선 분광법-카드뮴·구리 환원법

이 시험기준은 물속에 존재하는 총질소를 측정하기 위하여 시료중의 질소화합물을 알칼리성 **과황산포타슘의 존재하에** 120℃에서 유기물과 함께 분해하여 질산이온으로 산화시킨 다음 산화된 질산이온을 다시 카드뮴-구리환원 칼럼을 통과시켜 아질산이온으로 환원시키고 아질산성질소의 양을 구하여 총질소로 환산하는 방법이다.(540nm 부근에서 흡광도를 측정)

(1) 적용범위

이 시험기준은 지표수, 지하수, 폐수 등에 적용할 수 있으며, 정량한계는 0.004mg/L이다.

(2) 간섭물질

① 산업폐수 등 매우 혼탁한 시료나 오염이 많이 된 하천, 호소수를 사용할 경우 초음파 균질화기 등을 사용하여 시료중의 입자를 잘게 부순 후 분석하여야 한다.
② 시료가 착색된 경우 흡광도에 영향을 주어 분석결과에 영향을 미친다.
③ 시료의 pH가 5~9의 범위를 초과하면 발색에 영향을 받으므로 염산(2%) 또는 수산화 소듐용액(2%)으로 pH를 조절하여야 한다.

(3) 전처리

시료 50mL(질소함량이 0.1mg 이상일 경우에는 희석)를 분해병에 넣고 알칼리성 과황산 포타슘용액 10mL를 넣어 마개를 닫고 흔들어 섞은 다음 고압증기멸균기에 넣고 가열한다. 약 120℃가 될 때부터 30분간 가열 분해하고 분해병을 꺼내어 냉각한다.

3. 자외선/가시선 분광법-환원증류·킬달법

이 시험기준은 물속에 존재하는 총질소를 측정하기 위하여 시료에 데발다합금을 넣고 알칼리성에서 증류하여 시료 중의 무기질소를 암모니아로 환원 유출시키고, 다시 잔류시 료 중의 유기질소를 킬달 분해한 다음 증류하여 암모니아로 유출시켜 각각의 암모니아성 질소의 양을 구하고 이들을 합하여 총질소를 정량하는 방법이다.

(1) 적용범위

이 시험기준은 지표수, 지하수, 폐수 등에 적용할 수 있으며, 정량한계는 0.02mg/L이다.

(2) 간섭물질

① 시료 중에 잔류염소가 존재하면 정량을 방해하므로 시료를 증류하기 전에 아황산소듐 용액을 넣어 잔류염소를 제거한다. 이 용액 1mL는 0.5mg/L의 잔류염소를 제거할 수 있다.
② 시료 중에 칼슘이온(Ca^{2+})이나 마그네슘이온(Mg^{2+})이 다량 존재하면 발색 시 침전물 이 형성되어 흡광도 측정에 영향을 주므로 발색된 시료를 원심분리 한 다음 상층액을 취하여 흡광도를 측정하거나 미리 전처리를 통해 방해이온을 제거한다.

4. 연속흐름법

이 시험기준은 시료 중 모든 질소화합물을 산화분해하여 질산성 질소(NO_3^-) 형태로 변화시킨 다음 카드뮴-구리환원 칼럼을 통과시켜 아질산성 질소의 양을 550nm 또는 기기에서 정해진 파장에서 측정하는 방법이다.

Question 45

다음은 총질소-연속흐름법 측정에 관한 내용이다. (   )안에 내용으로 옳은 것은?

> 시료 중 모든 질소화합물을 산화분해하여 질산성질소 형태로 변화시킨 다음, (   )을 통과시켜 아질산성질소의 양을 550nm 또는 기기에서 정해진 파장에서 측정하는 방법이다.

㉮ 수산화소듐(0.025N)용액 칼럼 ㉯ 무수황산소듐 환원 칼럼
㉰ 환원증류·킬달 칼럼 ㉱ 카드뮴-구리환원 칼럼

정답 ㉱

(1) 적용범위

① 이 시험기준은 지표수, 지하수, 폐수 등에 적용할 수 있으며, 이 시험기준의 정량한계는 0.06mg/L이다.
② 검출방식을 자외선 흡광도법으로 분석할 경우 자외부에서 흡광도를 나타내는 브롬이온이나 크롬을 함유하지 않는 시료에 적용된다.

(2) 간섭물질

① 산업폐수 등 매우 혼탁한 시료나 오염이 많이 된 하천, 호소수를 사용할 경우 초음파 균질화기를 사용하여 분석 라인의 오염 또는 막힘을 예방할 수 있다.
② 고농도로 오염된 시료의 사용으로 분석 라인의 오염이 발생할 수 있으므로 시료를 분석범위 내로 희석하여 사용하여야 한다.
③ 카드뮴-구리 환원법을 사용할 경우 착색된 시료는 흡광도에 영향을 주어 분석결과에 영향을 미칠수 있으며, 시료의 pH가 5~9의 범위를 초과하면 발색에 영향을 받으므로 염산용액(2%) 또는 수산화소듐용액(2%)으로 pH를 조절하여야 한다.

17 용존 총질소(Dissolved Total Nitrogen)

★★

시료 중 용존 질소화합물을 알칼리성 <u>과황산포타슘의 존재하에 120℃에서 유기물과 함께 분해</u>하여 질소이온으로 산화시킨 다음 산성에서 자외부 흡광도를 측정하여 질소를 정량하는 방법이다. 이 시험기준은 비교적 분해되기 쉬운 유기물을 함유하고 있거나 자외부에서 흡광도를 나타내는 브롬이온이나 크롬을 함유하지 않는 시료에 적용된다. 시료를 유리섬유여과지(GF/C)로 여과하여 여액 50mL(질소 함량 0.01mg 이하)를 수질오염공정시험기준 총질소에 따라 시험한다.

TIP
① 여액이 혼탁할 경우에는 반복하여 재여과한다.
② 전처리한 여액 50mL 중 총질소의 양이 0.1mg을 초과하는 경우 희석하여 전처리 조작을 실시한다.

★★★ ▶ 질소화합물의 분석방법 정리

질소화합물의 종류	★★★ 분석방법
암모니아성 질소(NH_3-N)	① 자외선/가시선 분광법 ② 이온전극법 ③ 적정법
아질산성 질소(NO_2-N)	① 자외선/가시선 분광법 ② 이온크로마토그래피
질산성 질소(NO_3-N)	① 이온크로마토그래피 ② 자외선/가시선 분광법(부루신법) ③ 자외선/가시선 분광법(활성탄 흡착법) ④ 데발다합금 환원 증류법
총질소(T-N)	① 자외선/가시선 분광법(산화법) ② 자외선/가시선 분광법(카드뮴-구리 환원법) ③ 자외선/가시선 분광법(환원증류-킬달법) ④ 연속흐름법

TIP

암기법

암모는 자가 이전 적정하고
아질은 자가 이마트이다.
질산은 자가(부활) 이마트로 대박나고
총질은 자가(환산카)로 연속 흐른다.

18. 인산염인(Phosphate Phosphorus, PO₄-P)

▶ 적용 가능한 시험방법

인산염인	정량한계(mg/L)	정밀도(% RSD)
자외선/가시선 분광법 (이염화주석환원법)	0.003mg/L	± 25% 이내
자외선/가시선 분광법 (아스코르빈산환원법)	0.003mg/L	± 25% 이내
이온크로마토그래피	0.1mg/L	± 25% 이내

Question 46

인산염인을 측정하기 위해 적용 가능한 시험방법과 가장 거리가 먼 것은? (단, 공정시험기준)

㉮ 이온크로마토그래피
㉯ 자외선/가시선 분광법(카드뮴-구리 환원법)
㉰ 자외선/가시선 분광법(아스코르빈산환원법)
㉱ 자외선/가시선 분광법(이염화주석환원법)

정답 ㉯

1. 자외선/가시선 분광법(이염화주석환원법)

이 시험기준은 물속에 존재하는 인산염인을 측정하기 위하여 시료 중의 인산염인이 몰리브덴산 암모늄과 반응하여 생성된 몰리브덴산인 암모늄을 이염화주석으로 환원하여 생성된 몰리브덴 청의 흡광도를 690nm에서 측정하는 방법이다.

Question 47

자외선/가시선 분광법 – 이염화주석환원법으로 인산염인을 분석할 때 흡광도 측정 파장으로 알맞은 것은 어느 것인가?

㉮ 550nm   ㉯ 590nm   ㉰ 650nm   ㉱ 690nm

정답 ㉱

(1) 적용범위

이 시험기준은 지표수, 지하수, 폐수 등에 적용할 수 있으며, 정량한계는 0.003mg/L이다. ★★

> **TIP**
> ① 시료가 산성일 경우에는 P-나이트로페놀용액(0.1%)을 지시약으로 수산화소듐용액(4%) 또는 암모니아수(1 + 10)를 넣어 액이 황색이 나타낼 때까지 중화 한다.
> ★★② 발색제를 넣은 다음 흡광도 측정까지의 소요시간은 10~12분으로 한다.

📢 Question 48

자외선/가시선 분광법(이염화주석환원법)을 이용한 인산염인 측정에서 시료가 산성인 경우 사용하는 지시약은 어느 것인가?

㉮ 메틸오렌지 ㉯ 페놀프탈레인 ㉰ p-나이트로페놀용액 ㉱ 메틸레드

정답 ㉰

★★ 2. 자외선/가시선 분광법(아스코빈산환원법)

이 시험기준은 물속에 존재하는 인산염인을 측정하기 위하여 몰리브덴산암모늄과 반응하여 생성된 몰리브덴산인암모늄을 <u>아스코빈산으로</u> 환원하여 생성된 몰리브덴산 <u>청의 흡광도를 880nm에서 측정</u>하여 인산염인을 정량하는 방법이다. ★★

📢 Question 49

다음은 인산염인(자외선/가시선 분광법 – 아스코빈산환원법) 측정방법에 관한 내용이다. ( )안에 알맞은 말은?

> 물속에 존재하는 인산염인을 측정하기 위하여 몰리브덴산암모늄과 반응하여 생성된 몰리브덴산인암모늄을 아스코빈산으로 환원하여 생성된 몰리브덴산 ( )에서 측정하여 인산염인을 정량하는 방법이다.

㉮ 적색의 흡광도를 460nm ㉯ 적색의 흡광도를 540nm
㉰ 청의 흡광도를 660nm ㉱ 청의 흡광도를 880nm

정답 ㉱

(1) 적용범위

이 시험기준은 지표수, 지하수, 폐수 등에 적용할 수 있으며, 정량한계는 0.003mg/L이다.

(2) 간섭물질

① 5가 비소를 함유한 경우는 인산염인과 마찬가지로 발색을 일으킨다. 이러한 간섭은 아황산소듐을 사용하여 5가 비소를 3가 비소로 환원시켜 제거할 수 있다.

② 과다한 3가 철(30mg 이상)을 함유한 경우에는 몰리브덴 청의 발색정도를 약화시켜 인산염인의 값이 낮게 측정될 수 있다. 아스코빈산용액의 첨가량을 증가시키면 방해를 제어할 수 있다.

> **TIP**
> ① 시료가 산성일 경우에는 p-나이트로페놀용액(0.1%)을 지시약으로 수산화소듐용액(4%) 또는 암모니아수(1 + 10)를 넣어 액이 황색이 나타낼 때까지 중화 한다.
> ② 이때 용액은 30분을 초과해서는 안 된다.
> ★★③ 880nm에서 흡광도 측정이 불가능할 경우에는 710nm에서 측정한다.

Question 50

인산염인의 측정법에 관한 설명으로 옳지 않은 것은?
㉮ 이염화주석환원법은 환원하여 생성된 몰리브덴 청의 흡광도를 690nm에서 측정하는 방법이다.
㉯ 아스코빈산환원법으로 측정할 경우 880nm에서 측정이 불가능할 경우에는 710nm에서 측정한다.
㉰ 이염화주석환원법인 경우 발색제를 넣은 다음 흡광도 측정까지의 소요시간은 30분 정도이다.
㉱ 이염화주석환원법에서 시료가 산성일 경우 p-나이트로페놀용액(0.1%)을 지시약으로 수산화소듐용액 (4%) 또는 암모니아수(1+10)를 넣어 액이 황색이 나타날 때까지 중화한다.

> **풀이** ㉰ 이염화주석환원법인 경우 발색제를 넣은 다음 흡광도 측정까지의 소요시간은 10 ~ 12분 정도이다.

3. 이온크로마토그래피

이 시험기준은 지하수, 지표수, 폐수 등을 이온교환 컬럼에 고압으로 전개시켜 분리되는 인산염인을 분석하는 방법이다. 물속에 존재하는 인산이온(PO_4^-)의 정성 및 정량분석방법으로 음이온류-이온크로마토그래피에 따른다.

19 총인(Total Phosphorus)

▶ 적용 가능한 시험방법

총인	정량한계(mg/L)	정밀도(% RSD)
자외선/가시선 분광법	0.005mg/L	± 25% 이내
연속흐름법	0.003mg/L	± 25% 이내

1. 자외선/가시선 분광법

이 시험기준은 물속에 존재하는 총인을 측정하기 위하여 유기물화합물 형태의 인을 산화 분해하여 모든 인 화합물을 인산염(PO_4^{3-}) 형태로 변화시킨 다음 몰리브덴산암모늄과 반응하여 생성된 몰리브덴산인암모늄을 아스코빈산으로 환원하여 생성된 몰리브덴산의 흡광도를 880nm에서 측정하여 총인의 양을 정량하는 방법이다.

> **Question 51**
>
> 총인을 자외선/가시선 분광법으로 분석할 때 측정파장으로 옳은 것은?
> ㉮ 460nm   ㉯ 540nm   ㉰ 620nm   ㉱ 880nm
>
> **정답** ㉱

(1) 적용범위

이 시험기준은 지표수, 지하수, 폐수 등에 적용할 수 있으며, 정량한계는 0.005mg/L이다.

(2) 간섭물질

① 시료의 전처리 방법에서 축합인산과 유기인 화합물은 서서히 분해되어 측정이 잘 안 되기 때문에 과황산포타슘으로 가수분해시켜 정인산염으로 전환한 다음 다시 측정한다. 이때 시료가 증발하여 건고되지 않도록 약 10mL 정도로 유지한다.
② 전처리한 시료가 염화이온을 함유한 경우는 염소가 생성되어 몰리브덴산의 청색 발색을 방해하는 경우가 있으므로 분해 후 용액에 이황산수소소듐용액(5%) 용액 1mL를 가한다.
③ 상층액이 혼탁한 시료의 여과는 시료채취 후 여과지 5종 C 또는 1μm 이하의 유리섬유 여과지(GF/C)를 사용하여 여과하고 최초의 여과액 약 5mL~10mL를 버리고 다음의 여

과용액을 사용한다.

★★(3) 전처리

① 과황산포타슘 분해 : 분해되기 쉬운 유기물을 함유한 시료
② 질산-황산 분해 : 다량의 유기물을 함유한 시료

> **TIP**
> ★★① 전처리한 시료가 탁한 경우에는 유리섬유 여과지로 여과하여 여과액을 사용한다.
> ★★② 880nm에서 흡광도 측정이 불가능할 경우에는 710nm에서 측정한다.

Question 52

총인 측정에 대한 내용으로 틀린 것은 어느 것인가?
㉮ 아스코르빈산 환원 흡광도법으로 정량하여 총인의 농도를 구한다.
㉯ 분해되기 쉬운 유기물을 함유한 시료는 질산(시료 50mL, 질산 2mL)을 넣고 가열하여 전처리한다.
㉰ 시료 중 유기물을 산화 분해하여 용존 인화합물을 인산염(PO_4) 형태로 변화시킨다.
㉱ 여액이 혼탁할 경우에는 반복하여 재여과한다.

풀이 ㉯ 분해되기 쉬운 유기물을 함유한 시료는 과황산포타슘 분해법을 이용한다.

(4) 농도 계산식

① 과황산포타슘 분해한 경우

$$총인(mg/L) = a \times \frac{60}{25} \times \frac{1,000}{50}$$

$\left[a : 검정곡선으로 부터 구한 인의 양(mg) \right.$

② 질산-황산 분해한 경우

$$총인(mg/L) = a \times \frac{1,000}{25}$$

$\left[a : 검정곡선으로 부터 구한 인의 양(mg) \right.$

2. 연속흐름법

이 시험기준은 시료 중 유기물화합물 형태의 인을 산화 분해하여 모든 인 화합물을 인산염(PO_4^{3-}) 형태로 변화시킨 다음 몰리브덴산암모늄과 반응하여 생성된 몰리브덴산암모늄을 아스코빈산으로 환원하여 생성된 몰리브덴산 등의 흡광도를 880nm 또는 기기의 정해진 파장에서 측정하여 총인의 양을 분석하는 방법이다.

(1) 적용범위

이 시험기준은 지표수, 지하수, 폐수 등에 적용할 수 있으며, 정량한계는 0.003mg/L이다.

(2) 간섭물질

① 산업폐수 등 매우 혼탁한 시료나 오염이 많이 된 하천, 호소수를 사용할 경우 초음파 균질화기를 사용하여 분석 라인의 오염 또는 막힘을 예방할 수 있다.
② 고농도로 오염된 시료의 사용으로 분석 라인의 오염이 발생할 수 있으므로 시료를 분석범위 내로 희석하여 사용하여 점검하여야 한다.

(3) 전처리

시료가 탁한 경우, 시료 중의 부유물질을 제거하기 위해 필요하다면 초음파 균질화기(ultrasonic homogenizer)를 사용하여 시료를 균일화 시킨다.

20 용존 총인(Dissolved Total Phosphorus)

시료 중의 유기물을 산화 분해하여 용존 인화합물을 인산염(PO_4) 형태로 변화시킨 다음 인산염을 아스코르빈산환원 흡광도법으로 정량하여 총인의 농도를 구하는 방법으로 시료를 유리섬유여과지(GF/C)로 여과하여 여액 50mL(인 함량 0.06mg이하)를 수질오염공정시험기준 총인의 시험방법에 따라 시험한다.

> **TIP**
> ① 여액이 혼탁할 경우에는 반복하여 재여과한다.
> ② 전처리한 여액 50mL중 총인의 양이 0.06mg을 초과하는 경우 희석하여 전처리 조작을 실시한다.

21 페놀류(Phenols)

★★ ▶ 적용 가능한 시험방법

페놀 및 그 화합물	정량한계(mg/L)	정밀도(% RSD)
자외선/가시선 분광법	추출법 : 0.005mg/L 직접법 : 0.05mg/L	± 25% 이내
연속흐름법	0.007mg/L	± 25% 이내

★★ 1. 자외선/가시선 분광법

이 시험기준은 물속에 존재하는 페놀류를 측정하기 위하여 증류한 시료에 염화암모늄-암모니아 완충용액을 넣어 pH 10으로 조절한 다음 4-아미노안티피린과 헥사시안화철(Ⅱ)산포타슘을 넣어 생성된 붉은색의 안티피린계 색소의 흡광도를 측정하는 방법으로 수용액에서는 510nm, 클로로폼용액에서는 460nm에서 측정한다.

Question 53

자외선/가시선 분광법으로 페놀류를 정량할 때 4-아미노안티피린과 함께 가하는 시약이름과 그 때 가장 적당한 pH는 얼마인가?

㉮ 초산이소듐, pH 4
㉯ 헥사시안화철(Ⅱ)산포타슘, pH 4
㉰ 초산이소듐, pH 10
㉱ 헥사시안화철(Ⅱ)산포타슘, pH 10

정답 ㉱

★★ (1) 적용범위

이 시험기준은 지표수, 지하수, 폐수 등에 적용할 수 있으며, 정량한계는 클로로폼추출법일 때 0.005mg/L, 직접측정법일 때 0.05mg/L이다.

Question 54

페놀류의 자외선/가시선 분광법 측정시 정량한계에 관한 내용으로 옳은 것은?

㉮ 클로로폼추출법 : 0.003mg/L, 직접측정법 : 0.03mg/L
㉯ 클로로폼추출법 : 0.03mg/L, 직접측정법 : 0.003mg/L
㉰ 클로로폼추출법 : 0.005mg/L, 직접측정법 : 0.05mg/L
㉱ 클로로폼추출법 : 0.05mg/L, 직접측정법 : 0.005mg/L

정답 ㉰

> **TIP**
> 이 시험기준으로는 시료 중의 페놀을 종류별로 구분하여 정량할 수는 없다.

2. 연속흐름법(CFA)

이 시험기준은 물속에 존재하는 페놀 및 그 화합물을 분석하기 위하여 증류한 시료에 염화암모늄-암모니아 완충용액을 넣어 pH 10으로 조절한 다음 4-아미노안티피린과 헥사시안화철(Ⅱ)산포타슘을 넣어 생성된 붉은색의 안티피린계 색소의 흡광도를 510nm 또는 기기에서 정해진 파장에서 측정하는 방법이다.

(1) 적용범위

이 시험기준은 지표수, 지하수, 폐수 등에 적용할 수 있으며, 정량한계는 0.007mg/L이다.

> **TIP**
> 시료 중의 페놀을 종류별로 구분하여 측정할 수는 없으며 또한 4-아미노안티피린법은 파라 위치에 알킬기, 아릴기(aryl), 니트로기, 벤조일기(benzoyl), 니트로소기(nitroso) 또는 알데하이드기가 치환되어 있는 페놀은 측정할 수 없다.

(2) 간섭물질

황화합물에 의한 간섭은 시료에 인산을 첨가하여 pH 4 이하로 하고 교반 후 황산구리를 넣어서 제거한다.

22. 시안(Cyanides)

 ▶ 적용 가능한 시험방법

시안	정량한계(mg/L)	정밀도(% RSD)
자외선/가시선 분광법	0.01mg/L	±25% 이내
이온전극법	0.10mg/L	±25% 이내
연속흐름법	0.01mg/L	±25% 이내

Question 55

시안의 측정방법으로 틀린 것은 어느 것인가?
㉮ 자외선/가시선 분광법　　㉯ 이온전극법　　㉰ 연속흐름법　　㉱ 질량분석법

정답　㉱

1. 자외선/가시선 분광법

이 시험기준은 물속에 존재하는 시안을 측정하기 위하여 시료를 <u>pH 2 이하의 산성에서 가열 증류</u>하여 시안화물 및 시안착화합물의 대부분을 시안화수소로 유출시켜 포집한 다음 포집된 시안이온을 중화하고 <u>클로라민-T를</u> 넣어 생성된 염화시안이 피리딘-피라졸론 등의 발색시약과 반응하여 나타나는 <u>청색을 620nm</u>에서 측정하는 방법이다.

(1) 적용범위

이 시험기준은 지표수, 지하수, 폐수 등에 적용할 수 있으며, 정량한계는 0.01mg/L이다.

Question 56

시안을 자외선/가시선 분광법으로 측정할 때 정량한계로 옳은 것은?
㉮ 0.1 mg/L　　㉯ 0.05 mg/L　　㉰ 0.01 mg/L　　㉱ 0.005 mg/L

정답　㉰

TIP
각 시안화합물의 종류를 구분하여 정량할 수 없다.

★★★ (2) 간섭물질

① 다량의 유지류가 함유된 시료는 아세트산 또는 수산화소듐 용액으로 pH 6~7로 조절하고 시료의 약 2%에 해당하는 노말헥산 또는 클로로폼을 넣어 짧은 시간 동안 흔들어 섞고 수층을 분리하여 시료를 취한다.
② 황화합물이 함유된 시료는 아세트산아연용액(10%) 2mL를 넣어 제거한다. 이 용액 1mL는 황화물 이온 약 14mg에 대응한다.
③ 잔류염소가 함유된 시료는 잔류염소 20mg 당 L-아스코르빈산(10%) 0.6mL 또는 아비산소듐용액(10%) 0.7mL를 넣어 제거한다.

> **Question 57**
>
> 다음은 시안을 자외선/가시선 분광법으로 측정 시 시료 전처리에 관한 설명과 가장 거리가 먼 것은?
>
> ㉮ 다량의 유지류가 함유된 시료는 아세트산 또는 수산화소듐용액으로 pH 6~7로 조절하고 시료의 약 2%에 해당하는 노말헥산 또는 클로로폼을 넣어 짧은 시간 동안 흔들어 섞고 수층을 분리하여 시료를 취한다.
> ㉯ 잔류염소가 함유된 시료는 L - 아스코르빈산 용액을 넣어 제거한다.
> ㉰ 황화합물이 함유된 시료는 아세트산소듐 용액을 넣어 제거한다.
> ㉱ 잔류염소가 함유된 시료는 아비산소듐용액을 넣어 제거한다.
>
> **풀이** ㉰ 황화합물이 함유된 시료는 아세트산아연용액 (10%) 2mL를 넣어 제거한다.

2. 이온전극법

이 시험기준은 지하수, 지표수, 폐수 등에 존재하는 시안을 측정하기 위하여 pH 12~13의 알칼리성에서 시안이온전극과 비교전극을 사용하여 전위를 측정하고 그 전위차로부터 시안을 정량하는 방법으로 음이온류 - 이온전극법에 따른다.

3. 연속흐름법(CFA)

이 시험기준은 물속에 존재하는 시안을 분석하기 위하여 시료를 산성상태에서 가열 증류하여 시안화물 및 시안착화합물의 대부분을 시안화수소로 유출시켜 포집한 다음 포집된 시안이온을 중화하고 클로라민-T를 넣어 생성된 염화시안이 발색시약과 반응하여 나타나는 청색을 620nm 또는 기기에 따라 정해진 파장에서 분석하는 시험방법이다.

(1) 적용범위

① 이 시험기준은 지표수, 지하수, 폐수 등에 적용할 수 있으며, 정량한계는 0.01mg/L이다.
② 시료의 산화, 발색 반응 및 목적성분의 분리를 위해서는 증류장치와 자외선 분해기 (UV digester)를 사용한다.

(2) 간섭물질

① 고농도(60mg/L 이상)의 황화물(sulfide)은 측정과정에서 오차를 유발하므로 전처리를 통해 제거한다.
② 황화시안이 존재하면 분석 시 양의 오차를 유발한다.
③ 고농도의 염(10g/L 이상)은 증류 시 증류코일을 차폐하여 음의 오차를 일으키므로 증류 전에 희석을 한다.
④ 알데하이드는 시안을 시아노하이드린으로 변화시키고 증류 시 아질산염으로 전환시키므로 증류 전에 질산은을 첨가하여 제거한다. 단 이 작업은 총 시안/유리시안의 비율을 변화시킬 수 있으므로 이를 고려하여야 한다.

23 불소화합물(Fluoride, F⁻)

★★ 적용 가능한 시험방법

불소화합물	정량한계(mg/L)	정밀도(% RSD)
자외선/가시선 분광법	0.15mg/L	± 25% 이내
이온전극법	0.1mg/L	± 25% 이내
이온크로마토그래피	0.05mg/L	± 25% 이내
연속흐름법	0.1mg/L	± 25% 이내

Question 56

수질오염공정시험기준상 불소화합물을 측정하기 위한 시험방법과 가장 거리가 먼 것은?
㉮ 원자흡수분광광도법 ㉯ 이온크로마토그래피
㉰ 이온전극법 ㉱ 자외선/가시선 분광법

정답 ㉮

★★ 1. 자외선/가시선 분광법

이 시험기준은 물속에 존재하는 불소를 측정하기 위하여 시료에 넣은 란탄알리자린 콤프렉손의 착화합물이 불소이온과 반응하여 생성하는 <u>청색의 복합 착화합물의 흡광도를 620nm에서 측정</u>하는 방법이다. ★★

> **Question 59**
>
> 다음은 자외선/가시선 분광법을 적용한 불소 측정 방법이다. ( ) 안에 옳은 내용은?
>
> 물속에 존재하는 불소를 측정하기 위해 시료에 넣은 란탄알리자린 콤프렉손의 착화합물이 불소이온과 반응하여 생성하는 ( )에서 측정하는 방법이다.
>
> ㉮ 적색의 복합 착화합물의 흡광도를 560nm
> ㉯ 청색의 복합 착화합물의 흡광도를 620nm
> ㉰ 황갈색의 복합 착화합물의 흡광도를 460nm
> ㉱ 적자색의 복합 착화합물의 흡광도를 520nm
>
> **정답** ㉯

★★ (1) 적용범위

이 시험기준은 지표수, 지하수, 폐수 등에 적용할 수 있으며, 정량한계는 0.15mg/L이다. ★★

★★ (2) 간섭물질

알루미늄 및 철의 방해가 크나 <u>증류하면 영향이 없다.</u> ★★

> ★★ **TIP**
>
> **주의사항**
> ① 시료 중 불소함량이 정량범위를 초과할 경우 탈색현상이 나타날 수도 있다. 이러한 경우에는 취하는 시료량을 정량범위 이내에 들도록 감량하거나 희석한 다음 다시 시험한다. (분석 시)
> ② 증류플라스크를 가열하여 180℃ 이상이 되면 황산이 분해되어 유출되므로 약 178℃에서 가열을 중지한다. (직접증류법에서)
> ③ 염소이온이 다량 함유되어 있는 시료는 <u>증류하기 전에 황산은을 5mg/mg Cl⁻의 비율로 넣어</u>준다. (직접증류법에서) ★★
> ④ 증류플라스크에 들어 있는 황산은 오염이 축적되어 불소측정에 방해를 주지 않는 한 계속해서 사용할 수 있다. (직접증류법에서)

Question 60

불소를 자외선/가시선 분광법으로 분석할 때에 관한 설명으로 옳은 것은?

㉮ 염소이온이 다량 함유되어 있는 시료는 증류 전 아황산소듐을 가하여 제거한다.
㉯ 알루미늄 및 철은 증류해도 방해가 크다.
㉰ 정량한계는 0.15mg/L이다.
㉱ 적색의 복합 착화합물의 흡광도를 540nm에서 측정한다.

풀이 ㉮ 염소이온이 다량 함유되어 있는 시료는 증류 전 황산은을 가하여 제거한다.
㉯ 알루미늄 및 철은 증류하면 영향이 없다.
㉱ 청색의 복합 착화합물의 흡광도를 620nm에서 측정한다.

2. 이온전극법

이 시험기준은 물속에 존재하는 불소를 측정하기 위하여 시료에 이온강도 조절용 완충용액을 넣어 pH 5.0~5.5로 조절하고 불소이온 전극과 비교전극을 사용하여 전위를 측정하고 그 전위차로부터 불소를 정량하는 방법으로 음이온류 - 이온전극법에 따른다.

Question 61

다음은 이온전극법을 적용하여 불소를 측정하는 경우의 설명이다. (   ) 안의 내용으로 옳은 것은?

시료에 이온강도 조절용 완충용액을 넣어 pH(   )로 조절하고 불소이온전극과 비교전극을 사용하여 전위를 측정, 그 전위차로 불소를 정량함

㉮ 4.0~4.5   ㉯ 5.0~5.5   ㉰ 6.5~7.5   ㉱ 8.0~8.5

정답 ㉯

3. 이온크로마토그래피(IC)

이 시험기준은 지하수, 지표수, 폐수 등을 이온교환 컬럼에 고압으로 전개시켜 분리되는 불소이온을 분석하는 방법이다. 물속에 존재하는 불소이온(F^-)의 정성 및 정량분석방법으로 불소-자외선/가시선분광법의 전처리에 따라 증류한 시료를 음이온류 - 이온크로마토그래피에 따른다.

4. 연속흐름법

이 시험기준은 물속에 존재하는 불소를 분석하기 위하여 시료를 산성상태에서 가열 증류하여 불소화합물을 불소이온으로 만들고, 란탄알리자린 콤프렉손의 착화합물이 불소이온과 반응하여 생성하는 청색의 복합 착화합물의 흡광도를 620nm 또는 기기에 따라 정해진 파장에서 측정하는 방법이다.

(1) 적용범위

① 이 시험기준은 지표수, 지하수, 폐수 등에 적용할 수 있으며, 정량한계는 0.1mg/L이다.
② 시료의 산화, 발색 반응 및 목적성분의 분리를 위해서는 증류장치, 자외선 분해기를 사용한다.

(2) 간섭물질

① 알루미늄, 카드뮴, 철, 코발트, 니켈, 납, 베릴륨 등의 방해가 있으나 증류하면 영향이 없다.
② 염소이온 함량이 높은 경우에는 불소이온의 회수율이 저하된다. 이런 시료의 경우에는 회수율 분석이 필요하다.

24 브롬이온(Bromide)

▶ 적용 가능한 시험방법

브롬이온	정량한계	정밀도(% RSD)
이온크로마토그래피	0.03mg/L	± 25% 이내

이 시험기준은 지하수, 지표수, 폐수 등을 이온교환 컬럼에 고압으로 전개시켜 분리되는 브롬이온을 분석하는 방법이다. 물속에 존재하는 브롬이온(Br^-)의 정성 및 정량분석방법으로 음이온류-이온크로마토그래피에 따른다.

25 황산이온(Sulfate)

★★ ▶ 적용 가능한 시험방법

황산이온	정량한계(mg/L)	정밀도(% RSD)
이온크로마토그래피	0.5mg/L	± 25% 이내

이 시험기준은 지하수, 지표수, 폐수 등을 이온교환 컬럼에 고압으로 전개시켜 분리되는 황산이온을 분석하는 방법이다. 물속에 존재하는 황산이온(SO_4^{-2})의 정성 및 정량분석방법으로 음이온류-이온크로마토그래피에 따른다.

26 음이온계면활성제(Anionic Surfactants)

★★ ▶ 적용 가능한 시험방법

음이온계면활성제	정량한계(mg/L)	정밀도(% RSD)
자외선/가시선 분광법	0.02mg/L	± 25% 이내
연속흐름법	0.09mg/L	± 25% 이내

Question 62

수질오염공정시험기준상 음이온계면활성제 실험방법으로 옳은 것은?
㉮ 자외선/가시선 분광법　　　　　㉯ 원자흡광광도법
㉰ 기체크로마토그래피법　　　　　㉱ 이온전극법

정답　㉮

★★ 1. 자외선/가시선 분광법

이 시험기준은 물속에 존재하는 음이온 계면활성제를 측정하기 위하여 메틸렌블루와 반응시켜 생성된 청색의 착화합물을 클로로폼으로 추출하여 흡광도를 650nm에서 측정하는 방법이다.

> **Question 63**
>
> 메틸렌블루와 반응하여 생성된 청색의 착화합물을 클로로폼으로 추출하여 흡광도를 650nm에서 측정하여 정량하는 수질오염물질은 어느 것인가? (단, 자외선/가시선 분광법 기준이다.)
> ㉮ 음이온 계면활성제 ㉯ 유기인
> ㉰ 인산염인 ㉱ 폴리클로리네이티드비페닐
>
> 정답 ㉮

(1) 적용범위

이 시험기준은 지표수, 지하수, 폐수 등에 적용할 수 있으며, 정량한계는 0.02mg/L 이다.

(2) 간섭물질

① 약 1,000mg/L 이상의 염소이온 농도에서 양의 간섭을 나타내며 따라서 염분농도가 높은 시료의 분석에는 사용할 수 없다.

② 유기 설폰산염(sulfonate), 황산염(sulfate), 카르복실산염(carboxylate), 페놀 및 그 화합물, 무기 티오시안(thiocynide)류, 질산이온 등이 존재할 경우 메틸렌블루 중 일부가 클로로폼 층으로 이동하여 양의 오차를 나타낸다.

③ 양이온 계면활성제 혹은 아민과 같은 양이온 물질이 존재할 경우 음의 오차가 발생할 수 있다.

④ 시료 속에 미생물이 있을 경우 일부의 음이온 계면활성제가 신속히 변할 가능성이 있으므로 가능한 빠른 시간 안에 분석을 하여야 한다.

2. 연속흐름법

이 시험기준은 물속에 존재하는 음이온 계면활성제가 메틸렌블루와 반응하여 생성된 청색의 착화합물을 클로로폼 등으로 추출하여 650nm 또는 기기의 정해진 흡수파장에서 흡광도를 측정하는 방법이다.

(1) 적용범위

① 지표수, 지하수, 폐수 등에 적용할 수 있으며, 정량한계는 0.09mg/L이다.

② 이 시험기준은 음이온계면활성제와 같이 메틸렌블루에 활성을 가지는 계면활성제의 총량 측정에 사용할 수 있으며, 모든 계면활성제를 종류별로 구분하여 측정할 수는 없다.

> **TIP**
> 해수와 같이 염도가 높은 시료의 계면활성제 측정에는 적용할 수 없다.

27 클로로필 a(Chlorophyll a)

★★ 이 시험기준은 물 속의 클로로필 a의 양을 측정하는 방법으로 <u>아세톤 용액을 이용하여 시료를 여과한 여과지로부터 클로로필 색소를 추출</u>하고, 추출액의 <u>흡광도를 663nm, 645nm, 630nm 및 750nm에서 측정</u>하여 클로로필 a의 양을 계산하는 방법이다.

(1) 적용범위

이 시험기준은 지표수, 폐수 등에 적용할 수 있다.

(2) 간섭물질

① 여과지 또는 실험실에서 기인하는 오염물질들이 630nm~665nm 파장의 빛을 흡수하여 측정을 방해할 수 있다. 750nm에서의 흡광도 측정은 시료 안의 탁도를 평가하기 위해 시행되며, 663nm, 645nm 및 630nm에서의 시료 흡광도 값에서 750nm에서의 흡광도 값을 뺀 후 실제 클로로필의 양을 측정한다. 측정 전에 시료를 원심분리 또는 여과하여 불순물을 제거한다.
② 색소에 대한 정확도와 회수는 여과된 시료의 충분한 불림과 추출용매내에서 불린 시간에 관계한다.
③ 클로로필 a, b, c의 상대적인 양은 식물성플랑크톤의 분류군에 따라 차이가 있다. 클로로필과 페오포티바이드 a(Pheophotibide a,)·페오파이틴 a(Pheophytin a)의 스펙트럼 겹침 때문에 이 모든 색소를 가지는 용액의 측정값은 증가 또는 감소한다.
④ 모든 광합성 색소들은 빛과 온도에 민감하다.

(3) 전처리

① 시료 적당량(100mL~2,000mL)을 유리섬유여과지(GF/F, 47mm)로 여과한다.
② 여과지와 아세톤(9+1) 적당량(5mL~10mL)을 조직마쇄기에 함께 넣고 마쇄한다. ★★
③ 마쇄한 시료를 마개 있는 원심분리관에 넣고 밀봉하여 4℃ 어두운 곳에서 하룻밤 방치한다.
④ 하룻밤 방치한 시료를 500g의 원심력으로 20분간 원심분리하거나 혹은 용매-저항 주사기를 이용하여 여과한다.
⑤ 원심 분리한 시료의 상층액을 시료로 한다.

Question 64

클로로필 a를 자외선/가시선 분광법으로 측정할 때 클로로필 색소를 추출하는데 사용되는 용액은?

㉮ 아세톤(1+9) 용액 ㉯ 아세톤(9+1) 용액
㉰ 에틸알콜(1+9) 용액 ㉱ 에틸알콜(9+1) 용액

정답 ㉯

---

(4) 클로로필 a양의 계산

$$\text{클로로필 } a(mg/m^3) = \frac{(11.64X_1 - 2.16X_2 + 0.10X_3) \times V_1}{V_2}$$

X_1 : OD663 - OD750 X_2 : OD645 - OD750 X_3 : OD630 - OD750
OD : 흡광도(optical density) V_1 : 상층액의 양(mL) V_2 : 여과한 시료의 양(L)

28 전기전도도(Conductivity)

이 시험기준은 전기전도도 측정계를 이용하여 물 중의 전기전도도를 측정하는 방법이다.

(1) 적용범위

이 시험기준은 지표수, 지하수, 하·폐수 등에 적용할 수 있다.

★★ (2) 간섭물질

전극의 표면이 부유물질, 그리스, 오일 등으로 오염될 경우, 전기전도도의 값이 영향을 받을 수 있다.

★★ (3) 전기전도도 측정계

① 지시부와 검출부로 구성되어 있으며, 지시부는 <u>교류 휘트스톤브리지(wheatstonebridge) 회로</u>나 연산 증폭기 회로 등으로 구성된 것을 사용하며, 검출부는 한 쌍의 고정된 전극(보통 백금 전극 표면에 백금흑도금을 한 것)으로 된 전도도 셀 등을 사용한다.

② 전도도 셀은 그 형태, 위치, 전극의 크기에 따라 각각 자체의 셀 상수를 가지고 있다. 셀 상수는 전도도 <u>표준용액(염화포타슘용액)을 사용</u>하여 결정하거나 셀 상수가 알려진 다른 전도도 셀과 비교하여 결정할 수 있으나, 일반적으로 기기제작사의 지침서 또는 설명서에 명시되어 있다.

③ 전기전도도 측정계 중에서 25℃에서의 자체온도 보상회로가 장치되어 있는 것이 사용하기에 편리하다. 그러한 장치가 없는 경우에는 온도에 따른 환산식을 사용하여 25℃에서 전기전도도 값으로 환산해야 한다.

④ 전기전도도 셀은 항상 수중에 잠긴 상태에서 보존하여야 하며, 정기적으로 점검한 후 사용한다.

📢 Question 65

전기전도도 측정계에 대한 설명으로 틀린 것은 어느 것인가?
㉮ 전기전도도 셀은 항상 수중에 잠긴 상태에서 보존하여야 하며 정기적으로 점검한 후 사용한다.
㉯ 전도도 셀은 그 형태, 위치, 전극의 크기에 따라 각각 자체의 셀 상수를 가지고 있다.
㉰ 검출부는 한 쌍의 고정된 전극(보통 백금 전극 표면에 백금흑도금을 한 것)으로 된 전도도셀 등을 사용한다.
㉱ 지시부는 직류 휘트스톤브리지 회로나 자체 보상회로로 구성된 것을 사용한다.

풀이 ㉱ 지시부는 교류 휘트스톤브리지 회로나 연산 증폭기 회로 등으로 구성된 것을 사용한다.

★★ (4) 시약 및 표준용액

① 염화포타슘용액(0.01M) : 염화포타슘(potassium chloride, KCl, 분자량 : 74.55)을 105℃에서 2시간 건조한 다음 데시케이터에서 방치하여 냉각 한다. 건조된 염화포타슘 0.7456 g을 25℃의 정제수(2μS/cm이하)에 녹여 1L로 한다. 25℃에서 이 액의 전기전도도 값은 1412μS/cm이다. 제조된 용액은 폴리에틸렌병 또는 경질유리병에 밀봉하여 보

존한다.

② 염화포타슘용액(0.001M) : 염화포타슘용액(0.01M) 100mL를 정확히 취하여 1L 부피플라스크에 넣고 25℃의 정제수(2μS/cm 이하)를 넣어 눈금까지 채운다. 이 액의 25℃에서의 전기전도도값은 147μS/cm이다. 이 용액은 폴리에틸렌병 또는 경질유리병에 밀봉하여 보존한다.

★★ (5) 정밀도는 측정값의 % 상대표준편차(RSD)로 계산하며 측정값이 20% 이내이어야 한다.

Question 66

전기전도도의 정밀도 기준으로 알맞은 것은 어느 것인가?
㉮ 측정값의 % 상대표준편차(RSD)로 계산하며 측정값이 15% 이내이어야 한다.
㉯ 측정값의 % 상대표준편차(RSD)로 계산하며 측정값이 20% 이내이어야 한다.
㉰ 측정값의 % 상대표준편차(RSD)로 계산하며 측정값이 25% 이내이어야 한다.
㉱ 측정값의 % 상대표준편차(RSD)로 계산하며 측정값이 30% 이내이어야 한다.

정답 ㉯

29 총 유기탄소(Total Organic Carbon)

1. 고온연소산화법

이 시험기준은 물속에 존재하는 총 유기탄소를 측정하기 위하여 시료 적당량을 산화성 촉매로 충전된 고온의 연소기에 넣은 후에 연소를 통해서 수중의 유기 탄소를 이산화탄소(CO_2)로 정량하는 방법이다. 정량방법은 무기성 탄소를 사전에 제거하여 측정하거나, 무기성 탄소를 측정한 후 총 탄소에서 감하여 총 유기탄소의 양을 구한다.

(1) 적용범위

이 시험기준은 지표수, 지하수, 하·폐수 등에 적용하며, 정량한계는 0.3mg/L으로 한다.

★★★ (2) 용어정의

① 총 유기탄소(TOC, total organic carbon) : 수중에서 유기적으로 결합된 탄소의

합을 말한다.
② 총 탄소(TC, total carbon) : 수중에서 존재하는 유기적 또는 무기적으로 결합된 탄소의 합을 말한다.
③ 무기성 탄소(IC, inorganic carbon) : 수중에 탄산염, 중탄산염, 용존 이산화탄소 등 무기적으로 결합된 탄소의 합을 말한다.
★ ④ 용존성 유기탄소(DOC, dissolved organic carbon) : 총 유기탄소 중 공극 0.45μm의 막 여지를 통과하는 유기탄소를 말한다.
★ ⑤ 부유성 유기탄소(SOC, suspended organic carbon) : 총 유기탄소 중 공극 0.45μm의 막 여지를 통과하지 못한 유기탄소를 말한다. GF/F로 여과시 입자성 유기탄소(POC, particulate organic carbon)로 구분하기도 하였다.
★★ ⑥ 비정화성 유기탄소(NPOC, nonpurgeable organic carbon) : 총 탄소 중 pH 2 이하에서 포기에 의해 정화(purging)되지 않는 탄소를 말한다.

Question 67

총 유기탄소 측정시 적용되는 용어 정의로 틀린 것은 어느 것인가?
㉮ 비정화성 유기탄소 : 총 탄소 중 pH 5.6 이하에서 포기에 의해 정화되지 않는 탄소를 말한다.
㉯ 부유성 유기탄소 : 총 유기탄소 중 공극 0.45μm의 막여지를 통과하지 못한 유기탄소를 말한다.
㉰ 무기성 탄소 : 수중에 탄산염, 중탄산염, 용존 이산화탄소 등 무기적으로 결합된 탄소의 합을 말한다.
㉱ 총 탄소 : 수중에서 존재하는 유기적 또는 무기적으로 결합된 탄소의 합을 말한다.

풀이 ㉮ 비정화성 유기탄소 : 총 탄소 중 pH 2 이하에서 포기에 의해 정화되지 않는 탄소를 말한다.

Question 68

다음은 총 유기탄소 시험에 적용되는 용어의 정의이다. ( )안에 알맞은 말은?

용존성 유기탄소는 총 유기탄소 중 공극 (①)의 막여지를 통과하는 유기탄소를 말하며, 비정화성 유기탄소는 총 탄소 중 (②) 이하에서 포기에 의해 정화되지 않는 탄소를 말한다.

㉮ ① 0.35μm, ② pH 2　　㉯ ① 0.35μm, ② pH 4
㉰ ① 0.45μm, ② pH 2　　㉱ ① 0.45μm, ② pH 4

정답 ㉰

(3) 총유기탄소 분석기기

① 산화부 : 시료를 산화코발트, 크롬산바륨과 같은 산화성 촉매로 충전된 550℃ 이상의 고온반응기에서 연소시켜 시료중의 탄소를 이산화탄소로 전환하여 검출부로 운반한다.
② 검출부 : 비분산적외선분광분석법(NDIR), 전기량적정법 또는 이와 동등한 검출방법으로 측정한다.

2. 과황산 UV 및 과황산 열 산화법

이 시험기준은 물속에 존재하는 총 유기탄소를 측정하기 위하여 시료에 과황산염을 넣어 자외선이나 가열로 수중의 유기탄소를 이산화탄소로 산화하여 정량하는 방법이다. 정량방법은 무기성 탄소를 사전에 제거하여 측정하거나, 무기성 탄소를 측정한 후 총 탄소에서 감하여 총 유기탄소의 양을 구한다.

(1) 적용범위

이 시험기준은 지표수, 지하수, 하·폐수 등에 적용하며, 정량한계는 0.3mg/L으로 한다.

(2) 총 유기탄소 분석기기

① 산화부 : 시료에 과황산염을 넣은 상태에서 자외선이나 가열로 시료 중의 유기탄소를 이산화탄소로 산화시켜 검출부로 운반한다.
② 검출부 : 비분산적외선분광분석법, 전기량적정법 및 전도도법 또는 이와 동등한 검출방법으로 측정한다.

Question 69

총유기탄소 분석기기 내 산화부에서 유기탄소를 이산화탄소로 산화하는 방법으로 알맞게 짝지은 것은?

㉮ 고온연소 산화법, 저온연소 산화법
㉯ 고온연소 산화법, 전기전도도 산화법
㉰ 과황산 UV산화법, 과황산 열 산화법
㉱ 고온연소 산화방법, 비분산적외선 산화법

정답 ㉰

30 퍼클로레이트(Perchlorate)

★★ ▶ 적용 가능한 시험방법

퍼클로레이트	정량한계(mg/L)	정밀도(% RSD)
액체크로마토그래프-질량분석법	0.002mg/L	± 25% 이내
이온크로마토그래피	0.002mg/L	± 25% 이내

31 음이온류-이온크로마토그래피

이 시험기준은 음이온류(F^-, Cl^-, NO_2^-, NO_3^-, PO_4^{3-}, Br^- 및 SO_4^{2-})를 이온크로마토그래프를 이용하여 분석하는 방법으로, 시료를 0.2μm 막 여과지에 통과시켜 고체미립자를 제거한 후 음이온 교환 컬럼을 통과시켜 각 음이온들을 분리한 후 전기전도도 검출기로 측정하는 방법이다.

(1) 적용범위

이 시험기준은 지표수, 지하수, 폐수 등에 적용할 수 있다.

(2) 간섭물질

① 머무름 시간이 같은 물질이 존재할 경우, 컬럼 교체, 시료희석 또는 용리액 조성을 바꾸어 방해를 줄일 수 있다.
② 정제수, 유리기구 및 기타 시료 주입 공정의 오염으로 베이스라인이 올라가 분석 대상 물질에 대한 양(+)의 오차를 만들거나 검출한계가 높아질 수 있다.
③ 0.45μm 이상의 입자를 포함하는 시료 또는 0.20μm 이상의 입자를 포함하는 시약을 사용할 경우 반드시 여과하여 컬럼과 흐름 시스템의 손상을 방지해야 한다.

(3) 이온크로마토그래프

★★ ① 이온크로마토그래프의 기본구성 : 용리액조, 시료 주입부, 펌프, 분리컬럼, 검출기, 기록계
② 장치의 제조회사에 따라 분리컬럼의 보호 및 분석감도를 높이기 위하여 분리컬럼 전후에 보호컬럼 및 제거장치(억제기)를 부착한 것도 있다.

> **Question 70**
>
> 이온크로마토그래프의 일반적인 구성으로 알맞은 것은 어느 것인가?
> ㉮ 용리액조 - 시료주입부 - 펌프 - 이온화부 - 검출기
> ㉯ 용리액조 - 시료주입부 - 가열판 - 펌프 - 검출기
> ㉰ 용리액조 - 시료주입부 - 펌프 - 분리컬럼 - 검출기
> ㉱ 용리액조 - 시료주입부 - 분광부 - 펌프 - 검출기
>
> 정답 ㉰

1. 검출기

분석목적 및 성분에 따라 전기전도도 검출기, 전기화학적 검출기 및 광학적 검출기 등이 있으나 일반적으로 음이온 분석에는 전기전도도 검출기를 사용한다.

2. 분리컬럼

① 유리 또는 에폭시 수지로 만든 관에 이온교환체를 충전시킨 것
② 억제기형 : 폴리스틸렌계 페리큐라형 음이온 교환수지($10\mu m \sim 15\mu m$)를 컬럼에 충전시킨 것으로서 안지름 3mm~5mm, 길이 5mm~30mm이다.
③ 비억제기형 : 폴리스틸렌계 페리큐라형 음이온 교환수지($10\mu m \sim 15\mu m$), 폴리아크릴계 표면다공성음이온 교환수지($10\mu m \sim 12.5\mu m$) 또는 실리카겔 전다공성형 음이온 교환수지($6\mu m$)를 컬럼에 충전시킨 것으로서 안지름 4mm~6mm, 길이 5cm~10cm이다.

3. 시료 주입부

일반적으로 미량의 시료를 사용하기 때문에 루프-밸브에 의한 주입방식이 많이 이용되며 시료주입량은 보통 $10\mu L \sim 100\mu L$이다.

4. 제거장치(억제기)

① 분리컬럼으로부터 용리된 각 성분이 검출기에 들어가기 전에 용리액 자체의 전도도를 감소시킨다.
② 목적성분의 전도도를 증가시켜 높은 감도로 음이온을 분석하기 위한 장치이다.
③ 고용량의 양이온 교환수지를 충전시킨 컬럼형과 양이온 교환막으로 된 격막형이 있다.

5. 펌프

분리 컬럼 중의 이온교환체의 입자는 약 10μm 이하의 매우 작은 입자로서 용리액 및 시료를 고압하에서 전개시키지 않으면 요구되는 유속을 얻기가 어렵다. 따라서 <u>펌프는 150kg/cm² ~ 350kg/cm² 압력에서 사용될 수 있어야</u> 하며 시간차에 따른 압력차가 크게 발생하여서는 안 된다.

Question 71

이온크로마토그래피법에 관한 설명으로 옳지 않은 것은?
㉮ 액송펌프는 15kg/cm² ~ 35kg/cm² 압력에서 사용될 수 있어야 하고 맥동이 없어야 한다.
㉯ 시료주입량은 보통 10μL ~ 100μL 정도이다.
㉰ 분리컬럼은 유리 또는 에폭시 수지로 만든 관에 이온교환체를 충전시킨 것이다.
㉱ 일반적으로 음이온 분석에는 전기전도도 검출기를 사용한다.

풀이 ㉮ 액송펌프는 150kg/cm² ~ 350kg/cm² 압력에서 사용될 수 있어야 하고 맥동이 일어나서는 안된다.

32 음이온류-이온전극법

이 시험기준은 불소, 시안, 염소 등을 이온전극법을 이용하여 분석하는 방법으로 시료에 이온강도 조절용 완충용액을 넣어 pH를 조절하고 전극과 비교전극을 사용하여 전위를 측정하고 그 전위차로부터 정량하는 방법이다.

(1) 적용범위

이 시험기준은 지표수, 지하수, 폐수 등에 적용할 수 있으며, 정량한계는 불소, 시안은 0.1mg/L, 염소는 5mg/L이다.

> **TIP**
> 염소는 비교적 분해되기 쉬운 유기물을 함유하고 있거나, 자외부에서 흡광도를 나타내는 브롬이온이나 크롬을 함유하지 않는 시료에 적용된다.

(2) 간섭물질

황화물 이온 등이 존재하면 염소이온의 분석에 방해가 될 수 있다.

(3) 분석기기 및 기구

★★ 1. 비교전극

이온전극과 조합하여 이온 농도에 대응하는 전위차를 나타낼 수 있는 것으로서 표준전위가 안정된 전극이 필요하다. 일반적으로 내부전극으로 <u>염화제일수은 전극(칼로멜 전극)</u> <u>또는 은 - 염화은 전극</u>이 많이 사용된다.

2. 이온전극

이온전극은 이온에 대한 고도의 선택성이 있고, 이온농도에 비례하여 전위를 발생할 수 있는 전극이다.

3. 자석교반기

교반에 의하여 열이 발생하여 액온에 변화가 일어나서는 안 되며, 회전속도가 일정하게 유지될 수 있는 것이어야 한다.

4. 저항 전위계 또는 이온측정기

저항 전위계 또는 이온측정기는 mV까지 읽을 수 있는 고압력 저항 측정기여야 한다.

Question 72

이온전극법에서 사용하는 장치에 대한 내용으로 틀린 것은 어느 것인가?
㉮ 저항전위계 또는 이온측정기는 mV까지 읽을 수 있는 고압력 저항 측정기여야 한다.
㉯ 이온전극은 분석대상 이온에 대한 고도의 선택성이 있다.
㉰ 이온전극은 일반적으로 칼로멜전극 또는 산화은 전극이 사용된다.
㉱ 이온전극은 이온농도에 비례하여 전위를 발생할 수 있는 전극이다.

풀이 ㉰ 비교전극은 내부전극으로 염화제일수은 전극(칼로멜 전극) 또는 은 - 염화은 전극이 사용된다.

★★ ▶ 이온전극의 종류와 감응막 조성

전극의 종류	측정이온	감응막의 조성
★★ 유리막 전극	Na^+	산화알루미늄 첨가 유리
	K^+	
	NH_4^+	
고체막 전극	F^-	LaF_3
	Cl^-	AgCl + 황화은, AgCl
	CN^-	AgI + 황화은, 황화은, AgI
	Pb^{2+}	PbS + 황화은
	Cd^{2+}	CdS + 황화은
	Cu^{2+}	CuS + 황화은
	NO_3^-	Ni- 베소페난트로닌 / NO_3^-
	Cl^-	디메틸디스테아릴 암모늄 / Cl^-
	NH_4^+	노낙틴 / 모낙틴 / NH_4^+
★★ 격막형 전극	NH_4^+	pH 감응유리
	NO_2^-	pH 감응유리
	CN^-	황화은

(암기법) 암모늄은 공통이고 / 유리나 칼로 / 경아질시하네
(해설) 암모늄 : NH_4^+ 공통 / 유리 : 유리막 전극 / 경 : 격막형 전극
　　　　　나 : Na^+　　　아질 : NO_2^-
　　　　　칼 : K^+　　　시 : CN^-

Question 73

이온전극법에서 격막형 전극을 이용하여 측정하는 이온과 거리가 먼 것은?

㉮ F^-　　　㉯ CN^-　　　㉰ NH_4^+　　　㉱ NO_2^-

정답　㉮

CHAPTER 05 금속편

01 금속류(Metals)

이 시험기준은 물속에 존재하는 구리, 납, 망간, 비소, 수은, 아연, 바륨, 주석, 카드뮴, 크롬, 6가 크롬, 니켈, 철, 셀레늄, 안티몬 등의 금속류의 분석이다.

(1) 적용 가능한 시험

물속에 존재하는 금속성분을 분석하기 위해 일반적으로 시료를 적절한 방법으로 전처리를 해야 하고 그 후에 기기분석을 실시한다. 금속별로 사용되는 기기분석 방법은 원자흡수분광광도법, 유도결합플라스마 - 원자발광분광법, 유도결합플라스마 - 질량분석법 및 양극벗김전압전류법 등이다.

★★ 1. 불꽃 원자흡수분광광도법

이 시험기준은 물속에 존재하는 중금속을 정량하기 위하여 시료를 2,000K~3,000K의 불꽃 속으로 시료를 주입하였을 때 생성된 바닥상태의 중성원자가 고유 파장의 빛을 흡수하는 현상을 이용하여, 개개의 고유 파장에 대한 흡광도를 측정하여 시료 중의 원소농도를 정량하는 방법으로 분석이 가능한 원소는 구리, 납, 니켈, 망간, 비소, 셀레늄, 수은, 아연, 철, 카드뮴, 크롬, 6가 크롬, 바륨, 주석 등이다.

(1) 적용범위

이 시험기준은 지표수, 지하수, 하·폐수 등에 적용할 수 있다.

(2) 간섭물질

① 광학적 간섭
㉠ 분석하고자 하는 원소의 흡수파장과 비슷한 다른 원소의 파장이 서로 겹쳐 비이

상적으로 높게 측정되는 경우이다. 또는 다중원소램프 사용 시 다른 원소로부터 공명 에너지나 속빈 음극램프의 금속 불순물에 의해서도 발생한다. 이 경우 슬릿 간격을 좁힘으로서 간섭을 배제할 수 있다.

ⓒ 시료 중에 유기물의 농도가 높을 경우 이들에 의한 복사선 흡수가 일어나 양(+)의 오차를 유발하게 되므로 바탕선 보정을 실시하거나 분석 전에 유기물을 제거하여야 한다.

ⓒ 용존 고체물질 농도가 높으면 빛 산란 등 비원자적 흡수현상이 발생하여 간섭이 발생할 수 있다. 바탕값이 커서 보정이 어려울 경우 다른 파장을 선택하여 분석한다.

② 물리적 간섭 : 물리적 간섭은 표준용액과 시료 또는 시료와 시료 간의 물리적 성질(점도, 밀도, 표면장력 등)의 차이 또는 표준물질과 시료의 매질 차이에 의해 발생한다. 이러한 차이는 시료의 주입 및 분무 효율에 영향을 주어 양(+) 또는 음(-)의 오차를 유발하게 된다. 물리적 간섭은 표준용액과 시료 간의 매질을 일치시키거나 표준물질첨가법을 사용하여 방지할 수 있다.

③ 이온화 간섭 : 불꽃온도가 너무 높을 경우 중성원자에서 전자를 빼앗아 이온이 생성될 수 있으며 이 경우 음(-)의 오차가 발생하게 된다. 이러한 간섭은 시료와 표준물질에 보다 쉽게 이온화되는 물질을 과량 첨가하면 감소시킬 수 있다.

④ 화학적 간섭 : 불꽃의 온도가 분자를 들뜬 상태로 만들기에 충분히 높지 않아서, 해당 파장을 흡수하지 못하여 발생한다. 그 예로 시료 중에 인산이온(PO_4^{3-}) 존재 시 마그네슘과 결합하여 간섭을 일으킬 수 있다. 칼슘, 마그네슘, 바륨의 분석 시 란타늄(La)을 첨가하여 인산의 화학적 간섭을 배제할 수 있다. 또는 간섭을 일으키는 금속을 킬레이트제 등으로 제거할 수 있다.

Question 01

원자흡수분광광도법의 간섭에 대한 내용으로 잘못된 것은 어느 것인가?

㉮ 분석에 사용하는 스펙트럼선이 다른 인접선과 완전히 분리되지 않은 경우에는 표준시료와 분석시료의 조성을 더욱 비슷하게 하면 간섭의 영향을 피할 수 있다.
㉯ 화학적 간섭은 불꽃의 온도가 분자를 들뜬 상태로 만들기에 충분히 높지 않아서, 해당 파장을 흡수하지 못하여 발생한다.
㉰ 물리적 간섭은 표준물질과 시료의 매질 차이에 의해 발생한다.
㉱ 이온화 간섭은 불꽃온도가 너무 높을 경우 중성원자에서 전자를 빼앗아 이온이 생성될 수 있으며 이 경우 음(-)의 오차가 발생하게 된다.

정답 ㉮

(3) 용어정의

① **속빈 음극램프** : 원자흡수 측정에 사용하는 가장 보편적인 광원으로 네온이나 아르곤 가스를 1torr~5torr의 압력으로 채운 유리관에 텅스텐 양극과 원통형 음극을 봉입한 형태의 램프이다.

② **전극없는 방전램프** : 해당 스펙트럼을 내는 금속염과 아르곤이 들어있는 밀봉된 석영관으로, 전극 대신 라디오주파수 장이나 마이크로파 복사선에 의해 에너지가 공급되는 형태의 램프이다.

★★ (4) 분석기기 및 기구

① **원자흡수분광광도계** : 일반적으로 광원부, 시료원자화부, 파장선택부 및 측광부로 구성되어 있으며 단광속형과 복광속형으로 구분된다. 다원소 분석이나 내부표준물법에 사용할 수 있는 다중 채널형(multi-channel)도 있다.

② **가스** : 불꽃생성을 위해 아세틸렌(C_2H_2)-공기가 일반적인 원소분석에 사용되며, 아세틸렌-아산화질소(N_2O)는 바륨 등 산화물을 생성하는 원소의 분석에 사용된다. 아세틸렌은 일반등급을 사용하고, 공기는 공기압축기 또는 일반 압축공기 실린더 모두 사용 가능하다. 아산화질소 사용시 시약등급을 사용한다.

③ **램프** : 속빈 음극램프 또는 전극 없는 방전램프가 사용 가능하며, 단일파장램프가 권장되나 다중파장램프도 사용 가능하다.

④ **원자화 장치** : 버너는 기기업체에서 제공하는 사양을 따른다.

★★ ▶ 원자흡수분광광도법의 원소별 정량한계

원소	선택파장(nm)	불꽃연료	정량한계(mg/L)
Cu	324.7	공기-아세틸렌	0.008mg/L
Pb	283.3/217.0	공기-아세틸렌	0.04mg/L
Ni	232.0	공기-아세틸렌	0.01mg/L
Mn	279.5	공기-아세틸렌	0.005mg/L
Ba	553.6	아산화질소-아세틸렌	0.1mg/L
As	193.7	환원기화법(수소화물 생성법)	0.005mg/L
Se	196.0	환원기화법(수소화물 생성법)	0.005mg/L
Hg	253.7	냉증기법	0.0005mg/L
Zn	213.9	공기-아세틸렌	0.002mg/L
Sn	224.6	공기-아세틸렌	0.8mg/L
Fe	248.3	공기-아세틸렌	0.03mg/L
Cd	228.8	공기-아세틸렌	0.002mg/L
Cr	357.9	공기-아세틸렌	0.01mg/L(산처리) 0.001mg/L(용매추출)

★★ 2. 흑연로 원자흡수분광광도법

이 시험기준은 물속에 존재하는 중금속을 분석하기 위하여, 일정 부피의 시료를 전기적으로 가열된 흑연로 등에서 용매를 제거하고, 전류를 다시 급격히 증가시켜 2,000K~3,000K 온도에서 원자화시킨 후 각 원소의 고유 파장에 대한 흡광도를 측정하여 시료 중의 원소농도를 정량하는 방법으로 분석이 가능한 원소는 구리, 납, 니켈, 망간, 비소, 셀레늄, 철, 카드뮴, 크롬, 6가 크롬, 바륨, 주석 등이다.

(1) 적용범위

이 시험기준은 지표수, 지하수, 하·폐수 등에 적용할 수 있다.

(2) 간섭물질

① 매질 간섭 : 시료의 매질로 인한 원자화 과정상에 발생하는 간섭이다. 매질개선제 및 수소(5%)와 아르곤(95%)을 사용하여 간섭을 줄일 수 있다.

② 메모리 간섭 : 고농도 시료분석 시 충분히 제거되지 못하고 잔류하는 원소로 인해 발생하는 간섭이다. 흑연로 온도 프로그램 상에서 충분히 제거되도록 설정하거나, 시료를 희석하고 바탕시료로 메모리 간섭 여부를 확인한다.

③ 스펙트럼 간섭 : 다른 분자나 원소에 의한 파장의 겹침 또는 흑체 복사에 의한 간섭으로 발생한다. 매질개선제를 사용하여 간섭을 배제할 수 있다.

(3) 용어정의

① 매질 개선제 : 흑연로 원자흡수분광광도법으로 분석 시 감도 개선과 간섭현상 감소를 위하여 시료 및 표준물질에 첨가하는 화합물이다.

② 속빈 음극램프 : 원자흡수 측정에 사용하는 가장 보편적인 광원으로 네온이나 아르곤 가스를 1torr~5torr의 압력으로 채운 유리관에 텅스텐 양극과 원통형 음극을 봉입한 형태의 램프이다.

★★ (4) 원자흡수분광광도계

원자흡수분광광도계는 일반적으로 광원부, 시료원자화부, 파장선택부 및 측광부로 구성되어 있으며 단광속형과 복광속형으로 구분된다. 다원소 분석이나 내부표준물법에 사용할 수 있는 다중 채널형 (multi-channel)도 있다.

① 가스 : 아르곤-공기 또는 질소-공기가 사용된다. 공기는 공기압축기 또는 일반 압축공기 실린더 모두 사용 가능하다. 99.999% 이상의 고순도 아르곤 또는 고순도 질소가 사

용된다.
② 램프 : 단일파장램프가 권장되나 다중파장램프도 사용 가능하다.
③ 원자화 장치 : 가로 또는 세로 형태의 흑연로 가열장치와 흑연로 튜브를 사용한다. 흑연로 가열장치는 초당 2,000℃ 이상 가열할 수 있는 것을 사용하여야 하며, 흑연로 튜브는 일정 회수(20회~30회) 이상 사용하면 교체하여야 한다.

▶ 흑연로 원자흡수분광광도법의 원소별 선택파장

원소명	선택파장(nm)	정량한계(mg/L)
Cu	324.7	0.005mg/L
Pb	283.3/ 217.0	0.005mg/L
Ni	232.0	0.005mg/L
Mn	279.5	0.001mg/L
Ba	553.6	0.01mg/L
As	193.7	0.005mg/L
Se	196.0	0.005mg/L
Sn	224.6	0.002mg/L
Fe	248.3	0.005mg/L
Cd	228.8	0.0005mg/L
Cr	357.9	0.005mg/L

3. 유도결합플라스마 – 원자발광분광법

이 시험기준은 물속에 존재하는 중금속을 정량하기 위하여 시료를 고주파유도코일에 의하여 형성된 아르곤 플라스마에 주입하여 6,000K~8,000K에서 들뜬 상태의 원자가 바닥상태로 전이할 때 방출하는 발광선 및 발광강도를 측정하여 원소의 정성 및 정량분석에 이용하는 방법으로 분석이 가능한 원소는 구리, 납, 니켈, 망간, 비소, 아연, 안티몬, 철, 카드뮴, 크롬, 6가 크롬, 바륨, 주석 등이다.

(1) 적용범위

이 시험기준은 지표수, 지하수, 하·폐수 등에 적용할 수 있다.

(2) 간섭물질

① 물리적 간섭
㉠ 시료 도입부의 분무과정에서 시료의 비중, 점성도, 표면장력의 차이에 의해 발생한다.

ⓒ 시료의 물리적 성질이 다르면 플라스마로 흡입되는 원소의 양이 달라져 방출선의 세기에 차이가 생긴다.
ⓒ 특히 비중이 큰 황산과 인산 사용 시 물리적 간섭이 크다.
ⓔ 시료의 종류에 따라 분무기의 종류를 바꾸거나, 시료의 희석, 매질 일치법, 내부 표준법, 농축분리법을 사용하여 간섭을 최소화한다.

② 이온화 간섭
ⓐ 이온화 에너지가 작은 소듐 또는 포타슘 등 알칼리 금속이 공존원소로 시료에 존재 시 플라스마의 전자밀도를 증가시킨다.
ⓑ 증가된 전자 밀도는 들뜬 상태의 원자와 이온화된 원자수를 증가시켜 방출선의 세기를 크게 할 수 있다.
ⓒ 전자가 이온화된 시료 내의 원소와 재결합하여 이온화된 원소의 수를 감소시켜 방출선의 세기를 감소시킨다.

③ 분광 간섭
ⓐ 측정원소의 방출선에 대해 플라스마의 기체 성분이나 공존 물질에서 유래하는 분광학적 요인에 의해 원래의 방출선의 세기 변동 및 다른 원자 혹은 이온의 방출선과의 겹침 현상이 발생할 수 있다.
ⓑ 시료 분석 후 보정이 반드시 필요하다.

④ 기타 : 플라스마의 높은 온도와 비활성으로 화학적 간섭의 발생가능성은 낮으나, 출력이 낮은 경우 일부 발생할 수 있다.

(3) 유도결합플라스마 – 원자발광광도계

① 분광계 : 검출 및 측정 방법에 따라 다색화분광기 또는 단색화 장치 모두 사용 가능해야 하며 스펙트럼의 띠 통과는 0.05nm 미만이어야 한다.

② 시료 주입 장치
ⓐ 분무기 : 일반적인 시료의 경우 동심축 분무기 또는 교차흐름 분무기를 사용하며, 점성이 있는 시료나 입자상 물질이 존재할 경우 바빙톤 분무기를 사용한다. 이외에도, 분석 목적에 따라 초음파 분무기등 다양한 형태의 분무기 사용이 가능하다.
ⓑ 아르곤 가스 공급장치 : 순도 99.99% 이상 고순도 가스상 또는 액체 아르곤을 사용해야 한다.
ⓒ 유량조절기 : 아르곤 및 플라스마 기체의 유량조절기를 사용해야 하며, 시료 주입을 위해 속도조절이 가능한 연동펌프를 사용할 수 있다.

③ 유도결합플라스마 발생기
ⓐ 라디오 고주파 발생기 : 라디오고주파 발생기는 출력범위 750W~1,200W 이상의

것을 사용하며, 이때 사용하는 주파수는 27.12 MHz 또는 40.68 MHz를 사용한다.

ⓒ 토치 : 내부직경 18mm, 12mm, 1.5mm인 3개의 동심원 또는 동등한 규격의 석영관을 사용한다. 가장 바깥쪽관의 냉각기체는 아르곤을 사용하며, 중심관과 중간관의 운반기체와 보조기체로는 아르곤을 사용한다.

Question 02

금속류 분석을 위한 유도결합플라스마-원자발광분광법에서 장치에 관한 설명으로 옳지 않은 것은?

㉮ 분광계는 검출 및 측정방법에 따라 다색화분광기 또는 단색화장치 모두 사용가능해야 하며, 스펙트럼의 띠 통과는 0.05nm 미만이어야 한다.
㉯ 분무기는 일반적인 시료의 경우 바빙톤 분무기를 사용하며, 점성이 있는 시료나 입자상 물질이 존재할 경우 동심축 분무기를 사용한다.
㉰ 라디오고주파 발생기는 출력범위 750W~ 1,200W 이상의 것을 사용한다.
㉱ 순도 99.99% 이상 고순도 가스상 또는 액체 아르곤을 사용한다.

풀이 ㉯ 분무기는 일반적인 시료의 경우 동심축 분무기를 사용하며, 점성이 있는 시료나 입자상 물질이 존재할 경우 바빙톤 분무기를 사용한다.

▶ 유도결합플라스마 – 원자발광분광법에 의한 원소별 선택파장과 정량한계(mg/L)

원소명	선택파장(1차)[1]	선택파장(2차)[1]	정량한계[1],[2] (mg/L)
Cu	324.75	219.96	0.006mg/L
Pb	220.35	217.00	0.04mg/L
Ni	231.60	221.65	0.015mg/L
Mn	257.61	294.92	0.002mg/L
Ba	455.40	493.41	0.003mg/L
As	193.70	189.04	0.05mg/L
Zn	213.90	206.20	0.002mg/L
Sb	217.60	217.58	0.02mg/L
Sn	189.98	-	0.02mg/L
Fe	259.94	238.20	0.007mg/L
Cd	226.50	214.44	0.004mg/L
Cr	262.72	206.15	0.007mg/L
Se	196.03	203.99	0.03

1) Standard Method 3120 Metals by Plasma Emission Spectroscopy(1999)
2) EPA Method 200.7(1994)

★★ 4. 유도결합플라스마 – 질량분석법

이 시험기준은 물속에 존재하는 중금속을 분석하기 위하여 유도결합플라스마 질량분석법을 사용한다. 유도결합플라스마 질량분석법은 6,000K~10,000K의 고온 플라스마에 의해 이온화된 원소를 진공상태에서 질량 대 전하비(m/z)에 따라 분리하는 방법으로, 분석이 가능한 원소는 구리, 납, 니켈, 망간, 바륨, 비소, 셀레늄, 아연, 안티몬, 카드뮴, 주석, 크롬 등이다.

(1) 적용범위

이 시험기준은 지표수, 지하수, 폐수 등에 적용할 수 있다.

(2) 간섭물질

① 다원자 이온간섭 : 분석하고자 하는 원소와 동일한 질량 대 전하비를 갖는 1개 이상의 원소간에 결합된 이온으로 인한 간섭을 말한다.

② 동중원소 간섭 : 분석하고자 하는 원소와 다른 물질이(1가 또는 2가의 이온화 상태로) 동일한 질량 대 전하비를 가질 경우 질량분석기가 이를 분리해내지 못하여 간섭이 발생한다. 대부분의 원소는 동중원소에 의한 간섭을 거의 받지 않지만, 셀레늄(^{82}Se)과 카드뮴(^{114}Cd)은 각각 크립톤(Kr)과 주석(Sn)에 의한 동중원소 영향을 받는다.

③ 메모리 간섭 : 분석이 끝난 후 시료의 해당원소가 다음 시료의 측정결과에 영향을 미치는 경우이다. 시료주입장치, 스키머콘, 플라스마 토치, 분무장치 등에 분석물질이 흡착되어 발생한다. 이러한 간섭은 다음 시료의 분석 전 충분한 세정을 해 주면 감소시킬 수 있다.

④ 물리적 간섭 : 시료가 분무기나 플라스마 내에서 이온화되는 과정에서 발생한다. 시료 내 용존물 질량이 많을 때도 스키머콘이 막히게 되어 이온화 효율을 감소시킨다. 따라서 시료의 용존고체물질의 농도가 0.2% 이하여야 한다. 이에 대한 보정을 위하여 내부표준물질을 사용할 수 있다.

⑤ 분해능에 의한 간섭 : 측정대상 질량이 인접한 질량에 의한 영향을 받는 경우이다. 이는 분석이온의 운동 에너지와 사중극자 질량분석기 내에 존재하는 기체입자에 의해 발생한다. 또한, 분석질량의 피크가 작을 때 인접한 큰 피크에 포함되어 측정될 수 있다. 이러한 간섭을 최소화하기 위하여 최적의 분해능 조절이 필요하다.

(3) 용어정의

① 원자질량단위(amu) : 원자의 질량단위를 말하며 탄소의 동위원소 $\frac{12}{6}C$ 를 12 amu로 놓고 이것에 대한 상대적인 값을 표기한다.

② 튜닝용액 : 검정곡선 및 시료분석 전에 유도결합플라스마 - 질량분석기의 감도 및 성능을 확인하고 기기의 상태를 최적화하기 위한 용액이다.

(4) 분석기기 및 기구

① 유도결합플라스마 – 질량분석기
   ㉠ 검출기 : 이차전자증폭기를 사용하며, 전자 검출기를 사용할 경우 반드시 과량의 이온을 제거하기 위한 장치가 필요하다. 이로 인하여 증폭기의 감도 저하 내지 증폭기 손상이 발생할 수 있다.
   ㉡ 라디오고주파발생기 : 유도결합플라스마 - 원자발광분광법에 따른다.
   ㉢ 시료 주입장치 : 유도결합플라스마 - 원자발광분광법에 따르며, 시료주입을 위한 연동펌프를 사용한다.
   ㉣ 아르곤 가스 공급장치 : 순도 99.99% 이상 기체 또는 액체 아르곤을 사용한다.
   ㉤ 인터페이스
      ⓐ 샘플링 콘 : 0.8mm~2.0mm 범위의 구경을 가진 니켈 또는 백금 재질의 것을 사용한다.
      ⓑ 스키머 콘 : 0.4mm~1.2mm 범위의 구경을 가진 니켈 또는 백금 재질의 것을 사용한다.
      ⓒ 진공펌프 : 샘플링 콘과 스키머 콘 사이 구간 내 진공상태를 1torr~2torr 이하로 유지할 수 있는 기계식 회전 펌프와 질량분석기 내부 진공상태를 5torr~7torr 이하로 유지할 수 있는 터보분자 펌프를 사용한다.
   ㉥ 질량분석기
      ⓐ 일반적으로 사중극자 질량분석기를 사용하며, 이 외에도 비행시간 분석기, 자기섹터 분석기등이 사용가능하다.
      ⓑ 질량분석기의 질량측정 범위는 5amu~250amu이며, 최소 분해능은 5% 피크 높이에서 1amu이어야 한다.

★★ ▶ 유도결합플라스마 – 질량분석법에 의한 항목별 정량한계 값

원소명	분석질량(amu)	정량한계(mg/L)
Cu	63	0.002mg/L
Pb	206, 207, 208	0.002mg/L
Ni	60	0.002mg/L
Mn	55	0.0005mg/L
Ba	137	0.003mg/L
As	75	0.006mg/L
Se	82	0.03mg/L
Zn	66	0.006mg/L
Sb	123	0.0004mg/L
Sn	118	0.0001mg/L
Cd	111	0.002mg/L
Cr	52	0.0002mg/L

5. 양극벗김전압전류법

이 시험기준은 납과 아연을 은/염화은 기준전극에 대해 각각 약 -1,000mV와 -1,300mV 전위차를 갖는 유리질 탄소전극에 수은 얇은 막을 입힌 작업전극에 금속으로 석출시키고, 시료를 산성화시킨 후 착화합물을 형성하지 않은 자유 이온 상태의 비소, 수은은 작업전극으로 금 얇은 막 전극 또는 금 전극을 사용하며 비소와 수은은 기준전극(Ag/AgCl 전극)에 대하여 각각 약 -1,600mV와 -200mV에서 금속 상태인 비소와 수은으로 석출 농축시킨 다음 이를 양극벗김전압전류법으로 분석하는 방법이다.

(1) 적용범위

① 이 시험기준은 지하수, 지표수에 적용할 수 있다.

★★ ② 이 시험기준에 의한 정량한계는 납 0.0001mg/L, 비소 0.0003mg/L, 수은 0.0001mg/L, 아연 0.0001mg/L이다.

02 크롬(Chromium, Cr)

▶ 적용 가능한 시험방법

크롬	정량한계(mg/L)	정밀도(% RSD)
원자흡수분광광도법	산처리법 : 0.01 용매추출법 : 0.001	25% 이내
유도결합플라스마-원자발광분광법	0.007	25% 이내
유도결합플라스마-질량분석법	0.0002	25% 이내

Question 03

수질오염공정시험기준 상 크롬의 시험방법으로 틀린 것은?
㉮ 원자흡수분광광도법
㉯ 유도결합플라스마-원자발광분광법
㉰ 유도결합플라스마-질량분석법
㉱ 기체크로마토그래피

정답 ㉱

1. 원자흡수분광광도법

(1) 목적

이 시험기준은 물속에 존재하는 크롬을 측정하는 방법으로, 시료를 산분해하거나 용매추출 하여 시료를 직접 불꽃으로 주입하여 원자흡수분광광도계로 분석하는 방법이다.

(2) 적용범위

① 이 시험기준은 지표수, 지하수, 하·폐수 등에 적용할 수 있다.
② 크롬은 공기-아세틸렌 불꽃에 주입하여 분석하며 정량한계는 357.9nm에서의 산처리법은 0.01 mg/L, 용매추출법은 0.001 mg/L이다.

Question 04

크롬-원자흡수분광광도법의 정량한계로 알맞은 것은?

㉮ 357.9nm에서의 산처리법은 0.01mg/L, 용매추출법은 0.001mg/L이다.
㉯ 357.9nm에서의 산처리법은 0.001mg/L, 용매추출법은 0.01mg/L이다.
㉰ 357.9nm에서의 산처리법은 0.01mg/L, 용매추출법은 0.01mg/L이다.
㉱ 357.9nm에서의 산처리법은 0.001mg/L, 용매추출법은 0.001mg/L이다.

정답 ㉮

03 6가 크롬(Hexavalent Chromium, Cr^{6+})

★★ ▶ 적용 가능한 시험방법

6가 크롬	정량한계(mg/L)	정밀도(% RSD)
원자흡수분광광도법	0.01	25% 이내
자외선가시선분광법	0.04	25% 이내
유도결합플라스마-원자발광분광법	0.007	25% 이내

Question 05

수질오염공정시험기준 상 6가 크롬의 시험방법으로 알맞은 것은?

㉮ 원자흡수분광광도법　　　　㉯ 기체크로마토그래피
㉰ 이온크로마토그래피　　　　㉱ 이온선택전극법

정답 ㉮

1. 원자흡수분광광도법

(1) 목적

6가 크롬을 피로리딘 디티오카르바민산 착물로 만들어 메틸아이소부틸케톤으로 추출한 다음 원자흡수분광광도계로 흡광도를 측정하여 6가 크롬의 농도를 구하는 것이 목적이다. 최종 분석시료는 불꽃에 분무하여 원자화되는 크롬 원소가 그 원자증기층을 투과하는 빛을 흡수하는 흡수 정도를 시료에 포함된 크롬의 농도로 환산한다.

★★ (2) 적용범위

이 시험기준은 지표수, 지하수, 하·폐수 등에 적용할 수 있으며, 정량한계는 ★★ 0.01mg/L 이다.

★★ (3) 간섭물질

폐수에 반응성이 큰 다른 금속 이온이 존재할 경우 방해 영향이 크므로, 이 경우는 황산소듐 1 %를 첨가하여 측정한다. 일반적으로 표층수에 존재하는 원소의 방해 영향은 무시할 수 있다.

> **Question 06**
>
> 6가 크롬의 분석방법인 원자흡수분광광도법에 대한 내용으로 틀린 것은?
> ㉮ 피로리딘 디티오카르바민산 착물로 만들어 메틸아이소부틸케톤으로 추출한다.
> ㉯ 정량한계는 0.01mg/L이다.
> ㉰ 폐수에 반응성이 큰 다른 금속 이온이 존재할 경우 방해 영향이 크다.
> ㉱ 방해의 영향이 큰 경우 질산소듐 1%를 첨가하여 측정한다.
>
> **정답** ㉱ 방해의 영향이 큰 경우 황산소듐 1%를 첨가하여 측정한다.

★★ 2. 자외선/가시선 분광법

★★ (1) 목적

물속에 존재하는 6가 크롬을 자외선/가시선 분광법으로 측정하는 것으로, 산성 용액에서 다이페닐카바자이드와 반응하여 생성하는 적자색 착화합물의 흡광도를 540nm에서 측정한다.

(2) 적용범위

이 시험기준은 지표수, 지하수, 하·폐수 등에 적용할 수 있으며, 정량한계는 0.04mg/L이다.

(3) 간섭물질

몰리브덴(Mo), 수은(Hg), 바나듐(V), 철(Fe), 구리(Cu) 이온이 과량 함유되어 있을 경우 방해 영향이 나타날 수 있다.

Question 07

6가 크롬의 분석방법인 자외선/가시선분광법에 대한 내용으로 틀린 것은?

㉮ 산성 용액에서 다이페닐카바자이드와 반응한다.
㉯ 생성하는 적자색 착화합물의 흡광도를 450 nm에서 측정한다.
㉰ 정량한계는 0.04mg/L이다.
㉱ 몰리브덴(Mo), 수은(Hg), 바나듐(V), 철(Fe), 구리(Cu) 이온이 과량 함유되어 있을 경우 방해 영향이 나타날 수 있다.

정답 ㉯ 생성하는 적자색 착화합물의 흡광도를 540 nm에서 측정한다.

04 아연(Zinc, Zn)

★★ 적용 가능한 시험방법

아연	정량한계(mg/L)	정밀도(% RSD)
원자흡수분광도법	0.002	25% 이내
유도결합플라스마 - 원자발광분광법	0.002	25% 이내
유도결합플라스마 - 질량분석법	0.006	25% 이내
양극벗김전압전류법	0.0001	20% 이내

Question 08

수질오염공정시험기준 상 아연의 시험방법으로 틀린 것은?

㉮ 원자흡수분광도법 ㉯ 유도결합플라스마-원자발광분광법
㉰ 이온크로마토그래피 ㉱ 양극벗김전압전류법

정답 ㉰

05 구리(Copper, Cu)

 ▶ 적용 가능한 시험방법

구리	정량한계(mg/L)	정밀도(% RSD)
원자흡수분광광도법	0.008	25% 이내
유도결합플라스마 - 원자발광분광법	0.006	25% 이내
유도결합플라스마 - 질량분석법	0.002	25% 이내

 Question 09

수질오염공정시험기준 상 구리의 시험방법으로 틀린 것은?

㉮ 원자흡수분광광도법
㉯ 유도결합플라스마-원자발광분광법
㉰ 유도결합플라스마-질량분석법
㉱ 양극벗김전압전류법

정답 ㉱

06 카드뮴(Cadmium, Cd)

 ▶ 적용 가능한 시험방법

카드뮴	정량한계(mg/L)	정밀도(% RSD)
원자흡수분광광도법	0.002	25% 이내
유도결합플라스마 - 원자발광분광법	0.004	25% 이내
유도결합플라스마 - 질량분석법	0.002	25% 이내

Question 10

수질오염공정시험기준 상 카드뮴의 시험방법으로 틀린 것은?

㉮ 원자흡수분광광도법
㉯ 유도결합플라스마-원자발광분광법
㉰ 유도결합플라스마-질량분석법
㉱ 양극벗김전압전류법

정답 ㉱

07 납(Lead, Pb)

★★ ▶ 적용 가능한 시험방법

납	정량한계(mg/L)	정밀도(% RSD)
원자흡수분광광도법	0.04	25% 이내
유도결합플라스마 - 원자발광분광법	0.04	25% 이내
유도결합플라스마 - 질량분석법	0.002	25% 이내
양극벗김전압전류법	0.0001	20% 이내

 Question 11

수질오염공정시험기준 상 납의 시험방법으로 틀린 것은?
㉮ 원자흡수분광광도법 ㉯ 유도결합플라스마-원자발광분광법
㉰ 기체크로마토그래피 ㉱ 양극벗김전압전류법

▎정답 ㉰

08 망간(Manganese, Mn)

★★ ▶ 적용 가능한 시험방법

망간	정량한계(mg/L)	정밀도(% RSD)
원자흡수분광광도법	0.005	25% 이내
유도결합플라스마 - 원자발광분광법	0.002	25% 이내
유도결합플라스마 - 질량분석법	0.0005	25% 이내

 Question 12

수질오염공정시험기준 상 망간의 시험방법으로 틀린 것은?
㉮ 원자흡수분광광도법 ㉯ 유도결합플라스마-원자발광분광법
㉰ 유도결합플라스마-질량분석법 ㉱ 양극벗김전압전류법

▎정답 ㉱

09 비소(Arsenic, As)

▶ 적용 가능한 시험방법

비소	정량한계(mg/L)	정밀도(% RSD)
수소화물생성 - 원자흡수분광광도법	0.005	25% 이내
유도결합플라스마 - 원자발광분광법	0.05	25% 이내
유도결합플라스마 - 질량분석법	0.006	25% 이내
양극벗김전압전류법	0.0003	20% 이내

Question 13

수질오염공정시험기준 상 비소의 시험방법으로 틀린 것은?

㉮ 기체크로마토그래피 ㉯ 유도결합플라스마-원자발광분광법
㉰ 유도결합플라스마-질량분석법 ㉱ 양극벗김전압전류법

정답 ㉮

1. 수소화물생성 – 원자흡수분광광도법

(1) 목적

이 시험기준은 물속에 존재하는 비소를 측정하는 방법으로 아연 또는 소듐붕소수소화물($NaBH_4$)을 넣어 수소화 비소로 포집하여 아르곤(또는 질소)-수소 불꽃에서 원자화시켜 193.7nm에서 흡광도를 측정하고 비소를 정량하는 방법이다.

(2) 적용범위

① 이 시험기준은 지표수, 하·폐수 등에 적용할 수 있으며, 정량한계는 0.005mg/L이다.
② 간섭물질 높은 농도의 크롬, 코발트, 구리, 수은, 몰리브덴, 은 및 니켈은 비소 분석을 방해한다.
③ 비소 분석에 아르곤-수소 또는 질소-수소 기체를 사용한다.

Question 14

다음 중 비소를 수소화물생성-원자흡수분광광도법으로 분석할 때 내용으로 틀린 것은?

㉮ 아연 또는 소듐붕소수화물(NaBH₄)을 넣어 수소화 비소로 포집한다.
㉯ 아르곤(또는 질소)-수소 불꽃에서 원자화시켜 228.8nm에서 흡광도를 측정한다.
㉰ 정량한계는 0.005mg/L이다.
㉱ 높은 농도의 크롬, 코발트, 구리, 수은, 몰리브덴, 은 및 니켈은 비소 분석을 방해한다.

정답 ㉯ 아르곤(또는 질소)-수소 불꽃에서 원자화시켜 193.7nm에서 흡광도를 측정한다.

10 니켈(Nickel, Ni)

★★ ▶ 적용 가능한 시험방법

니켈	정량한계(mg/L)	정밀도(% RSD)
원자흡수분광광도법	0.01	25% 이내
유도결합플라스마 - 원자발광분광법	0.015	25% 이내
유도결합플라스마 - 질량분석법	0.002	25% 이내

Question 15

수질오염공정시험기준 상 니켈의 시험방법으로 틀린 것은?

㉮ 원자흡수분광광도법　　　　㉯ 유도결합플라스마-원자발광분광법
㉰ 유도결합플라스마-질량분석법　㉱ 양극벗김전압전류법

정답 ㉱

11 철(Iron, Fe)

★★ ▶ 적용 가능한 시험방법

철	정량한계(mg/L)	정밀도(% RSD)
원자흡수분광광도법	0.03	25% 이내
유도결합플라스마 - 원자발광분광법	0.007	25% 이내

Question 16

수질오염공정시험기준 상 철의 시험방법으로 알맞은 것은?
㉮ 원자흡수분광광도법　　　㉯ 기체크로마토그래피
㉰ 유도결합플라스마-질량분석법　　　㉱ 양극벗김전압전류법

정답 ㉮

12 셀레늄(Selenium, Se)

★★ ▶ 적용 가능한 시험방법

셀레늄	정량한계(mg/L)	정밀도(% RSD)
수소화물생성 - 원자흡수분광광도법	0.005	25% 이내
유도결합플라스마-원자발광분광법	0.03	25% 이내
유도결합플라스마 - 질량분석법	0.03	25% 이내

Question 17

수질오염공정시험기준 상 셀레늄의 시험방법으로 틀린 것은?
㉮ 원자흡수분광광도법　　　㉯ 유도결합플라스마-원자발광분광법
㉰ 유도결합플라스마-질량분석법　　　㉱ 양극벗김전압전류법

정답 ㉱

1. 수소화물생성 – 원자흡수분광광도법

★★ **(1) 목적**

이 시험기준은 물속에 존재하는 셀레늄을 측정하는 방법으로, 소듐붕소수화물(NaBH₄)을 넣어 수소화 셀레늄으로 포집하여 아르곤(또는 질소)-수소 불꽃에서 원자화시켜 196.0nm에서 흡광도를 측정하고 셀레늄을 정량하는 방법이다.

★★ **(2) 적용범위**

① 이 시험기준은 지표수, 지하수, 하·폐수 등에 적용할 수 있으며, 정량한계는 0.005mg/L 이다.
② 간섭물질 높은 농도의 크롬, 코발트, 구리, 수은, 몰리브덴, 은 및 니켈은 셀레늄 분석을 방해한다.

> **Question 18**
>
> 셀레늄을 수소화물생성법-원자흡수분광광도법으로 분석할때 내용으로 틀린 것은?
> ㉮ 소듐붕소수화물(NaBH₄)을 넣어 수소화 셀레늄으로 포집한다.
> ㉯ 아르곤(또는 질소)-수소 불꽃에서 원자화시켜 196.0nm에서 흡광도를 측정한다.
> ㉰ 정량한계는 0.05mg/L이다.
> ㉱ 간섭물질 높은 농도의 크롬, 코발트, 구리, 수은, 몰리브덴, 은 및 니켈은 셀레늄 분석을 방해한다.
>
> **정답** ㉰ 정량한계는 0.005mg/L이다.

13 수은(Mercury, Hg)

★★ ▶ **적용 가능한 시험방법**

수은	정량한계(mg/L)	정밀도(% RSD)
냉증기-원자흡수분광광도법	0.0005	25% 이내
양극벗김전압전류법	0.0001	20% 이내
냉증기-원자형광법	0.0005 μg/L	25% 이내

Question 19

수질오염공정시험기준 상 수은의 시험방법으로 틀린 것은?
- ㉮ 냉증기-원자흡수분광광도법
- ㉯ 양극벗김전압전류법
- ㉰ 유도결합플라스마-질량분석법
- ㉱ 냉증기-원자형광법

정답 ㉰

1. 냉증기-원자흡수분광광도법

(1) 목적

이 시험기준은 물속에 존재하는 수은을 측정하는 방법으로, 시료에 이염화주석($SnCl_2$)을 넣어 금속수은으로 산화시킨 후, 이 용액에 통기하여 발생하는 수은증기를 원자흡수분광광도법으로 253.7nm의 파장에서 측정하여 정량하는 방법이다.

(2) 적용범위

이 시험기준은 지하수, 지표수, 하·폐수 등에 적용할 수 있으며, 정량한계는 0.0005mg/L으로 저농도 수은분석시 사용한다.

(3) 간섭물질

① 시료 중 염화물이온이 다량 함유된 경우에는 환원 조작시 유리염소를 발생하여 253.7nm에서 흡광도를 나타낸다. 이때는 염산하이드록실아민용액을 과잉으로 넣어 유리염소를 환원시키고 용기 중에 잔류하는 염소는 질소가스를 통기시켜 추출한다.
② 벤젠, 아세톤 등 휘발성 유기물질도 253.7nm에서 흡광도를 나타낸다. 이때에는 과망간산포타슘 분해 후 헥산으로 이들 물질을 추출 분리한 다음 시험한다.

Question 20

다음 중 수은을 냉증기-원자흡수분광광도법으로 분석할때 내용으로 틀린 것은?
- ㉮ 시료에 이염화주석($SnCl_2$)을 넣어 금속수은으로 환원시킨다.
- ㉯ 이 용액에 통기하여 발생하는 수은증기를 원자흡수분광광도법으로 253.7nm의 파장에서 측정한다.
- ㉰ 정량한계는 0.05mg/L로 저농도 수은분석시 사용한다.
- ㉱ 시료 중 염화물이온이 다량 함유된 경우에는 환원 조작시 유리염소를 발생하여 253.7nm에서 흡광도를 나타낸다.

정답 ㉰ 정량한계는 0.0005mg/L로 저농도 수은분석시 사용한다.

2. 냉증기-원자형광법

★★ (1) 목적

이 시험기준은 물속에 존재하는 저농도의 수은(0.0002mg/L 이하)을 정량하기 위하여 사용한다. 시료에 이염화주석($SnCl_2$)을 넣어 금속 수은으로 환원시킨 후 이 용액에 통기하여 발생하는 수은증기를 원자형광광도법으로 253.7nm의 파장에서 측정하여 정량하는 방법이다.

★★ (2) 적용범위

이 시험기준은 지하수, 지표수, 하·폐수 등에 적용할 수 있으며, 정량한계는 0.0005μg/L이다.

★★ (3) 간섭물질

① 시료가 3mg/L 이상의 요오드를 포함시 이염화주석($SnCl_2$)로 전처리하여 환원시킨다. 요오드의 포함 여부는 시료가 갈색을 띠는 것으로 추정할 수 있다.
② 환원기화 분석법은 전처리시 산화제로 브롬을 사용하므로 염소이온, 황산이온 및 기타 분자에 의한 간섭배제가 가능하다.
③ 최적의 감도를 얻기 위해서는 운반가스로 고순도 아르곤(99.998% 이상) 사용해야 한다. 질소가스 사용시 감도가 1/8로, 공기 사용시 1/30로 감소한다.
④ 수증기를 제거하기 위하여 건조 튜브에 막거름(멤브레인 필터)을 장치하여야 한다.

Question 21

다음 중 수은을 냉증기-원자형광법으로 측정할때 내용으로 틀린 것은?
㉮ 시료에 금속분말아연을 넣어 금속 수은으로 환원시킨다.
㉯ 이 용액에 통기하여 발생하는 수은증기를 253.7nm의 파장에서 측정한다.
㉰ 정량한계는 0.0005 μg/L이다.
㉱ 최적의 감도를 얻기 위해서는 운반가스로 고순도 아르곤(99.998% 이상) 사용해야 한다.

정답 ㉮ 시료에 이염화주석($SnCl_2$)을 넣어 금속 수은으로 환원시킨다.

14 알킬수은(Alkyl Mercury)

★★ ▶ 적용 가능한 시험방법

알킬수은	정량한계(mg/L)	정밀도(% RSD)
기체크로마토그래피	0.0005	25%
원자흡수분광광도법	0.0005	25%

Question 22

수질오염공정시험기준 상 알킬수은의 시험방법으로 알맞은 것은?
- ㉮ 유도결합플라스마-원자발광분광법
- ㉯ 양극벗김전압전류법
- ㉰ 기체크로마토그래피
- ㉱ 냉증기-원자형광법

정답 ㉰

1. 기체크로마토그래피

★★ **(1) 목적**

이 시험기준은 물속에 존재하는 알킬수은 화합물을 기체크로마토그래피에 따라 정량하는 방법이다. 알킬수은화합물을 ★★벤젠으로 추출하여 L-시스테인용액에 선택적으로 역추출하고 다시 벤젠으로 추출하여 기체크로마토그래프로 측정하는 방법이다.

Question 23

다음은 기체크로마토그래피에 의한 알킬수은의 분석방법이다. ( )안에 알맞은 말은 어느 것인가?

> 알킬수은화합물을 (①)으로 추출하여 (②)에 선택적으로 역추출하고 다시 (①)으로 추출하여 기체크로마토그래피로 측정하는 방법이다.

- ㉮ ① 헥산, ② 염화메틸수은용액
- ㉯ ① 헥산, ② 크로모졸브용액
- ㉰ ① 벤젠, ② 펜토에이트용액
- ㉱ ① 벤젠, ② L-시스테인용액

정답 ㉱

(2) 적용범위

이 시험기준은 지표수, 지하수, 하·폐수 등에 적용할 수 있으며, 정량한계는 0.0005mg/L 이다.

(3) 기체크로마토그래피

① 컬럼은 안지름 0.20mm~0.35mm, 길이 15m~60 m의 모세관 컬럼을 사용한다.
② 운반기체는 순도 99.999% 이상의 질소 또는 헬륨으로서 유속은 30mL/min~80 mL/min, 시료주입부 온도는 140℃~240℃, 컬럼온도는 130℃~180℃로 사용한다.
③ 검출기로 전자포획형 검출기(ECD)를 사용하고, 검출기의 온도는 140℃~200℃로 한다.

Question 24

다음 중 알킬수은을 기체크로마토그래피로 분석할때 내용으로 틀린 것은?
㉮ 정량한계는 0.0005mg/L이다.
㉯ 컬럼은 안지름 0.20mm~0.35mm, 길이 15m~60 m의 모세관 컬럼을 사용한다.
㉰ 운반기체는 순도 99.999% 이상의 질소 또는 헬륨을 사용한다.
㉱ 검출기로 불꽃이온화검출기(FID)를 사용한다.

풀이 ㉱ 검출기로 전자포획형 검출기(ECD)를 사용한다.

2. 원자흡수분광광도법

(1) 목적

이 시험기준은 물속에 존재하는 알킬수은화합물을 벤젠으로 추출하고 알루미나 컬럼으로 농축한 후 벤젠으로 다시 추출한 다음 박층크로마토그래피에 의하여 농축분리하고 분리된 수은을 산화분해하여 정량하는 방법이다.

(2) 적용범위

이 시험기준은 지표수, 지하수, 하·폐수 등에 적용할 수 있으며, 정량한계는 0.0005mg/L 이다.

Question 25

알킬수은을 원자흡수분광광도법으로 분석할 때 ( )안에 공통으로 들어갈 알맞은 것은?

> 물속에 존재하는 알킬수은화합물을 ( )으로 추출하고 알루미나 컬럼으로 농축한 후 ( )으로 다시 추출한 다음 박층크로마토그래패에 의하여 농축분리하고 분리된 수은을 산화분해하여 정량하는 방법이다.

㉮ 벤젠   ㉯ 헥산   ㉰ 클로로폼   ㉱ 사염화탄소

▸ 풀이 ㉮

15 바륨(Barium, Ba)

★★ ▸ 적용 가능한 시험방법

바륨	정량한계(mg/L)	정밀도(% RSD)
원자흡수분광광도법	0.1	25% 이내
유도결합플라스마 - 원자발광분광법	0.003	25% 이내
유도결합플라스마 - 질량분석법	0.003	25% 이내

 Question 26

수질오염공정시험기준 상 바륨의 시험방법으로 틀린 것은?

㉮ 유도결합플라스마-원자발광분광법   ㉯ 원자흡수분광광도법
㉰ 유도결합플라스마-질량분석법   ㉱ 냉증기-원자형광법

▸ 정답 ㉱

16. 안티몬(Antimony, Sb)

★★ ▶ 적용 가능한 시험방법

안티몬	정량한계(mg/L)	정밀도(% RSD)
유도결합플라스마 - 원자발광분광법	0.02	25% 이내
유도결합플라스마 - 질량분석법	0.0004	25% 이내

Question 27

수질오염공정시험기준 상 안티몬의 시험방법으로 알맞은 것은?

㉮ 유도결합플라스마-원자발광분광법
㉯ 양극벗김전압전류법
㉰ 기체크로마토그래피
㉱ 냉증기-원자형광법

정답 ㉮

17. 주석(Tin, Sn)

★★ ▶ 적용 가능한 시험방법

주석	정량한계(mg/L)	정밀도(% RSD)
원자흡수분광광도법	0.8(불꽃) 0.002(흑연로)	25% 이내
유도결합플라스마 - 원자발광분광법	0.02	25% 이내
유도결합플라스마 - 질량분석법	0.0001	25% 이내

Question 28

수질오염공정시험기준 상 주석의 시험방법으로 틀린 것은?

㉮ 유도결합플라스마-원자발광분광법
㉯ 유도결합플라스마-질량분석법
㉰ 원자흡수분광광도법
㉱ 냉증기-원자형광법

정답 ㉱

CHAPTER 06 유기물질 및 휘발성유기화합물편

01 다이에틸헥실프탈레이트((Di-(2-Ethylhexyl)Phthalate)

1. 용매추출/기체크로마토그래피-질량분석법

이 시험기준은 물속에 존재하는 다이에틸헥실프탈레이트를 측정하는 방법으로 시료를 중성에서 <u>헥산으로 추출</u>하여 농축한 후, 기체크로마토그래피-질량분석기로 분석하는 방법이다.

(1) 적용범위

이 시험기준은 지표수, 지하수, 폐수 등에 적용 할 수 있으며 정량한계는 0.0025mg/L이다.

(2) 간섭물질

① 프탈레이트는 플라스틱, 특히 폴리염화비닐(PVC)을 부드럽게 하기 위해 사용하는 화학성분으로 각종 플라스틱 제품, 목재 가공 및 향수의 용매, 가정용 바닥재 등에 이르기까지 광범위한 용도로 사용되므로 실험실에서 사용하는 플라스틱 기구 및 기기, 실험실 공기 속에 기화된 성분이 오염원이 될 수 있다. 따라서 바탕시료를 사용하여 이를 점검하여야 한다.

② 폴리테트라플루오로에틸렌(PTFE) 재질이 아닌 플라스틱의 사용을 피해야 한다.

③ 시료병을 포함한 모든 유리기구는 세정제, 수돗물, 정제수 그리고 아세톤과 메탄올의 비율 1 : 1로 차례로 닦아준 후 마지막으로 고순도 메탄올로 마무리를 하여, 300℃ 에서 1일~2일 동안 가열한 후 오븐을 끈 상태에서 식혀 보관하고, 시료를 측정할 때는 다시 헥산으로 세척하여 사용한다.

④ 고순도(HPLC용)의 시약이나 용매를 사용하면 방해물질을 최소화할 수 있다.

⑤ 시료나 시약을 보관, 운반, 주입할 때 격막(septum)이나 기체크로마토그래피의 라이

너로 인한 오염 영향이 없는지 확인이 필요하다.
⑥ 시료에서 추출되어 나오는 방해물질이 있을 수 있는데 이는 시료마다 다르다. 만약 방해가 심하면 추가적으로 플로리실 컬럼과 같은 고체상 정제과정이 필요하다.

(3) 분석기구 및 기기

★★ ① 기체크로마토그래피
  ㉠ 컬럼은 안지름 0.20mm~0.53mm, 필름두께 0.25μm~3.0μm, 길이 20m~100m의 DB-1, DB-5 및 DB-624 등의 모세관 컬럼이나 동등한 분리능을 가진 것을 택하여 시험한다.
★★ ㉡ 운반기체는 순도 99.999% 이상의 질소 또는 헬륨으로서 유량은 0.5mL/mi~5mL/min, 시료주입구 온도는 280℃, 컬럼온도는 50℃~325℃로 사용한다.
  ㉢ 미량주사기는 1μL~25μL 부피의 기체크로마토그래피용을 사용한다.
  ㉣ 주입구의 격막은 얇은 디스크 형태의 폴리테트라플루오로에틸렌(PTFE) 격막을 사용하거나 폴리테트라플루오로에틸렌을 얇게 입힌 실리콘 고무 격막을 사용한다.

★★ ② 질량분석기
★★ ㉠ 이온화방식은 전자충격법(EI, electron impact)을 사용하며 ★★ 이온화에너지는 35eV~70eV을 사용한다.
  ㉡ 질량분석기는 자기장형, 사중극자형 또는 이온트랩형 등의 성능을 가진 것을 사용한다.
  ㉢ 정량분석에는 선택이온검출법(SIM) 또는 질량 크로마토그래피(MC)를 이용한다.

③ 원심분리기
  원심분리기는 2,500rpm 이상 가능한 것을 사용한다.

④ 플로리실 컬럼
  플로리실은 입경 150μm~250μm, 400℃ 16시간 건조 후 데시케이터에서 30분간 방치하여 냉각한 것 10g을 비커에 넣고 크로마토그래프용 헥산 20mL~30mL를 넣어 유리막대로 저으면서 기포를 제거한다. 또는 시판용 플로리실 카트리지 제품을 사용할 수 있다.

02 석유계총탄화수소

1. 용매추출/기체크로마토그래피

이 시험기준은 물속에 존재하는 비등점이 높은 (150~500℃) 유류에 속하는 석유계총탄화수소(제트유, 등유, 경유, 벙커C, 윤활유, 원유 등)를 다이클로로메탄으로 추출하여 기체크로마토그래피에 따라 확인 및 정량하는 방법으로 크로마토그램에 나타난 피크의 패턴에 따라 유류 성분을 확인하고 탄소수가 짝수인 노말알칸(C_8~C_{40}) 표준물질과 시료의 크로마토그램 총면적을 비교하여 정량한다.

Question 01

다음은 기체크로마토그래피법을 적용하여 석유계총탄화수소를 측정할 때의 원리이다. (   )안에 알맞은 말은 어느 것인가?

> 시료중의 제트유, 등유, 경유, 벙커 C유, 윤활유, 원유 등을 (   )(으)로 추출하여 기체크로마토그래피법에 따라 확인 및 정량한다.

㉮ 사염화탄소 ㉯ 클로로폼
㉰ 다이클로로메탄 ㉱ 노말헥산+에탄올

정답 ㉰

(1) 적용범위

이 시험기준은 지표수, 지하수, 폐수 등에 적용 할 수 있으며, 정량한계는 0.2mg/L이다.

Question 02

석유계총탄화수소를 용매추출/기체크로마토그래피로 분석할 때 정량한계(mg/L)는 얼마인가?

㉮ 0.01mg/L ㉯ 0.02mg/L ㉰ 0.1mg/L ㉱ 0.2mg/L

정답 ㉱

(2) 간섭물질

① 산업폐수 등 매우 혼탁한 시료나 오염이 많이 된 하천, 호소수를 분석할 경우 주사기 및 주입구등 분석 장비로부터 오염될 수 있으므로 순수한 용매로서 점검해야 한다.
② 시료와 접촉하는 기구의 재질은 폴리테트라플루오로에틸렌(PTFE), 스테인레스강 또는 유리이어야 한다. 폴리염화비닐(PVC)이나 폴리에틸렌 재질과 접촉해서는 안 된다.
③ 실리카겔 컬럼 정제는 폐수 등 방해성분이 다량으로 포함된 시료에서 이들을 제거하기 위하여 수행하며, 시판용 실리카 카트리지를 사용할 수 있다.
④ 시료의 운반, 보관 및 분석 중 공기 속에 기화된 용매로 오염이 될 수 있으므로 바탕시료를 사용하여 점검하여야 한다.

(3) 분석기기 및 기구

① 기체크로마토그래피
　㉠ 컬럼은 안지름 0.20mm~0.35mm, 필름두께 0.1μm~3.0μm, 길이 15m~60m의 DB-1, DB-5 및 DB-624 등의 모세관이나 동등한 분리성능을 가진 모세관으로 대상 분석 물질의 분리가 양호한 것을 택하여 시험한다.
　㉡ 운반기체는 순도 99.999% 이상의 헬륨으로서(또는 질소) 유량은 0.5mL/min~5mL/min, 시료 주입부 온도는 280℃~320℃, 컬럼온도는 40℃~320℃로 사용한다.
　㉢ 검출기로 불꽃이온화검출기(FID)로 280℃~320℃로 사용한다.
② 농축장치
　구데르나다니쉬(K.D.) 농축기 또는 회전증발농축기를 사용하거나 이와 동등 이상의 성능을 가진 것을 사용한다.

유기인(Organophosphorus Pesticides)

1. 용매추출/기체크로마토그래피

이 시험기준은 물속에 존재하는 유기인계 농약성분 중 다이아지논, 파라티온, 이피엔, 메틸디메톤 및 펜토에이트를 측정하기 위한 것으로, 채수한 시료를 헥산으로 추출하여 필요시 실리카겔 또는 플로리실 컬럼을 통과시켜 정제한다. 이 액을 농축시켜 기체크로마토그래피에 주입하고 크로마토그램을 작성하여 유기인을 확인하고 정량하는 방법이다.

★★ **(1) 적용범위**

이 시험기준은 지표수, 지하수, 폐수 등에 적용할 수 있으며, 각 성분별 정량한계는 0.0005mg/L이다.

> **Question 03**
>
> 유기인을 용매추출/기체크로마토그래피법으로 측정할 경우, 각 성분별 정량한계는 어느 것인가?
> ㉮ 0.5mg/L ㉯ 0.05mg/L ㉰ 0.005mg/L ㉱ 0.0005mg/L
>
> 정답 ㉱

★★ **(2) 간섭물질**

★★ ① 폴리테트라플루오로에틸렌(PTFE) 재질이 아닌 튜브, 봉합체 및 유속조절제의 사용을 피해야 한다.
② 높은 농도를 갖는 시료와 낮은 농도를 갖는 시료를 연속하여 분석할 때에 오염이 될 수 있으므로, 높은 농도의 시료를 분석한 후에는 바탕시료를 분석하는 것이 좋다.
★★ ③ 실리카겔 컬럼 정제는 산, 염화페놀, 폴리클로로페녹시페놀 등의 극성화합물을 제거하기 위하여 수행하며, 사용 전에 정제하고 활성화시켜야 하거나 시판용 실리카 카트리지를 이용할 수 있다.
④ 플로리실 컬럼 정제는 시료에 유분의 관찰 또는 분석 후 시료 크로마토그램의 방해성분이 유분의 영향으로 판단될 경우에 수행하며 시판용 플로리실 카트리지를 이용할 수 있다.

(3) 분석기기 및 기구

★★ ① 기체크로마토그래피
  ㉠ 컬럼은 안지름 0.20mm~0.35mm, 필름두께 0.1㎛~0.5㎛, 길이 30m~60m의 DB-1, DB-5 등의 모세관 컬럼이나 동등한 분리능을 가진 것을 택하여 시험한다.
  ★★ ㉡ 운반기체는 순도 99.999% 이상의 질소 또는 헬륨으로서 유량은 0.5mL/min~3mL/min, 시료도입부 온도는 200℃~300℃, 컬럼온도는 50℃~300℃, 검출기온도는 270℃~300℃로 사용한다.
  ★★ ㉢ 검출기는 불꽃광도검출기(FPD) 또는 질소인검출기(NPD)를 사용한다.

② 농축장치

구데르나다니쉬(K.D.) 농축기 또는 회전증발농축기를 사용하거나 이와 동등 이상의 성능을 가진 것을 사용한다.

Question 04

기체크로마토그래피에 의해 유기인 측정에 관한 내용 중 간섭물질에 대한 설명으로 잘못된 것은 어느 것인가?

㉮ 폴리테트라플루오로에틸렌(PTFE) 재질이 아닌 튜브, 봉합체 및 유속조절제의 사용을 피해야 한다.
㉯ 검출기는 불꽃광도 검출기(FPD) 또는 질소인 검출기(NPD)를 사용한다.
㉰ 높은 농도를 갖는 시료와 낮은 농도를 갖는 시료를 연속하여 분석할 때에 오염이 될 수 있으므로 높은 농도의 시료를 분석한 후에는 바탕시료를 분석하는 것이 좋다.
㉱ 플로리실 컬럼 정제는 산, 염화페놀, 폴리클로로페녹시페놀 등의 극성화합물을 제거하기 위해 수행한다.

풀이 ㉱ 실리카겔 컬럼 정제는 산, 염화페놀, 폴리클로로페녹시페놀 등의 극성화합물을 제거하기 위해 수행한다.

TIP

전처리시 주의사항

헥산으로 추출하는 경우 메틸디메톤의 추출율이 낮아질 수도 있다. 이때에는 헥산 대신 다이클로로메탄과 헥산의 혼합용액(15 : 85)을 사용한다.

04 폴리클로리네이티드비페닐(Polychlorinated Biphenyls)

1. 용매추출/기체크로마토그래피

이 시험기준은 물속에 존재하는 폴리클로리네이티드비페닐(PCBs)을 측정하는 방법으로, 채수한 시료를 헥산으로 추출하여 필요시 알칼리 분해한 다음 다시 헥산으로 추출하고 실리카겔 또는 플로리실 컬럼을 통과시켜 정제한다. 이 액을 농축시켜 기체크로마토그래피에 주입하고 크로마토그램을 작성하여 나타난 피크 패턴에 따라 PCB를 확인하고 정량하는 방법이다.

Question 05

다음은 용매추출-기체크로마토그래피에 의한 폴리클로리네이티드비페닐 시험방법이다. (   ) 안에 가장 적합한 것은?

> 시료를 추출하여 필요시 (①)분해한 다음 다시 추출한다. 검출기는 (②)를 사용한다.

㉮ ① 산, ② 수소불꽃이온화 검출기 ㉯ ① 산, ② 전자포획 검출기
㉰ ① 알칼리, ② 수소불꽃이온화 검출기 ㉱ ① 알칼리, ② 전자포획 검출기

정답 ㉱

(1) 적용범위

이 시험기준은 지표수, 지하수, 폐수 등에 적용할 수 있으며, 정량한계는 0.0005mg/L이다.

(2) 간섭물질

① 기구류는 사용 전에 아세톤, 분석 용매 순으로 각각 3회 세정한 후 건조시킨 것을 사용하여 오염을 최소화할 수 있다.
② 고순도의 시약이나 용매를 사용하여 방해물질을 최소화하여야 한다.
③ 전자포획검출기(ECD)를 사용하여 PCB를 측정할 때 프탈레이트가 방해할 수 있는데 이는 플라스틱용기를 사용하지 않음으로서 최소화 할 수 있다.
④ 실리카겔 컬럼 정제는 산, 염화페놀, 폴리클로로페녹시페놀 등의 <u>극성화합물을 제거하기 위하여 수행</u>하며, 사용 전에 정제하고 활성화시켜야 하거나 시판용 실리카 카트리지를 이용할 수 있다.
⑤ 플로리실 컬럼 정제는 시료에 유분의 관찰 또는 분석 후 시료 크로마토그램의 방해성분이 유분의 영향으로 판단될 경우에 수행하며 시판용 플로리실 카트리지를 이용할 수 있다.

(3) 분석기기 및 기구

① 기체크로마토그래피
   ㉠ 컬럼은 안지름 0.20mm~0.35mm, 필름두께 0.1μm~3.0μm, 길이 30m~100m의 DB-1, DB-5 등의 모세관이나 동등한 분리성능을 가진 모세관으로 대상 분석 물질의 분리가 양호한 것을 택하여 시험한다.
   ㉡ 운반기체는 순도 99.999% 이상의 질소로서 유량은 0.5mL/min~3mL/min, 시료도입부 온도는 250℃~300℃, 컬럼온도는 50℃~320℃, 검출기온도는 270℃~320℃

로 사용한다.

★★ ㉢ 검출기는 전자포획검출기(ECD)를 사용한다.

> **Question 06**
>
> 폴리클로리네이티드비페닐(PCB$_s$)의 측정에서 기체크로마토그래피법을 적용할 때 기구 및 기기의 조건으로 틀린 것은 어느 것인가?
> ㉮ 검출기는 전자포획검출기
> ㉯ 컬럼은 안지름이 0.20mm ~ 0.35mm
> ㉰ 검출기 온도는 270℃ ~ 320℃
> ㉱ 시료도입부 온도는 50℃ ~ 200℃
>
> **풀이** ㉱ 시료도입부 온도는 250℃ ~ 300℃

② 농축장치

구데르나다니쉬(K.D.) 농축기, 또는 회전증발농축기를 사용한다. 또는 이와 동등 이상의 성능을 가진 것을 사용한다.

05 휘발성유기화합물(Volatile Organic Compounds)

이 시험기준은 지표수, 지하수, 폐수 등에 존재하는 휘발성유기화합물에 대한 분석방법이다.

(1) 적용 가능한 시험

★★ ▶ 휘발성유기화합물의 시험방법

휘발성유기화합물	퍼지·트랩-기체크로마토그래피(질량분석법)	헤드스페이스-기체크로마토그래피(질량분석법)	퍼지·트랩-기체크로마토그래피	헤드스페이스-기체크로마토그래피	용매추출/기체크로마토그래피(질량분석법)	용매추출/기체크로마토그래피
1,1-다이클로로에틸렌	○	○	○			
다이클로로메탄	○	○	○			
클로로폼	○	○			○	
1,1,1-트리클로로에탄	○	○				
1,2-다이클로로에탄	○	○			○	
벤젠	○	○	○	○		
사염화탄소	○	○	○	○		

트리클로로에틸렌	○	○	○	○		○
톨루엔	○	○	○	○		
테트라클로로에틸렌	○	○	○	○		○
에틸벤젠	○	○	○	○		
자일렌	○	○	○	○		

1. 퍼지·트랩-기체크로마토그래피-질량분석법

이 시험기준은 물속에 존재하는 휘발성유기화합물의 성분을 측정하기 위한 것으로, 시료 중 휘발성유기화합물을 불활성기체로 퍼지시켜 기상으로 추출한 다음 트랩 관으로 흡착·농축하고, 가열·탈착시켜 모세관 컬럼을 사용한 기체크로마토그래피-질량분석기로 분석한다.

★★ (1) 적용범위

이 시험기준은 매우 혼탁한 시료를 제외한 지하수, 지표수 등에 적용할 수 있으며, 각 성분별 정량한계는 0.001mg/L이다.

(2) 간섭물질

① 유리스파저, 그 연결부위나 트랩 연결관 등의 오염이나 실험실 공기 속에 기화된 용매가 오염원이 될 수 있다. 따라서 바탕시료를 사용하여 이를 점검하여야 한다.

★★ ② 폴리테트라플루오로에틸렌(PTFE) 재질이 아닌 튜브, 봉합제 및 유속조절제의 사용을 피해야 한다.

★★ ③ 다이클로로메탄은 보관이나 운반 중에 격막을 통해 확산되기 때문에 시료에 영향을 미칠수 있고, 공기로부터 직접 오염되거나 옷에 흡착하였다가 오염될 수 있으므로 바탕시료를 사용하여 점검하여야 한다.

④ 높은 농도의 시료와 낮은 농도의 시료를 연속하여 분석할 때에 오염이 될 수 있으므로 시료 분석 사이에 정제수 세척 과정을 두어야 한다. 높은 농도의 시료를 분석한 후에는 바탕시료를 분석하는 것이 좋다.

⑤ 많은 양의 수용성 물질, 부유물질, 고끓는점 또는 휘발성 물질을 함유하는 시료를 분석한 후에는 퍼지장치들을 세척해야 한다.

⑥ 높은 순도의 메탄올에도 아세톤이나 다이클로로메탄 등의 유기용매가 존재할 수 있으므로 이를 사용하여 표준용액을 제조할 때에도 용매 내 잔존량을 조사하여야 한다.

2. 헤드스페이스-기체크로마토그래피-질량분석법

이 시험기준은 물속에 존재하는 휘발성유기화합물을 측정하기 위한 것이다.

★★ (1) 적용범위

이 시험기준은 지표수, 폐수 및 매우 혼탁한 시료 등에 적용할 수 있으며, 각 성분별 정량한계는 0.005mg/L 이다. ★★

(2) 간섭물질

① 용매, 시약, 유리기구류 및 실험도구에 간섭 물질이 존재할 수 있으므로 사용 전에 점검하여야 한다.
② 실험실 공기 중에 기화된 용매로 인해 오염이 발생할 수 있으므로, 바탕시료를 사용하여 점검하여야 한다.
★★ ③ 다이클로로메탄은 보관이나 운반 중에 격막을 통해 확산되어 시료에 영향을 주며, 공기로부터 직접 오염되거나 옷에 흡착하였다가 오염될 수 있으므로, 바탕시료를 사용하여 점검하여야 한다.

3. 퍼지·트랩-기체크로마토그래피

이 시험기준은 물속에 존재하는 휘발성유기화합물 성분을 측정하기 위한 것으로, 채수한 시료는 퍼지-트랩 전처리 과정을 거쳐 기체크로마토그래피를 이용하여 분석하는 방법이며, 측정원리는 시료 중에 휘발성유기화합물 성분을 불활성기체로 퍼지시켜 기상으로 추출한 다음 트랩 관으로 흡착·농축하고, 가열·탈착시켜 모세관 컬럼을 사용한 기체크로마토그래피로 분석하는 방법이다.

★★ (1) 적용범위

이 시험기준은 매우 혼탁한 시료를 제외한 지표수, 지하수, 등에 적용할 수 있으며, 각 성분별 정량한계는 ECD 검출기를 사용할 경우 0.001mg/L, FID 검출기를 사용할 경우 0.002mg/L이다. 단, 벤젠, 톨루엔, 에틸벤젠, 자일렌은 FID 검출기를 사용하여 측정한다.

4. 헤드스페이스-기체크로마토그래피

이 시험기준은 물속에 존재하는 휘발성유기화합물 성분을 측정하기 위한 것이다.

★★ (1) 적용범위

이 시험기준은 지표수, 폐수 및 매우 혼탁한 시료 등에도 적용할 수 있으며, 각 성분별 ★★정량한계는 ECD 검출기의 경우 0.001mg/L, FID 검출기의 경우 0.002mg/L이다. 단, 벤젠, 톨루엔, 에틸벤젠, 크실렌은 FID 검출기를 사용하여 측정한다.

5. 용매추출/기체크로마토그래피-질량분석법

이 시험기준은 물속에 존재하는 휘발성유기화합물 성분을 측정하기 위한 것으로, 시료를 ★★헥산으로 추출하여 기체크로마토그래피-질량분석기를 이용하여 분석하는 방법이다.

★★ (1) 적용범위

이 시험기준은 지표수, 지하수, 폐수 등에 적용할 수 있으며, 각 성분별 ★★정량한계는 0.002mg/L이다.

6. 용매추출/기체크로마토그래피

이 시험기준은 물속에 존재하는 휘발성 탄화수소 성분을 측정하기 위한 것으로, 채수한 시료를 ★★헥산으로 추출하여 기체크로마토그래피를 이용하여 분석하는 방법이다.

★★ (1) 적용범위

이 시험기준은 매우 혼탁한 시료를 제외한 지표수, 지하수, 폐수 등에 적용할 수 있으며, 각 성분별 ★★정량한계는 0.002mg/L이다. 단, 트리클로로에틸렌은 0.008mg/L이다.

Question 07

용매추출/기체크로마토그래피를 이용한 휘발성 유기화합물 측정에 대한 설명으로 틀린 것은?
㉮ 채수한 시료를 헥산으로 추출하여 기체크로마토그래피를 이용하여 분석하는 방법이다.
㉯ 검출기는 전자포획형검출기를 선택하여 측정한다.
㉰ 운반기체는 질소로 유량은 20mL/min ~ 40mL/min이다.
㉱ 컬럼온도는 35℃ ~ 250℃이다.

풀이 ㉰ 운반기체는 질소로 유량은 0.5mL/min ~ 2mL/min이다.

CHAPTER 07 생물편

01 총대장균군(Total Coliform)

★★★ 1. 총대장균군의 시험방법

① 막여과법
② 시험관법
③ 평판집락법
④ 효소기질정량법
⑤ 건조필름법

> **Question 01**
> 수질오염공정시험기준 상 총대장균군의 시험방법으로 틀린 것은?
> ㉮ 막여과법　　㉯ 시험관법　　㉰ 평판집락법　　㉱ 현미경계수법
>
> **풀이** ㉱ 현미경계수법은 식물성플랑크톤의 시험방법이다.

2. 막여과법

(1) 목적

이 시험기준은 물속에 존재하는 총대장균군을 분석할 때 검사결과의 정확성과 통일성을 제공하는 데 필요한 제반사항을 규정함을 목적으로 한다.

(2) 적용범위

이 시험기준은 하천수, 호소수, 지하수, 하·폐수 등에 적용할 수 있다.

★★ (3) 총대장균군

그람음성·무아포성 간균으로서 락토오스를 분해하여 기체 또는 산을 생성하는 모든 호기성 또는 통성 혐기성균 혹은 베타-갈락토오스 분해효소(β-galactosidase)의 활성이 있는 세균을 말한다.

★★ (4) 분석기기 및 기구

① 여과장치 : 여과막을 끼워서 여과할 수 있게 하는 장치로서 무균 조작할 수 있어야 하며, 멸균하여 사용한다.
③ 배양기 : 배양온도를 (35±0.5)℃로 유지할 수 있는 것을 사용한다.
④ 피펫 또는 자동피펫 : 부피 1mL~25 mL인 눈금피펫이나 자동피펫(플라스틱 피펫 팁 포함)으로서 멸균된 것을 사용한다.
⑤ 핀셋 : 끝이 뭉툭하고 넓으며 여과막을 집어 올릴 때 여과막을 손상하지 않는 형태의 것으로서 화염멸균할 수 있는 것을 사용한다.

(5) 결과

★★ ① 배양 후 금속성 광택을 띠는 적색이나 진한 적색 계통의 집락을 계수하며, 집락수가 20개~80개 범위인 것을 선정한다.

② 총대장균군수/100mL = $\dfrac{C}{V} \times 100$

　　[C : 생성된 집락수　　　　　　　　V : 여과한 시료량(mL)]

📢 Question 02

수질오염공정시험기준 상 총대장균군의 시험방법인 막여과법에 대한 내용으로 틀린 것은?

㉮ 그람음성·무아포성 간균으로서 락토오스를 분해하여 기체 또는 산을 생성하는 모든 호기성 또는 통성 혐기성균 혹은 베타-갈락토오스 분해효소(β-galactosidase)의 활성이 있는 세균을 말한다.
㉯ 배양기 : 배양온도를 (35±0.5)℃로 유지할 수 있는 것을 사용한다.
㉰ 배양 후 금속성 광택을 띠는 청색 계통의 집락을 계수한다.
㉱ 집락수가 20개~80개 범위인 것을 선정한다.

풀이 ㉰ 배양 후 금속성 광택을 띠는 적색이나 진한 적색 계통의 집락을 계수한다.

분원성대장균군(Fecal Coliform)

★★★ 1. 분원성대장균군의 시험방법

① 막여과법
② 시험관법
③ 효소기질정량법

> **Question 03**
>
> 수질오염공정시험기준 상 분원성대장균군의 시험방법으로 틀린 것은?
> ㉮ 막여과법   ㉯ 시험관법
> ㉰ 평판집락법   ㉱ 효소기질정량법
>
> **풀이** ㉰ 평판집락법은 총대장균군의 시험방법이다.

2. 막여과법

(1) 목적

이 시험기준은 물속에 존재하는 분원성대장균군을 분석할 때 검사결과의 정확성과 통일성을 제공하는 데 필요한 제반사항을 규정함을 목적으로 한다.

(2) 적용범위

이 시험기준은 하천수, 호소수, 지하수, 하·폐수 등에 적용할 수 있다.

★★ (3) 분원성대장균군

온혈동물의 배설물에서 발견되는 그람음성·무아포성의 간균으로서 **44.5℃에서 락토오스를 분해**하여 가스 또는 산을 발생하는 모든 호기성 또는 통성 혐기성균을 말한다.

★★ (4) 분석기기 및 기구

① 여과장치 : 여과막을 끼워서 여과할 수 있게 하는 장치로서 무균조작할 수 있어야 하며, 균하여 사용한다.

② 배양기 또는 항온수조 : 배양온도를 (44.5±0.2)℃로 유지할 수 있는 것을 사용한다.
③ 피펫 또는 자동피펫 : 부피 1mL~25mL인 눈금피펫이나 자동피펫(플라스틱 피펫 팁 포함)으로서 멸균된 것을 사용한다.
④ 핀셋 : 끝이 뭉툭하고 넓으며 여과막을 집어 올릴 때 여과막을 손상하지 않는 형태로서 화염멸균할 수 있는 것을 사용한다.

(5) 결과

① 배양 후 여러 가지 색조를 띠는 <u>청색의 집락을 계수하며, 집락수가 20개~60개의의 범위에 드는 것을 선정한다.</u>

② 분원성대장균군수/100mL = $\dfrac{C}{V} \times 100$

  C : 생성된 집락수   V : 여과한 시료량(mL)

Question 04

수질오염공정시험기준 상 분원성대장균군의 시험방법인 막여과법에 대한 내용으로 틀린 것은?

㉮ 온혈동물의 배설물에서 발견되는 그람음성·무아포성 간균으로서 44.5℃에서 락토오스를 분해하여 가스 또는 산을 생성하는 모든 호기성 또는 통성 혐기성균을 말한다.
㉯ 배양기 또는 항온수조 : 배양온도를 (44.5±0.2)℃로 유지할 수 있는 것을 사용한다.
㉰ 피펫 또는 자동피펫 : 부피 1mL~25mL인 눈금피펫이나 자동피펫(플라스틱 피펫 팁 포함)으로서 멸균된 것을 사용한다.
㉱ 배양 후 여러 가지 색조를 띠는 적색 집락을 계수하며, 집락 수가 20개~60개 범위인 것을 선정한다.

정답 ㉱ 배양 후 여러 가지 색조를 띠는 청색 집락을 계수하며, 집락 수가 20개~60개 범위인 것을 선정한다.

대장균(Escherichia coli)

★★★ 1. 대장균군의 시험방법

① 막여과법
② 시험관법
③ 효소기질정량법

2. 막여과법

(1) 목적

이 시험기준은 물속에 존재하는 대장균을 분석할 때 검사결과의 정확성과 통일성을 제공하는 데 필요한 제반 사항을 규정함을 목적으로 한다.

(2) 적용범위

이 시험기준은 하천수, 호소수, 지하수, 물놀이형 수경시설 등에 적용할 수 있다.

★★ (3) 대장균

그람음성 · 무아포성의 간균으로 ★★ 베타-글루쿠론산 분해효소(β-glucuronidase)의 활성을 가진 모든 호기성 또는 통성 혐기성균을 말한다.

★★ (4) 분석기기 및 기구

① 여과장치 : 여과막을 끼워서 여과할 수 있게 하는 장치로서 무균조작할 수 있어야 하며, 멸균하여 사용한다.
② 배양기 : 배양온도를 (35± 0.5)℃로 유지할 수 있는 것을 사용한다.
③ 피펫 또는 자동피펫 : 부피 1mL~25mL인 눈금피펫이나 자동피펫(플라스틱 피펫 팁 포함)으로서 멸균된 것을 사용한다.
④ 핀셋 : 끝이 뭉툭하고 넓으며 여과막을 집어 올릴 때 여과막을 손상하지 않는 형태인 것으로서 화염멸균할 수 있는 것을 사용한다.
⑤ 자외선 램프 : 365nm~366nm(6와트) 범위에서 파장 조사할 수 있어야 한다.

Question 05

수질오염공정시험기준 상 대장균의 시험방법인 막여과법에 대한 내용으로 틀린 것은?
- ㉮ 그람음성·무아포성 간균으로서 베타-글루쿠론산 분해효소(β-glucuronidase)의 활성이 있는 모든 호기성 또는 통성 혐기성균을 말한다.
- ㉯ 배양기 : 배양온도를 (35±0.5)℃로 유지할 수 있는 것을 사용한다.
- ㉰ 핀셋 : 끝이 뭉툭하고 넓으며 여과막을 집어 올릴 때 여과막을 손상하지 않는 형태인 것으로서 화염멸균 할 수 있는 것을 사용한다.
- ㉱ 적외선 램프 : 365nm~366nm(6와트) 범위에서 파장 조사할 수 있어야 한다.

정답 ㉱ 자외선 램프 : 365nm~366nm(6와트) 범위에서 파장 조사할 수 있어야 한다.

04 식물성플랑크톤(Phytoplankton)

★★ 1. 현미경계수법

이 시험기준은 물속의 부유생물인 식물성 플랑크톤을 <u>현미경계수법</u>을 이용하여 개체수를 조사하는 정량분석 방법이다.

Question 07

식물성 플랑크톤 시험 방법으로 옳은 것은? (단, 수질오염공정시험기준)
- ㉮ 현미경 계수법
- ㉯ 최적 확수법
- ㉰ 평판집락계수법
- ㉱ 시험관정량법

정답 ㉮

(1) 적용범위
이 시험기준은 지표수에 적용할 수 있다.

★★ (2) 식물성플랑크톤의 정의
식물성 플랑크톤은 운동력이 없거나 극히 적어 수체의 유동에 따라 수체 내에 부유하면서 생활하는 단일 개체, 집락성, 선상형태의 광합성 생물을 총칭한다.

★★ **(3) 분석기기 및 기구**

① 광학현미경 혹은 위상차현미경 : 1,000배율 까지 확대 가능한 현미경을 사용한다.
② 대물마이크로미터 : 눈금이 새겨져 있는 평평한 판으로, 현미경으로 물체의 길이를 측정하고자 할 때 쓰는 도구로 접안마이크로미터 한 눈금의 길이를 계산하는데 사용한다.
③ 세즈윅-라프터 챔버 : 길이 50mm, 폭 20mm, 깊이 1mm이며 부피 1mL인 챔버를 사용한다.
④ 접안마이크로미터 : 둥근 유리에 새겨진 눈금으로 접안렌즈에 부착하여 사용한다. 현미경으로 물체의 길이를 측정할 때 사용한다.
⑤ 커버글라스 : 길이 55mm, 폭 24mm 또는 길이 21mm, 폭 21mm를 사용한다.
⑥ 팔머-말로니 챔버 : 직경 17mm, 깊이 0.4mm이며 부피 0.1mL인 챔버를 사용한다.
⑦ 혈구계수기 : 슬라이드글라스의 중앙에 격자모양의 계수 구역이 상하 2개로 구분되어 있으며, 계수 구역에는 격자모양으로 구분이 되어 있어 각 격자 구역 내의 침전된 조류를 계수한 후 mL당 총 세포수를 환산한다.

(4) 분석절차

★★ ① 일반사항 : 시료의 개체수는 계수면적당 10~40 정도가 되도록 희석 또는 농축한다.

> **TIP**
> **계수면적**
> 현미경 시야에서 계수하기 위하여 계수 챔버 내부 혹은 접안 마이크로미터에 의하여 설정된 스트립 혹은 격자의 크기로 한다.

② 시료 희석 : 시료가 육안으로 녹색이나 갈색으로 보일 경우 정제수로 적절한 농도로 희석한다.

> **Question 08**
>
> 식물성 플랑크톤 측정에 관한 설명으로 틀린 것은?
> ㉮ 시료가 육안으로 녹색이나 갈색으로 보일 경우 정제수로 적절한 농도로 희석한다.
> ㉯ 물속에 식물성 플랑크톤은 평판집락법을 이용하여 면적당 분포하는 개체수를 조사한다.
> ㉰ 식물성 플랑크톤은 운동력이 없거나 극히 적어 수체의 유동에 따라 수체 내에 부유하면서 생활하는 단일개체, 집락성, 선상형태의 광합성 생물을 총칭한다.
> ㉱ 시료의 개체수는 개수면적당 10~40 정도가 되도록 희석 또는 농축한다.
>
> 풀이 ㉯ 물속에 부유생물인 식물성 플랑크톤을 현미경계수법을 이용하여 개체수를 조사하는 정량분석 방법이다.

(5) 정성시험

★★ 정성시험의 목적은 식물성 플랑크톤의 종류를 조사하는 것으로 검경배율 100배~1,000배 시야에서 세포의 형태와 내부구조 등의 미세한 사항을 관찰하면서 종 분류표에 따라 식물성 플랑크톤 종을 확인하여 계수일지에 기재한다.

(6) 정량시험

식물성 플랑크톤의 계수는 정확성과 편리성을 위하여 일정 부피를 갖는 계수용 챔버를 사용한다. 식물성 플랑크톤의 동정에는 고배율이 많이 이용되지만 계수에는 저~중배율이 많이 이용된다. 계수시 식물성 플랑크톤의 종류에 따라 요구되는 배율이 달라지므로 아래 방법 중 하나를 이용한다.

05 물벼룩을 이용한 급성 독성 시험법(Cladocera, Crustacea)

이 시험기준은 수서무척추동물인 물벼룩을 이용하여 시료의 급성독성을 평가를 목적으로 한다.

(1) 적용범위

이 시험기준은 산업폐수, 하수, 하천수, 호소수 등에 적용할 수 있다.

★★ (2) 용어정의

★★ ① 치사(Mortality) : 일정 희석 비율로 준비된 시료에 물벼룩을 투입하여 24시간 경과 후 시험용기를 손으로 살짝 두드리고 15초 후 관찰했을 때 독성물질에 의해 영향을 받아 움직임이 명백하게 없는 상태를 '치사'로 판정한다.

★★ ② 유영저해(Immobilization) : 일정 희석 비율로 준비된 시료에 물벼룩을 투입하여 24시간 경과 후 시험용기를 손으로 살짝 두드리고 15초 후 관찰했을 때 독성물질에 의해 영향을 받아 움직임이 없으며 '유영저해'로 판정한다. 이때 안테나나 다리 등 부속지를 움직이더라도 유영을 하지 못한다면 '유영저해'로 판정한다.

★ ③ 반수영향농도(EC_{50} 값, Median effective concentration) : 투입 시험생물의 50%가 치사 혹은 유영저해를 나타낸 농도이다.

★★ ④ 생태독성값(TU, Toxic unit) : 통계적 방법을 이용하여 반수영향농도 EC_{50} 값을 구한 후 100에서 EC_{50} 값을 나눠 준 값을 말한다. (EC_{50} 값의 단위는 %이다.)

★ ⑤ 지수식 시험방법(Static non-renewal test) : 시험기간 중 시험용액을 교환하지 않는 시험을 말한다.

★ ⑥ 표준독성물질(Reference substance) : 독성시험이 정상적인 조건에서 수행되는지를 확인하기 위하여 사용하며 다이크롬산포타슘(potassium dichromate, $K_2Cr_2O_7$, 분자량 : 294.18)을 이용한다.

Question 09

물벼룩을 이용한 급성 독성 시험법에서 사용하는 용어의 정의로 옳지 않은 것은?

㉮ 치사 : 일정 희석비율로 준비된 시료에 물벼룩을 투입하여 12시간 경과 후 시험 용기를 손으로 살짝 두드려 주고, 30초 후 관찰했을 때 독성물질에 의해 영향을 받아 움직임이 명백하게 없는 상태를 판정한다.
㉯ 반수영향농도 : 투입 시험생물의 50%가 치사 혹은 유영저해를 나타낸다.
㉰ 표준 독성물질 : 독성시험이 정상적인 조건에서 수행되는지를 주기적으로 확인하기 위하여 사용하며 다이크롬산포타슘을 이용한다.
㉱ 지수식 시험방법 : 시험기간 중 시험용액을 교환하지 않는 시험을 말한다.

풀이 ㉮ 치사 : 일정 희석비율로 준비된 시료에 물벼룩을 투입하고 24시간 경과 후 시험 용기를 손으로 살짝 두드려 주고, 15초 후 관찰했을 때 독성물질에 의해 영향을 받아 움직임이 명백하게 없는 상태를 판정한다.

Question 10

물벼룩을 이용한 급성 독성 시험법에서 적용되는 용어인 '치사'의 정의에 대한 설명으로 (   )에 들어갈 알맞은 말은?

일정 희석비율로 준비된 시료에 물벼룩을 투입하여 (㉠)시간 경과 후 시험용기를 손으로 살짝 두드려 주고, (㉡)초 후 관찰 했을 때 독성물질에 의해 영향을 받아 움직임이 명백하게 없는 상태를 치사로 판정한다.

㉮ ㉠ 12, ㉡ 15   ㉯ ㉠ 12, ㉡ 30   ㉰ ㉠ 24, ㉡ 15   ㉱ ㉠ 24, ㉡ 30

정답 ㉰

Question 11

물벼룩을 이용한 급성 독성 시험법과 관련된 생태독성값(TU)에 대한 내용으로 (   )에 알맞은 말은?

통계적 방법을 이용하여 반수영향농도 EC_{50} 값을 구한 후 (   )을 말한다.

㉮ 100에서 EC_{50} 값을 곱하여준 값
㉯ 100에서 EC_{50} 값을 나눠준 값
㉰ 10에서 EC_{50} 값을 곱하여준 값
㉱ 10에서 EC_{50} 값을 나눠준 값

정답 ㉯

> **TIP**
> 시험용기와 배양용기를 자주 사용하는 경우 내벽에 석회성분이 침적되므로 주기적으로 묽은 염산 용액에 담가 제거한 후 세척하여 사용한다.

(3) 분석기기 및 기구

① **항온장치(배양기, 항온수조)** : 항온장치 설치시 주변 공기 상태가 깨끗하지 않다면 여과장치를 갖추어야 하고, 배양실 및 실험실의 온도와 조도는 각각 (20±2)℃와 (500~1,000)Lux로 유지되어야 한다.

② **시험용기 및 배양용기** : 시험용기 및 배양용기는 배양기간 동안 물벼룩 유영에 영향이 없음이 입증된 재질의 용기(유리, PE 재질 등)를 사용한다.

★★ (4) 시험생물

① 시험생물은 물벼룩인 Daphnia Magna Straus를 사용하도록 하며, 출처가 명확하고 건강한 개체를 사용한다.

★★ ② 시험을 실시할 때는 계대배양(여러 세대를 거쳐 배양)한 생후 2주 이상의 물벼룩 암컷 성체를 시험 전날에 새롭게 준비한 배양액이 담긴 용기에 옮기고, 그 다음날까지 생산한 생후 24시간 미만의 어린 개체를 사용한다. 물벼룩은 배양 상태가 좋을 때 7일~10일 사이에 첫 새끼를 부화하게 되는데 이때 부화된 새끼는 시험에 사용하지 않고 같은 어미가 약 ★★ <u>네 번째 부화한 새끼부터 시험에 사용하여야 한다</u>. 군집배양의 경우, 부화 횟수를 정확히 아는 것이 어렵기 때문에 생후 약 2주 이상의 어미에서 생산된 새끼를 시험에 사용하면 된다.

③ 외부기관에서 새로 분양 받았다면 2번 이상의 세대교체 후 물벼룩을 시험에 사용해야 한다.

★★ ④ <u>시험하기 2시간 전에 먹이를 충분히 공급하여 시험 중 먹이가 주는 영향을 최소화하도록 한다.</u>

⑤ 먹이는 Chlorella sp., Pseudochirknella subcapitata 등과 같은 녹조류와 yeast, cerophyll(R), trout chow의 혼합액인 YCT를 사용한다.

⑥ 물벼룩을 폐기할 경우에는 망으로 걸러 살아있는 상태로 하수구에 유입되지 않도록 주의해야 한다.

⑦ 배양액을 교체해주거나 정해진 희석배율의 시험수에 시험생물을 옮겨 주입할 때에는 시험생물이 공기 중에 노출되는 시간을 가능한 한 짧게 한다.

⑧ 태어난 지 24시간 이내의 시험생물일지라도 가능한 한 크기가 동일한 시험생물을 시험에 사용한다.

⑨ 평상시 물벼룩 배양에서 하루에 배양 용기 내 전체 물벼룩 수의 10% 이상이 치사한 경우 이들로부터 생산된 어린 물벼룩은 시험생물로 사용하지 않는다.

 ⑩ 배양시 물벼룩이 표면에 뜨지 않아야 하고, 표면에 뜰 경우 시험에 사용하지 않는다.

⑪ 물벼룩을 옮길 때 사용되는 스포이드에 의한 교차 오염이 발생하지 않도록 주의를 기울인다.

Question 12

물벼룩을 이용한 급성독성 시험법에 대한 설명으로 틀린 것은?

㉮ 물벼룩은 배양상태가 좋을 때 7일~10일 사이에 첫 부하된 건강한 새끼를 시험에 사용한다.
㉯ 시험하기 2시간 전에 먹이를 충분히 공급하여 시험 중 먹이가 주는 영향을 최소화한다.
㉰ 시험생물은 물벼룩인 Daphnia magna straus를 사용하며, 출처가 명확하고 건강한 개체를 사용한다.
㉱ 보조먹이로 YCT(yeast, chlorophyll, trout chow)를 첨가하여 사용할 수 있다.

풀이 ㉮ 물벼룩은 배양상태가 좋을 때 7일~10일 사이에 첫 부하된 새끼는 시험에 사용하지 않는다.

(5) 분석절차

 ① 시료의 희석비는 원수 100%를 기준으로 50%, 25%, 12.5%, 6.25%로 하여 시험한다.
② 한 농도 당 시험생물 5마리씩 4개의 반복구를 둔다. 이때 시험용액의 양은 50mL로 한다.
③ 시험기간 동안 조명은 명 : 암 = 16 : 8시간을 유지하도록 하고 물교환, 먹이공급, 폭기를 하지 않는다.
④ 시험 온도는 (20±2)℃ 범위로 유지 되어야 한다.
⑤ 24시간 후의 유영저해 및 치사여부를 관찰하여 그 결과로 원수 및 각 희석수의 EC_{50}을 구한다.

Question 13

물벼룩을 이용한 급성독성시험을 할 때 희석수 비율에 해당되는 것은? (단, 원수 100% 기준)

㉮ 35% ㉯ 25% ㉰ 15% ㉱ 5%

풀이 ㉯ 물벼룩을 이용한 급성독성시험을 할 때 희석수 비율은 100%, 50%, 25%, 12.5%, 6.25%이다.

PART 04

상하수도 계획

CHAPTER 01	상수도 계획
CHAPTER 02	하수도 계획
CHAPTER 03	상수도용 양수설비
CHAPTER 04	해수의 담수화
CHAPTER 05	상하수도 계획 공식정리

수질환경
기　　사
필　　기

CHAPTER 01 상수도 계획

01 상수도 시설

1. 상수도 시설의 기본 계획

★★★ 상수도 시설의 기본계획 중 기본사항인 계획(목표) 연도는 15~20년간 표준으로 한다.

> **TIP**
> 하수도 기본계획의 목표년도는 원칙적으로 20년 정도로 한다.

Question 01

상수도 기본계획수립시 기본사항에 대한 결정 중 계획(목표)년도에 대한 설명으로 알맞은 것은?

㉮ 기본계획의 대상이 되는 기간으로 계획수립시부터 10~15년간을 표준으로 한다.
㉯ 기본계획의 대상이 되는 기간으로 계획수립시부터 15~20년간을 표준으로 한다.
㉰ 기본계획의 대상이 되는 기간으로 계획수립시부터 20~25년간을 표준으로 한다.
㉱ 기본계획의 대상이 되는 기간으로 계획수립시부터 25~30년간을 표준으로 한다.

정답 ㉯

2. 상수도 시설물의 계획년도

구 분	계획기간(년)
큰댐 및 대구경관로	25 ~ 50 년
우물(정호)의 여과지(정수시설)	20 ~ 25년
우물(정호)의 배수관로(배수시설)	10 ~ 15년
직경이 30cm 이상인 관	20 ~ 25년
직경이 30cm 이하인 관	계획 목표년도

3. 수도 사용량 비율 변화표

급수량 종류 \ 구분	연평균 1일 사용 수량에 대한 100분비	수도구조물, 명칭
1일 평균 급수량	100 (1)	수원지, 저수지, 유역면적의 결정
1일 최대 평균 급수량	125 (1.25)	보조저수지, 보조용수펌프의 용량결정
1일 최대 급수량	150 (1.5)	취수, 정수, 배수시설(여과지면적, 송수관 구경, 배수지)의 결정
시간 최대 급수량	225 (2.25)	배수본관의 구경 결정

> **TIP**
> ① 중수도란 상수도와 하수도의 중간에 위치하는 수도로써 고도의 수질을 요하지 않는 용도의 용수로 한번 사용한 물을 재이용 하는 것이다.
> ② 중수도의 원수
>   ㉠ 하수처리장의 처리수
>   ㉡ 건물 또는 기타시설의 집배수
>   ㉢ 우수 또는 하천수
> ③ 중수는 음용수나 피부접촉을 해서는 안되며 물의 생산 단가가 고가이다.

02 급수인구 산정법

★★★ **1. 등차급수법** : 발전이 끝난 도시에 적용

$P_n = P_o + N \times a$

P_n : 현재부터 n년 후 추정되는 인구 P_o : 현재 인구
N : 설계기간(년) a : 연간 증가되는 평균 인구 → $a = \dfrac{(P_o - P_t)}{t}$
P_t : 현재부터 t년 전의 인구 t : 경과시간(년)

Question 02

어느 도시의 상·하수도 계획을 수립하기 위해 인구를 추정하고자 한다. 2013년부터 2016년 사이의 인구 통계 자료를 이용하여 2026년의 인구를 등차급수법에 의해 추정한 인구수를 계산하시오.

연도	2013	2014	2015	2016
인구(명)	120,000	127,000	131,000	141,000

풀이 등차급수법은 $P_n = P_o + N \times a$, $a = \dfrac{(P_o - P_t)}{t}$ 로 나타낸다.

① $a = \dfrac{(P_o - P_t)}{t} = \dfrac{141,000 - 120,000}{3년} = 7,000$명/년

② $P_n = P_o + N \times a = 141,000$명 $+ 10$년 $\times 7,000$명/년 $= 211,000$명

★★★ 2. 등비급수법 : 발전이 계속되는 도시

$P_n = P_o \times (1+r)^n$

P_n : 현재부터 n년 후 추정되는 인구 P_o : 현재 인구
r : 연간 인구 증가율 → $r = \left(\dfrac{P_o}{P_t}\right)^{1/t} - 1$ P_t : 현재부터 t년 전의 인구
n : 설계기간(년)

Question 03

어느 도시의 장래하수량 추정을 위해 인구증가 현황을 조사한 결과 매년 증가율이 5%로 나타났다. 이 도시의 20년 후의 추정 인구를 계산하시오. (단, 현재의 인구는 73,000명이다.)

풀이 $P_n = P_o \times (1+r)^n$
$P_n = 73,000$명 $\times (1+0.05)^{20} = 193,691$명

3. 로지스틱(Logistic) 인구 추정공식

① 일명 논리곡선(S곡선)법 또는 포화인구 추정법이라고 한다.

★★ ② 공식 $Y = \dfrac{K}{1+e^{a-bx}}$

$\begin{bmatrix} Y : \text{기준년으로부터 경과년수 후의 인구} \\ x : \text{기준년으로부터 경과년수} \end{bmatrix}$ ★★ K : 포화인구
a, b : 상수

03 상수도 시설의 원수

1. 우수

① 우수의 주성분은 육수(陸水)보다는 해수(海水)의 주성분과 거의 동일하다고 할 수 있다.
② 해안에 가까운 우수는 염분함량의 변화가 크다.
③ 산성비가 내리는 것은 대기오염물질인 NO_X, SO_X 등의 용존 성분 때문이다.
④ 완충작용이 작다.

2. 하천수

★★ ① 탁도와 색도를 나타낸다.
★★ ② 하상계수(최대유량과 최소유량의 비)가 크다.
③ 갈수기에는 수질이 악화되기 쉽다.
④ 미생물과 유기물이 많이 함유되어 있다.
⑤ 자연수의 pH는 일반적으로 CO_2와 CO_3^{2-}의 비율로서 결정된다.
⑥ 하천수의 취수시설에는 취수관, 취수탑, 취수문 등이 있다.

3. 호소수

① 냄새, 색도, 탁도를 나타낸다.
② 영양염류(N, P)가 많아 농업용수로 적합하다.
★★ ③ 부영양화 현상(녹조현상)이 잘 발생한다.
★★ ④ 미생물중에서 조류가 존재할 경우에는 엽록소를 가지므로 광합성 작용을 한다.

㉠ 광합성작용 : $CO_2 + H_2O \xrightarrow[\text{낮}]{\text{빛}} [CH_2O] + O_2 \uparrow$

★★ ㉡ 낮 : CO_2 감소, O_2 증가, pH 증가
㉢ 밤 : CO_2 증가, O_2 감소, pH 감소

> **TIP**
> CO_2는 약산성 물질이므로 호소수에 CO_2가 증가하면 pH는 낮아지고, 호소수에 CO_2가 감소하면 pH는 증가하게 된다.

⑤ 호수 및 저수지에서 취수를 할 경우 보통 호수에서는 3 ~ 4m이며 큰 호수에서는 10m 이상에서 취수를 한다.

4. 지하수

(1) 지하수의 특성

① 유속이 느리며 국지적 환경조건의 영향을 크게 받는다.
② 유량의 변화 적고 자정작용이 느리다.
③ 년중 수온의 변동이 적고 염분함량이 지표수보다 높다.
④ 탁도가 낮다.
⑤ 지하수는 지표수보다 경도가 높다.
⑥ 분해성 유기물질이 풍부한 토양을 통과하게 되면 지하수내에 대량의 이산화탄소가 용해된다.
⑦ 지하수는 토양수내 유기물질 분해에 따른 탄산가스의 발생과 약산성의 빗물로 인하여 광물질이 용해되어 경도가 높다.
⑧ 세균에 의한 유기물의 분해가 주된 생물작용이다.
⑨ 토양은 대량의 오염을 방지해주며 불순물과 세균이 없는 지하수를 만드는데 역할을 한다.
⑩ 비교적 얕은 지하수의 염분농도는 하천수보다 평균 30% 이상 큰 값을 나타낸다.

(2) 지하수 수질의 수직 분포

① 산화 – 환원 전위(ORP) : 상층수(고), 하층수(저)
② 용존산소(DO) : 상층수(대), 하층수(소)
③ 황산이온(SO_4^{2-}) : 상층수(대), 하층수(소)
④ 질산이온(NO_3^-) : 상층수(대), 하층수(소)
⑤ pH : 상층수(대), 하층수(소)
⑥ 유리탄산 : 상층수(대), 하층수(소)
⑦ 질소 : 상층수(소), 하층수(대)
⑧ 염분 : 상층수(소), 하층수(대)
⑨ 철이온(Fe^{2+}) : 상층수(소), 하층수(대)

⑩ 알칼리도 : 상층수(소), 하층수(대)

5. 지하수의 종류

표 층
자유면 지하수(우물 = 천정호)
제1불투수층(점토층, 암반층)
피압면 지하수(관정호)
제2불투수층(암반층)

(1) 천층수 = 굴정호 = 천정호

① 자유면 지하수이며, 우물에 해당한다.
② 30m 이하의 지하수이다.
③ 공사비가 고가이다.
④ 유입구가 막힐 우려가 없다.

(2) 심층수 = 관정호 = 심정호

1) 심층수의 특징

① 피압면 지하수이다.
② 30m 이상의 지하수이다.
③ 공사비가 저렴하다.
④ 유입구가 막힐 우려가 있다.

2) 상수의 취수시설인 심정호(심층수)

① 심정호는 피압대수층으로부터 취수하는 우물이다.
② 굴착방법 중 캐스트홀 공법은 굴착공의 붕괴를 방지하기 위해 가설 케이싱을 지층에 삽입하면서 굴진하는 방법이다.
③ 충전 자갈은 계산된 투입량보다 20%정도 많이 준비한다.
④ 심정호 스크린내로 유입되는 물의 속도를 가능한 빠르게 하기 위해 스크린 개구율을 작게 한다.

(3) 복류수

1) 복류수
수원으로서 하천이나 호수의 바닥 또는 변두리 자갈, 모래층 중에 함유되어 있는 물로서 철분, 망간 등의 함유도가 적은 지하수이다.

> **Question 04**
>
> 상수 수원인 복류수에 대한 설명으로 틀린 것은 어느 것인가?
> ㉮ 취수량이 증가하면 자연여과 효율이 높아져 취수량 변화에 따른 수질 변화는 적어진다.
> ㉯ 원류인 하천이나 호소의 수질, 자연여과, 지층의 토질이나 그 두께 그리고 원류의 거리 등에 따라 수질이 변화한다.
> ㉰ 복류수는 반드시 가장 가까운 하천이나 호소의 물이 지하에 침투되었다고 할 수 없다.
> ㉱ 대체로 양호한 수질을 얻을 수 있어서 그대로 수원으로 사용되는 경우가 많다.
>
> **풀이** ㉮ 취수량이 증가하면 자연여과 효율이 높아져 취수량 변화에 따른 수질 변화는 커진다.

★★★ 2) 지하수(복류수 포함)의 취수시설인 집수매거조건
★★ ① 집수매거의 방향은 통상 복류수의 흐름방향에 직각이 되도록 한다.
★★ ② 집수공의 유입속도는 3cm/sec 이하로 하고 집수매거의 경사는 수평하거나 $\frac{1}{500}$ 이하의 완만한 경사로 한다.
★★ ③ 매설 깊이는 5m를 표준으로 하나 지질이나 지층의 제약으로 부득이한 경우에는 2m 이하로 할 수 있다.
★★ ④ 집수매거의 집수구멍의 직경은 10 ~ 20mm로 하며 그 수는 관거 표면적 $1m^2$당 20 ~ 30 개정도가 되도록 한다.
⑤ 집수매거의 재질은 철근콘크리트 유공관을 사용하며 단면은 원형 또는 장방형으로 한다.
★★ ⑥ 집수매거내 속도는 1m/sec 이하로 한다.
⑦ 취수량은 일반적으로 중량 취수에 이용된다.
⑧ 지질조건은 투수성이 큰 하천 바닥에 적합하다.
⑨ 기상조건에 일반적으로 영향이 적다.
⑩ 하천에 대소에 관계없이 이용된다.
⑪ 하천바닥에 매몰되어 있어 관리하기 어렵다.
⑫ 집수매거의 길이는 시험우물 등에 의한 양수시험 결과에 따라 정한다.
⑬ 세굴의 우려가 있는 제외지에 설치할 경우에는 철근콘크리트 틀 등으로 방호한다.

Question 05

집수매거에 대한 내용으로 틀린 것은 어느 것인가?
㉮ 복류수를 집수할 경우에는 매설의 방향은 복류수의 방향에 수평으로 한다.
㉯ 집수매거의 경사는 1/500 이하의 완만한 경사로 하는 것이 좋다.
㉰ 매설깊이는 5m이상으로 하는 것이 바람직하다.
㉱ 집수매관의 유출단에서 평균유속은 1m/sec이하로 한다.

풀이 ㉮ 복류수를 집수할 경우에는 매설의 방향은 복류수의 방향에 수직으로 한다.

★★ (4) 지하수 양수시험

① 얕은 우물의 경우는 구경 600mm 이상인 시험용 우물을 설치한다.
② 깊은 우물의 경우는 구경 150mm 이상인 시험용 우물을 설치한다.
★★ ③ 경제 양수량(적정 양수량)은 한계양수량의 70% 이하의 양수량을 말한다.
④ 양수시험은 최대갈수기 중에 최소한 1주일간 연속하여 실시하여야 한다.
★★ ⑤ 깊은 우물 배치는 우물을 2개 이상 설치할 경우에는 일반적으로 지하수의 흐름 방향과 직각으로 배치하거나 혹은 Z자 모양으로 배치한다.

Question 06

우물의 양수량 결정시 적용되는 "적정양수량"의 정의로 알맞은 것은 어느 것인가?
㉮ 최대양수량의 70% 이하   ㉯ 최대양수량의 80% 이하
㉰ 한계양수량의 70% 이하   ㉱ 한계양수량의 80% 이하

정답 ㉰

(5) 양수량 계산식

$$Q = 2\pi kb \frac{H-h_o}{2.3\log_{10}\left(\frac{R}{r_o}\right)}$$

Q : 양수량(m^3/sec) k : 투수계수
b : 피압 대수층 두께(m) $H-h_o$: 양수정에서 수위강하(m)
R : 피압수 우물에서 반경(m) r_o : 우물반경(m)
$2.3\log_{10} = \ln$

천정호(자유수면 우물)의 경우 양수량 $Q = \dfrac{\pi k(H^2-h^2)}{2.3\log_{10}(R/r)}$ 로 표시된다. 반경 0.5m의 천정호 시험정에서 H = 6m, h = 4m, R = 50m의 경우에 Q = 10L/sec의 양수량을 얻었다. 이 조건에서 투수계수 k(m/min)를 계산하시오.

풀이

양수량(Q) = $\dfrac{\pi k(H^2-h^2)}{2.3\log_{10}(R/r)}$

먼저 Q를 계산하면 Q(m³/min) = 10L/sec × 10⁻³m³/L × 60sec/min = 0.6m³/min

따라서 0.6m³/min = $\dfrac{\pi \times k \times (6^2-4^2)}{2.3 \times \log_{10}(50m/0.5m)}$

∴ k = 0.0439m/min ≒ 0.04m/min

피압수 우물에서 영향원 직경 1km, 우물직경 1m, 피압대수층의 두께 20m, 투수계수는 20m/day로 추정되었다면, 양수정에서의 수위 강하를 5m로 유지키 위한 양수량(m³/hr)을 계산하시오. (단, $Q = 2\pi k b \dfrac{H-h_o}{2.3\log_{10}\left(\dfrac{R}{r_o}\right)}$)

풀이

$Q = 2\pi k b \dfrac{H-h_o}{2.3\log_{10}\left(\dfrac{R}{r_o}\right)}$

$\begin{bmatrix} k(투수계수) = 20m/day \times 1day/24hr = 0.833m/hr \\ b(피압대수층 두께) = 20m \\ H-h_o(양수정에서의 수위강하) = 5m \\ R(피압수 우물에서 반경) = 500m \\ r_o(우물반경) = 0.5m \\ 2.3\log_{10} = \ln \\ 따라서 Q = \dfrac{2\times \pi \times 0.833m/hr \times 20m \times 5m}{\ln\left(\dfrac{500m}{0.5m}\right)} = 75.77m^3/hr \end{bmatrix}$

Question 09

다음은 급수용 저수지의 용량 결정을 위한 유출량 누가 곡선(run-off mass curve)이다. 갈수기 부족량을 보충하기 위하여 저수하기 시작하여야 할 시기는 어느 지점 부터인가? (단, EF와 HG는 각각 OB선에 평행한다.)

㉮ J 지점
㉯ K 지점
㉰ L 지점
㉱ M 지점

풀이 유량 누가곡선이란 비가 오면 증가하고, 비가 오지 않으면 감소하는 곡선이며 소비누가곡선은 매월 소요 수량을 나타낸다. 따라서 유량누가곡선에서 최대 부족수량 나타내는 I~G구간 중 G에서 유량 누가곡선과 만나는 H점에서 다시 수직으로 내려간 J점이 저수하기 시작하여야 하는 시기가 된다. 따라서 정답은 ㉮ J지점이 된다.

04 상수도의 구성

★★ 취수 → 도수 → 정수 → 송수 → 배수 → 급수

> **TIP**
> 암기법 : 상치도 청송에 배급한다.

Question 10

집수정에서 가정까지의 급수계통을 순서적으로 나열한 것으로 알맞은 것은 어느 것인가?

㉮ 취수→도수→정수→송수→배수→급수
㉯ 취수→도수→정수→배수→송수→급수
㉰ 취수→송수→도수→정수→배수→급수
㉱ 취수→송수→배수→정수→도수→급수

정답 ㉮

1. 취수시설

(1) 취수탑

★★★ 1) 취수탑의 특징

★★ ① 취수탑의 단면이 원형 또는 타원형인 경우에는 장축방향을 흐름방향과 일치하도록 설치하여야 한다.
★★ ② 탑체의 상단은 계획 최고 수위보다 1 ~ 1.5m 이상 높아야 한다.
★★ ③ 취수구의 유입속도는 하천의 경우 15 ~ 30 cm/sec정도 되도록 단면적을 설계한다.
④ 취수탑의 내경은 필요한 수의 취수구를 적당하게 배치할 수 있는 크기를 가져야 한다.
★★ ⑤ 취수탑의 상단 및 관리교의 하단은 하천, 호소 및 댐의 계획최고 수위보다 높게 한다.
⑥ 갈수시에도 일정 이상의 수심을 확보할 수 있다면 취수탑은 연간 수위 변화가 크더라도 하천이나 호소, 댐에서의 취수시설로 알맞다.
⑦ 취수탑의 횡단면은 환상으로서 원형 또는 타원형으로 한다.
★★ ⑧ 대량 취수시 경제적이다.
⑨ 공사비는 일반적으로 크다.
★★ ⑩ 시공시 가물막이 등 가설공사는 비교적 소규모로 할 수 있다.
★★ ⑪ 토사유입을 방지할 수 없다.
⑫ 유황이 안정된 하천에서 대량으로 취수할 때 특히 유리하다.

Question 11

지표수의 취수를 위해 하천수를 수원으로 하는 경우 취수탑에 관한 사항으로 옳지 않은 것은?

㉮ 대량 취수시 경제적인 것이 특징이다.
㉯ 취수보와 달리 토사유입을 방지할 수 있다.
㉰ 공사비는 일반적으로 크다.
㉱ 시공시 가물막이 등 가설공사는 비교적 소규모로 할 수 있다.

풀이 ㉯ 토사유입을 방지할 수 없다.

2) 취수탑의 취수구의 특징

★★ ① 취수구의 형태는 장방형 또는 원형으로 한다.
② 취수구의 전면에 스크린을 설치하여야 한다.
★★ ③ 취수구내에는 탑체 내측이나 외측에 슬루스게이트(제수문), 버터플라이밸브 등의 제수밸브를 설치하여야 한다.
★★ ④ 취수구의 단면적은 하천의 경우 15 ~ 30cm/sec, 저수지의 경우 1 ~ 2m/sec의 유입속도

가 되게 설계한다.
⑤ 취수탑은 탑의 설치위치에서 갈수수심이 최소 2m 이상이 아니면 계획취수량의 취수에 필요한 취수구의 설치가 곤란하다.

Question 12

취수탑의 취수구에 관한 설명으로 가장 거리가 먼 것은?

㉮ 단면형상은 정방형을 표준으로 한다.
㉯ 취수탑의 내측이나 외측에 슬루스게이트(제수문), 버터플라이밸브 또는 제수밸브 등을 설치한다.
㉰ 전면에는 협잡물을 제거하기 위한 스크린을 3 ~ 5cm 간격으로 취수구의 전면에 설치한다.
㉱ 최하단에 설치하는 취수구는 계획최저수위를 기준으로 하고 갈수시에도 계획취수량을 확실하게 취수할 수 있는 것으로 한다.

풀이 ㉮ 단면형상은 장방형 또는 원형을 표준으로 한다.

(2) 취수관

★★ ① 수위변화가 적은 곳에 적합하다.
② 하안부근에 설치한다.
③ 취수관의 스크린망은 관단면적의 1.5 ~ 2배이다.

(3) 취수틀

★★ ① 호소의 중소량 취수시설로 많이 사용한다.
② 구조도 간단하며 시공도 비교적 용이하다.
★★ ③ 수중에 설치되므로 호소의 표면수는 취수할 수 없다.

Question 13

호소, 댐을 수원으로 하는 경우의 취수시설인 취수틀에 관한 설명으로 틀린 것은?

㉮ 수위변화에 대한 영향이 비교적 작다.
㉯ 호소 등의 대소에는 영향을 받지 않는다.
㉰ 호소의 표면수를 안정적으로 취수할 수 있다.
㉱ 구조가 간단하고 시공도 비교적 용이하다.

풀이 ㉰ 수중에 설치되므로 호소의 표면수는 취할 수 없다.

★★ **(4) 취수문**

★★ ① 보통 중·소량 취수에 이용된다. 그러나 취수둑에 비해서는 대량 취수에도 쓰인다.
② 유심이 안정된 하천에 적합하다.
③ 토사, 부유물의 유입방지가 용이하지 못하다.
④ 갈수시 일정 수심 확보가 안되면 취수가 불가능하다.
★★ ⑤ 비교적 수위변동이 적은 호소에 적합하다.
⑥ 수심 상황에 따른 취수의 영향이 거의 없다.
⑦ 갈수기에 호소에 유입되는 수량 이하로 취수할 계획이면 안정 취수가 가능하다.
★★ ⑧ 일반적으로 가물막이(cofferdam)를 필요로 한다.
★★ ⑨ 갈수시, 홍수시, 결빙시에는 취수량 확보 조치 및 조정이 필요하다.
⑩ 취수지점은 일반적으로 상류부의 소하천에 사용하고 있다.
⑪ 시공조건에서 일반적으로 가물막이를 하고 임시하도 설치 등을 고려해야 한다.
★★ ⑫ 기상조건에서 파랑에 대하여 고려할 필요는 없다.

📢 **Question 14**

호소, 댐을 수원으로 하는 취수문에 대한 내용으로 틀린 것은 어느 것인가?

㉮ 일반적으로 중, 소량 취수에 쓰인다.
㉯ 일반적으로 가물막이(cofferdam)를 필요로 한다.
㉰ 파랑, 결빙 등의 기상조건에 영향이 거의 없다.
㉱ 갈수기에 호소에 유입되는 수량 이하로 취수할 계획이면 안정 취수가 가능하다.

✎ 풀이 ㉰ 갈수시, 홍수시, 결빙시에 영향을 받는다.

★★ **(5) 취수보(언)**

하천을 막아 계획 취수위를 확보하여 안정된 취수를 가능하게 하기 위한 시설이다.

★★ ① 일반적으로 대하천에 적당하다.
② 안정된 취수가 가능하다.
③ 하천의 흐름이 불안정한 경우에 적합하다.
★★ ④ 침사효과가 크다.
⑤ 하천의 유황이 크게 변하는 장소에는 적당하지 않다.
⑥ 유심이 취수구에 가까우며 안정되고 홍수에 의한 하상변화가 적은 지점으로 한다.
⑦ 원칙적으로 철근콘크리트 구조로 한다.
⑧ 원칙적으로 홍수의 유심방향과 직각의 직선형으로 가능한한 하천의 직선부에 설치한다.

⑨ 개발이 진행된 하천 등에서 정확한 취수조정이 필요한 경우 사용된다.
★★ ⑩ 대량 취수시 사용된다.

Question 15

하천수를 수원으로 하는 경우에 사용하는 취수시설인 취수보에 관한 설명으로 틀린 것은?
㉮ 일반적으로 대하천에 적당하다.
㉯ 안정된 취수가 가능하다.
㉰ 침사 효과가 적다.
㉱ 하천의 흐름이 불안정한 경우에 적합하다.

풀이 ㉰ 침사 효과가 크다.

★★★ TIP

① 상수도 취수시 계획취수량 기준은 계획1일 최대 급수량의 10% 증가된 수량으로 정한다.
② 계획취수량은 계획1일 최대 급수량 기준으로 한다.
★★ ③ 계획취수량을 확보하기 위하여 필요한 저수용량의 결정에 사용되는 계획기준년은 원칙적으로 10개년에 제1위 정도의 갈수를 표준으로 한다.

Question 16

상수도 취수시 계획취수량 기준으로 가장 적합한 것은?
㉮ 계획 1일 최대급수량의 10% 정도 증가된 수량으로 정함
㉯ 계획 1일 평균급수량의 10% 정도 증가된 수량으로 정함
㉰ 계획 1시간 최대급수량의 10% 정도 증가된 수량으로 정함
㉱ 계획 1시간 평균급수량의 10% 정도 증가된 수량으로 정함

정답 ㉮

Question 17

계획취수량을 확보하기 위하여 필요한 저수용량의 결정에 사용하는 계획 기준년으로 알맞은 것은?
㉮ 원칙적으로 5개년에 제1위 정도의 갈수를 표준으로 한다.
㉯ 원칙적으로 7개년에 제1위 정도의 갈수를 표준으로 한다.
㉰ 원칙적으로 10개년에 제1위 정도의 갈수를 표준으로 한다.
㉱ 원칙적으로 15개년에 제1위 정도의 갈수를 표준으로 한다.

정답 ㉰

★★ 2. 도수시설

★★ 상수도 시설 중 원수를 취수지점으로부터 정수장까지 끌어들이는 시설이다.

① 도수시설의 계획 도수량은 계획 취수량을 기준으로 한다.
② 도수노선을 원칙적으로 공공도로 및 수도용지로 한다.
③ 도수시설을 취수시설에서 취수된 원수를 정수시설까지 끌어들이는 시설로 도수관 또는 도수거, 펌프설비 등으로 구성된다.
★★ ④ 상수시설 중 도수관 설계사항 중 자연유하식인 경우에는 허용최대 한도를 3m/sec로 하고 도수관의 평균유속의 최소한도는 0.3m/sec이다.

Question 18

도수관을 설계할 때 평균유속 기준으로 가장 적당한 것은?

㉮ 자연유하식인 경우, 허용최대한도는 1.5m/s, 도수관의 평균유속을 최소한도 0.3m/s로 한다.
㉯ 자연유하식인 경우, 허용최대한도는 1.5m/s, 도수관의 평균유속은 최소한도 0.6m/s로 한다.
㉰ 자연유하식인 경우, 허용최대한도는 3.0m/s, 도수관의 평균유속은 최소한도 0.3m/s로 한다.
㉱ 자연유하식인 경우, 허용최대한도는 3.0m/s, 도수관의 평균유속은 최소한도 0.6m/s로 한다.

정답 ㉰

⑤ 가능한 한 최소동수경사선 이하가 되도록 도수노선을 선정한다.
⑥ 도수 및 송수방식은 자연유하식과 가압식이 있다.
⑦ 도수거는 균일한 동수경사($\frac{1}{1,000} \sim \frac{1}{3,000}$)로 도수하는 시설이다.
⑧ 도수거는 수리학적으로 자유수면을 갖고 중력의 작용으로 경사진 수로를 흐르는 시설이다.
⑨ 도수거는 취수지점으로부터 정수시설까지 원수를 개수로 방식으로 도수하는 시설이다.
★★ ⑩ 개거나 암거인 경우에는 대개 30 ~ 50m 간격으로 시공조인트를 겸한 신축조인트를 설치한다.
⑪ 수평이나 수직방향의 급격한 굴곡을 피한다.
⑫ 몇개의 노선에 대하여 건설비 등의 경제성, 유지관리의 난이도 등을 비교, 검토하고 종합적으로 판단하여 결정한다.

Question 19

도수거에 관한 설명으로 옳지 않은 것은?

㉮ 수리학적으로 자유 수면을 갖고 중력 작용으로 경사진 수로를 흐르는 시설이다.
㉯ 개거나 암거인 경우에는 대개 300 ~ 500m 간격으로 시공조인트를 겸한 신축조인트를 설치한다.
㉰ 균일한 동수경사(통상 1/1,000 ~ 1/3,000)로 도수하는 시설이다.
㉱ 도수거의 평균유속의 최대한도는 3.0 m/s로 하고 최소유속은 0.3m/sec로 한다.

풀이 ㉯ 개거나 암거인 경우에는 대개 30 ~ 50m 간격으로 시공조인트를 겸한 신축조인트를 설치한다.

3. 정수시설

★★★ (1) 착수정

★★ ① 착수정의 고수위와 주변벽체의 상단간에는 60cm 이상의 여유를 두어야 한다.
② 형상은 일반적으로 직사각형 또는 원형으로 하고 유입구에는 제수밸브 등을 설치한다.
★★ ③ 착수정의 용량은 체류시간 1.5분 이상으로 한다.
★★ ④ 착수정의 수심은 3 ~ 5m정도로 한다.
⑤ 수위가 고수위 이상으로 올라가지 않도록 월류관이나 월류위어를 설치한다.
⑥ 필요에 따라 분말활성탄을 주입할 수 있는 장치를 설치하는 것이 바람직하다.

Question 20

상수처리시설인 '착수정'에 대한 내용으로 틀린 것은 어느 것인가?

㉮ 형상은 일반적으로 직사각형 또는 원형으로 하고 유입구에는 제수밸브 등을 설치한다.
㉯ 착수정의 고수위와 주변벽체의 상단간에는 60cm 이상의 여유를 두어야 한다.
㉰ 용량은 체류시간을 30 ~ 60분 정도로 한다.
㉱ 수심은 3 ~ 5m 정도로 한다.

풀이 ㉰ 용량은 체류시간 1.5분 이상으로 한다.

(2) 정수지

① 정수지의 유효수심은 3 ~ 6m를 표준으로 한다.
★★ ② 정수지 상부는 덮개로 덮어서 개방하지 않는다.
③ 정수지 바닥은 저수위보다 5cm 이상 낮게 해야 한다.
★★ ④ 고수위로부터 정수지 상부 슬래브까지는 30cm 이상의 여유고를 가져야 한다.

Question 21

상수시설인 정수지에 관한 설명으로 옳지 않은 것은?

㉮ 정수지의 유효수심은 3~6m를 표준으로 한다.
㉯ 정수지 상부는 개방하여 정수 정도를 파악할 수 있도록 한다.
㉰ 정수지 바닥은 저수위보다 5cm 이상 낮게 해야 한다.
㉱ 고수위로부터 정수지 상부 슬래브까지는 30cm 이상의 여유고를 가져야 한다.

풀이 ㉯ 정수지 상부는 덮개로 덮어서 개방하지 않는다.

(3) 침사지

★★★ 1) 상수도 시설의 침사지

① 저부경사는 보통 $\dfrac{1}{100} \sim \dfrac{2}{100}$로 한다.
★★ ② 수심은 유효수심에 모래 퇴적부의 깊이를 더한 것으로 한다.
★★ ③ 체류시간은 30~60초를 표준으로 한다.
④ 표면부하율은 200~500mm/min을 표준으로 한다.
★★ ⑤ 지내 평균유속은 2~7cm/sec를 표준으로 한다.
★★ ⑥ 지의 상단높이는 고수위보다 0.6~1m정도의 여유고를 둔다.
★★ ⑦ 지의 유효수심은 3~4m를 표준으로 하고, 퇴사심도를 0.5~1m로 한다.
⑧ 지의 길이는 폭의 3~8배를 표준으로 한다.
⑨ 침사지의 형상은 장방형으로 하며 유입부는 점차적으로 확대되고 유출부는 차차 축소되는 모양으로 만든다.
⑩ 용량은 침사지 내의 고수위까지의 유량으로서 계획취수량을 10~20분간 저류할 수 있어야 한다.

Question 22

취수시설에서 침사지에 관한 설명으로 옳지 않은 것은?

㉮ 지의 위치는 가능한 한 취수구에 근접하여 제내지에 설치한다.
㉯ 지의 상단높이는 고수위보다 0.3~0.6m의 여유고를 둔다.
㉰ 지의 고수위는 계획취수량이 유입될 수 있도록 취수구의 계획최저수위 이하로 정한다.
㉱ 지의 길이는 폭의 3~8배, 지내 평균 유속은 2~7cm/sec를 표준으로 한다.

풀이 ㉯ 지의 상단높이는 고수위보다 0.6~1m 정도의 여유고를 둔다.

★★ 2) 하수도 시설의 중력식 침사지

★★ ① 침사지의 평균 유속은 0.3m/sec를 표준으로 한다.

★★ ② 침사지의 표면 부하율은 오수침사지의 경우 1,800m³/m²·일, 우수침사지의 경우 3,600m³/m²·일 정도로 한다.

③ 침사지 수심은 유효수심에 모래 퇴적부의 깊이를 더한 것으로 한다.

④ 저부의 경사는 보통 $\frac{1}{100} \sim \frac{2}{100}$로 하며 그리트 제거설비의 종류별 특성에 따라 범위가 적용된다.

★★ ⑤ 체류시간은 30~60초를 표준으로 한다.

> **Question 23**
>
> 하수도 펌프장시설의 중력식 침사지에 대한 설명으로 옳지 않은 것은?
>
> ㉮ 침사지의 평균 유속은 0.3m/sec를 표준으로 한다.
> ㉯ 체류시간은 30~60초를 표준으로 한다.
> ㉰ 수심은 유효수심에 모래퇴적부의 깊이를 더한 것으로 한다.
> ㉱ 우수침사지의 표면부하율은 1,800m³/m²·d로 한다.
>
> **풀이** ㉱ 우수침사지의 표면부하율은 3,600m³/m²·일로 한다.

(4) 침전지

★★★ 1) 하수처리 시설의 1차 침전지

① 침전지의 지수는 2지 이상으로 한다.

★★ ② 표면 부하율은 계획1일 최대오수량에 대하여 25~40m³/m²·day로 한다.

★★ ③ 침전지 수면의 여유고는 40~60cm정도로 한다.

★★ ④ 유효수심은 2.5~4m를 표준으로 한다.

★★ ⑤ 표면부하율은 계획1일 최대오수량에 대하여 분류식의 경우 35~70m³/m²·day, 합류식의 경우 25~50m³/m²·day로 한다.

★★ ⑥ 침전시간은 계획1일 최대 오수량에 대하여 표면부하율과 유효수심을 고려하여 정하며 일반적으로 2~4시간으로 한다.

⑦ 직사각형(장방형)의 경우 폭과 길이의 비는 1:3 이상으로 한다.

⑧ 슬러지 수집기를 설치하는 경우의 침전지 바닥기울기는 직사각형(장방형)에서 1/100~2/100으로 한다.

★★★ 2) 하수처리 시설의 2차 침전지
　① 직사각형(장방형)의 경우 길이와 폭의 비는 3 : 1 ~ 5 : 1 정도로 하며 덮개를 설치할 경우는 8 : 1 정도까지 할 수 있다.
　② 슬러지 제거기를 사용할 경우 원형 또는 정사각형(장방형)인 경우에는 바닥 기울기를 $\frac{1}{10} \sim \frac{2}{10}$으로 한다.
★★ ③ 표면 부하율은 계획1일 최대오수량에 대하여 20 ~ 30m^3/m^2·일로 한다.
★★ ④ 고형물 부하율은 95 ~ 145kg/m^2·일로 한다.
　⑤ 월류위어의 부하율은 190m^3/m·day이다.
★★ ⑥ 유효수심은 2.5 ~ 4m를 표준으로 한다.
★★ ⑦ 침전시간은 계획1일 최대 오수량에 따라 정하며 일반적으로 3 ~ 5시간으로 한다.

Question 24

하수처리장의 이차침전지에 관한 설명으로 옳지 않은 것은?

㉮ 유효수심은 2.5m ~ 4m를 표준으로 한다.
㉯ 침전시간은 계획 1일 최대오수량에 따라 정하며 일반적으로 3 ~ 5시간으로 한다.
㉰ 침전지 수면의 여유고는 40 ~ 60cm 정도로 한다.
㉱ 고형물부하율은 25 ~ 40kg/m^2·일로 한다.

풀이 ㉱ 고형물 부하율은 95 ~ 145kg/m^2·day로 한다.

3) 상수처리시설의 약품침전지
　① 슬러지의 퇴적심도로서 30cm 이상을 고려한다.
★★ ② 유효수심은 3 ~ 5.5m로 한다.
　③ 지저에는 슬러지 배제에 편리하도록 배출구를 향하여 경사지게 하여야 한다.
★★ ④ 고수위에서 침전지 벽체 상단까지의 여유고는 30cm 정도로 하여야 한다.

Question 25

상수처리를 위한 약품침전지의 구성과 구조로 틀린 것은 어느 것인가?

㉮ 슬러지의 퇴적심도로서 30cm 이상을 고려한다.
㉯ 유효수심은 3 ~ 5.5m로 한다.
㉰ 침전지 바닥에는 슬러지 배제에 편리하도록 배수구를 향하여 경사지게 한다.
㉱ 고수위에서 침전지 벽체 상단까지의 여유고는 10cm 정도로 한다.

풀이 ㉱ 고수위에서 침전지 벽체 상단까지의 여유고는 30cm 정도로 한다.

4) 정수처리시설의 고속응집침전지 선택시 고려할 사항

① 원수탁도는 10NTU(도) 이상이어야 한다.
② 최고탁도는 1,000NTU(도) 이하이어야 한다.
③ 처리수량의 변동이 적어야 한다.
④ 탁도와 수온의 변동이 적어야 한다.
⑤ 용량은 계획정수량의 1.5 ~ 2.0시간분으로 한다.
⑥ 지내의 평균 상승 유속은 40 ~ 50mm/min을 표준으로 한다.

Question 26

정수시설 중 후속되는 여과지의 부담을 경감시키기 위해 설치하는 고속응집침전지의 선택시 고려하여야 하는 조건과 구조기준으로 옳지 않은 것은?

㉮ 탁도와 수온의 변동이 적어야 한다.
㉯ 용량은 계획정수량의 1.5 ~ 2.0시간 분으로 한다.
㉰ 최고 탁도는 100NTU 이하인 것이 바람직하다.
㉱ 처리수량의 변동이 적어야 한다.

풀이 ㉰ 최고 탁도는 1,000NTU(도) 이하인 것이 바람직하다.

(5) 정수시설의 응집지의 플록형성지 특성

① 혼화지와 침전지 사이에 위치하고 침전지에 붙여서 설치한다.

> **TIP**
> ① 혼화지 = 급속교반조, ② 플록형성지 = 완속교반조

② 플록형성시간은 계획정수량에 대하여 20 ~ 40분간을 표준으로 한다.
③ 기계식 교반에서 플록큐레이션의 주변속도는 15 ~ 80cm/sec를 표준으로 한다.
④ 플록형성지 내의 교반 강도는 하류로 갈수록 점차 감소시키는 것이 바람직하다.
⑤ 직사각형이 표준이다.
⑥ 야간 근무자가 플록형성상태를 감시할 수 있는 적절한 조명장치를 설치한다.
⑦ 플록형성지는 단락류나 정체부가 생기지 않으면서 충분하게 교반될 수 있는 구조로 한다.

Question 27

정수처리시설인 응집지 내의 플록형성지에 대한 내용으로 틀린 것은 어느 것인가?

㉮ 플록형성지는 혼화지와 침전지 사이에 위치하고 침전지에 붙여서 설치한다.
㉯ 플록형성은 응집된 미소플록을 크게 성장시키기 위해 적당한 기계식교반이나 우류식교반이 필요하다.
㉰ 플록형성지 내의 교반강도는 하류로 갈수록 점차 증가시키는 것이 바람직하다.
㉱ 플록형성지는 단락류나 정체부가 생기지 않으면서 충분하게 교반될 수 있는 구조로 한다.

▸ 풀이 ㉰ 플록형성지 내의 교반강도는 하류로 갈수록 점차 감소시키는 것이 바람직하다.

(6) 정수시설내 급속혼합시설의 급속혼화방식

① 수류식
② 기계식
③ 펌프확산에 의한 방법

 Question 28

응집지(정수시설)내 급속혼화시설의 급속혼화방식과 가장 거리가 먼 것은?

㉮ 공기식 ㉯ 수류식
㉰ 기계식 ㉱ 펌프확산에 의한 방법

▸ 정답 ㉮

(7) 여과시설

★★★ **1) 상수시설 중 완속여과지 특징**

★★ ① 여과지의 여과속도 표준은 4～5m/day이다.
★★ ② 여과지의 깊이는 하부집수장치의 높이에 자갈층 두께, 모래층 두께, 모래면 위의 수심과 여유고를 더하여 2.5～3.5m를 표준으로 한다.
③ 모래층 두께는 70～90cm를 표준으로 한다.
④ 여과지의 모래면 위의 수심은 0.9～1.2m(90～120cm)표준으로 한다.
⑤ 여과지의 형상은 직사각형(장방형)을 표준으로 한다.
⑥ 주위벽 상단은 지반보다 15cm 이상 높여서 여과지 내로 오염수나 토사 등의 유입을 방지하여야 한다.
⑦ 한냉지에서는 여과지 물이 동결할 염려가 있으므로 여과지를 복개한다.
★★ ⑧ 여과사의 유효경은 0.3～0.45mm이며, 균등계수는 2.0 이하이다.

★★ ⑨ 여과지는 2지 이상으로 하고 10지마다 1지 비율로 예비지를 둔다.

Question 29

정수시설 중 완속여과지에 관한 설명으로 옳지 않은 것은?

㉮ 여과지의 깊이는 하부집수장치의 높이에 자갈층 두께, 모래층 두께, 모래면 위의 수심과 여유고를 더하여 2.5 ~ 3.5m를 표준으로 한다.
㉯ 완속여과지의 여과속도는 15 ~ 25m/ day를 표준으로 한다.
㉰ 완속여과지의 모래층 두께는 70 ~ 90 cm를 표준으로 한다.
㉱ 여과면적은 계획정수량을 여과속도로 나누어 구한다.

풀이 ㉯ 완속여과지의 여과속도는 4 ~ 5m/day를 표준으로 한다.

★★★ **2) 상수시설 중 급속여과지의 조건**

★★ ① 여과면적은 계획정수량을 여과속도로 나누어 계산한다.
★★ ② 1지의 여과면적은 150m² 이하로 한다.
③ 여과사의 유효경은 0.45 ~ 0.7mm범위이어야 한다.
★★ ④ 여과속도는 120 ~ 150m/일을 표준으로 한다.
★★ ⑤ 중력식을 표준으로 한다.
⑥ 모래층의 두께는 60 ~ 120cm의 범위로 한다.
⑦ 여과모래의 최대경은 2mm이내이다.
★★ ⑧ 여과 모래의 균등계수는 1.7 이하로 한다.
⑨ 신규로 투입하는 여과사의 세척탁도는 30도 이하여야 한다.

Question 30

상수도시설인 급속여과지에 관한 내용으로 옳지 않은 것은?

㉮ 여과속도는 단층의 경우 120 ~ 150m/d를 표준으로 한다.
㉯ 여과지 1지의 여과면적은 120m²이하로 한다.
㉰ 여과면적은 계획정수량을 여과속도로 나누어 계산한다.
㉱ 급속여과지는 중력식과 압력식이 있으며 중력식을 표준으로 한다.

풀이 ㉯ 여과지 1지의 여과면적은 150m²이하로 한다.

★★★ TIP

완속여과지와 급속여과지 정리

	완속여과지	급속여과지
여과속도	4 ~ 5m/day 표준	120 ~ 150m/day 표준
모래층 두께	70 ~ 90cm	60 ~ 120cm
모래 유효경	0.3 ~ 0.45mm	0.45 ~ 0.7mm
균등계수	2.0 이하	1.7 이하
여과지의 모래면 위의 수심	0.9 ~ 1.2m(90 ~ 120cm)	1 ~ 1.5m(100 ~ 150cm)
건설비	비싸다.	싸다.
유지관리비	적게 소요된다.	많이 소요된다.
세균제거	용이하다.	용이하지 못하다.

★ 3) 하수고도처리에서 급속여과 장치

① 여과압에 따라서 중력식과 압력식으로 나눌 수 있다.
② 여과속도는 유입수와 여과수의 수질, SS의 포획능력 및 여과지속시간을 고려하여 정한다.
③ 모래 여과기인 경우 여과속도는 일반적으로 300m/day 이하로 한다.
④ 여층의 운동방식에 의해 고정상형 및 이동상형으로 나눌 수 있다.
⑤ 여재의 종류, 공극율, 비표면적, 균등계수 등을 고려하여 정한다.

📢 Question 31

하수 고도처리를 위한 급속여과법에 관한 설명과 가장 거리가 먼 것은?

㉮ 여층의 운동방식에 의해 고정상형 및 이동상형으로 나눌 수 있다.
㉯ 여층의 구성은 유입수와 여과수의 수질, 역세척 주기 및 여과면적을 고려하여 정한다.
㉰ 모래여과기인 경우 여과속도는 일반적으로 300m/day 이하로 한다.
㉱ 여재는 종류, 공극율, 비표면적, 균등계수 등을 고려하여 정한다.

풀이 ㉯ 여과속도는 유입수와 여과수의 수질, SS의 포획능력 및 여과지속시간을 고려하여 정한다.

4) 균등계수는 체하입경 60%와 체하입경 10%의 입경비

$$균등계수(U) = \frac{P_{60\%}}{P_{10\%}}$$

★★ 5) 급속여과지의 조절방식에 따라 분류
① 유량 제어형
② 수위 제어형
③ 자연 평형형

Question 32

상수처리를 위한 급속여과지의 형식 중 여과유량의 조절방식에 따른 구분으로 틀린 것은? (단, 정속여과방식의 정속여과 제어방식 기준)

㉮ 유량제어형 ㉯ 수위제어형 ㉰ 정압제어형 ㉱ 자연평형형

정답 ㉰

★★ 6) 급속여과지의 여과모래 기준
① 강열감량은 0.75% 이하일 것
② 균등계수는 1.7 이하일 것
③ 비중은 2.55 ~ 2.65의 범위일 것
④ 마모율은 3% 이하일 것

Question 33

상수도시설인 정수시설 중 급속 여과지의 여과모래에 대한 기준으로 틀린 것은?

㉮ 강열감량은 0.75% 이하일 것 ㉯ 균등계수는 2.7 이하일 것
㉰ 비중은 2.55 ~ 2.65의 범위일 것 ㉱ 마모율은 3% 이하일 것

풀이 ㉯ 균등계수는 1.7 이하일 것

4. 송수시설

① 송수는 관수로로 하는 것을 원칙으로 하되 개수로로 할 경우에는 터널 또는 수밀성의 암거로 한다.
★★ ② 송수시설은 정수장에서 배수지까지 송수하는 시설이다.
③ 송수방식은 자연 유하식, 펌프가압식 및 병용식이 있다.
★★ ④ 송수시설의 계획송수량은 원칙적으로 계획1일 최대급수량을 기준으로 한다.

> **Question 34**
>
> 상수의 송수시설에 관한 설명으로 옳지 않은 것은?
> ㉮ 송수시설의 계획송수량은 원칙적으로 계획1일 최대급수량을 기준으로 한다.
> ㉯ 송수를 개수로로 할 경우에는 삼각 또는 직각 위어를 설치한다.
> ㉰ 송수시설은 정수장에서 배수지까지 송수하는 시설이다.
> ㉱ 송수방식은 자연유하식, 펌프가압식 및 병용식이 있다.
>
> **풀이** ㉯ 송수는 관수로로 하는 것을 원칙으로 하되 개수로로 할 경우에는 터널 또는 수밀성의 암거로 한다.

5. 배수시설

★★★ (1) 배수지

① 자연 유하식 배수지의 높이는 최소 동수압이 확보되는 높이여야 한다.
② 2개 이상의 배수계통으로 된 경우는 각 계통마다 배수지의 유효용량을 결정하여야 한다.
★★ ③ 배수지의 유효용량은 시간변동조정용량과 비상대처용량을 합하여 급수구역의 계획1일 최대급수량의 12시간분 이상을 표준으로 한다.
★★ ④ 배수지의 유효수심은 3 ~ 6m 범위를 표준으로 한다.
⑤ 배수지가 급수지역의 중앙에 있으면 관말까지의 배수관 연장이 짧아 관경을 작게 하여도 된다.
★★ ⑥ 배수지의 최소 동수압 1.5kg/cm^2(150kPa)이며 최대 동수압은 4kg/cm^2(400kPa)이다.
★★ ⑦ 배수지는 부득이한 경우 외에는 급수지역의 중앙 가까이 설치한다.
⑧ 유효용량은 시간변동 조정유량과 비상 대처용량을 합한다.
⑨ 고수위에서 배수지의 상부 슬래브까지는 30cm 이상의 여유고를 둔다.
★★ ⑩ 급수관을 분기하는 지점에서 배수관내의 최대정수압은 700kPa을 초과하지 않아야 한다.
★★ ⑪ 급수관을 분기하는 지점에서 배수관내의 최소동수압은 150kPa(1.5kg/cm^2) 이상을 확보한다.

Question 35

상수의 배수시설인 배수지에 관한 설명으로 옳지 않은 것은?

㉮ 가능한 한 급수지역의 중앙 가까이 설치한다.
㉯ 유효수심은 2~4m 정도를 표준으로 한다.
㉰ 유효용량은 "시간변동조정용량"과 "비상대처용량"을 합하여 급수구역의 계획1일최대급수량의 12시간 분 이상을 표준으로 한다.
㉱ 자연유하식 배수지의 표고는 최소동수압이 확보되는 높이여야 한다.

풀이 ㉯ 유효수심은 3~6m 정도를 표준으로 한다.

(2) 배수탑

① 배수탑의 유효용량은 급수구역의 계획 1 최대급수량의 1~3시간 분을 표준으로 한다.
② 배수탑의 유효수심은 20m를 표준으로 한다.
③ 지반 침하에 대비해야 한다.

(3) 고가수조

① 고가수조의 유효용량은 급수구역의 계획1일 최대급수량의 1~3시간분을 표준으로 한다.
② 고가수조의 유효수심은 3~6m 범위를 표준으로 한다.
③ 학교, 아파트, 건물 등의 물탱크가 해당된다.

6. 급수시설

(1) 상수도 급수배관 설치사항

★★ ① 상수도를 공공도로에 부설할 경우에는 도로관리자가 정한 점용위치와 깊이에 따라 배관해야 하며 다른 매설물과의 간격을 30cm 이상 확보해야 한다.
② 급수관을 부설하고 되메우기를 할때에는 양질토 또는 모래를 사용하여 적절하게 다짐하여 관을 보호한다.
③ 급수관이 개거를 횡단하는 경우에는 가능한 한 개거의 아래로 부설한다.
④ 동결이나 결로의 우려가 있는 급수장치의 노출부분에 대해서는 적절한 방한조치나 결로 방지조치를 강구한다.

Question 36

상수시설 급수관의 배관에 관한 설명으로 옳지 않은 것은?

㉮ 급수관을 공공도로에 부설할 경우에는 다른 매설물과의 간격을 30cm 이상 확보한다.
㉯ 수요가의 대지 내에서 가능한 한 직선 배관이 되도록 한다.
㉰ 가급적 건물이나 콘크리트의 기초 아래를 횡단하여 배관하도록 한다.
㉱ 급수관이 개거를 횡단하는 경우에는 가능한 한 개거의 아래로 부설한다.

풀이 ㉰ 가급적 건물이나 콘크리트의 기초 아래를 피하여 배관하도록 한다.

★★ (2) 급수 배관의 종류

① 수도용 스테인리스강관
  ㉠ 라이닝이나 도장을 필요로 하지 않는다.
  ㉡ 용접접속에 시간이 걸린다.
  ㉢ 강인성이 뛰어나고 충격에 강하다.
  ㉣ 이종금속과의 절연처리가 필요하다.

② 수도용 경질염화비닐관(PVC)
  ㉠ 조인트의 종류에 따라 이형관 보호공을 필요로 한다.
  ㉡ 저온시에 내충격성이 저하된다.
  ㉢ 고무윤형은 조인트의 신축성이 있고, 관의 지반변동에 유연하게 대응할 수 있다.
  ㉣ 산, 알칼리에 대한 내식성이 크고 내면이 매끈하여 손실수두가 적고 중량이 가볍다.
  ㉤ 열, 유기용제, 자외선에 약하다.
  ㉥ 가공성이 좋다.
  ㉦ 내면조도의 변화가 없다.

Question 37

수도관으로 사용되는 관종 중 경질염화비닐관의 장·단점으로 옳지 않은 것은?

㉮ 특정 유기용제 및 열, 자외선에 약하다.
㉯ 조인트의 종류에 따라 이형관 보호공을 필요로 한다.
㉰ 저온시에 내충격성이 저하된다.
㉱ 내면조도의 변화가 일어나기 쉽다.

풀이 ㉱ 내면조도의 변화가 일어나기 어렵다.

③ 수도용 폴리에틸렌관(PE)
  ㉠ 열이나 자외선에 약하다.
  ㉡ 융착접속으로 일체화할 수 있고 지반 변동에 유연하게 대응할 수 있다.
  ㉢ 유기용제에 의한 침투에 조심해야 한다.
  ㉣ 내면조도가 변화하지 않는다.
  ㉤ 융착접속으로는 우천시나 용천수 지반에서의 시공이 곤란하다.

④ 수도용 덕타일 주철관
  ㉠ 강도가 크고 내구성이 있다.
  ㉡ 이음의 종류가 풍부하다.
  ㉢ 중량이 비교적 무겁고 이음의 종류에 따라서는 이형관보호공을 필요로 한다.
  ㉣ 압축강도가 크고 내충격성이 크다.
  ㉤ 이음에 신축 휨성이 있고 관이 지반의 변동에 유연하다.
  ㉥ 시공성이 좋다.

⑤ 수도용 강관
  ㉠ 내면조도가 사용시간에 따라 부유물 부착이나 스케일 형성에 의해 증가한다.
  ㉡ 라이닝의 종류가 풍부하다.
  ㉢ 가공성이 좋다.
  ㉣ 전식에 대하여 고려해야 한다.
  ㉤ 내외의 방식면이 손상되면 부식되기 쉽다.
  ㉥ 용접이음은 숙련공이나 특수한 공구를 필요로 한다.

7. 급수량 계산

★★ ① 계획1일 최대 급수량은 계획1인1일 최대급수량에 급수인구를 곱하여 결정한다.
② 계획1일 평균 급수량은 계획1일 최대급수량의 70 ~ 85%를 표준으로 하여야 한다.
③ 1일 평균급수량은 연간 총 급수량을 365일로 나눈 값이다.
④ 계획1일 평균 급수량은 약품, 전력 사용량의 산정이나 유지관리비와 상수도 요금의 산정 등에 사용된다.

> **TIP**
> **상수도 시설인 급수장치의 급수방식**
> ① 저수조식
> ② 직결가압식
> ③ 직결직압식

Question 38

상수도 시설인 급수장치의 급수방식과 가장 거리가 먼 것은?

㉮ 저수조식   ㉯ 직결가압식   ㉰ 직결감압식   ㉱ 직결직압식

 ㉰

★★★ 8. 상수도관의 부식

① 자연부식
  ㉠ Macro cell 부식 : 콘크리트, 토양, 이종금속, 산소농담(통기차)
  ㉡ Micro cell 부식 : 산성토양, 박테리아, 일반토양, 대기중 부식
② 전기식(전식) 부식 : 간섭

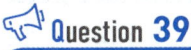

Question 39

자연부식 중 매크로셀 부식에 해당되는 것은 어느 것인가?

㉮ 산소농담(통기차)   ㉯ 특수토양부식   ㉰ 간섭   ㉱ 박테리아부식

 ㉮

9. 상수도 시설의 기타 내용

(1) 랑겔리어 지수(LI)

랑겔리어지수란 물의 실제 pH와 이론적 pH(pHs : 수중의 탄산칼슘이 용해되거나 석출되지 않는 평형상태로 있을때의 pH)와의 차이를 말한다.

★★ ① 랑겔리어지수가 부(-)의 값으로 절대치가 클수록 물의 부식성이 강하다.
★★ ② 랑겔리어지수가 (+)의 값으로 절대치가 클수록 탄산칼슘의 석출이 일어나기 쉽다.
③ 랑겔리어 지수가 0이면 물의 안정도가 평형상태에 있다.
④ 물의 부식성이 강한 경우의 랑겔리어 지수는 pH, 칼슘경도, 알칼리도를 증가시킴으로써 개선할 수 있다.

📢 **요약**
- 랑겔리어지수(LI) = 0 : 물의 안정도가 평형상태
- 랑겔리어지수(LI) > 0 : LI가 양(+)의 값이므로 과포화상태($CaCO_3$가 침전되어 퇴적)
- 랑겔리어지수(LI) < 0 : LI가 음(-)의 값이므로 불포화상태(부식성이 커진다.)

★★ **(2) 정수처리시 랑겔리어 지수 개선을 위한 방법(용해성 성분)**

알칼리제 처리

📢 **Question 40**

정수처리시 랑겔리아지수(LI)의 개선을 위한 방법으로 알맞은 것은? (단, 용해성 성분)
㉮ 알칼리제 처리 ㉯ 철세균 이용법 ㉰ 전기분해 ㉱ 부상분리

정답 ㉮

★★ **(3) 상수의 처리대상물질이 침식성 유리탄산(무기물, 용해성성분)인 경우 처리 방법**

폭기, 알칼리제 처리

(4) 정수처리 방법 중 트리할로메탄(Trihalomethane) 감소 및 제거 방법

① 중간염소처리
② 활성탄처리
③ 결합염소처리

★★ **(5) 중간염소처리에서 염소의 주입위치**

침전지와 여과지 사이에서 주입

📢 **Question 41**

정수처리방법인 중간염소처리에서 염소의 주입지점으로 가장 적절한 것은 어느 것인가?
㉮ 혼화지와 침전지 사이 ㉯ 침전지와 여과지 사이
㉰ 착수정과 혼화지 사이 ㉱ 착수정과 도수관 사이

정답 ㉯

★★★ 10. 유량 계산식

① 원형에서 유량계산

$Q = A \times V$

- Q : 유량(m^3/sec)
- A : 면적(m^2) → $A = \dfrac{\pi D^2}{4}(m^2)$
- V : 유속(m/sec) → Manning식에 의한 유속(V) $= \dfrac{1}{n} \times R^{2/3} \times I^{1/2}$(m/sec)
- n : 조도계수
- R : 경심(m) → $R = \dfrac{A(면적)}{S(윤변의\ 길이)} = \dfrac{\frac{\pi D^2}{4}}{\pi \cdot D} = \dfrac{D}{4}$(m)
- I : 기울기 → 1%일 때 $I = \dfrac{1}{100}$, 1‰일 때 $I = \dfrac{1}{1,000}$
- $\therefore Q(m^3/sec) = \dfrac{\pi D^2}{4}(m^2) \times \dfrac{1}{n} \times \left(\dfrac{D}{4}\right)^{2/3} \times I^{1/2}$(m/sec)

② 장방형에서 유량 계산

$Q = A \times V$

- Q : 유량(m^3/sec)
- A : 면적(m^2) → $A = b \times h$ (b : 폭(m), h : 평균수위(m))
- V : 유속(m/sec) → Manning식에 의한 유속(V) $= \dfrac{1}{n} \times R^{2/3} \times I^{1/2}$(m/sec)
- n : 조도계수
- R : 경심(m) → $R = \dfrac{A(면적)}{S(윤변의\ 길이)} = \dfrac{b \times h}{b+2h}$
- I : 기울기 → 1%일 때 $I = \dfrac{1}{100}$, 1‰일 때 $I = \dfrac{1}{1,000}$
- $\therefore Q(m^3/sec) = b \times h(m^2) \times \dfrac{1}{n} \times \left(\dfrac{b \times h}{b+2h}\right)^{2/3} \times I^{1/2}$(m/sec)

Question 42

폭 4m, 높이 3m인 개수로의 수심이 2m이고 동수경사가 10‰ 일 경우 물의 유속(m/sec)을 계산하시오. (단, Manning 공식 적용, 조도계수 : 0.014)

풀이

Manning식 $V = \dfrac{1}{n} \times R^{2/3} \times I^{1/2}$ (m/sec)

$$\begin{bmatrix} n : \text{조도 계수}(0.014) \\ R : \text{경심(m)} \rightarrow R = \dfrac{A(\text{단면적})}{S(\text{윤변길이})} = \dfrac{b \times h}{b+2h} = \dfrac{4m \times 2m}{4m+2 \times 2m} = 1m \\ I : \text{기울기(동수경사)} \rightarrow I = 10‰ = \dfrac{10}{1,000} \\ \therefore V = \dfrac{1}{0.014} \times (1m)^{2/3} \times \left(\dfrac{10}{1,000}\right)^{1/2} = 7.14 m/sec \end{bmatrix}$$

Question 43

상수도관에서 조도계수 0.014, 동수경사 $\dfrac{1}{100}$ 이고, 관경이 400mm일 때 이 관로의 유량(m³/sec)을 계산하시오. (단, 만관 기준, Manning 공식에 의함)

풀이 $Q = A \times V$

① A : 단면적(m²) $\rightarrow A = \dfrac{\pi D^2}{4} = \dfrac{\pi}{4} \times (0.4m)^2 = 0.12566 m^2$

② V : 유속(m/sec) $\rightarrow V = \dfrac{1}{n} \times R^{2/3} \times I^{1/2}$ (m/sec)

$R(\text{경심}) = \dfrac{\text{단면적}(A)}{\text{윤변길이}(S)} = \dfrac{\dfrac{\pi D^2}{4}}{\pi D} = \dfrac{D}{4} = \dfrac{0.4m}{4} = 0.1m$

$I(\text{기울기} = \text{동수경사}) = \dfrac{1}{100}$

$\therefore V = \dfrac{1}{0.014} \times (0.1m)^{2/3} \times \left(\dfrac{1}{100}\right)^{1/2} = 1.539 m/sec$

따라서 $Q = A \times V = 0.12566 m^2 \times 1.539 m/sec = 0.19 m^3/sec$

CHAPTER 02 하수도 계획

01 하수도 시설

1. 하수도 시설의 목적

① 하수의 배제와 이에 따른 생활환경의 개선
② 침수방지
③ 공공수역의 수질보전

Question 01

하수도시설의 목적과 가장 거리가 먼 것은?
㉮ 지속발전 가능한 물순환 구조구축
㉯ 침수방지
㉰ 공공수역의 수질보전
㉱ 하수의 배제와 이에 따른 생활환경의 개선

정답 ㉮

2. 하수도 기본계획 수립시 포함되어야 할 사항

① 침수방지계획
② 슬러지 처리 및 자원화 계획
③ 물 관리 및 재이용 계획
④ 수질보전 계획

3. 하수도의 기본계획

★★★ ① 하수도 기본계획의 목표연도는 원칙적으로 20년 정도로 한다.

> **TIP**
> 상수도 시설의 계획(목표) 연도는 15~20년간을 표준으로 한다.

② 하수의 배제방식은 지역의 특성, 방류수역의 여건등을 고려하여 정한다.
③ 도구의 위치 및 구조는 방류수역의 수질 및 수량에 미치는 영향을 종합적으로 고려하여 결정한다.
④ 하수처리 구역내에서 발생하는 수세 분뇨는 관거 정비사항을 고려하여 하수관거에 투입하는 것이 원칙이다.

Question 02

하수도 계획의 목표연도는 원칙적으로 몇 년 정도로 하는가?
㉮ 10년　　㉯ 15년　　㉰ 20년　　㉱ 25년

정답 ㉰

4. 하수도 계획의 자료 조사를 위하여 계획대상 지역의 자연적 조건

(1) 지형 및 지질을 조사하고자 할 때 조사사항

① 지질도 및 토질 조사자료
② 지하수위 및 지반침하상황
③ 지형도

(2) 기상조건을 조사하고자 할 때 조사사항

① 펌프장 및 처리장 예정위치 부근에서의 풍향
② 강우, 침수의 기록 및 침수피해상황

(3) 하천의 흐름 상태를 조사하고자 할 때 조사사항

① 하천 및 수로의 종·횡단면도
② 호소, 해역 등 수저의 지형, 이용상황, 유속 및 유량

③ 하천 및 기존배수로의 상황
④ 조사지역내 수역의 유량 및 수위 등의 현황

★★★ 5. 하수도 관거 계획시 고려사항

★★ ① 오수관거는 계획시간 최대오수량을 기준으로 계획한다.
★★ ② 오수관거와 우수관거가 교차하여 역사이펀을 피할 수 없을 경우 오수관거를 역사이펀으로 하는것이 좋다.
③ 분류식과 합류식이 공존하는 경우에는 원칙적으로 양지역의 관거는 분리하여 계획한다.
④ 관거는 원칙적으로 암거로 하여 수밀한 구조로 하여야 한다.
⑤ 합류관거는 오수관거보다 최소유속을 크게 하여야 한다.
⑥ 계획하수량은 계획시간 최대오수량으로 한다.
★★ ⑦ 오수관거의 유속은 계획시간 최대 오수량에 대하여 최소 0.6m/sec, 최대 3.0m/sec로 한다. 우수관거 및 합류관거에서의 유속은 계획우수량에 대하여 최소 0.8m/sec, 최대 3.0m/s이다.

Question 03

하수관거 중 우수관거 및 합류관거의 유속 기준으로 옳은 것은?
㉮ 계획우수량에 대하여 유속을 최소 0.6m/s, 최대 3.0m/s로 한다.
㉯ 계획우수량에 대하여 유속을 최소 0.8m/s, 최대 3.0m/s로 한다.
㉰ 계획우수량에 대하여 유속을 최소 1.0m/s, 최대 3.0m/s로 한다.
㉱ 계획우수량에 대하여 유속을 최소 1.2m/s, 최대 3.0m/s로 한다.

정답 ㉯

암기사항

관거별 유속기준

관거 종류	기준	최소 유속	최대 유속
도수관거	자연유하식	0.3m/sec	3.0m/sec
오수관거	계획시간최대오수량	0.6m/sec	3.0m/sec
우수관거, 합류관거	계획우수량	0.8m/sec	3.0m/sec

★★ ⑧ 최소 관경은
㉠ 오수관거에서는 250mm
㉡ 오수관거의 최소관경의 표준은 200mm

ⓒ 우수관거 및 합류관거에서는 300mm
ⓔ 우수관거 및 합류관거의 최소관경의 표준은 250mm

> **TIP**
> 최소관경표준(mm) = 최소관경(mm) - 50mm

⑨ 하수배제 방식이 합류식인 경우 중계 펌프장이나 처리장내 펌프장의 계획 하수량은 우천시 계획 오수량 기준으로 한다.

> **Question 04**
>
> 우수관거 및 합류관거의 최소관경에 관한 내용으로 맞는 것은?
> ㉮ 200mm를 표준으로 한다.　　㉯ 250mm를 표준으로 한다.
> ㉰ 300mm를 표준으로 한다.　　㉱ 350mm를 표준으로 한다.
>
> **풀이** 최소관경 표준 = 300mm - 50mm = 250mm

★ 6. 소규모 하수도의 계획에 있어서 고려하여야 하는 소규모 고유의 특성

① 일반적으로 건설비 및 유지관리비가 비싸게 되는 경향이 있다.
② 슬러지의 발생량이 적고 녹농지(삼림, 목초지, 공원 등)가 많은 하수슬러지의 녹농지 이용이 쉽다.
③ 하수도 운영에 있어서 지역 주민과 밀접한 관련을 갖는다.
④ 처리수의 방류지점의 유량이 작은 소하천, 소호수 및 농업용수로 등이므로 처리수의 영향을 받기가 쉽다.
⑤ 고장 및 유지보수시에 기술자의 확보가 곤란하고 제조업체에 의한 신속한 서비스를 받기 어렵다.
★★ ⑥ 계획구역이 작고 처리구역 내의 생활양식이 유사하며 유입하수의 수량 및 수질의 변동이 크다.

Question 05

소규모 하수도 계획시 고려하여야 하는 소규모 지역 고유의 특성으로 틀린 것은 어느 것인가?
㉮ 계획구역이 작고 처리구역내의 생활양식이 유사하며 유입하수의 수량 및 수질의 변동이 거의 없다.
㉯ 처리수의 방류지점의 유량이 작은 소하천, 소호소 및 농업용수로 등이므로 처리수의 영향을 받기가 쉽다.
㉰ 하수도 운영에 있어서 지역주민과 밀접한 관련을 갖는다.
㉱ 고장 및 유지보수시에 기술자의 확보가 곤란하고 제조업체에 의한 신속한 서비스를 받기 어렵다.

풀이 ㉮ 계획구역이 작고 처리구역내의 생활양식이 유사하며 유입하수의 수량 및 수질의 변동이 크다.

7. 하수관거의 특성

① 우수관거에서 계획 하수량은 계획 우수량으로 한다.
② 합류식관거에서 계획 하수량은 계획시간 최대 오수량에 계획 우수량을 합한 것으로 한다.
③ 차집관거에서 계획하수량은 우천시 계획 오수량으로 한다.
④ 지역의 실정에 따라 계획 하수량에 여유율을 둘 수 있다.
⑤ 하수 2차 처리시설 계획하수량의 표준(처리시설, 합류식 하수도 기준) : 계획 1일 최대 오수량

 Question 06

관거별 계획하수량을 정할 때 고려사항으로 가장 거리가 먼 것은?
㉮ 오수관거에서는 계획시간최대오수량으로 한다.
㉯ 차집관거는 계획시간최대오수량과 계획우수량을 합한 것으로 한다.
㉰ 지역의 실정에 따라 계획하수량에 여유율을 둘 수 있다.
㉱ 우수관거에서는 계획우수량으로 한다.

풀이 ㉯ 차집관거에서 계획하수량은 우천시 계획 오수량으로 한다.

8. 하수도 시설인 호기성 소화조

① 소화조의 수는 최소한 2조 이상으로 한다.
★★ ② 형상이 원형인 경우 바닥의 기울기는 10 ~ 25% 정도 되게 한다.
★★ ③ 측심은 5m정도로 한다.
④ 지붕이 불필요하며 가온시킬 필요성이 없다.

⑤ 수밀성 구조로 한다.
★★ ⑥ 0.9 ~ 1.2m의 여유고를 두어야만 한다.

Question 07

하수도시설인 호기성 소화조의 수와 형상에 관한 설명으로 옳지 않은 것은?
㉮ 소화조의 수는 최소한 2조 이상으로 한다.
㉯ 형상이 원형인 경우 바닥의 기울기는 5 ~ 10% 정도 되게한다.
㉰ 측심은 5m 정도로 한다.
㉱ 지붕이 불필요하며 가온시킬 필요성이 없다.

풀이 ㉯ 형상이 원형인 경우 바닥의 기울기는 10 ~ 25% 정도 되게 한다.

9. 하수슬러지 농축조

① 슬러지 스크레이퍼를 설치할 경우 탱크 바닥면의 가운데는 5/100 이상이 좋다.
② 슬러지 스크레이퍼가 없는 경우 탱크바닥의 중앙에 호퍼를 설치하되 호퍼 측벽의 기울기는 수평의 60° 이상으로 한다.
③ 농축조의 용량은 계획슬러지량의 18시간분량 이하로 하며 유효수심은 4m 정도로 한다.
④ 고형물 부하는 25 ~ 70kg/m^2 · 일을 기준으로 하나 슬러지의 특성에 따라 변경될 수 있다.

10. 하수 고도처리(잔류SS 및 잔류 용존유기물 제거)방법인 분리법에 적용되는 분리막 모듈형식

① 중공사형
② 관형
③ 나선형
④ 판형

Question 08

하수 고도처리(잔류 SS 및 잔류 용존유기물 제거)방법인 막 분리법에 적용되는 분리막 모듈 형식과 가장 거리가 먼 것은?
㉮ 중공사형   ㉯ 투사형   ㉰ 판형   ㉱ 나선형

정답

02 각 시설별 계획 하수량

1. 하수 1차 침전지까지 처리시설의 계획하수량 표준

① 처리시설(소독시설 포함), 합류식 하수도 기준 → 우천시 계획 오수량
② 처리장내 연결관거, 합류식 하수도 기준 → 우천시 계획 오수량
③ 처리시설(소독시설 포함), 분류식 하수도 기준 → 계획1일 최대오수량
④ 처리장내 연결관거, 분류식 하수도 기준 → 계획시간 최대 오수량

2. 하수 2차처리 처리시설의 계획 하수량 표준

① 처리시설, 합류식 하수도 기준 → 계획1일 최대오수량
② 처리장내 연결관거, 합류식 하수도 기준 → 계획시간 최대오수량
③ 처리시설, 분류식 하수도 기준 → 계획 1일 최대오수량
④ 처리장내 연결관거, 분류식 하수도 기준 → 계획시간 최대오수량

3. 고도처리 처리시설의 계획 하수량 표준

① 처리시설, 처리장내 연결관거, 합류식 하수도 기준 → 대상수량
② 처리시설, 처리장내 연결관거, 분류식 하수도 기준 → 대상수량

03 하수의 배제 방식

1. 하수의 배제 방식 중 합류식

① 관거내의 보수 : 폐쇄의 염려가 없으며, 검사 및 수리가 비교적 용이하다.
② 토지이용 : 기존의 측구를 폐지할 경우는 도로폭을 유용하게 이용 할 수 있다.
③ 관거오접 : 철저한 감시가 필요없다.
④ 시공 : 대구경 관거가 되면 좁은 도로에서의 매설에 어려움이 있다.
⑤ 중계펌프장이나 처리장내 펌프장의 계획하수량은 강우시 계획오수량 기준

⑥ 수질보전면(강우초기의 노면 세정수) : 시설의 일부를 개선 또는 개량하면 강우초기의 오염된 우수를 수용해서 처리할 수 있다.
★★ ⑦ 우천시 오수의 월류가 있다.

Question 09

하수배제 방식 중 합류식에 관한 설명으로 알맞지 않은 것은?

㉮ 관로계획 : 우수를 신속히 배수하기 위해 지형조건에 적합한 관거망이 된다.
㉯ 청천시의 월류 : 없음
㉰ 관거오접 : 없음
㉱ 토지이용 : 기존의 측구를 폐지할 경우는 뚜껑의 보수가 필요하다.

풀이 ㉱ 토지이용 : 기존의 측구를 폐지 경우는 도로폭을 유용하게 이용할 수 있다.

TIP
청천시의 반대 개념은 우천시이다.

★★ 2. 하수의 배제 방식 중 분류식

★★ ① 관거오접 : 철저한 감시가 필요하다.
② 시공 : 소구경 관거를 매설하므로 시공이 용이하지만 관거의 경사가 급하면 매설깊이가 크게 된다.
③ 관거내 퇴적 : 퇴적이 적으며, 수세효과는 기대할 수 없다.
④ 처리장으로 토사유입 : 토사의 유입은 있으나 합류식 정도는 아니다.
★★ ⑤ 관거내의 보수 : 폐쇄의 염려가 있다.
★★ ⑥ 우천시 월류 : 우천시 오수의 월류가 없다.
⑦ 건설비 : 오수관거와 우수관거의 2계통을 건설하는 경우는 비싸지만 오수관거만을 건설하는 경우는 가장 저렴하다.

Question 10

하수도 배제방식 중 분류식에 관한 내용으로 틀린 것은? (단, 합류식과 비교 기준)

㉮ 관거오접 : 없다.
㉯ 관거내 퇴적 : 관거 내의 퇴적이 적다.
㉰ 처리장으로의 토사유입 : 토사의 유입이 있지만 합류식 정도는 아니다.
㉱ 건설비 : 오수관거와 우수관거의2계통을 건설하는 경우는 비싸지만 오수관거만을 건설하는 경우는 가장 저렴하다.

풀이 ㉮ 관거오접 : 철저한 감시가 필요하다.

하수관거의 종류

1. 하수관거 중 원형관

① 공장제품사용시 이음이 많아져 지하수 침수를 효과적으로 막을 수 없다.
② 역학 계산이 가능하다.
③ 수리학적으로 유리하다.
④ 내경 3m(3,000mm)정도까지 공장제품을 사용할 수 있어 공사기간이 단축된다.
⑤ 안전하게 지지시키기 위해서 모래 기초외에 별도로 적당한 기초공을 필요로 하는 경우가 있다.

Question 11

하수 원형 단면 관거의 장단점으로 틀린 것은?

㉮ 안전하게 지지시키기 위한 모래기초 외의 별도의 기초공이 필요없다.
㉯ 공사기간이 단축된다. (일반적으로 내경 3,000mm 정도까지는 공장제품 사용 가능)
㉰ 역학 계산이 간단하다.
㉱ 공장제품 사용으로 접합부가 많아져 지하수의 침투량이 많아질 염려가 있다.

 ㉮ 안전하게 지지시키기 위한 모래기초 외에 별도로 적당한 기초공을 필요로 하는 경우가 있다.

2. 하수관거 중 직사각형(장방형)

① 일반적으로 높이가 폭보다 작다.
② 역학계산이 간단하다.
③ 시공 장소의 흙두께 및 폭원에 제한을 받는 경우에 유리하다.
④ 현장 타설의 경우에 공사기간이 지연된다.
⑤ 만류가 되기까지는 수리학적으로 유리하다.

Question 12

단면형태가 직사각형인 하수관거의 장·단점으로 알맞은 것은 어느 것인가?

㉮ 시공장소의 흙두께 및 폭원에 제한을 받는 경우에 유리하다.
㉯ 만류가 되기까지는 수리학적으로 불리하다.
㉰ 철근이 해를 받았을 경우에도 상부하중에 대하여 대단히 안정적이다.
㉱ 현장 타설의 경우, 공사기간이 단축된다.

풀이 ㉯ 만류가 되기까지는 수리학적으로 유리하다.
㉰ 철근이 해를 받았을 경우에는 상부하중에 대하여 대단히 불안정적이다.
㉱ 현장 타설의 경우, 공사기간이 지연된다.

3. 하수관거 중 말굽형(마제형)

① 대구경 관거에 유리하며 경제적이다.
★★ ② 단면 형상이 복잡하기 때문에 시공성이 열악하다.
③ 상반부의 아치작용에 의해 역학적으로 유리하다.
★★ ④ 현장 타설의 경우는 공사기간이 길어진다.
★★ ⑤ 수리학적으로 유리하다.

Question 13

말굽형 하수관거의 장점으로 가장 거리가 먼 것은?

㉮ 대구경 관거에 유리하며 경제적이다.
㉯ 수리학적으로 유리하다.
㉰ 단면형상이 간단하여 시공성이 우수하다.
㉱ 상반부의 아치작용에 의해 역학적으로 유리하다.

풀이 ㉰ 단면형상이 복잡하여 시공성이 열악하다.

4. 하수관거 중 계란형

★★ ① 원형거에 비하여 관폭이 작아도 되므로 수직방향의 토압에 유리하다.
② 재질에 따라 제조비가 늘어나는 경우가 있다.
③ 수직방향의 시공에 정확도가 요구되므로 면밀한 시공이 필요하다.
★★ ④ 유량이 큰 경우 원형거에 비해 수리학적으로 불리하다.

Question 14

하수관거의 단면형상이 계란형인 경우 설명이 틀린 것은 어느 것인가?
㉮ 유량이 적은 경우 원형거에 비해 수리학적으로 유리하다.
㉯ 수직방향의 시공에 정확도가 요구되므로 면밀한 시공이 필요하다.
㉰ 재질에 따라 제조비가 늘어나는 경우가 있다.
㉱ 원형거에 비해 관폭이 커도 되므로 수평방향의 토압에 유리하다.

풀이 ㉱ 원형거에 비해 관폭이 작아도 되므로 수직방향의 토압에 유리하다.

★★ 5. 하수관의 관정부식

① 원인 : 유기물이 혐기성 상태에서 분해되어 H_2S가 발생되며 이는 공기중에서 호기성 박테리아에 의해 SO_2나 SO_3로 변화되고 다시 수분과 반응하여 H_2SO_4이 생성되어 콘크리트를 부식시킨다.

② 방지책
  ㉠ 하수의 유속을 빠르게 한다.
  ㉡ 하수관의 피복 및 도장
  ㉢ 하수내의 염소주입
  ㉣ 환기

Question 15

하수관거시설이 황화수소에 의하여 부식되는 것을 방지하기 위한 대책으로 잘못된 것은 어느 것인가?
㉮ 관거를 청소하고 미생물의 생식 장소를 제거한다.
㉯ 염화 제2철을 주입하여 황화물을 고정화한다.
㉰ 염소를 주입하여 ORP를 저하시킨다.
㉱ 환기에 의해 관내 황화수소를 희석한다.

풀이 ㉰ 염소를 주입하여 ORP를 상승시킨다.

6. 교차연결(Cross connection)

① 정의 : 음용수용 급수시설에 음용수로 사용될 수 없는 물이 직접 또는 간접적으로 유입될 수 있도록 되어 있는 물리적인 연결을 의미한다.

② 원인
　㉠ 상수관이 하수관거와 함께 매설될 때
　㉡ 소화전이 하수관거로 배출될 때
　㉢ 오염원의 유출구가 상수의 유입구보다 상부에 위치할 때

> **TIP**
> 하수시설인 우수 조정지 구조형식
> ① 댐식(제방높이 15m 미만)
> ② 굴착식
> ③ 저하식(관 내 저류 포함)

Question 16

하수시설에서 우수조정지 구조형식이 아닌 것은 어느 것인가?
　㉮ 댐식(제방높이 15m 미만)　　　㉯ 저하식(관내 저류 포함)
　㉰ 굴착식　　　　　　　　　　　㉱ 유하식(자연 호소 포함)

정답 ㉱

05 오수처리

1. 오수처리를 위한 관거 계획

① 오수관거는 계획시간 최대오수량을 기준으로 계획한다.
② 합류식에서 하수의 차집관거는 우천시 계획오수량을 기준으로 계획한다.
③ 관거는 원칙적으로 암거로 하며 수밀한 구조로 하여야 한다.
④ 오수관거와 우수관거가 교차하는 경우에는 오수관거를 역사이펀으로 하는 것이 좋다.

★★★ 2. 오수량 산정

① 합류식에서 우천시 계획오수량은 원칙적으로 계획시간 최대오수량의 3배 이상으로 한다.
② 계획1일 평균오수량은 계획1일 최대오수량의 70~80%를 표준으로 한다.
③ 지하수량은 1인 1일 최대오수량의 10~20%로 한다.

④ 계획1일 최대오수량은 1인1일 최대오수량에 계획인구를 곱한 후 여기에 공장폐수량, 지하수량 및 기타 배수량을 가산한 것으로 한다.
⑤ 1인 1일 최대오수량은 1인 1일 최대급수량을 감안해 결정한다.
⑥ 계획시간 최대오수량은 계획1일 최대오수량의 1시간당 수량의 1.3 ~ 1.8배를 표준으로 한다.

Question 17

계획오수량을 정할 때 고려되는 지하수량에 관한 내용으로 알맞은 것은 어느 것인가?

㉮ 1인1일 평균오수량의 5 ~ 10%로 한다.
㉯ 1인1일 최대오수량의 5 ~ 10%로 한다.
㉰ 1인1일 평균오수량의 10 ~ 20%로 한다.
㉱ 1인1일 최대오수량의 10 ~ 20%로 한다.

정답 ㉱

Question 18

'계획오수량'에 대한 내용으로 틀린 것은 어느 것인가?

㉮ 합류식에서 우천시 계획오수량은 원칙적으로 계획 시간 최대오수량의 3배 이상으로 한다.
㉯ 계획 시간 최대오수량은 계획 1일 최대 오수량의 1시간당 수량의 1.3 ~ 1.8배를 표준으로 한다.
㉰ 계획 1일 평균오수량은 계획 1일 최대오수량의 60 ~ 70%를 표준으로 한다.
㉱ 지하수량은 1인 1일 최대오수량의 10 ~ 20%로 한다.

풀이 ㉰ 계획 1일 평균오수량은 계획 1일 최대오수량의 70 ~ 80%를 표준으로 한다.

06 우수량

★★ 1. 계획 우수량 산정

★★ ① 확률년수는 원칙적으로 10 ~ 30년으로 한다.
★★ ② 유달시간은 유입시간과 유하시간을 합한 것이다.
★★ ③ 유출계수는 토지 이용도별 기초유출계수로부터 총괄유출계수를 구하는 것을 원칙으로 한다.
④ 최대 계획 우수 유출량의 산정은 합리식에 의한 것으로 한다.
⑤ 유하시간은 최상류관거의 끝으로부터 하류관거의 어떤 지점까지의 거리를 계획유량

에 대응한 유속으로 나누어 구한다.
⑥ 우수배제계획에서 계획우수량 산정시 고려사항은 유출계수, 배수면적, 확률년수이다.
⑦ 유입시간은 최소단위배수구의 지표면 특성을 고려하여 구한다.

> **TIP**
> 계획우수량을 정할 때 고려하는 빗물펌프장의 확률년수는 30 ~ 50년이다.

Question 19

계획우수량을 정할 때 고려하여야 할 사항으로 틀린 것은 어느 것인가?

㉮ 하수관거의 확률년수는 원칙적으로 10 ~ 30년으로 한다.
㉯ 유입시간은 최소단위배수구의 지표면특성을 고려하여 구한다.
㉰ 유출계수는 지형도를 기초로 답사를 통하여 충분히 조사하고 장래 개발계획을 고려하여 구한다.
㉱ 유하시간은 최상류관거의 끝으로부터 하류관거의 어떤 지점까지의 거리를 계획유량에 대응한 유속으로 나누어 구하는 것을 원칙으로 한다.

풀이 ㉰ 유출계수는 토지 이용도별 기초유출계수로부터 총괄유출계수를 구하는 것을 원칙으로 한다.

★★★ 2. 우수량 계산

① 합리식에 의한 우수량 : $Q = \dfrac{1}{360} CIA$

$$\begin{cases} Q : 우수량(m^3/sec) \\ I : 강우강도(mm/hr) \\ 유하시간 = \dfrac{L(길이)(m)}{V(유속)(m/min)} \\ 1km^2 = 100ha \end{cases} \quad \begin{array}{l} C : 유출계수 \\ t(유달시간) = 유입시간(min) + 유하시간(min) \\ A : 면적(ha) \end{array}$$

② $Q = CIA$

$\begin{bmatrix} Q : 우수량(m^3/sec) & C : 유출계수 & I : 강우강도(m/sec) & A : 면적(m^2) \end{bmatrix}$

Question 20

유역면적이 1.5km²인 지역에서 우수 유출량을 산정하기 위하여 합리식을 사용하였다. 다음과 같은 조건일 때 관거길이 1,000m인 하수관의 우수유출량(m³/sec)을 계산하시오. (단, 강우강도, I(mm/hr) = $\frac{3,600}{t+30}$, 유입시간은 6분, 유출계수는 0.7, 관내의 평균유속은 1.5m/sec이다.)

풀이

$Q = \frac{1}{360} CIA$

$\begin{cases} C : \text{유출계수} = 0.7 & I : \text{강우강도(mm/hr)} \rightarrow I = \frac{3,600}{t+30} \\ t : \text{유달시간(min)} \rightarrow t = \text{유입시간} + \text{유하시간}\left(\frac{\text{거리}}{\text{유속}}\right) \end{cases}$

$t = 6\text{min} + \frac{1,000\text{m}}{1.5\text{m/sec} \times 60\text{sec/min}} = 17.11\text{min}$

$I(\text{mm/hr}) = \frac{3,600}{17.11\text{min} + 30} = 76.42\text{mm/hr}$

$\begin{bmatrix} A : \text{면적(ha)} \rightarrow A = 1.5\text{km}^2 \times 100\text{ha}/1\text{km}^2 = 150\text{ha} \end{bmatrix}$

따라서 $Q = \frac{1}{360} CIA = \frac{1}{360} \times 0.7 \times 76.42\text{mm/hr} \times 150\text{ha} = 22.29\text{m}^3/\text{sec}$

3. 우수받이의 설치

① 협잡물 및 토사의 유입을 저감할 수 있는 방안을 고려하여야 한다.
② 설치위치는 보도, 차도구분이 없는 경우에는 도로와 사유지의 경계에 설치한다.
③ 도로옆 물이 모이기 쉬운 장소나 C형 측구의 유하방향 하단부에 반드시 설치한다.
④ 횡단보도 및 가옥의 출입구 앞에는 가급적 설치하지 않는다.

4. 우수토실

① 합류식 하수도에 설치한다.
② 가능한 한 방류수역 가까이에 설치한다.
③ 우수토실에서 계획 하수량은 우천시 계획 오수량을 말한다.
④ 우수토실의 오수유출관거에는 소정의 유량 이상은 흐르지 않도록 한다.

Question 21

하수관거시설인 우수토실에 대한 내용으로 틀린 것은 어느 것인가?
㉮ 우수월류량은 계획하수량에서 우천시 계획오수량을 뺀 양으로 한다.
㉯ 우수토실의 오수 유출관거에는 소정의 유량 이상이 흐르도록 하여야 한다.
㉰ 우수토실은 위어형 이외에 수직오리피스, 기계식 수동 수문 및 자동수문, 볼텍스 밸브류 등을 사용할 수 있다.
㉱ 우수토실을 설치하는 위치는 차집관거의 배치, 방류수면 및 방류지역의 주변환경 등을 고려하여 선정한다.

▶ 풀이 ㉯ 우수토실의 오수 유출관거에는 소정의 유량 이상이 흐르지 않도록 한다.

5. 맨홀의 설치간격 및 맨홀, 맨홀 부속물

①
관경(mm)	300 이하	600 이하	1,000 이하	1,500 이하
최대간격(m)	50	75	100	150

② 관거의 기점 및 방향이 변하는 곳에 설치한다.
③ 맨홀 부속물인 인버터(invert) 발디딤부는 10 ~ 20%의 횡단경사를 둔다.
④ 맨홀 부속물인 인버터(invert)는 하류관거의 관경 및 경사와 동일하게 한다.
⑤ 맨홀의 상판높이(인버터의 상단 ~ 맨홀상판)는 유지관리상 작업원이 서서 작업할 수 있도록 1.8 ~ 2.0m 정도로 하는 것이 바람직하다.

Question 22

하수관의 맨홀 설치에 관한 설명으로 틀린 것은?
㉮ 맨홀은 관거의 기점, 방향, 경사 및 관경 등이 변하는 곳에 설치한다.
㉯ 관거 직선부에서는 맨홀의 최대 간격은 600mm 이하 관에서 최대 간격 75m이다.
㉰ 맨홀의 상판높이(인버트의 상단 ~ 맨홀상판)는 유지관리상 작업원이 서서 작업할 수 있도록 1.8 ~ 2.0m 정도로 하는 것이 바람직하다.
㉱ 맨홀 부속물인 인버트의 발디딤부는 5 ~ 7%의 횡단경사를 둔다.

▶ 풀이 ㉱ 맨홀 부속물인 인버트의 발디딤부는 10 ~ 20%의 횡단경사를 둔다.

6. 관두께 구하는 공식

$$T = \frac{P \times D}{2\sigma t}$$

- T : 관 두께(mm)
- D : 직경(mm)
- P : 관내수압(kg/cm^2)
- σt : 강재허용응력(kg/cm^2)

TIP

$MPa = N/mm^2$

Question 23

내경 1,000mm의 강관내로 수압 $10kg/cm^2$으로 물이 흐르고 있다. 매설 강관의 최소 두께(mm)를 계산하시오. (단, 관의 허용응력은 $1,100kg/cm^2$이다.)

풀이 $\therefore T = \dfrac{10kg/cm^2 \times 1,000mm}{2 \times 1,100kg/cm^2} = 4.55mm$

★★ 7. 관이 받는 하중

$$W = C_1 \times r \times B^2$$

- W : 관이 받는 하중(t/m)
- r : 표토의 밀도(t/m^3)
- C_1 : 토압계수
- B : 폭(m) → $B = 1.5 \times D + 0.3$(m)

Question 24

하수관을 매설하려고 한다. 매설지점의 표토는 젖은 진흙으로서 흙의 단위중량은 $1.85kN/m^3$이고 흙의 종류와 관의 깊이에 따라 결정되는 계수 C_1은 1.86이다. 이때 매설관이 받는 하중(kN/m)을 계산하시오. (단, Marston의 방법 적용, 관의 상부 90° 부분에서의 관매설을 위하여 굴토한 도랑폭은 1.2m이다.)

풀이 $W = C_1 \times r \times B^2 = 1.86 \times 1.85kN/m^3 \times (1.2m)^2 = 5.0kN/m$

8. 도수관, 송수관에 설치하는 제수밸브

① 수압이 높은 장소로서 관경이 400mm 이상의 제수밸브에는 부제수밸브를 설치하여야 한다.
② 관경 600mm 이상의 개폐장치는 감속장치를 설치한다.
③ 제수밸브실은 도로의 종류별, 배관의 구경별 및 현장 조건에 따라 소형, 중형, 대형으로 구분하여 설치한다.
④ 제수밸브실에는 이상수압 발생시 즉시 감지하기 위한 수압계의 설치등 배수 및 점검을 위한 구분으로 설치한다.

★★ 9. 역사이펀관

① 역사이펀실에는 수문설비 및 깊이 0.5m 정도의 이토실을 설치한다.
★★ ② 관거의 흙 두께는 1m 이상이며 역사이펀관의 관경은 최소 250mm 이상으로 한다.
③ 역사이펀실의 깊이가 5m 이상인 경우 중간에 배수펌프를 설치 할 수 있는 설치대를 둔다.
★★ ④ 역사이펀 관거와 유입구와 유출구는 손실수두를 적게 하기 위하여 종모양으로 하고 관거내의 유속은 상류측 관거내의 유속을 20 ~ 30% 증가시킨 것으로 한다.
★★ ⑤ 오수관거와 우수관거가 교차하며 역사이펀을 피할 수 없을 경우 오수관거를 역사이펀으로 하는 것이 좋다.
⑥ 역사이펀관의 형상은 U자형이나 V자형으로 한다.
★★ ⑦ 역사이펀의 손실수두 계산식

역 syphons의 손실수두(H) = $I \cdot L + 1.5 \times \dfrac{V^2}{2g} + \alpha$

L : 관의 길이(m)　　V : 관내 유속(m/sec)　　g : 중력가속도(9.8m/sec²)
α : 손실수두에 관한 여유(보통 0.03 ~ 0.05m)　　I : 역사이펀내의 유속에 대한 동수구배

📢 Question 25

관경 1,100mm, 동수경사 2.4‰, 유속 2.15 m/sec, 연장 L = 76m일 때, 역 Syphons의 손실수두(m)를 계산하시오. (단, β = 1.5, α = 0.042m이다.)

풀이

$H = I \times L + 1.5 \times \dfrac{V^2}{2g} + \alpha$

$H = \dfrac{2.4}{1,000} \times 76m + 1.5 \times \dfrac{(2.15 m/sec)^2}{2 \times 9.8 m/sec^2} + 0.042m = 0.58m$

> **TIP**
> I(동수경사 = 기울기 = 구배)를 계산할 때
> 동수경사가 2.4% 일 때 $I = \dfrac{2.4}{100}$
> 동수경사가 2.4‰ 일 때 $I = \dfrac{2.4}{1,000}$가 된다.

07 관거의 접합

1. 관거의 접합
① 접합의 종류에는 관정접합, 관중심접합, 수면접합, 관저접합 등이 있다.
② 관거의 관경이 변화하는 경우의 접합 방법은 원칙적으로 수면접합 또는 관정접합으로 한다.
③ 2개의 관거가 합류하는 경우 중심교각은 되도록 30°~45° 이하로 하고 곡선을 갖고 합류하는 경우의 곡률반경은 내경의 5배 이상으로 한다.
④ 지표의 경사가 급한 경우에는 관경변화에 대한 유무에 관계없이 원칙적으로 단차접합 또는 계단접합을 한다.

★★★ 2. 관정접합
유수는 원활한 흐름이 되지만 굴착깊이가 증가됨으로 공사비가 증대되고 펌프로 배수하는 지역에서는 양정이 높게 되는 단점이 있다.

> **Question 26**
> 하수관거의 접합 방법 중 유수는 원활한 흐름이 되지만 굴착 깊이가 증가됨으로 공사비가 증대되고 펌프로 배수하는 지역에서는 양정이 높게 되는 단점이 있는 접합은 어느 것인가?
> ㉮ 수면접합　　㉯ 관정접합　　㉰ 중심접합　　㉱ 관저접합
>
> **정답** ㉯

★★★ 3. 관저접합

① 굴착깊이가 얕아 공사기간과 공사비가 절감되며, 펌프로 양수하는 경우, 양정고 감소, 수위상승방지 등의 장점이 있어 펌프로 배수하는 지역에 적합한 하수관 접합방식이다.
② 굴착깊이를 얕게 함으로써 공사비용을 줄일 수 있으며 수위상승을 방지하고 양정고를 줄일 수 있어 펌프로 배수하는 지역에 적합하나 상승부에서는 동수경사선이 관정보다 높이 올라 갈 우려가 있다.

Question 27

하수관거의 접합방법 중 굴착 깊이를 얕게 함으로써 공사비용을 줄일 수 있으며 수위상승을 방지하고 양정고를 줄일 수 있어 펌프로 배수하는 지역에 적합하나 상류부에서는 동수경사선이 관정보다 높이 올라갈 우려가 있는 것은?

㉮ 수면접합   ㉯ 관중심접합   ㉰ 관저접합   ㉱ 관정접합

풀이 ㉰ 관저접합에 대한 설명이다.

08 매설하는 금속관의 전식방지방법의 종류

① 강제 배류법
② 유전양극법(희생양극법)
③ 외부전원법
④ 이음부의 절연화

Question 28

전식의 위험이 있는 철도 가까이에 금속관을 매설하는 경우, 금속관을 매설하는 측의 대책(전식방지방법)으로 틀린 것은 어느 것인가?

㉮ 이음부의 절연화   ㉯ 강제배류법
㉰ 내부전원법   ㉱ 유전양극법(또는 희생양극법)

풀이 ㉰ 외부전원법

CHAPTER 03 상수도용 양수설비

01 펌프의 용도 및 하수도용 펌프의 특징

1. 펌프 용도

① 깊은 우물인 경우는 수중모우터 펌프 또는 깊은 우물용펌프, 침수의 위험이 있는 곳은 입축형 펌프
② 수도용 펌프 형식에서 동작원리에 따른 분류 : 터보형, 용적형, 특수형
③ 수도용 펌프 형식에서 양수원리에 따른 분류 : 원심, 축류, 사류, 왕복, 마찰, 제트, 수격펌프

★★ 2. 하수 배제 방식에 따른 계획 하수량

★★ ① 하수 배제 방식이 분류식인 경우 중계 펌프장이나 처리장내 펌프장은 시간계획 최대 오수량으로 한다.
② 하수 배제 방식이 분류식인 경우 빗물 펌프장은 계획 우수량으로 한다.
③ 하수 배제 방식이 합류식인 경우 중계 펌프장이나 처리장내 펌프장은 우천시 계획 오수량으로 한다.
★★ ④ 합류식에서 빗물펌프장의 계획하수량은 합류관거의 계획하수량에서 우천시 계획오수량을 뺀 것으로 한다.

> **Question 01**
>
> 하수도 시설인 펌프장 시설의 계획하수량에 관한 설명으로 옳은 것은?
> ㉮ 합류식에서 빗물펌프장의 계획하수량은 합류관거의 계획하수량에 우천시 계획오수량을 더한 것으로 한다.
> ㉯ 합류식에서 빗물펌프장의 계획하수량은 합류관거의 계획하수량에서 우천시 계획오수량을 뺀 것으로 한다.
> ㉰ 합류식에서 빗물펌프장의 계획하수량은 계획우수량으로 한다.
> ㉱ 합류식에서 빗물펌프장의 계획하수량은 우천시 계획오수량으로 한다.
>
> **정답** ㉯

★★★ 3. 하수도용 펌프에서 비교회전도(NS)특징

① 비교회전도(Ns)가 크면 유량이 많은 저양정의 펌프로 된다.
② 비교회전도(Ns)의 값이 펌프 형식 선정의 기준이 된다.
③ 수량 및 전양정이 같다면 회전수가 많을수록 비교회전도(Ns)의 값이 크게 된다.
④ 비교회전도(Ns)가 크게 될수록 흡입성능이 나쁘고 공동현상(케비테이션)이 발생하기 쉽다.
⑤ 비교회전도(Ns)가 같으면 펌프의 크기에 관계없이 같은 형식의 펌프로 하고 특성도 대체로 같다.
⑥ 비교회전도(Ns)가 크면 양수량은 크고 양정은 낮은 펌프가 된다.
⑦ 비교회전도(Ns)는 축류펌프가 터어빈 펌프에 비하여 높다.
⑧ 펌프는 비교회전도(Ns)의 값에 따라 그 형식이 변한다.

> **Question 02**
>
> 비교회전도(Ns)에 대한 다음 설명 중 옳지 않은 것은?
> ㉮ 펌프는 Ns의 값에 따라 그 형식이 변한다.
> ㉯ Ns가 같으면 펌프의 크기에 관계없이 같은 형식의 펌프로 하고 특성도 대체로 같게 된다.
> ㉰ 수량과 전양정이 같다면 회전수가 많을수록 Ns가 크게 된다.
> ㉱ 일반적으로 Ns가 적으면 유량이 큰 저양정의 펌프가 된다.
>
> **풀이** ㉱ 일반적으로 Ns가 크면 유량이 큰 저양정의 펌프가 된다.

02 펌프의 종류

1. 축류펌프

① 전양정이 5m 이하일 때 적용
② 펌프의 구경은 400mm 이상을 표준으로 한다.
③ 흡입성능이 낮고 효율폭이 좁다.
④ 비교회전도(Ns)은 1,100 ~ 2,000rpm이다.
⑤ 규정양정의 130% 이상이 되면 소음 및 진동이 발생한다.

Question 03

펌프의 형식 중 베인의 양력작용에 의하여 임펠러 내의 물에 압력 및 속도에너지를 주고 가이드베인으로 속도 에너지의 일부를 압력으로 변환하여 양수작용을 하는 펌프는?

㉮ 원심펌프   ㉯ 축류펌프   ㉰ 사류펌프   ㉱ 플랜지 펌프

풀이 ㉯ 축류펌프에 대한 설명이다.

★★ 2. 스크류 펌프

① 양정에 제한이 있다.
② 일반 펌프에 비하여 펌프가 크게 된다.
③ 토출측의 수로를 압력관으로 할 수 없다.
④ 수중의 협잡물을 물과 함께 양수시키므로 막힘이 거의 없다.
⑤ 회전수가 낮기 때문에 마모가 적다.
⑥ 가동에 필요한 물채움 장치나 밸브 등 부대시설이 없어 자동운전이 용이하다.
⑦ 구조가 간단하고 개방형이어서 운전 및 보수가 쉽다.

Question 04

하수 펌프장 시설인 스크류펌프(screw pump)의 일반적 장·단점으로 틀린 것은?

㉮ 회전수가 낮기 때문에 마모가 적다.
㉯ 수중의 협잡물이 물과 함께 떠올라 폐쇄 가능성이 크다.
㉰ 기동에 필요한 물채움장치나 밸브 등 부대시설이 없어 자동운전이 쉽다.
㉱ 토출측의 수로를 압력관으로 할 수 없다.

풀이 ㉯ 수중의 협잡물을 물과 함께 양수시키므로 막힘이 거의 없다.

★★ 3. 사류 펌프

① 전양정 3 ~ 6m일 때 적용한다.
② 펌프의 구경은 200mm 이상이다.
③ 비교회전도(Ns)는 700 ~ 1,200rpm이다.
④ 양정변화에 대해 수량 변동이 적고 수량 변동에 대하여 동력의 변화도 적다.
⑤ 우수용 펌프 등 수위변동이 큰 곳에 적합한 펌프이다.

Question 05

하수도에 사용되는 펌프형식 중 전양정이 3 ~ 12m 일 때 적용하고, 펌프구경은 400mm 이상을 표준으로 하며 양정변화에 대하여 수량의 변동이 적고, 또 수량변동에 대해 동력의 변화도 적으므로 우수용 펌프 등 수위변동이 큰 곳에 적합한 것은?

㉮ 원심펌프　　　㉯ 사류펌프　　　㉰ 원심사류펌프　　　㉱ 축류펌프

정답 ㉯

---

4. 원심 펌프

① 전양정이 4m 이상일 때 적용한다.
② 펌프의 구경은 80mm 이상이다.
③ 비교회전도(Ns)는 100 ~ 250rpm이다.
④ 효율이 높고 적용범위가 넓으며 적은 유량을 가감하는 경우에 소요동력이 적어도 운전에 지장이 없고 공동현상이 잘 발생하지 않는다.

★★★ 5. 비교회전도(Ns) 값의 비교

축류펌프(1,100 ~ 2,000rpm) > 사류펌프(700 ~ 1,200rpm) > 원심펌프(100 ~ 250rpm)

★★★ 6. 비교회전도(Ns) 공식

$$Ns = N \times \frac{Q^{1/2}}{H^{3/4}}$$

Ns : 비교회전도(rpm = 회/min)　　N : 규정회전수(rpm)
Q : 펌프의 토출량(m³/min)　　H : 총양정(m)

Question 06

1분당 300m³의 물을 150m 양정(전양정)할 때 최고 효율점에 달하는 펌프가 있다. 이 때의 회전수가 1,000rpm 이라면 이 펌프의 비속도(비교회전도)(rpm)을 계산하시오.

풀이

$$Ns = N \times \frac{Q^{1/2}}{H^{3/4}} \rightarrow Ns = 1,000 \text{rpm} \times \frac{(300 \text{m}^3/\text{min})^{1/2}}{(150\text{m})^{3/4}} = 404.10 \text{rpm}$$

7. 펌프의 용량

(1) 펌프의 구경

★★★ ① $D = 146 \times \sqrt{\dfrac{Q}{V}}$

[D : 펌프의 흡입구경(mm)   Q : 펌프의 토출량(m³/min)   V : 유속(m/sec)]

② $Q = A \times V = \dfrac{\pi D^2}{4} \times V \quad \therefore D = \sqrt{\dfrac{4Q}{\pi V}}$

[Q : 유량(m³/sec)   A : 단면적(m²)   V : 유속(m/sec)   D : 직경(m)]

Question 07

펌프흡입구의 유속이 4m/sec이고 펌프의 토출량은 840m³/hr일 때, 하수 이송에 사용되는 이 펌프의 흡입구경(mm)을 계산하시오.

풀이

$D = 146 \times \sqrt{\dfrac{Q}{V}}$

$\therefore D = 146 \times \sqrt{\dfrac{840 \text{m}^3/\text{hr} \times 1\text{hr}/60\text{min}}{4\text{m}/\text{sec}}} = 273.14 \text{mm}$

(2) 펌프의 전양정

① 전양정(TDH) = 실양정(H_L) + 마찰수두(H_F) + 속도수두(H_V)

$\quad = 실양정(H_L) + (f \cdot \dfrac{L}{D} + f_i + f_o) \times \dfrac{V^2}{2g} + \dfrac{V^2}{2g}$

$$\text{마찰수두}(H_F) \begin{cases} \text{유입 손실수두}(h_i) = f_i \times \dfrac{V^2}{2g} \\ \text{유출 손실수두}(h_o) = f_o \times \dfrac{V^2}{2g} \\ \text{관마찰 손실수두}(h_L) = f \times \dfrac{L}{D} \times \dfrac{V^2}{2g} \end{cases}$$

$$\text{속도수두}(H_V) = \dfrac{V^2}{2g}$$

$\begin{bmatrix} f : \text{마찰손실계수} & f_i : \text{유입손실계수} & f_o : \text{유출손실계수} & L : \text{길이(m)} \\ D : \text{관경(m)} & g : \text{중력가속도}(9.8 m/sec^2) & V : \text{유속(m/sec)} \end{bmatrix}$

★★★② Darcy–Weisbach 공식

$$h_L = f \times \dfrac{L}{D} \times \dfrac{V^2}{2g}$$

$\begin{bmatrix} h_L : \text{관마찰 손실수두(m)} & f : \text{마찰손실계수} & L : \text{길이(m)} \\ D : \text{관경(m)} & g : \text{중력가속도}(9.8 m/sec^2) & V : \text{유속(m/sec)} \end{bmatrix}$

Question 08

상수관로의 길이 800m, 내경 200mm에서 유속 2m/sec로 흐를 때 관마찰 손실수두(m)을 계산하시오. (단, Darcy–Weisbach 공식을 이용하며 마찰손실계수는 0.02 임.)

풀이 $h_L = f \times \dfrac{L}{D} \times \dfrac{V^2}{2g} = 0.02 \times \dfrac{800m}{0.2m} \times \dfrac{(2m/sec)^2}{2 \times 9.8m/sec^2} = 16.33m$

③ 펌프의 축동력

★★★ ㉠ $kW = \dfrac{r \times Q \times H}{102 \times \eta} \times \alpha$, $Ps = \dfrac{r \times Q \times H}{75 \times \eta} \times \alpha$

- kW : 동력
- r : 비중량(1,000kg/m³)
- Q : 토출량(m³/sec)
- H : 전양정(m)
- η : 펌프의 효율
- α : 여유율
- $1Kw = 102 kg \cdot m/sec$
- $1Ps = 75 kg \cdot m/sec$

TIP
102와 75의 시간 단위가 "sec"이므로 토출량(Q)의 시간 단위는 반드시 "sec"임을 숙지하셔야 합니다.

㉡ $Ps = \dfrac{0.222 \times r \times Q \times H}{\eta}$

- r : 물의 비중(1.0g/cm³)
- Q : 토출량(m³/min)
- H : 전양정(m)
- η : 효율

Question 09

펌프효율 $\eta = 80\%$이며 전양정 $H = 16m$인 조건 하에서 양수율 $Q = 12L/sec$로서 펌프를 회전시킨다면 모터의 축동력(kW)을 계산하시오.(단, 물의 비중량은 1,000kg/m³이다.)

풀이
$kW = \dfrac{r \times Q \times H}{102 \times \eta_1 \times \eta_2} \times \alpha = \dfrac{1,000 kg/m^3 \times 12 \times 10^{-3} m^3/sec \times 16m}{102 \times 0.8} = 2.35 kW$

8. 공동현상(空洞現狀) ; cavitation)

(1) 정의

물이 관 속을 유동하고 있을 때 유동하는 물 속의 어느 부분의 정압이 그 때의 증기압보다 낮아지면 부분적으로 기화(증발)하여 관내부에 증기부, 즉 공동이 발생되는데 이와 같은 현상을 공동현상이라 한다.

Question 10

펌프 회전차나 동체 속에 흐르는 압력이 국소적으로 저하하여 그 액체의 포화 증기압 이하로 떨어져 발생하는 펌프 운전시의 비정상 현상은?

㉮ 캐비테이션   ㉯ 서어징   ㉰ 수격 작용   ㉱ 맥놀이 현상

정답 ㉮

★★ **(2) 펌프의 캐비테이션(공동현상) 방지책**

① 펌프의 설치 위치를 가능한 한 낮추어 가용유효흡입수두를 크게 한다.
② 흡입관의 손실을 가능한 한 작게하여 가용유효흡입수두를 크게 한다.
③ 펌프의 회전속도를 낮게 선정하여 필요유효흡입수두를 작게 한다.
④ 흡입측 밸브를 완전히 개방하고 펌프를 운전한다.

Question 11

캐비테이션이 발생하는 것을 방지하기 위한 대책으로 옳지 않은 것은?

㉮ 펌프의 설치위치를 가능한 한 낮추어 가용유효흡입수두를 크게 한다.
㉯ 펌프의 회전속도를 낮게 하여 펌프의 필요유효흡입수두를 작게 한다.
㉰ 흡입측 밸브를 조금만 개방하고 펌프를 운전한다.
㉱ 흡입관의 손실을 가능한 한 작게 하여 가용유효흡입수두를 크게 한다.

풀이 ㉰ 흡입측 밸브를 완전히 개방하고 펌프를 운전한다.

9. 서어징 현상

펌프 운전시 비정상 현상으로 토출량과 토출압이 주기적으로 변동하는 상태를 일으키며 펌프 특성 곡선이 산고형에서 발생하는 큰 진동이 발생되는 현상이다.

Question 12

펌프 운전시 발생할 수 있는 비정상현상 중 펌프운전 중에 토출량과 토출압이 주기적으로 숨이 찬 것처럼 변동하는 상태를 일으키는 현상으로 펌프 특성 곡선이 산형에서 발생하며 큰 진동을 발생하는 경우를 무엇이라 하는가?

㉮ 캐비테이션(cavitation)   ㉯ 서어징(surging)
㉰ 수격작용(water hammer)   ㉱ 크로스커넥션(cross connection)

정답 ㉯

10. 수격작용(Water Hammer)

(1) 정의

관속을 충만하게 흐르고 있는 액체의 속도를 급격히 변화시키면 액체에 큰압력 변화가 발생하여 관내에 있는 액체에 물리적 변화가 일어남으로서 충격압을 형성시킴과 동시에 이로 인한 유체가 관벽을 치는 현상을 수격 작용(Water Hammer)이라 한다.

★★★ (2) 펌프의 수격작용 방지법

① 펌프에 fly wheel(플라이휠)을 붙인다.
② 토출측 관로에 에어챔버를 설치한다.
③ 토출관측에 한방향수조(one-way tank)를 설치한다.
④ 펌프 토출측에 급폐체크밸브를 설치한다.
⑤ 토출관측 관로에 압력 릴리프밸브(Pressure relief Valve)를 설치한다.
⑥ 토출관쪽에 조압수조(Surge tank)를 설치한다.
⑦ 정전시에는 무제한으로 역류시킨다.(동결의 위험이 있는 곳에 유효하다)
⑧ 펌프토출구 부근에 공기탱크를 두거나 부압 발생지점에 흡기밸브를 설치하여 압력강하시 공기를 넣어 준다.
⑨ 관내 유속을 낮추거나 관거 상황을 변경한다.
⑩ 토출측 관로에 압력조절수조를 설치해서 부압발생장소에 물을 보급하여 부압을 방지함과 아울러 압력상승도 흡수한다.
⑪ 토출측 관로에 일방향 압력조절수조를 설치하여 압력강하시에 물을 보급해서 부압 발생을 방지한다.

Question 13

펌프 수격작용(Water hammer)의 방지대책으로 틀린 것은? (단, 수주분리 발생의 방지법 기준)

㉮ 펌프의 플라이휠을 제거하여 관성을 최소화 한다.
㉯ 토출측 관로에 압력조절수조를 설치해서 부압 발생장소에 물을 보급하여 부압을 방지함과아울러 압력상승도 흡수한다.
㉰ 토출측 관로에 일방향 압력조절수조를 설치하여 압력강하시에 물을 보급해서 부압 발생을 방지한다.
㉱ 관내 유속을 낮추거나 관거 상황을 변경한다.

풀이 ㉮ 펌프의 플라이휠을 붙인다.

★★ 11. 상수펌프 설비 중 흡입관

① 흡입관은 각 펌프마다 설치하여야 한다.
② 수평으로 설치하는 것을 피하여야 한다.
③ 유속은 1.5m/sec 이하로 하는 것이 경제적이다.
④ 흡입관과 흡수정 벽체사이의 거리는 관경의 1.5배 이상 두어야 한다.

12. 하수용 펌프 흡입구의 평균유속은 1.5 ~ 3.0m/s이다.

CHAPTER 04 해수의 담수화

01 해수 담수화 방식

★★★ 1. 상변화방식은 증발법과 결정법이 있다.
　　① 증발법 : 다단 플래쉬법, 다중 효용법, 증기 압축법, 투과기화법
　　② 결정법 : 냉동법, 가스수화물법

Question 01

해수 담수화방식(상변화 방식) 중 증발법에 해당되지 않는 것은?
㉮ 다단플래쉬법　　㉯ 다중효용법　　㉰ 가스수화물법　　㉱ 투과기화법

정답 ㉰

★★★ 2. 상불변 방식은 막법과 용매추출법이 있다.
　　① 막법 : 역삼투법, 전기투석법
　　② 용매추출법

Question 02

해수 담수화방식 중 상불변(相不變) 방식으로 짝지어진 것은?
㉮ 막법, 용매추출법　　　　　㉯ 용매추출법, 증발법
㉰ 증발법, 결정법　　　　　　㉱ 결정법, 막법

정답 ㉮

02 해수의 담수화 방법

1. 해수의 담수화 방법

(1) 증발법

역삼투나 전기투석과는 달리 에너지요구량이 처리수중의 염의 농도와 비교적 무관하다.

★★ (2) 역삼투법

반투막과 정수압을 이용하여 해수로부터 순수한 물을 분리하는 방법이다.
① 생산된 물은 pH나 경도가 낮기 때문에 필요에 따라 적절한 약품을 주입하고 수질을 조정한다.
② 막모듈은 플러싱과 약품세척등을 조합하여 세척한다.
③ 장기간 운전을 중지하는 경우에는 막보전액으로 중아황산나트륨 등을 사용한다.
④ 공급수중의 이물질로 고압펌프와 막모듈이 손상되지 않도록 하기 위하여 고압펌프의 흡입측 공급수 배관계통에 안전 필터를 사용한다.
⑤ 고압펌프는 효율과 내식성이 좋은 기종으로 하며 그 형식은 시설규모 등에 따라 선정한다.

Question 03

해수담수화시설 중 역삼투설비에 대한 내용으로 틀린 것은 어느 것인가?
㉮ 해수담수화시설에서 생산된 물은 pH나 경도가 낮기 때문에 필요에 따라 적절한 약품을 주입하거나 다른 육지의 물과 혼합하여 수질을 조정한다.
㉯ 막모듈은 플러싱과 약품세척 등을 조합하여 세척한다.
㉰ 고압펌프를 정지할 때에는 드로백(draw-back)이 유지되도록 체크 밸브를 설치하여야 한다.
㉱ 고압펌프는 효율과 내식성이 좋은 기종으로 하며 그 형식은 시설규모 등에 따라 선정한다.

정답 ㉰ 고압펌프를 정지할 때에는 드로백을 방지하기 위해 체크밸브를 설치하여야 한다.

(3) 전기투석법

전위차를 추진력으로 물만을 선택적 통과시키는 원리를 이용하여 분리하는 방법이다.

(4) 냉동법

해수를 빙점(약 -1.8℃) 이하로 냉각시킨 얼음 결정을 세정한 후 녹여 담수를 얻는 방법이다.

CHAPTER 05 상하수도 계획 공식정리

1. $Kw = \dfrac{r \times Q \times H}{102 \times \eta} \times \alpha$

   - Kw : 동력
   - H : 전양정(m)
   - r : 물의 비중량(1,000kg/m³)
   - η : 펌프의 효율
   - Q : 토출량(m³/sec)
   - α : 여유율

   TIP
   102의 시간 단위가 "sec"이므로 토출량(Q)의 시간 단위는 반드시 "sec"임을 숙지하셔야 합니다.

2. $W = C_1 \times r \times B^2$

   - W : 관이 받는 하중(t/m)
   - r : 표토의 밀도(t/m³)
   - C_1 : 토압계수
   - B : 폭(m) → $B = 1.5 \times D + 0.3$(m)

3. 펌프의 흡입구경

   $D = 146 \times \sqrt{\dfrac{Q}{V}}$

   - D : 펌프의 흡입구경(mm)
   - Q : 펌프의 토출량(m³/min)
   - V : 유속(m/sec)

4. 우수량 계산

   합리식에 의한 우수량 : $Q = \dfrac{1}{360} CIA$

$$\begin{cases} Q : 우수량(m^3/sec) & C : 유출계수 \\ I : 강우강도(mm/hr) & t(유달시간) = 유입시간(min) + 유하시간(min) \\ 유하시간 = \dfrac{L(길이)(m)}{V(유속)(m/min)} & A : 면적(ha),\ 1km^2 = 100ha \end{cases}$$

5. $Ns = N \times \dfrac{Q^{1/2}}{H^{3/4}}$

$$\begin{cases} Ns : 비교회전도(rpm = 회/min) & N : 규정회전수(rpm) \\ Q : 펌프의 토출량(m^3/min) & H : 총양정(m) \end{cases}$$

6. 원형에서 유량계산

$Q = A \times V$

$$\begin{cases} Q : 유량(m^3/sec) & A : 면적(m^2) \to A = \dfrac{\pi D^2}{4}(m^2) \\ V : 유속(m/sec) \to \text{Manning식에 의한 유속}(V) = \dfrac{1}{n} \times R^{2/3} \times I^{1/2} \\ n : 조도계수 \\ R : 경심(m) \to R = \dfrac{A(면적)}{S(윤변의 길이)} = \dfrac{\frac{\pi D^2}{4}}{\pi \cdot D} = \dfrac{D}{4}(m) \\ I : 기울기 \to 1\% 일 때\ I = \dfrac{1}{100},\ 1‰ 일 때\ I = \dfrac{1}{1,000} \\ \therefore Q(m^3/sec) = \dfrac{\pi D^2}{4}(m^2) \times \dfrac{1}{n} \times \left(\dfrac{D}{4}\right)^{2/3} \times I^{1/2}(m/sec) \end{cases}$$

7. 장방형에서 유량 계산

$Q = A \times V$

$$\begin{cases} Q : 유량(m^3/sec) \\ A : 면적(m^2) \to A = b \times h\ (b : 폭(m),\ h : 평균수위(m)) \\ V : 유속(m/sec) \to \text{Manning식에 의한 유속}(V) = \dfrac{1}{n} \times R^{2/3} \times I^{1/2} \\ n : 조도계수 \\ R : 경심(m) \to R = \dfrac{A(면적)}{S(윤변의 길이)} = \dfrac{b \times h}{b + 2h} \\ I : 기울기 \to 1\% 일 때\ I = \dfrac{1}{100},\ 1‰ 일 때\ I = \dfrac{1}{1,000} \\ \therefore Q(m^3/sec) = b \times h(m^2) \times \dfrac{1}{n} \times \left(\dfrac{b \times h}{b + 2h}\right)^{2/3} \times I^{1/2}(m/sec) \end{cases}$$

8. **U(균등계수)** : 체하 입경 60%와 체하입경 10%의 입경비

$$U = \frac{P_{60\%}}{P_{10\%}}$$

9. $T = \dfrac{P \times D}{2\sigma t}$

   - T : 관 두께(mm)　　P : 관내수압(kg/cm²)　　D : 직경(mm)　　σt : 강재허용응력(kg/cm²)

10. **등차 급수 방법** : 발전이 끝난 도시에 적용

    $P_n = P_o + N \times a$

    - P_n : 현재부터 n년 후 추정되는 인구
    - N : 설계기간(년)
    - P_t : 현재부터 t년 전의 인구
    - P_o : 현재 인구
    - a : 연간 증가되는 평균 인구 → $a = \dfrac{P_o - P_t}{t}$
    - t : 경과시간(년)

11. **등비급수법** : 발전이 계속되는 도시

    $P_n = P_o \times (1+r)^n$

    - P_n : 현재부터 n년 후 추정되는 인구
    - r : 연간 인구 증가율 → $r = \left(\dfrac{P_o}{P_t}\right)^{1/t} - 1$
    - n : 설계기간(년)
    - P_o : 현재 인구
    - P_t : 현재부터 t년 전의 인구

12. $Q = 2\pi kb \dfrac{H - h_o}{2.3 \log_{10}\left(\dfrac{R}{r_o}\right)}$

    - Q : 양수량(m³/sec)　　k : 투수계수　　b : 피압 대수층 두께(m)
    - $H - h_o$: 양수정에서 수위강하(m)　　R : 피압수 우물에서 반경(m)　　r_o : 우물반경(m)
    - $2.3 \log_{10} = \ln$

13. Darcy-Weisbach 공식

$$h_L = f \times \frac{L}{D} \times \frac{V^2}{2g}$$

- h_L : 관마찰 손실수두(m)
- D : 관경(m)
- f : 마찰손실계수
- g : 중력가속도(9.8m/sec^2)
- L : 길이(m)
- V : 유속(m/sec)

14. 역 syphons의 손실수두

$$H = I \cdot L + 1.5 \times \frac{V^2}{2g} + \alpha$$

- L : 관의길이(m)
- g : 중력가속도(9.8m/sec^2)
- I : 역사이펀내의 유속에 대한 동수구배
- V : 관내유속(m/sec)
- α : 손실수두에 관한 여유(보통 0.03 ~ 0.05m)